水利工程 CAD 及实训

主编　沈蓓蓓　黄宏亮　刘庭想

参编　杜庆燕　李国秀　陈丽娟　李毓军

主审　晏孝才

华中科技大学出版社

中国·武汉

内容提要

《水利工程 CAD 及实训》是介绍使用 AutoCAD 软件绘制工程图的基础教材，适合高职高专水利、建筑等土木工程类专业学生使用，也适合土木工程类专业的技术人员使用。本教材不仅介绍了软件本身的基本功能、基本操作（适用于 AutoCAD 2022 版本），还结合实例介绍了应用 AutoCAD 绘制水利工程图和建筑工程图的方法和技巧，能让学习者在较短时间内了解 AutoCAD 软件的基本功能，绘制并打印出满足国家制图标准的工程图。

本教材由 9 个项目组成：认识 AutoCAD，掌握绘图辅助工具，创建图形对象，编辑图形对象，图纸注释，图块注释，绘制专业图，图纸布局与打印，认识、创建、编辑三维实体。本教材是根据高等职业教育教学及改革的实际需求，以生产实际工作岗位所需的基础知识和实践技能为基础，以培养学生能力、增强实训技能为目标，融入课程思政元素进行编写的。本教材的内容拓展了知识面，突出了实用性和实践性，强调了高职高专人才培养的特色。

图书在版编目(CIP)数据

水利工程 CAD 及实训 / 沈蓓蓓，黄宏亮，刘庭想主编 . -- 武汉 ：华中科技大学出版社，2024. 10.
ISBN 978-7-5772-1317-0

I. TV222.1-39

中国国家版本馆 CIP 数据核字第 2024613MQ7 号

水利工程CAD及实训　　　　沈蓓蓓　黄宏亮　刘庭想　主编

Shuili Gongcheng CAD ji Shixun

策划编辑：谢燕群
责任编辑：谢燕群
封面设计：原色设计
责任校对：陈元玉
责任监印：周治超
出版发行：华中科技大学出版社（中国·武汉）　　电话：（027）81321913
武汉市东湖新技术开发区华工科技园　　邮编：430223
录　排：华中科技大学惠友文印中心
印　刷：武汉市洪林印务有限公司
开　本：787mm×1092mm　1/16
印　张：18.5
字　数：459千字
版　次：2024年10月第1版第1次印刷
定　价：55.00元

前　言

《水利工程CAD及实训》是根据高职高专教育教学的实际需求及课程体系构建的要求，根据高职高专水利水电、建筑工程类专业人才培养方案的规格要求，以《高等职业教育水利工程CAD教学标准》为主要依据，由湖北水利水电职业技术学院工程CAD与图学教研室组织编写的。

《水利工程CAD及实训》是一本讲授如何使用AutoCAD绘制工程图的基础教材，适用于水利水电、建筑工程等土建类专业。本教材的编者们长期从事AutoCAD和工程制图课程的竞赛与教学，对AutoCAD的功能、特点及其应用有着较深入的理解和体会。本教材以学生为中心，以能力为主线，以应用为主旨，以“必需”“够用”“针对性和实用性”为原则，精心组织教材内容。

本教材的特点如下。

（1）按照项目导向、任务驱动的理念编写。教材内容由9个教学项目组成：认识AutoCAD，掌握绘图辅助工具，创建图形对象，编辑图形对象，图纸注释，图块注释，绘制专业图，图纸布局与打印，认识、创建、编辑三维实体。教材内容根据学生的认知规律，由浅入深递进，图文并茂，易学易懂。

（2）每个项目由项目概述、学习目标、任务内容、项目小结、常用快捷键表、理论练习和实操练习组成，还融入了课程思政元素。从技能训练的角度出发，配有大量的例题和课后练习，还添加了本项目内容对应的快捷键表，强化绘图思路和应用技巧，突出高职高专教学的特色。

（3）项目6“图块注释”、项目7“绘制专业图”、项目8“图纸布局与打印”等项目内容拓展了知识面，突出了实用性和实践性，针对性强。

本教材由沈蓓蓓、黄宏亮、刘庭想任主编。其中项目1由湖北水利水电职业技术学院沈蓓蓓编写，项目2由长江工程职业技术学院李毓军编写，项目3、4由湖北水利水电职业技术学院李国秀、陈丽娟编写，项目5、6由湖北水利水电职业技术学院刘庭想编写，项目7、8由湖北水利水电职业技术学院杜庆燕、陈丽娟编写，项目9由长江工程职业技术学院黄宏亮编写。全书由湖北水利水电职业技术学院沈蓓蓓统稿，由晏孝才主审。

由于编写人员水平有限，书中难免存在疏漏和不足之处，恳请广大读者批评指正。

编者

2024年2月

目　录

项目1　认识 AutoCAD

项目概述

本项目介绍了 AutoCAD 的入门知识，包括 AutoCAD 的工作界面，AutoCAD 命令的使用方法，AutoCAD 文件的创建及文件类型，AutoCAD 绘图环境的设置等。

学习目标

知识目标	能力目标	思政目标
认识 AutoCAD 软件的工作界面；熟悉 AutoCAD 命令及使用方法；能够创建 AutoCAD 文件；能够设置 AutoCAD 绘图环境。	掌握 AutoCAD 命令的使用方法；掌握 AutoCAD 点的输入方式及 AutoCAD 绘图环境的设置方法。	培养学生具有正确的世界观、价值观和人生观；培养学生的工匠精神，养成认真细致、一丝不苟的工作习惯。

任务 1.1　初识 AutoCAD

1.1.1　AutoCAD 概述

CAD（Computer Aided Design）是计算机辅助设计的英文缩写，是计算机技术的一个重要应用领域。

AutoCAD 是美国 Autodesk 公司开发的计算机绘图软件，用于二维及三维设计、绘图的系统工具，用户可以使用它来创建、浏览、管理、打印、输出、共享及准确复用富含信息的设计图形。AutoCAD 自 1982 年问世至今，已广泛应用于土木建筑、装饰装潢、城市规划、园林设计、电子电路、机械设计、服装鞋帽、航空航天、轻工化工等诸多领域。AutoCAD 具有友好的交互式操作界面，易学、易用，并具有开放式的开发、定制功能，受到世界各地工程设计人员的青睐。

AutoCAD 作为一种工程设计软件，它为工程设计人员提供了强有力的二维和三维工程设计绘图功能，主要功能如下。

1. 基本绘图功能

- 提供完善的绘制二维图形的工具，并根据所绘制的图形进行测量和标注尺寸。
- 具有对图形进行修改、删除、移动、旋转、复制、偏移、修剪、圆角等多种便利的编辑功能。
- 具有缩放、平移等动态观察功能，方便用户查看图形全貌及局部，并提供透视、投影、轴测、着色等多种图形显示方式。

- 提供栅格、正交、极轴、对象捕捉及对象追踪多种辅助工具，保证精确绘图。
- 提供块及属性等功能，提高绘图效率。对于经常使用的一些图形对象组，可以将其定义成块并添加相应的文字属性，需要的时候可随时插入图形中，甚至可以通过修改块的定义来批量修改已插入的多个相同块。
- 使用图层管理器对图线进行管理，通过颜色、线型、线宽可以方便地管理图线，控制图形的显示或打印。
- 可对图形进行图案填充，轻松完成工程图中剖面符号的绘制。
- 提供在图形中书写、编辑文字的功能。
- 创建三维几何模型，并能进行编辑、修改及提取模型的几何物理特性。

2. 辅助设计功能

AutoCAD 软件不仅具有绘图功能，并提供了有助于工程设计和计算的功能。

- 查询图形的长度、面积、体积、力学特性等。
- 提供三维空间的绘图和编辑功能，具有三维实体和三维曲面造型的功能，便于用户对设计有直观的了解和认识。
- 提供多种软件的接口，方便将设计数据和图形在多个软件中共享，进一步发挥各个软件的特点和优势。

3. 开发定制功能

针对不同专业的用户需求，AutoCAD 能提供强大的二次开发工具，让用户定制或开发适用于本专业设计特点的功能。

- 具有强大的用户定制功能，用户可以方便地将软件进行改造以适合自己使用。
- 具有良好的二次开发性，提供多种方式以便用户按照自己的思路去解决问题；AutoCAD 开放的平台使用户可以用 LISP、VBA、ARX 等语言开发适合特定行业使用的 CAD 产品。
- 为体现软件易学易用的特点，新界面增加了工具选项板、状态栏托盘图标、联机设计中心等功能。工具选项板可以让用户更加方便地使用标准的或用户创建的专业图库中的图形块，以及国家标准的填充图案；状态栏托盘图标提供了对通信、外部参照、CAD 标准、数字签名的即时气泡通知支持，是 AutoCAD 协同设计理念的最有力的工具；联机设计中心可以使互联网上无穷无尽的设计资源方便为用户所有。

1.1.2 AutoCAD 工作界面

双击桌面上的 AutoCAD 2022 图标，或点击“开始”菜单中的 AutoCAD 命令，就启动了 AutoCAD 2022 的初始界面，如图 1.1.1 所示。点击“新建”（或“打开”）按钮，就进入 AutoCAD 2022 的默认工作界面，如图 1.1.2 所示。

1.AutoCAD 的默认界面

初次打开 AutoCAD，默认显示的是“草图与注释”工作界面，这是自 AutoCAD2009 至今使用的 Ribbon（功能区）工作界面，如图 1.1.3 所示。

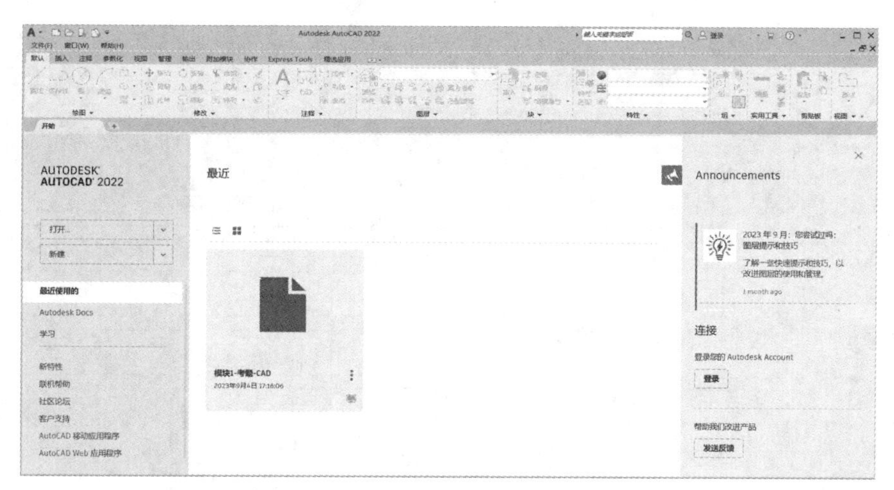

图 1.1.1　AutoCAD 2022 初始界面

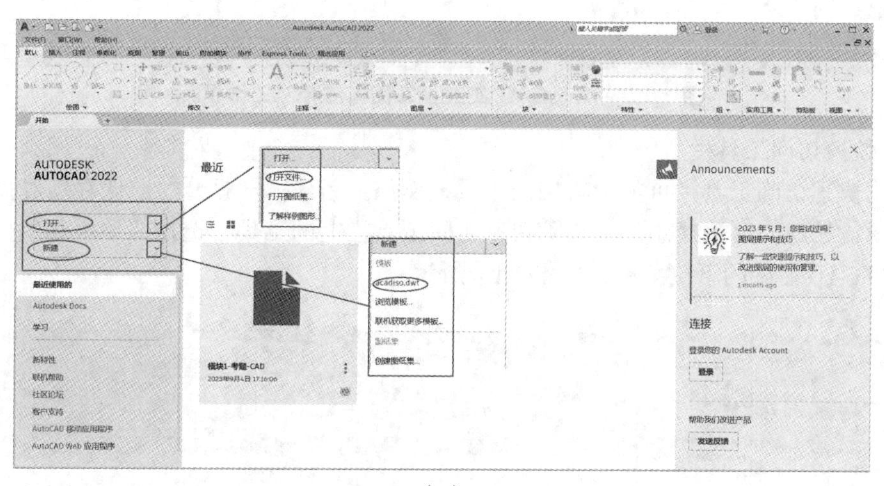

（a）

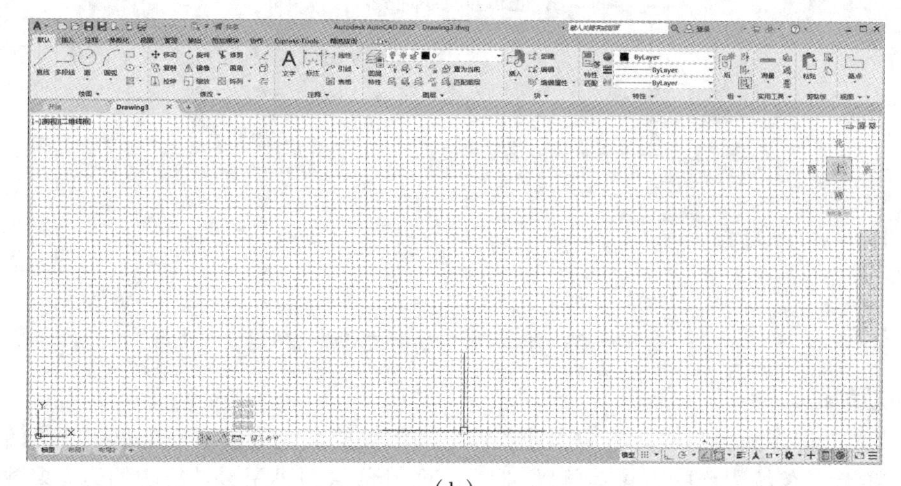

（b）

图 1.1.2　AutoCAD 2022 的默认工作界面

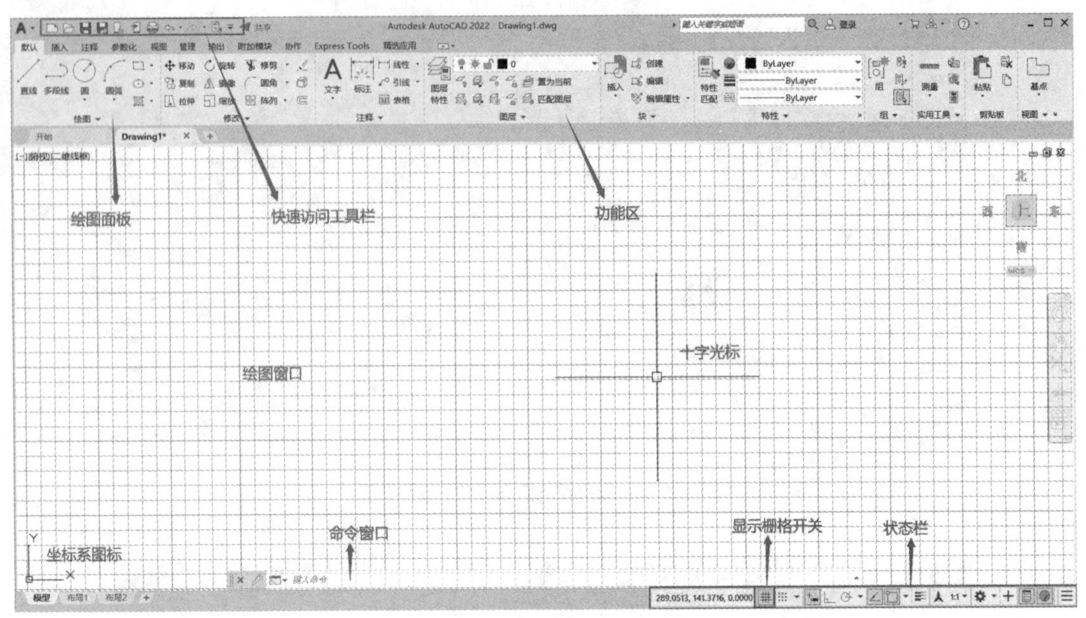

图 1.1.3　AutoCAD 2022“草图与注释”工作界面

1）快速访问工具栏

使用快速访问工具栏可显示常用的工具，例如“新建”“打开”“保存”等命令。点击右侧下拉按钮，可选择添加或移除快速访问工具栏上的工具，选择“显示菜单栏”可以显示 AutoCAD 传统的下拉菜单，如图 1.1.4 所示。

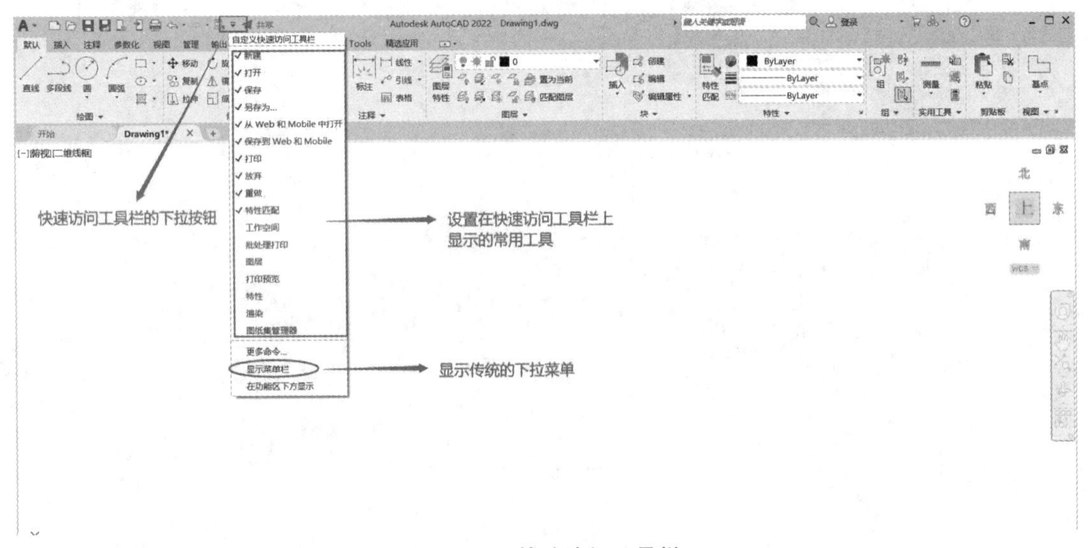

图 1.1.4　快速访问工具栏

2）功能区

功能区由许多面板组成，它为当前工作空间相关的命令提供了一个单一、简洁的放置区域，它取代了传统界面的下拉菜单栏和工具栏。功能区包含了设计绘图的绝大多数命令，只要点击面板上的图标按钮就可以激活命令。切换功能区选项栏上的选项卡，AutoCAD 会显示不同的面板。图 1.15 所示为“默认”选项卡对应的功能区面板。

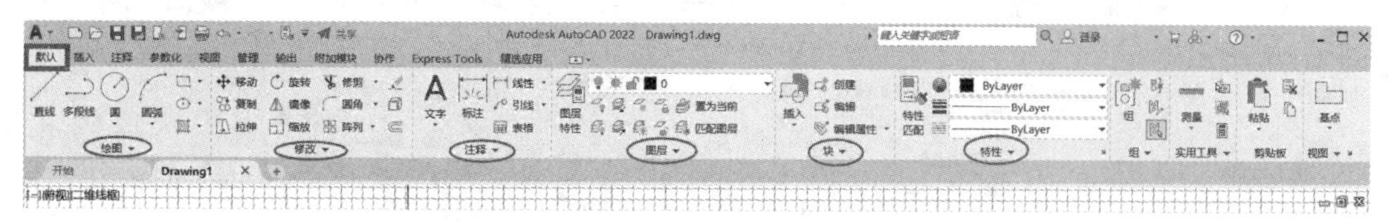

图 1.1.5　“默认”选项卡对应的功能区面板

“默认”选项卡对应的几个面板介绍如下。

- 绘图：主要由各种绘图命令组成，类似经典界面的“绘图”工具栏。
- 修改：主要由各种编辑命令组成，类似经典界面的“修改”工具栏。
- 注释：由常用的文字标注与尺寸标注相关命令组成。
- 图层：用于设置图层并显示当前层的名称及状态，显示图层列表及用于切换当前层的操作。
- 特性：主要对图形对象的图层、颜色、线型和线宽等属性进行设置。

点击面板名称（或命令图标）右侧的黑三角图标，将展开对应的命令选项，如图 1.1.6 所示。

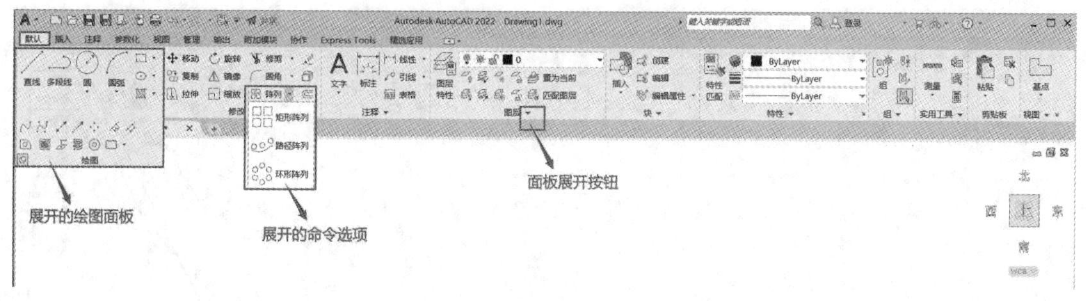

图 1.1.6　展开绘图面板和命令选项

3）绘图窗口

工作界面中最大的区域就是绘图窗口。它是绘图的工作区域，就如绘制图形的图纸一样，用户可以在上面进行设计、创作。

绘图区域可以按照绘图需要设置其大小。在窗口中可以显示图形的一部分或全部，可以通过缩放、平移命令来控制图形的显示。

移动鼠标，在绘图区将看到一个十字光标在移动，这就是图形光标。绘图时它显示十字形状，拾取编辑对象时显示为拾取框。

绘图窗口左下角是 AutoCAD 直角坐标系图标，它指示水平从左至右为 X 轴正向，从下向上为 Y 轴正向，左下角为坐标系的原点。

窗口底部左下角有“模型”“布局 1”“布局 2”三个标签，如图 1.1.7 所示。模型代表模型空间，布局代表图纸空间。单击“模型”和“布局”就可以在模型空间和图纸空间之间切换。用户绘制图形是在模型空间中进行，图纸空间用于图形注释与打印排版。

4）命令窗口

图形窗口下面是一个输入命令和提示下一步操作的区域，称为命令窗口或命令行，如图 1.1.7 所示。

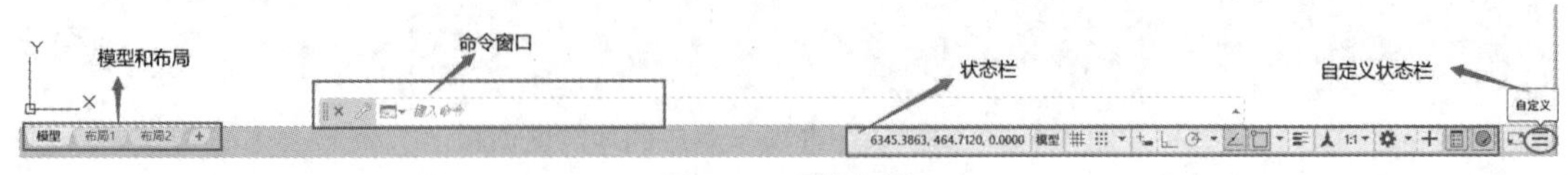

图 1.1.7　状态栏

从 AutoCAD 2006 开始，增加了“动态输入”功能，使用该功能可以在工具栏提示框中输入命令和参数，而不必在命令行输入。

5）状态栏

绘图窗口底部右下角的一个条状区域是状态栏，其外观如图 1.1.7 所示。

在状态栏的最左边显示当前十字光标所处位置的坐标值（x，y，z），随着光标的移动，X、Y 坐标值随之变化，Z 坐标值一直为 0，所以默认的绘图平面是一个 z=0 的水平面。

状态栏中最右边的图标 ☰ 是“自定义状态栏”，可以根据需要自定义状态栏中的项目，将其显示或隐藏，如图 1.1.8 所示。

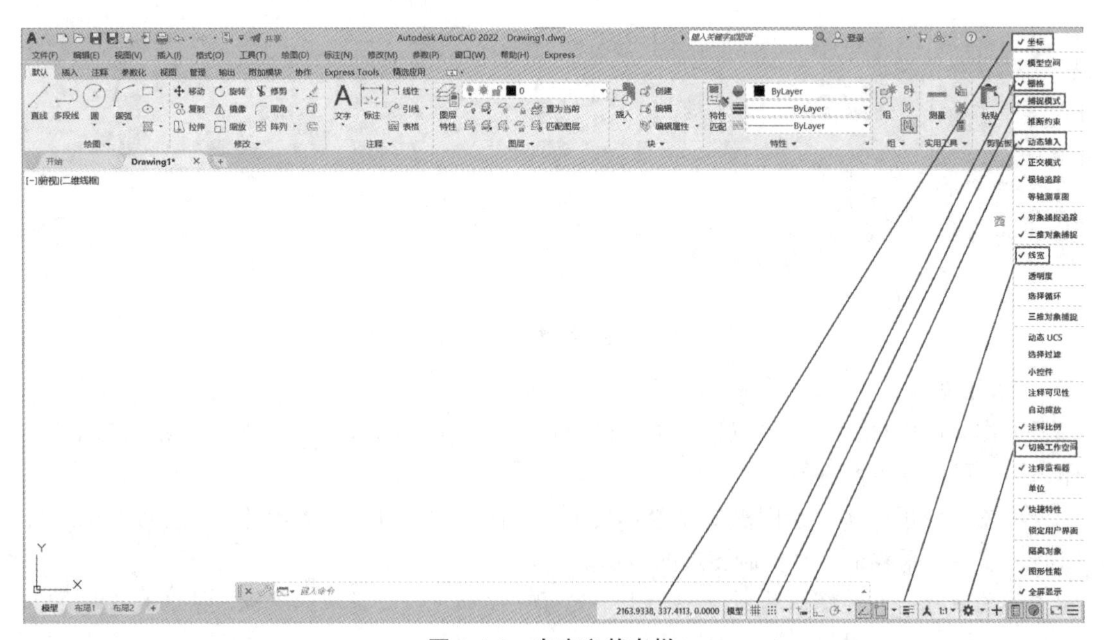

图 1.1.8　自定义状态栏

2. 工作空间的切换

在使用 AutoCAD 绘图之前需要建立合适的绘图环境，工作空间就是其中之一。

AutoCAD 提供了“草图与注释”（见图 1.1.3）、“三维基础”（见图 1.1.9）、“三维建模”（见图 1.1.10）三种工作空间。初次打开 AutoCAD，默认显示的是“草图与注释”工作界面。用户可以通过 AutoCAD“工作空间”轻松地切换满足自己需要的工作界面。

选用相应的工作空间时，只会显示与任务相关的菜单、选项卡和工具面板。

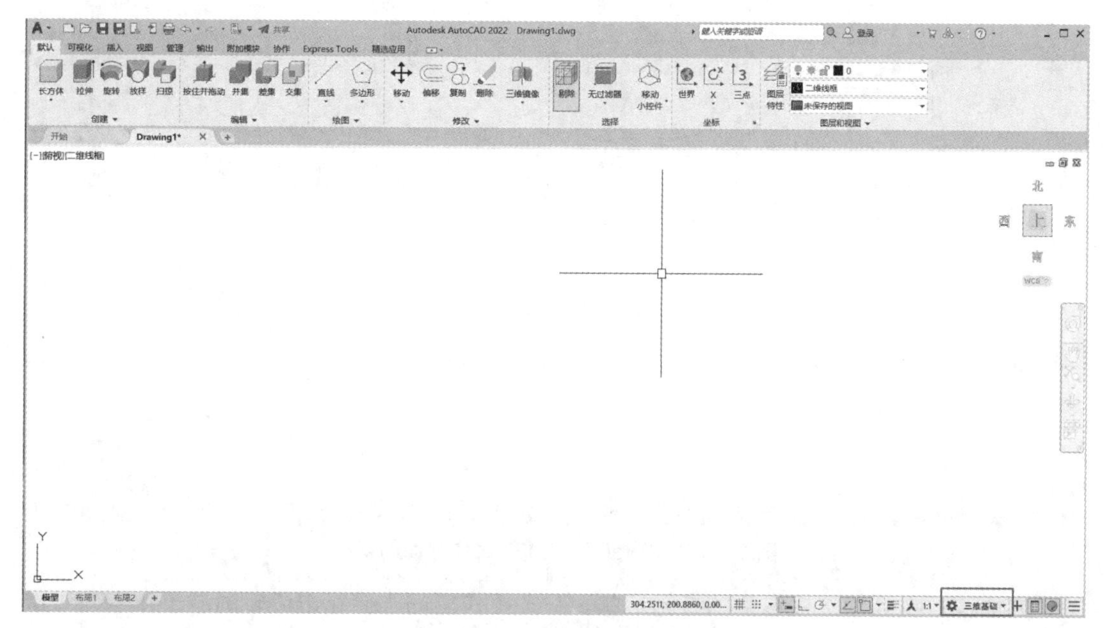

图 1.1.9　三维基础工作界面

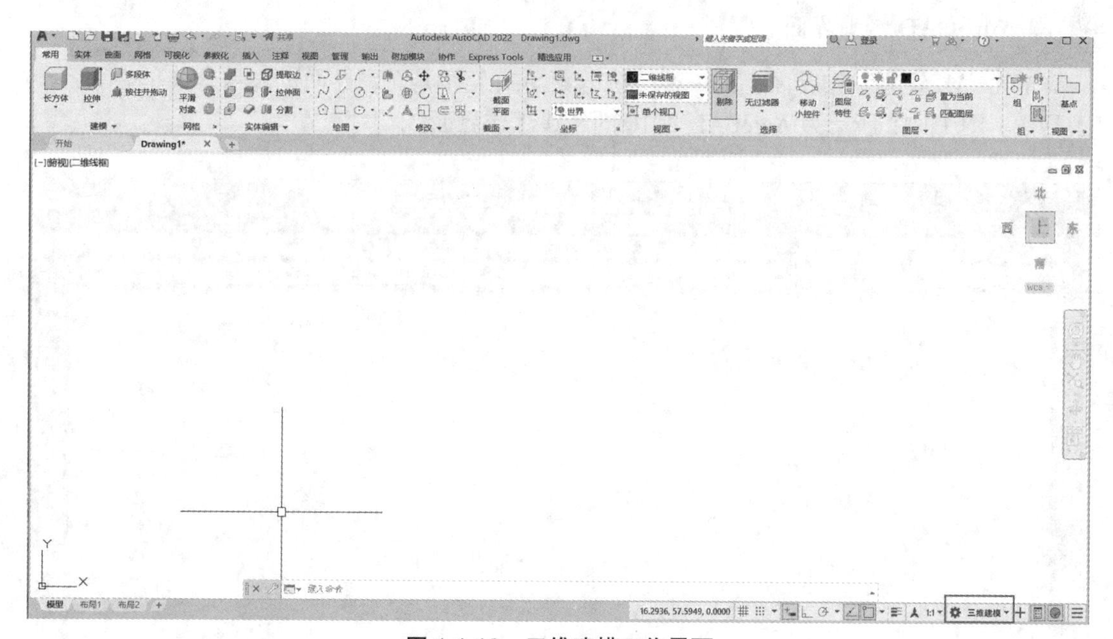

图 1.1.10　三维建模工作界面

AutoCAD 的工作界面通过“工作空间”进行切换，两种操作方法如图 1.1.11 所示。

方法一：点击 AutoCAD 2022 界面左上角快速访问工具栏的下拉按钮，点击“工作空间”进行工作界面的切换。

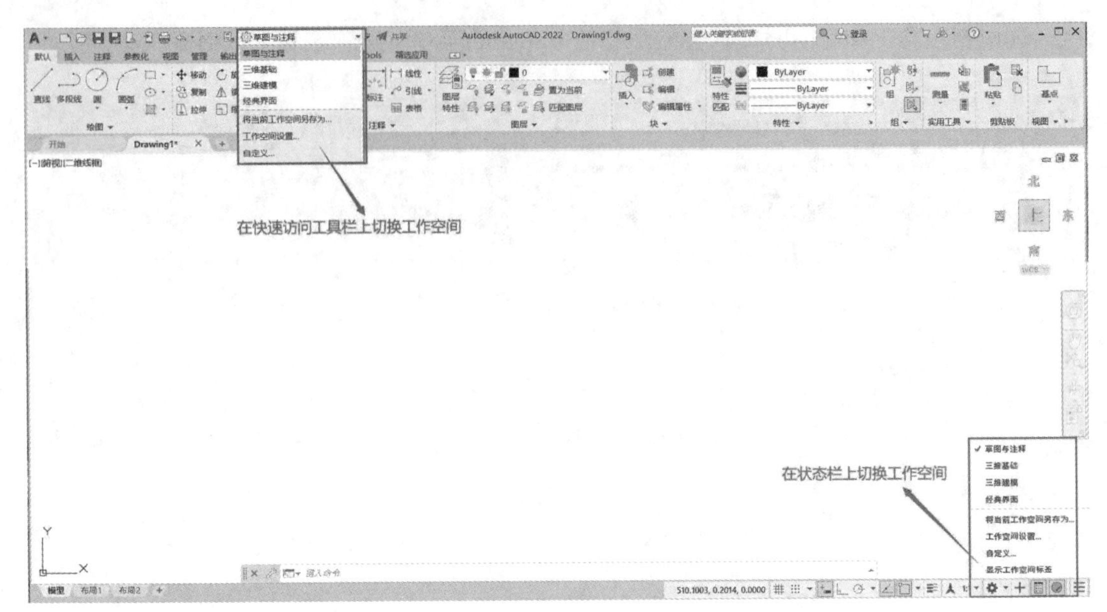

图 1.1.11　AutoCAD 2022 工作界面的切换

方法二：找到状态栏右侧的齿轮形状——“工作空间”，点击齿轮的“工作空间”选项进行工作界面的切换。

3.AutoCAD 经典界面

AutoCAD 经典工作界面，是一种传统的菜单式工作界面，界面上显示有菜单栏和各个工具栏。图 1.1.12 所示为 AutoCAD 2010 的经典工作界面。

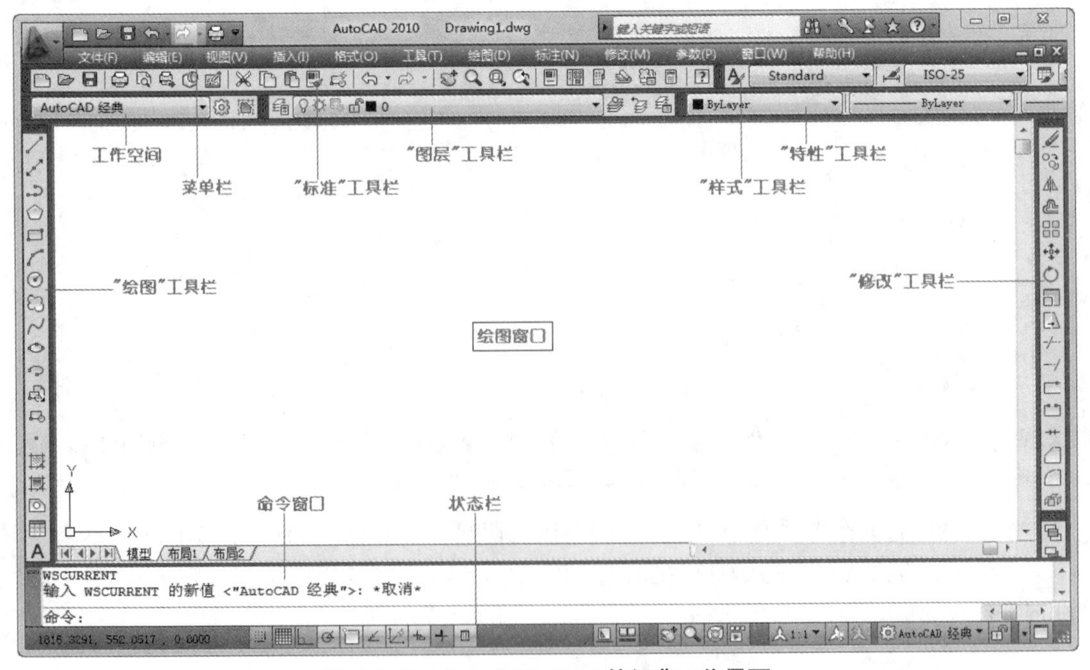

图 1.1.12　AutoCAD 2010 的经典工作界面

1）菜单栏

选择下拉菜单的菜单项，可以执行 AutoCAD 的命令。

各下拉菜单项的主要功能如下。

- 文件：主要用于图形文件的相关操作，如打开、保存、打印等。
- 编辑：完成标准 Windows 程序的复制、粘贴、清除、查找，以及放弃、重做等操作。
- 视图：与显示有关的命令集中在这里。
- 插入：可以插入块、图形、外部参照、光栅图、布局和其他文件格式的图形等。
- 格式：进行图形界限、图层、线型、文字、尺寸等一系列图形格式的设置。
- 工具：软件中的特定功能，如查询、设计中心、工具选项板、图纸集、程序加载、用户坐标系的设置等。
- 绘图：包括 AutoCAD 中创建主要的二维、三维对象的命令。
- 标注：标注图形的尺寸。
- 修改：工程设计中，图形不全是由绘图命令画出来的，必须结合一系列编辑命令进行修改和创建才能完成。常用的命令有复制、移动、偏移、镜像、修剪、圆角、拉伸以及三维对象的编辑等。
- 窗口：从 AutoCAD 2000 开始，在一个软件进程中可以同时打开多个图形文件，在“窗口”下拉菜单中对这些文件进行切换。
- 帮助：AutoCAD 的联机帮助系统提供完整的用户手册、命令参考等。
- Express：附加的扩展工具集，可选择安装。

下拉菜单把各种命令分门别类地组织在一起，使用时可以对号入座进行选择，并且包括了绝大部分 AutoCAD 命令集。也正是由于它的系统性，每当使用某个命令选项时都需要逐级选择，略显烦琐，效率不高。

2）工具栏

工具栏由带有直观图标的命令按钮组成，每个命令按钮都对应一个 AutoCAD 命令。

AutoCAD 经典工作界面上显示了几个常用的工具栏，如“标准”“图层”“对象特性”“样式”“绘图”和“修改”工具栏。

- 标准：这里汇集了“文件”“编辑”“视图”下拉菜单中的常用命令，如“打开”“保存”命令，“复制”“粘贴”命令，“缩放”“平移”命令等。
- 样式：包括文字样式、尺寸样式、表格样式等命令。
- 图层：用于显示当前层的名称及状态、显示图层列表及切换当前层的命令。
- 对象特性：该工具栏主要用于对图形对象的图层、颜色、线型和线宽等属性进行设置。
- 绘图：主要由各种绘图命令组成，包含了“绘图”下拉菜单中常用的绘图命令。
- 修改：主要由各种编辑命令组成，包含了“修改”下拉菜单中的二维编辑命令。

在任意一个工具栏上单击鼠标右键，在快捷菜单中单击工具栏名称，就可以显示或关闭该工具栏。

自 AutoCAD 2015 开始，工作空间就去掉了经典界面，只保留了 RIBBON 界面。下面介绍两种在高版本的 AutoCAD 中设置经典界面的方法。

（方法一）

步骤 1　开启 CAD 的经典菜单栏，如图 1.1.13 所示。

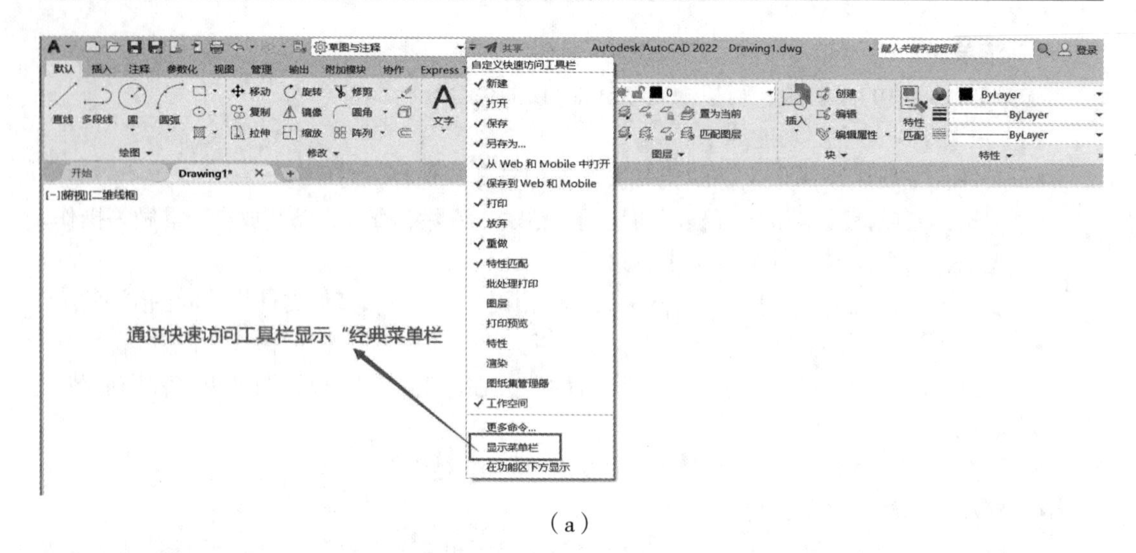

（a）

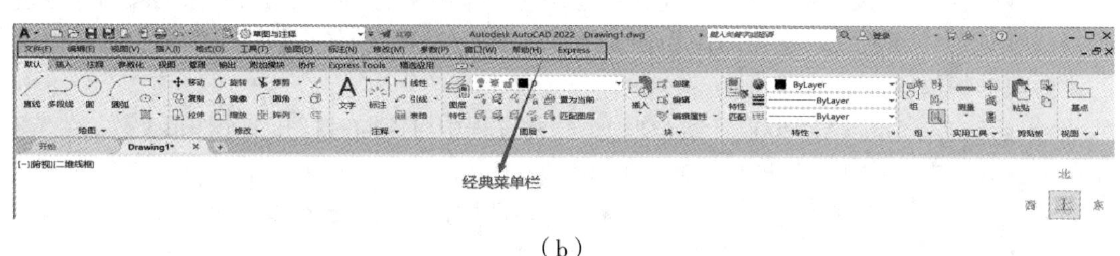

（b）

图 1.1.13 开启 AutoCAD 菜单栏

步骤 2 隐藏功能区。点击菜单栏的“工具”菜单→“选项板”→“功能区”，即可隐藏功能区。输入命令“ribbonclose”也可隐藏功能区，如图 1.1.14 所示。

（a）

图 1.1.14 隐藏功能区

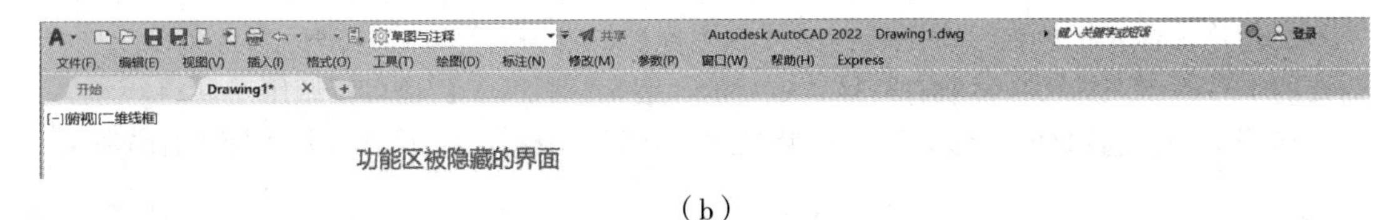

（b）

续图 1.1.14

步骤3　显示AutoCAD经典工具栏。点击菜单栏的“工具”菜单→“工具栏”→“AutoCAD”→选择需要的工具栏，如图1.1.15（a）所示。选择经典界面中的“标准”“图层”“样式”“特性”“绘图”“修改”等工具栏，并将其放置在合适的位置，如图1.1.15（b）所示。

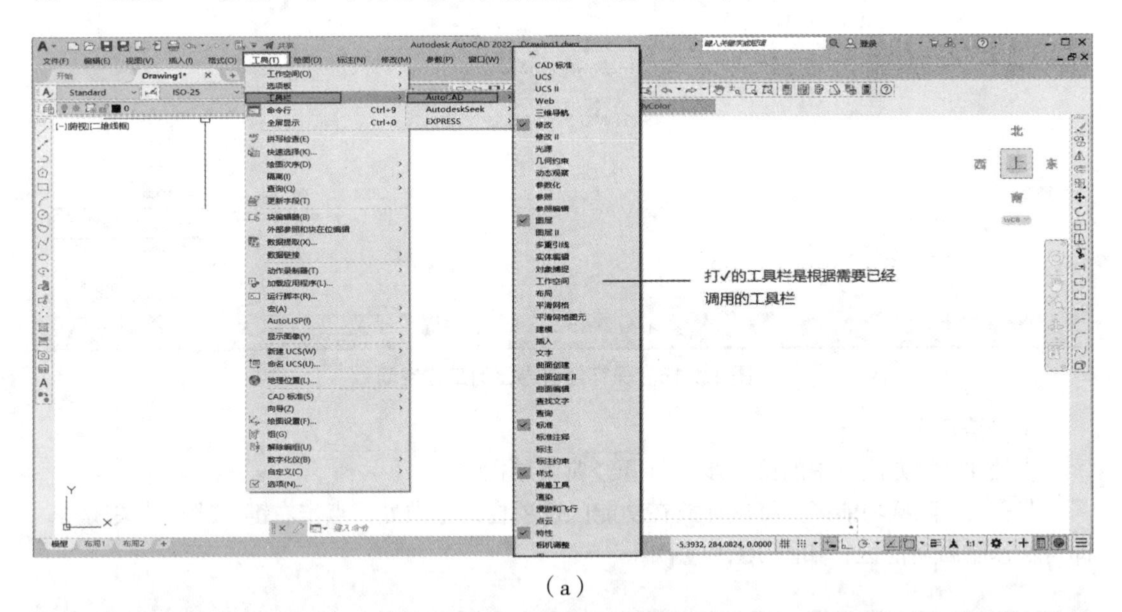

（a）

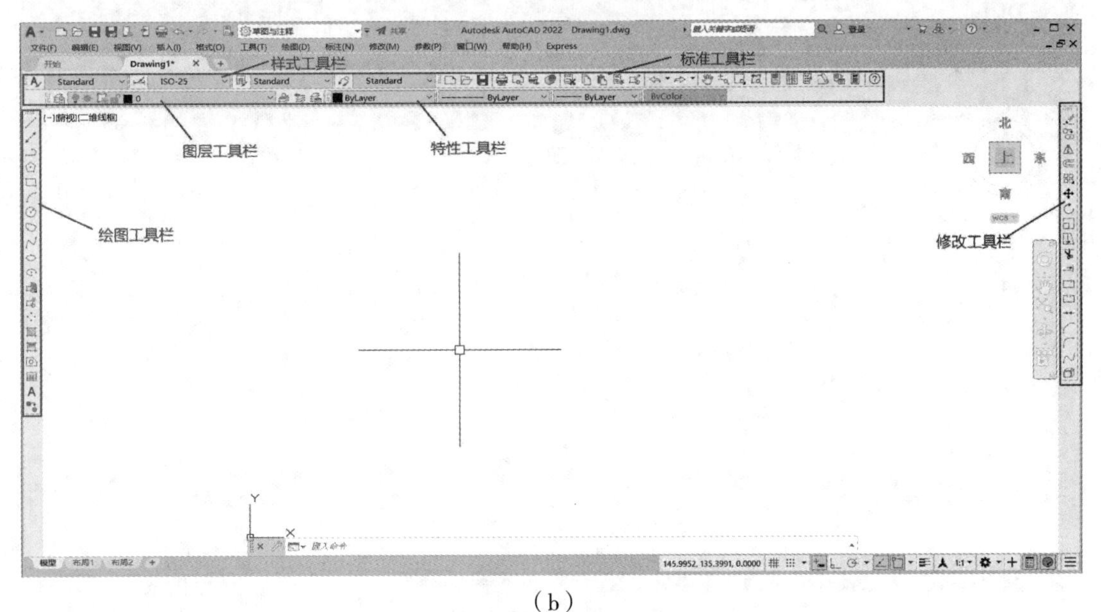

（b）

图 1.1.15　显示工具栏的经典工作界面

通过将鼠标光标放在已有工具栏的任意图标处，点击右键，在出现的右键菜单上选择需要的工具栏（工具栏名称前有符号“√”的，表示已打开），也可以调用工具栏。

步骤 4 将设置好的工作界面保存为“经典界面”，方便今后切换使用，如图 1.1.16 所示。

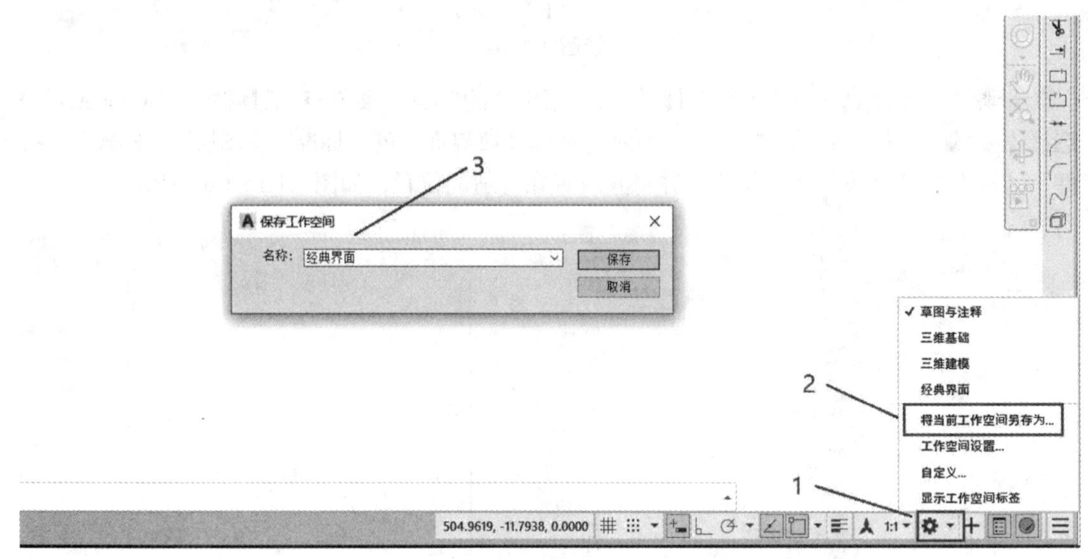

图 1.1.16 保存经典界面的工作空间

（方法二）

步骤 1 如方法一中的第一步，打开经典菜单栏。

步骤 2 隐藏功能区。将鼠标放在功能区选项栏的空白处，点击右键，选择“关闭”，即可快速隐藏功能区，如图 1.1.17 所示。

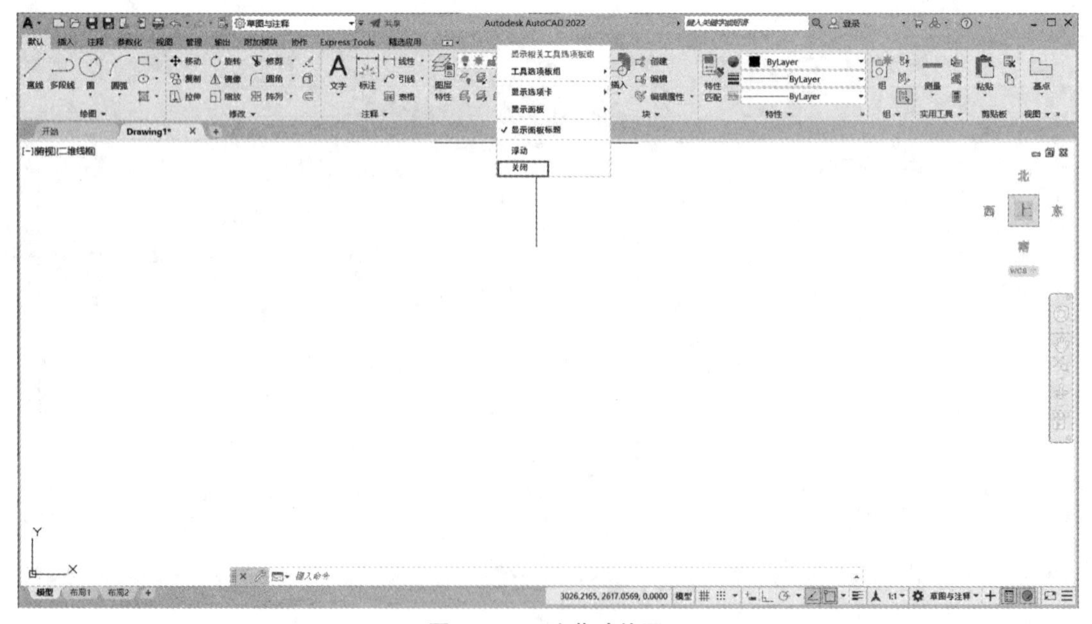

图 1.1.17 隐藏功能区

步骤 3 自定义工作空间。鼠标放在状态栏右侧的齿轮上，点击右键，在屏幕菜单上点击“自定义”（或输入 CUI 新建工作空间的快捷命令），如图 1.1.18 所示。

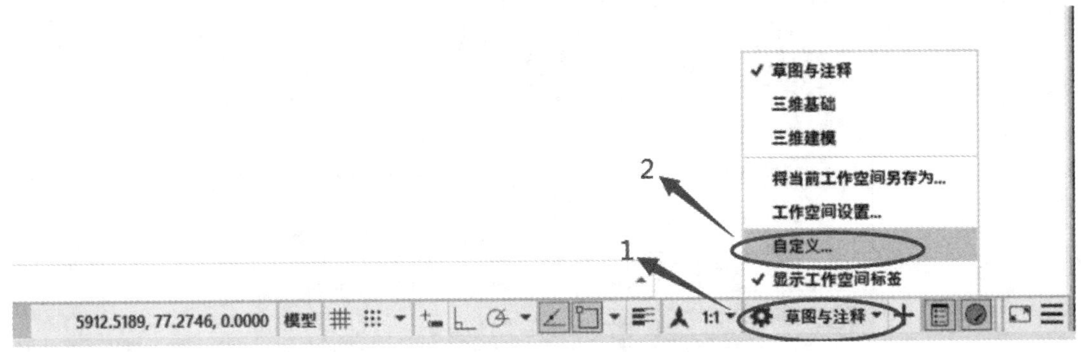

图 1.1.18 自定义工作空间

步骤 4 新建工作空间，命名为“经典界面”（用鼠标右键单击“工作空间”标签，在右键菜单中选择“新建工作空间”并重新命名），如图 1.1.19 所示。

步骤 5 给新建的经典界面添加工具栏（在保证右侧显示“经典界面”工作空间内容的同时，在左侧的下拉列表中展开菜单栏，将需要的菜单栏拖到右侧的菜单栏列表中），点击“应用”“确定”按钮，如图 1.1.20 所示。

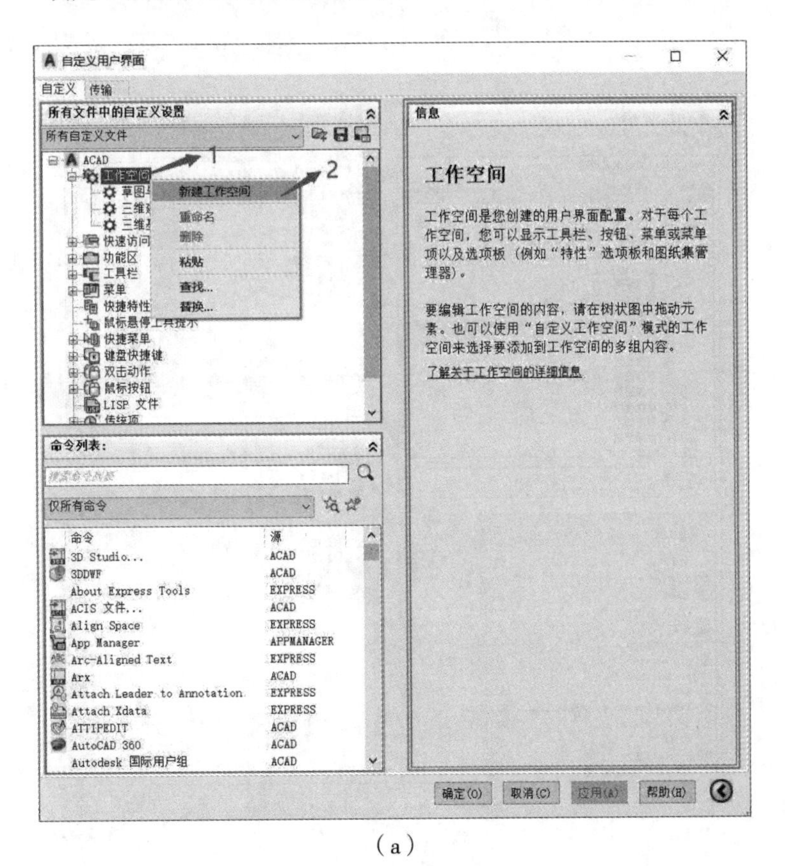

（a）

图 1.1.19 新建经典界面工作空间

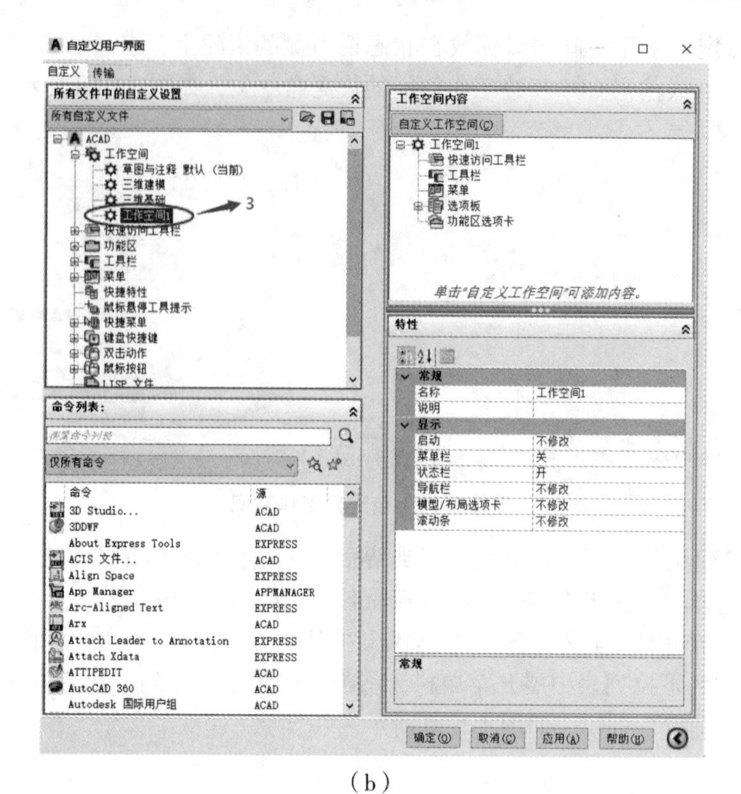

（b）

4. 重命名为“经典界面”

（c）

续图 1.1.19

（a）

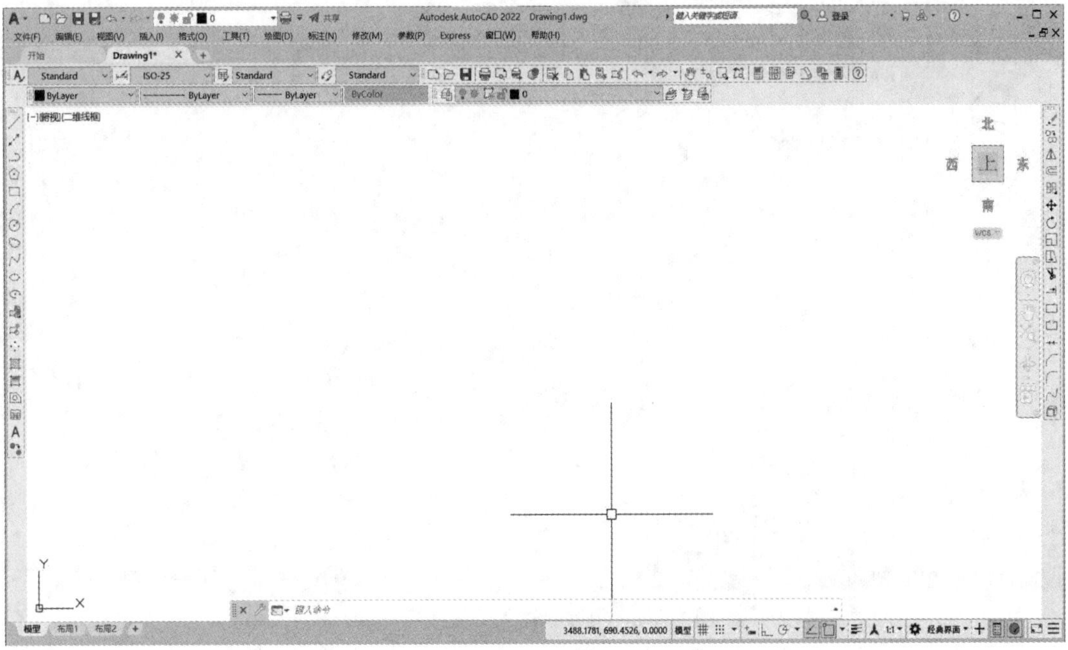

（b）

图 1.1.20　将工具栏添加到“经典界面”

至此，第二种创建经典界面的方法介绍完成。

任务 1.2 操作 AutoCAD 命令的方法

在 AutoCAD 系统中输入命令后，系统对命令做出响应，在命令行显示命令的执行状态或给出执行命令所需的下一步选项，待用户做出选择后，系统完成命令的操作。可见，命令的执行过程是人机交互的过程，命令行就是人机交互的窗口，初学者一定要关注这个区域，随时查看系统提示，以便做出正确的选择。

1.2.1 输入命令的方式

常用的命令输入方式如下：

- 在命令面板上单击命令按钮（鼠标操作）；
- 在下拉菜单中选择命令（鼠标操作）；
- 在工具栏上单击命令按钮（鼠标操作）；
- 在命令行输入命令名称（键盘操作）。

在 AutoCAD 默认的工作界面，主要通过功能区和命令行来输入命令。图 1.2.1 所示的是“直线”命令的鼠标输入方法，图 1.2.2 所示的是“直线”命令的键盘输入方法。

注意，用键盘输入命令后必须回车（空格键可代替回车键），用鼠标输入则无需回车。

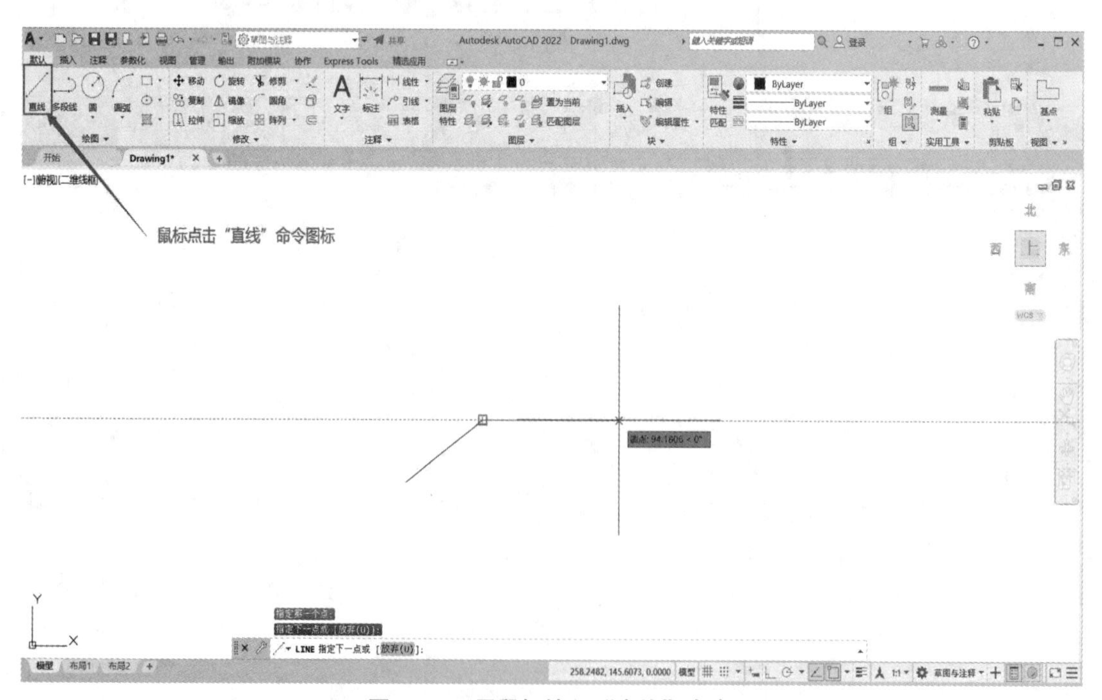

图 1.2.1 用鼠标输入“直线”命令

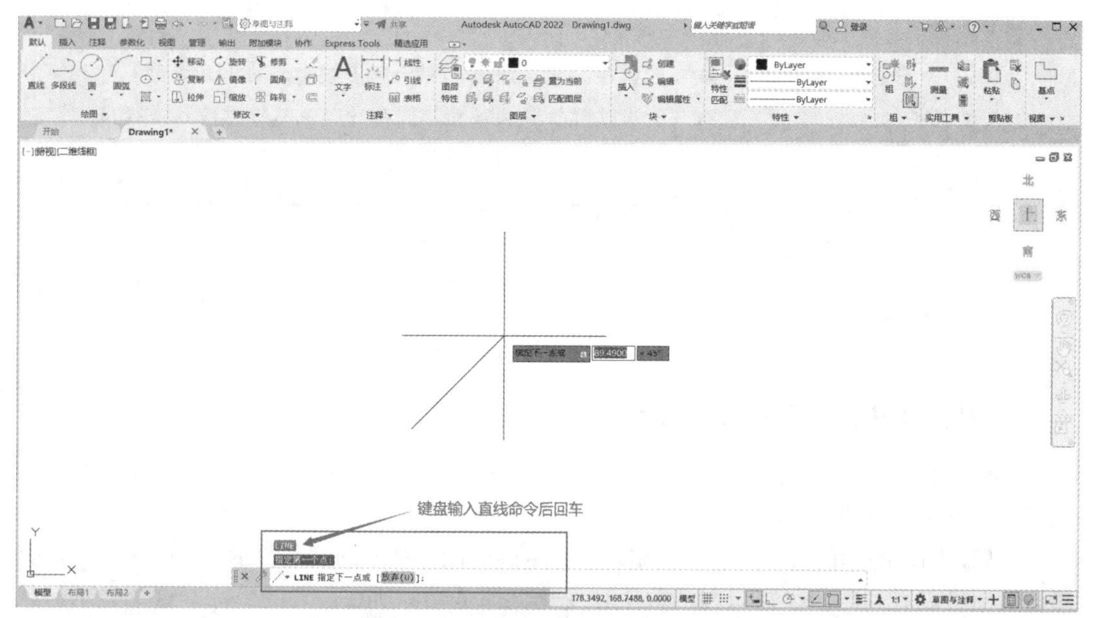

图 1.2.2　用键盘输入“直线”命令

1.2.2　命令的交互响应

在输入命令后，AutoCAD 系统要求输入数据或选择参数，只有操作者做出正确的响应，命令才能正常执行。要正确响应命令提示，必须读懂命令提示信息。AutoCAD 的命令提示有统一的格式，其格式为：

当前操作或 [选项] < 当前值 >:

当前操作：默认的响应项，直接响应不必选择。

选项：显示在方括号中，有多个选项时，用斜线分隔各选项。需要选择某选项的功能时，直接从键盘输入该选项后小括号内的字母。

当前值：默认值，当要输入的值与该值相同时，不必重复输入，按回车键（或空格键）即可。

1. 从命令行来响应 AutoCAD 的提示

例如，输入画圆的命令，提示行的信息显示为：

指定圆的圆心或 [三点（3P）/ 两点（2P）/ 相切、相切、半径（T）]:

“指定圆的圆心”就是当前操作项，可以直接输入圆心位置坐标，或用鼠标在屏幕上点击，拾取点就是圆的圆心。

“三点（3P）/ 两点（2P）/ 相切、相切、半径（T）”就是三个命令选项。如果要使用三点方式画圆，则从键盘输入“3P”（字母大小写无关）后回车，接着指定三个点即可。

下面以绘制正五边形为例，说明命令交互响应的操作方法，如图 1.2.3 所示。

命令 : polygon　　　　　　　　　　；输入正多边形命令

输入边的数目 <4>: 5　　　　　　　　；从键盘输入边数

指定正多边形的中心点或 [边（E）]:　　；用鼠标拾取中心点

输入选项 [内接于圆（I）/ 外切于圆（C）] <I>:

; 回车接受默认值，即绘制内接于圆的正五边形

指定圆的半径：　　　　　　　　; 用鼠标拾取确定外接圆半径，或从键盘输入半径值

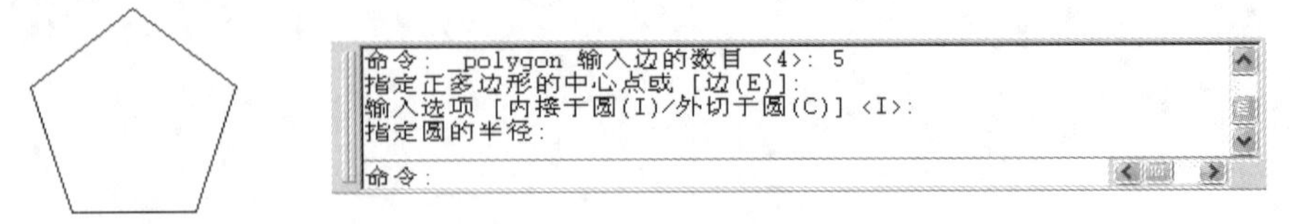

图 1.2.3　命令行输入数据和选项

2. 利用动态输入来响应 AutoCAD 提示

AutoCAD 2006 及以上版本，增加了动态输入功能。打开动态输入后，执行命令时会在光标的右下角出现动态提示。

例如，输入画圆的命令后，屏幕出现“指定圆的圆心或”的动态提示，如图 1.2.4 所示。移动鼠标可以看到两个小窗口内的数值在变化，那是光标所在位置的坐标，这个显示与状态栏上的显示是一致的。在绘图窗口适当位置单击，即指定了圆的圆心。

图 1.2.4　指定点的动态输入

接着，又出现“指定圆的半径或”的提示，如图 1.2.5 所示，并且显示半径（标注形式）动态变化的小窗口，这时在小窗口中直接输入半径值后回车即完成圆的绘制。

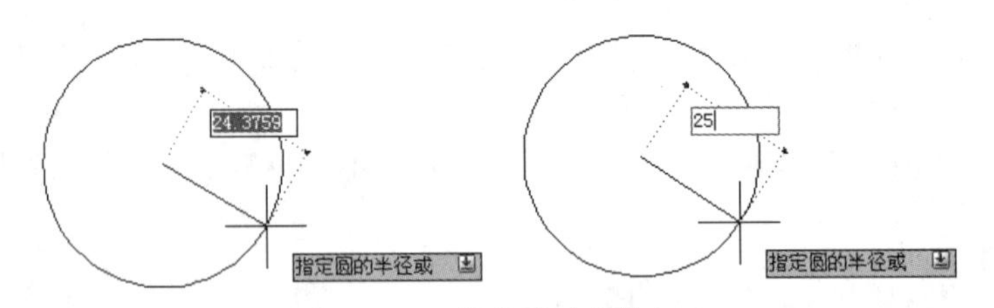

图 1.2.5　数值的动态输入

又如，按“圆心—直径”作圆，指定圆心后，在“指定圆的半径或”提示下，按键盘向下的方向键弹出命令选项，用方向键选择（也可以用鼠标选择）“直径（D）”，在小窗口输入直径并回车，如图 1.2.6 所示。

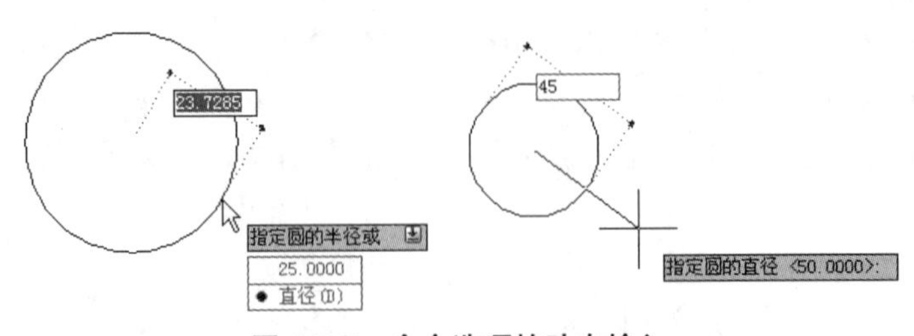

图 1.2.6　命令选项的动态输入

1.2.3　输入点的方法

创建精确的图形是设计的基本要求，绘制精确图形的关键是准确指定点的坐标，这不仅指输入点的坐标值，更重要的是利用辅助工具自动捕捉需要的点，或自动追踪到目标点。

1. 点的坐标

AutoCAD 默认设置下的绘图平面为 XOY 平面，水平从左向右为 X 轴，垂直从下向上为 Y 轴，坐标原点位于屏幕左下角。这个默认的坐标系也称为世界坐标系（WCS）。在设计中可以采用绝对坐标或相对坐标两种方式确定一个点。

1）绝对坐标

绝对坐标是用原点（0,0）定位的坐标。如图 1.2.7（a）所示，A 点的绝对坐标为（2,1），表示 A 点距原点的水平距离为 2，距原点的垂直距离为 1；B 点的绝对坐标为（5,3），表示 B 点距原点的水平距离为 5，距原点的垂直距离为 3。从键盘输入坐标时，X、Y 坐标之间用英文逗号“,”分隔，不加小括号“（ ）”。

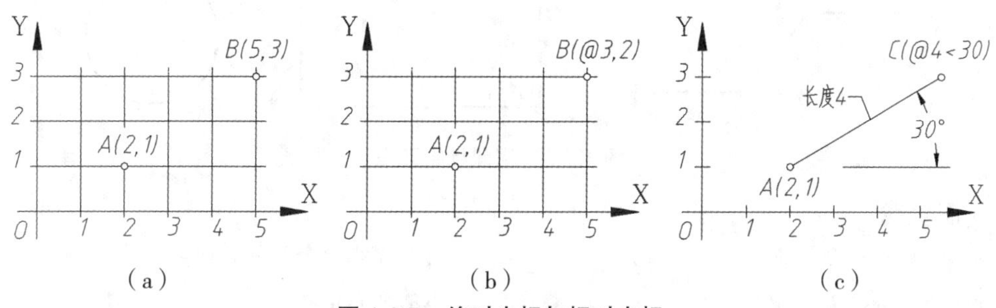

（a）　　（b）　　（c）

图 1.2.7　绝对坐标与相对坐标

2）相对坐标

相对坐标是以前一个点来定位的坐标，又分为相对直角坐标和相对极坐标（也简称极坐标）两种，如图 1.2.7（b）、（c）所示。

相对直角坐标用坐标增量表示，输入坐标值之前，要加一个“@”符号，形式为：@Δx,Δy。如图 1.2.7（b）所示，B 点相对 A 点来说 X 坐标增加 3 个单位、Y 坐标增加 2 个单位，因此 B 点对 A 点的相对坐标表示为 @3,2。

极坐标用距离和角度表示：@ 长度 < 角度。如图 1.2.7（c）所示，C 点相对 A 点的距离为 4 个单位，两点连线与 X 轴正向夹角为 30° 。因此 B 点相对 A 点的极坐标表示为：@4<30。

如图 1.2.8 所示，用不同的坐标定位同一个三角形的 A、B、C 三个顶点。

绝对坐标：先指定 A（100,100），随后确定 B（160,100）、C（130,175）。

相对坐标：任意在屏幕中指定 A 点，则 B 点极坐标为 @60<0（相对前一点 A），C 点的相对坐标为 @–30,75（相对前一点 B）。

2. 点的输入方法

绘图过程中很多命令都需要指定点：绘制直线要指定端点、绘制圆要指定圆心、绘制矩形要指定角点等。AutoCAD 中指定点的方法有如下几种。

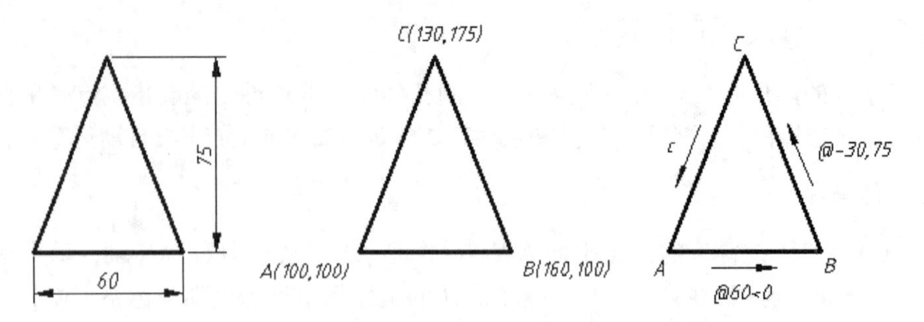

图 1.2.8　用绝对坐标与相对坐标定位点

1）鼠标拾取点

AutoCAD 提示“指定点”的时候，可以用鼠标在绘图区域内点击，点击一个点即输入了这个点的坐标。图 1.2.9 所示的各点均可用鼠标点击来输入点的坐标。

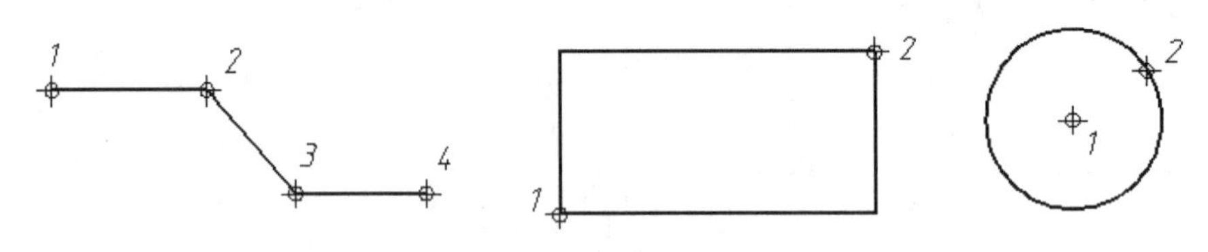

图 1.2.9　用鼠标拾取点

绘制直线：

命令 : line　　；输入直线命令 line 并回车

指定第一点 :　　；用鼠标点击点 1

指定下一点或 [放弃（U）]:　　；用鼠标点击点 2

指定下一点或 [放弃（U）]:　　；用鼠标点击点 3

指定下一点或 [闭合（C）/ 放弃（U）]:　　；用鼠标点击点 4

指定下一点或 [闭合（C）/ 放弃（U）]:　　；回车或按空格键，结束命令

绘制矩形：

命令 : _rectang　　；点击工具栏矩形命令按钮

指定第一个角点或 [倒角（C）/ 标高（E）/ 圆角（F）/ 厚度（T）/ 宽度（W）]:

；点击点 1 确定一个角点

指定另一个角点或 [尺寸（D）]:　　；点击点 2 确定对角点

绘制圆：

命令 : c　　；输入圆简写命令 c 并回车

CIRCLE 指定圆的圆心或 [三点（3P）/ 两点（2P）/ 相切、相切、半径（T）]:

；点击点 1 确定圆心

指定圆的半径或 [直径（D）]:　　；点击点 2 确定半径

2）直接距离输入

执行直线命令时，在指定了第一点后，通过移动光标指示方向，输入相对前一点的距离来确定下一点的方法称为直接距离输入。通常配合“极轴追踪”和“正交”一起使用，

即由极轴确定画线方向，从键盘输入确定画线长度。

绘制如图 1.2.10 所示图形，命令行序列如下：

命令 : _line 指定第一点 : ；用鼠标点击 1 点

指定下一点或 [放弃（U）]: 25 ；向左移动光标出现 180° 极轴，输入 25 画线至点 2

指定下一点或 [放弃（U）]: 65 ；向下移动光标出现 270° 极轴，输入 65 画线至点 3

指定下一点或 [闭合（C）/ 放弃（U）]: 50

；向右移动光标出现 0° 极轴，输入 50 画线至点 4

指定下一点或 [闭合（C）/ 放弃（U）]: 30

；向上移动光标出现 90° 极轴，输入 30 画线至点 5

指定下一点或 [闭合（C）/ 放弃（U）]: c ；输入 c 回车，闭合图形

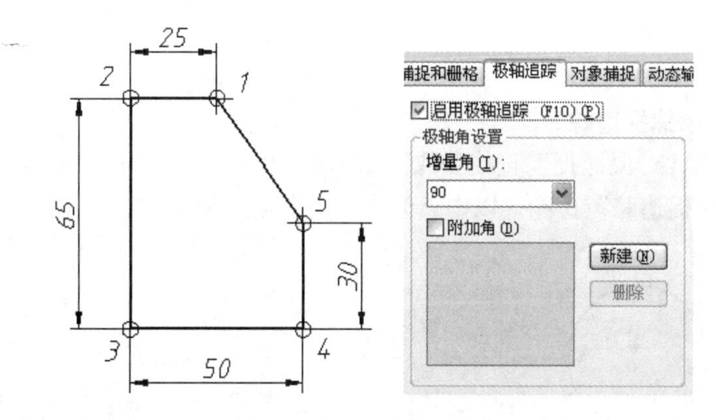

图 1.2.10 直接输入距离

3）使用“对象捕捉”

很多情况下，待输入的点是已有对象上的特征点，如直线的端点、中点和圆的圆心、直线与圆切点等。这时需要配合“对象捕捉”功能，利用鼠标操作获取这些点。

如图 1.2.11 所示，已知长度为 80 的水平直线，分别以其两端点为圆心，绘制直经为 ø70 和 ø40 的两个圆，并且绘制出两圆的公切线。

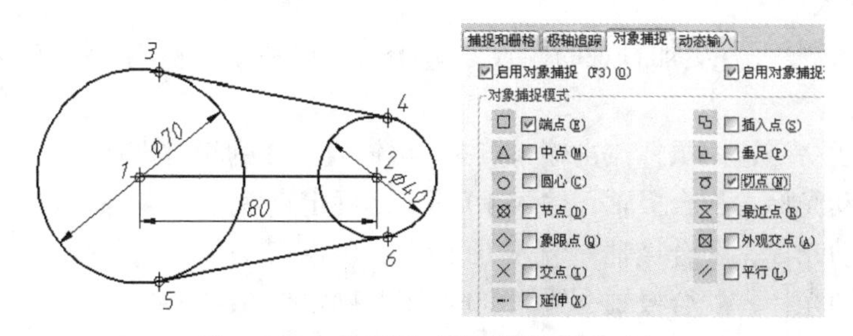

图 1.2.11 使用“对象捕捉”输入点

参考图示设置对象捕捉，绘图命令行序列如下：

命令 : circle

指定圆的圆心或 [三点（3P）/ 两点（2P）/ 相切、相切、半径（T）]: ；用鼠标捕捉左端点作为圆心 1

指定圆的半径或 [直径（D）]: 35　　　　　　；输入半径 35

命令 : circle

指定圆的圆心或 [三点（3P）/ 两点（2P）/ 相切、相切、半径（T）]:　；用鼠标捕捉右端点作为圆心 2

指定圆的半径或 [直径（D）] <35.0000>: 20　；输入半径 20

命令 : line

指定第一点 :　　　　　　；捕捉切点 3，在点 3 附近拾取圆

指定下一点或 [放弃（U）]:　　　　　　；捕捉切点 4，在点 4 附近拾取圆

指定下一点或 [放弃（U）]:　　　　　　；回车结束命令

命令 : line

指定第一点 :　　　　　　；捕捉切点 5，在点 5 附近拾取圆

指定下一点或 [放弃（U）]:　　　　　　；捕捉切点 6，在点 6 附近拾取圆

指定下一点或 [放弃（U）]:　　　　　　；回车结束命令

4）使用“对象捕捉追踪”

有的点无法用“对象捕捉”直接获取。如图 1.2.12 所示，圆心在矩形中点上方 50，就可以利用“对象捕捉追踪”功能，以中点为参照向上追踪指定点。

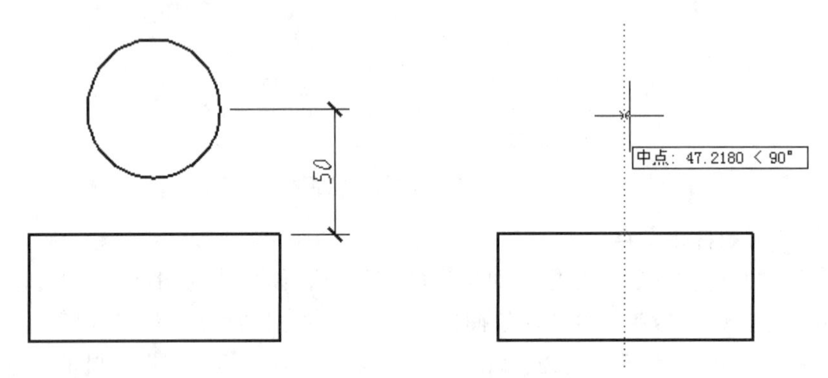

图 1.2.12　对象追踪

5）动态输入

“动态输入”是一种更加直观的输入方式。图 1.2.13 所示是使用“动态输入”的一个例子，操作要点如下：

①执行直线命令，用鼠标点击输入点 1，再输入点 2 的相对坐标；

②向左移动光标，配合极轴，输入 10 回车，确定点 3；

③向上移动光标，配合极轴，输入 10 回车，确定点 4；

④向左移动光标，配合极轴，输入 30 回车，确定点 5；

⑤向下移动光标，配合极轴，输入 10 回车，确定点 6；

⑥向左移动光标，配合极轴，输入 10 回车，确定点 7；

⑦按向下方向键展开选项列表，选择闭合完成图形，命令结束。

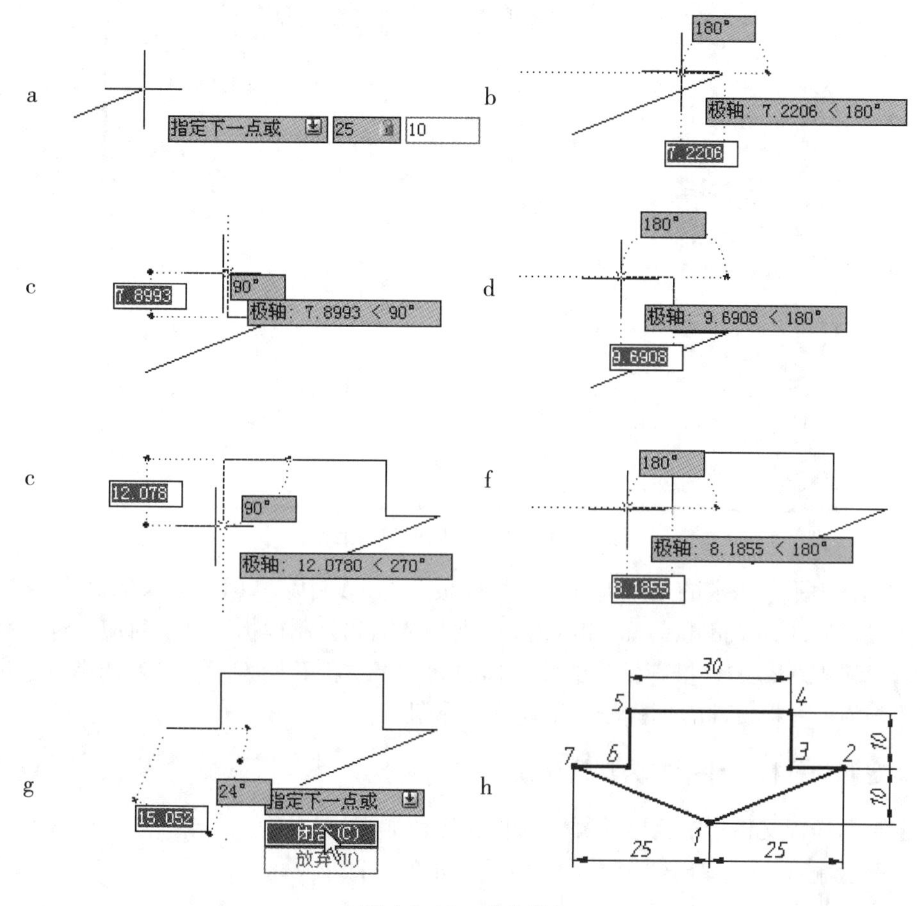

图 1.2.13　动态输入

任务 1.3　AutoCAD 的文件操作

1.3.1　创建新的图形文件

创建一个新的图形文件有以下几种方法。

- 单击快速访问工具栏上的“新建”按钮 。
- 键盘输入命令：NEW。
- 按下组合键【Ctrl+N】。

1. 选择样板文件开始新图

新建图形时会弹出“选择样板”对话框，如图 1.3.1 所示。

样板文件的扩展名是 dwt，样板文件是绘制新图的一个初始环境。新建文件时，默认的样板文件是“acadiso.dwt”，该样板文件可用于创建一张单位是毫米、图幅是 A3、图形文件名是“Drawing1.dwg”（依次新建的文件名默认是 Drawing2.dwg、Drawing3.dwg.……）的文件。

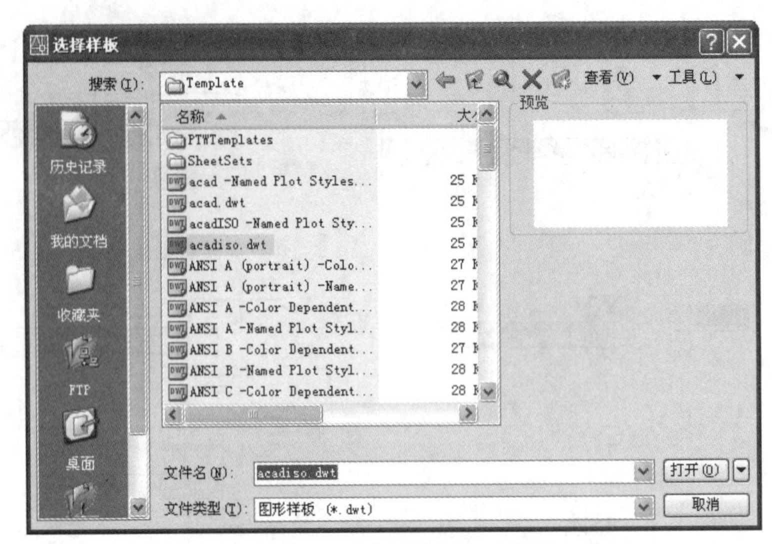

图 1.3.1 “选择样板”对话框

AutoCAD 为不同需求的用户提供了多个样板文件，其中以“Gb”开头的是符合“国标”的样板文件。另外，acad.dwt、acadiso.dwt 分别是英制和公制样板文件，对应的绘图范围分别是 12×9 和 420×297。推荐默认的 acadiso.dwt 样板文件开始绘图，或者选择自己定制的样板文件。关于样板文件的创建与使用在下节介绍。

2. 将定制的样板文件指定为默认样板

将定制的样板文件指定为默认样板文件的操作如下。

①从键盘输入 op，弹出“选项”对话框，如图 1.3.2 所示。

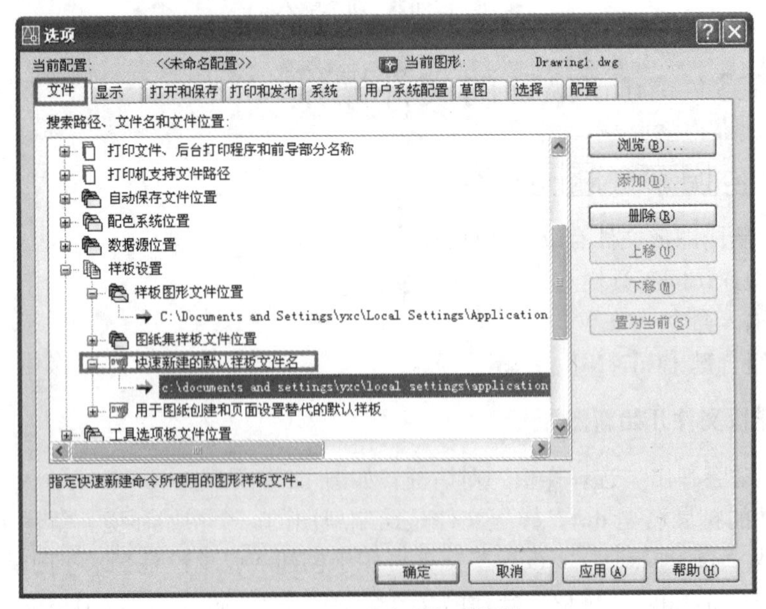

图 1.3.2 “选项”对话框

②单击“文件”标签，在“搜索路径、文件名和文件位置:”列表窗口中展开“样板设置”，

选择“快速新建的样板文件名”，再单击“浏览”按钮，弹出“选择样板”对话框。

③在“选择样板”对话框中，选择欲使用的样板文件，如 acadiso.dwt，单击“打开”按钮。

④返回“选项”对话框，单击“确定”按钮完成设置。

这样设置之后，单击新建按钮 □ 就不会出现“选择样板”对话框了，而是以上述默认样板开始新图。但是执行“文件”→“新建”命令或输入 NEW 命令时仍然出现“选择样板”对话框。

1.3.2　打开 AutoCAD 图形文件

AutoCAD 图形文件是以 dwg 为扩展名的文件，对于已经存在的 AutoCAD 图形文件，如果想对它们进行修改或查看，就必须用 AutoCAD 软件打开该文件。

打开 AutoCAD 图形文件的方法有如下几种：

- 单击快速访问工具栏上的“打开”图标 ；
- 从键盘输入命令：OPEN；
- 按下组合键【Ctrl+O】。

1. 打开文件

输入命令，打开如图 1.3.3 所示的“选择文件”界面，在“搜索”下找到要打开文件所在的目录。在该目录下选择一个文件，单击“打开”按钮或双击选择的文件名，该图形文件即被打开显示在图形窗口中。

在 Windows 下浏览到目标文件夹，双击图形文件名也可以打开图形文件。

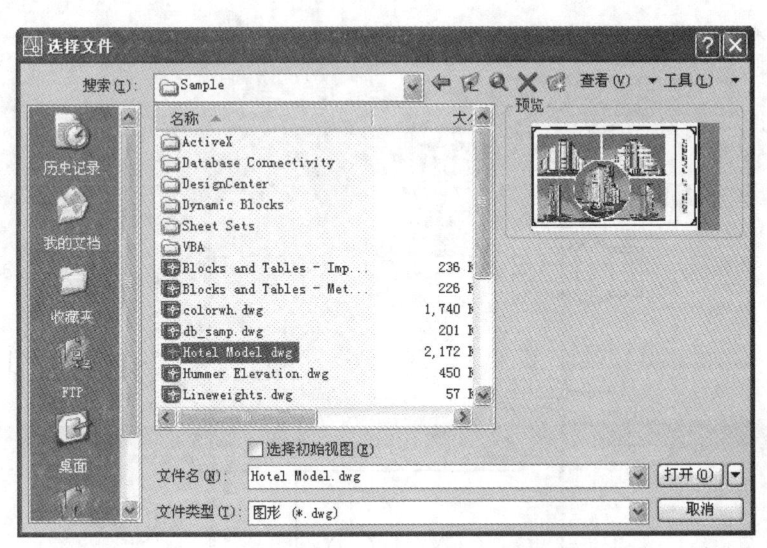

图 1.3.3　“选择文件”界面

2. 多图形文件模式界面

AutoCAD 提供多图形文件的操作模式。即在一个 AutoCAD 进程中可以打开多个图形文件，这些图形文件之间可以相互复制、粘贴。在“窗口”菜单下可以切换当前窗口显示的图形，或按 Ctrl+Tab 实现切换，如图 1.3.4 所示。

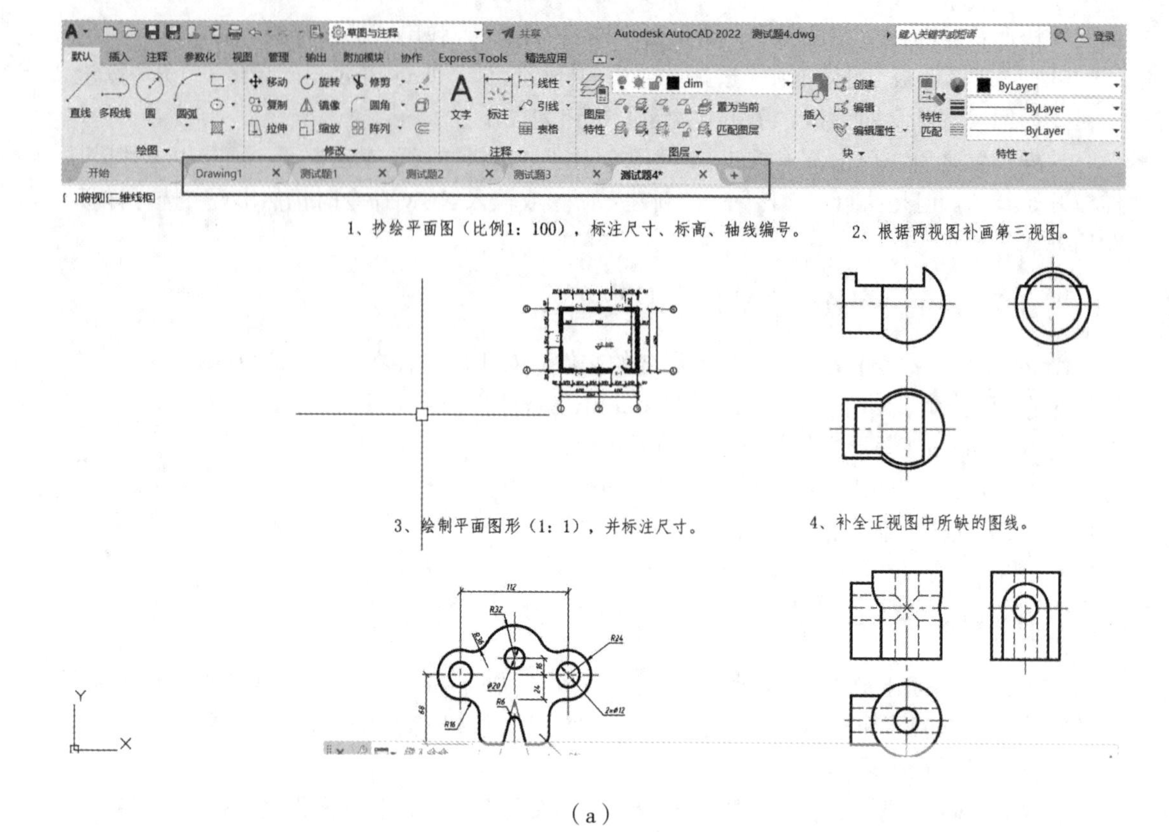

（a）

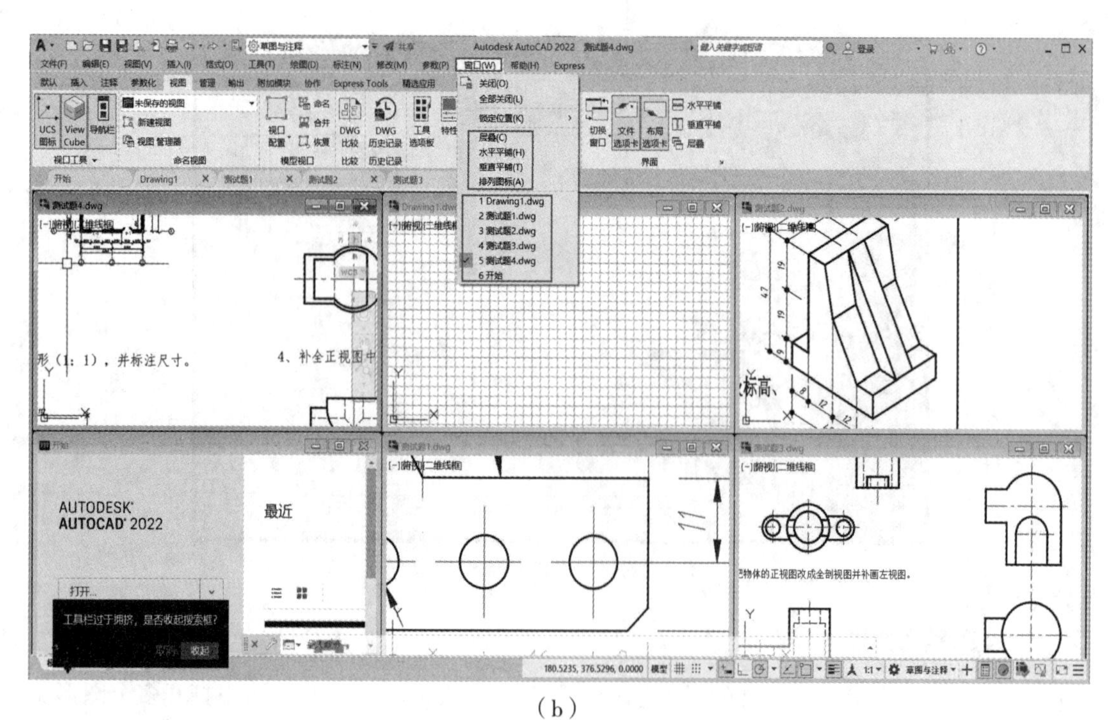

（b）

图 1.3.4　多图形文件界面

1.3.3　保存文件

保存文件就是把用户所绘制的图形以文件形式存储起来。用户在绘制图形的过程中，要养成经常保存文件的好习惯，以减少因计算机死机、程序意外结束或突然断电所造成的数据丢失。下面介绍两种常用的保存文件的方法。

1. 快速保存

快速保存是以当前文件名及其路径进行保存。操作方法有以下几种：

- 单击快速访问工具栏上的“保存”按钮；
- 从键盘输入命令：SAVE；
- 按下组合键【Ctrl+S】。

如果是第一次保存图形文件，则会弹出“图形另存为”对话框，在此指定文件夹、输入文件名、点击“保存”按钮。

2. 文件另存为

“文件另存为”命令是将当前文件用另外一个名字或路径进行保存。其操作方法如下：

- 单击快速访问工具栏上的“文件另存为”按钮；
- 命令：SAVEAS；
- 按下组合键【Ctrl+Shift+S】。

这时程序会弹出“图形另存为”对话框，在此选择文件夹、输入文件名（文件扩展名为 dwg，不必输入，系统自动添加）、点击“保存”按钮。

任务 1.4　设置绘图环境

在 AutoCAD 中绘制图形之前，需要定义符合要求的绘图环境，如指定绘图单位、图形界限、设计比例、设计样板、布局、图层、文字样式和标注样式等参数。我们称这个过程为“设置绘图环境”。设置好的绘图环境可以保存为样板文件，以后能随时使用该样板文件，无须再次定义绘图环境，并且可以最大限度地规范设计部门内部的图纸，减少重复性的劳动。下面介绍绘图环境的内容及其设置方法。

1.4.1　图形单位

AutoCAD 绘制工程图样，是用 1:1 的比例进行绘制的。AutoCAD 默认的绘制单位是毫米。如果要绘制的工程图样单位是厘米或米或千米，可以根据要求事先设置好绘图单位，方便作图。

可以根据需要设置图形单位类型与精度。启动单位设置命令的方法有如下两种：

- 选择菜单栏“格式”→“单位”；
- 命令：UNITS（UN）。

激活命令后弹出“图形单位”对话框，如图 1.4.1 所示。在这个对话框中可以对长度和角度的单位类型与精度进行设置。

1. 长度单位

1）长度单位类型

长度“类型”列表中有 5 种单位格式：分数、工程、建筑、科学、小数。其中“小数”为十进制记数方式；“分数”为分数表示法；“科学”为科学记数方式；“建筑”与“工程”采用的是英制单位体系。推荐默认的“小数”格式，它是符合“国标”的长度单位格式。

“精度”下拉列表中可以选择长度单位的测量精度。默认是“0.0000”精度，表示精确到小数点后面 4 位。

2）选择长度单位

根据绘图需要，选择合适的长度单位，如图 1.4.2 所示。

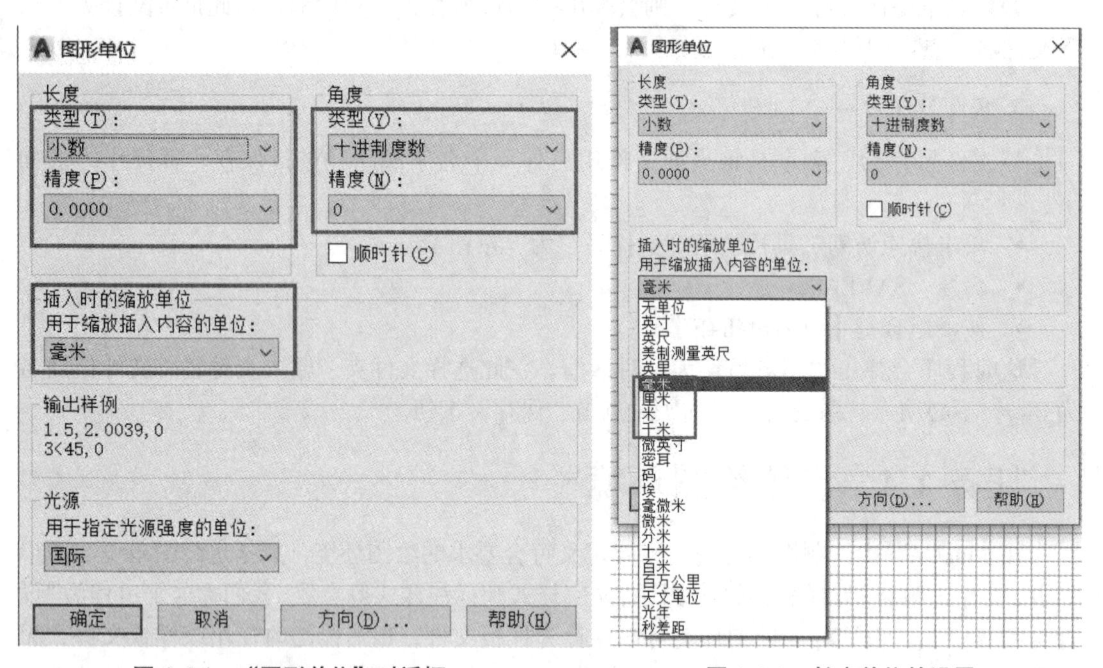

图 1.4.1　“图形单位”对话框　　　　图 1.4.2　长度单位的设置

2. 角度单位

AutoCAD 提供的角度单位类型有：百分度、度 / 分 / 秒、弧度、勘测单位、十进制度数。

“十进制度数”是用十进制数表示角度值；“百分度”是一种特殊的角度测量单位，通常不使用百分度单位；“度 / 分 / 秒”是用“° /′ /″ ”来表示角度，这是最普通的角度单位；“弧度”是用弧度单位来表示角度；“勘测单位”是大地坐标的测量单位，需要指定方位和角度值。通常使用“十进制度数”来表示角度值，如图 1.4.3（a）、（b）、（c）所示。

角度的精度按需选用。角度的默认起始方向为“东”，即逆时针为正，如图 1.4.3（d）所示。

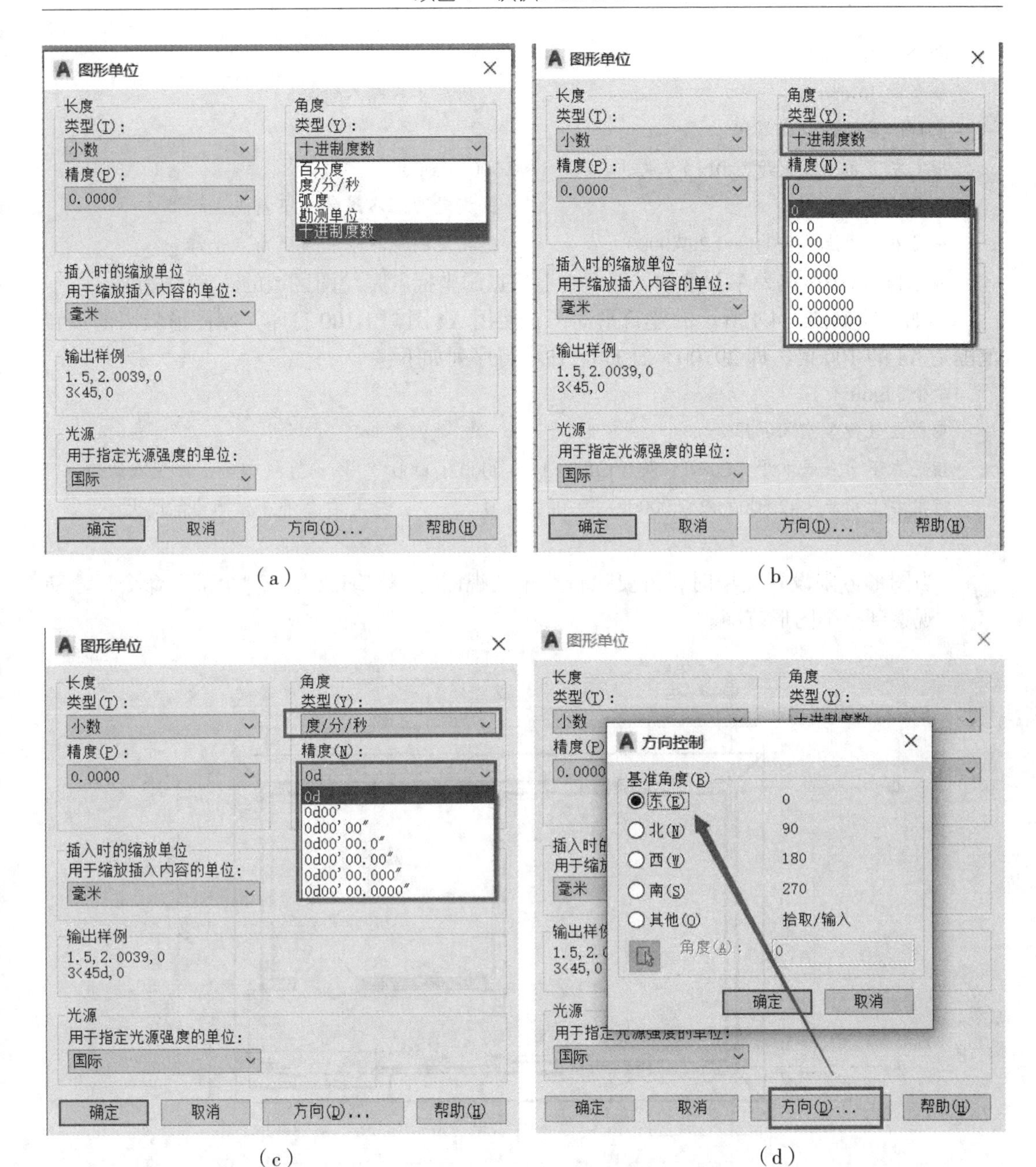

图 1.4.3　角度单位的设置

1.4.2　图形界限

图形界限是AutoCAD绘图空间中事先设置的一个矩形绘图区域，图形界限就像图纸一样，它有一个“虚拟”的边界。

激活“图形界限”命令的方法有两种：

- 选择菜单“格式”→“图形界限”；
- 命令：LIMITS。

命令行序列如下：

命令 : '_limits ；从菜单栏输入命令

重新设置模型空间界限 :

指定左下角点或 [开（ON）/ 关（OFF）] <0.0000,0.0000>:

；指定图形界限的左下角点坐标

指定右上角点 <420.0000,297.0000>: ；指定图形界限的右上角点坐标

如果以（0,0）作为左下角点，那么右上角点的坐标就是绘图区域的宽度和高度。

例如，绘制图 1.4.4 所示的建筑平面图，使用 A4 图幅 1:100 打印，则图形界限的设置范围是 A4 的 100 倍，即 29700 × 21000。命令行序列如下：

命令 : limits

重新设置模型空间界限 :

指定左下角点或 [开（ON）/ 关（OFF）] <0.0000,0.0000>: ；直接回车，接受默认值

指定右上角点 <420.0000,297.0000>: 29700,21000 ；指定右上角点坐标为范围大小

提示 当图形界限设置完毕时，需要执行菜单“视图”→“缩放”→“全部”命令，才能观察到整个图形范围。

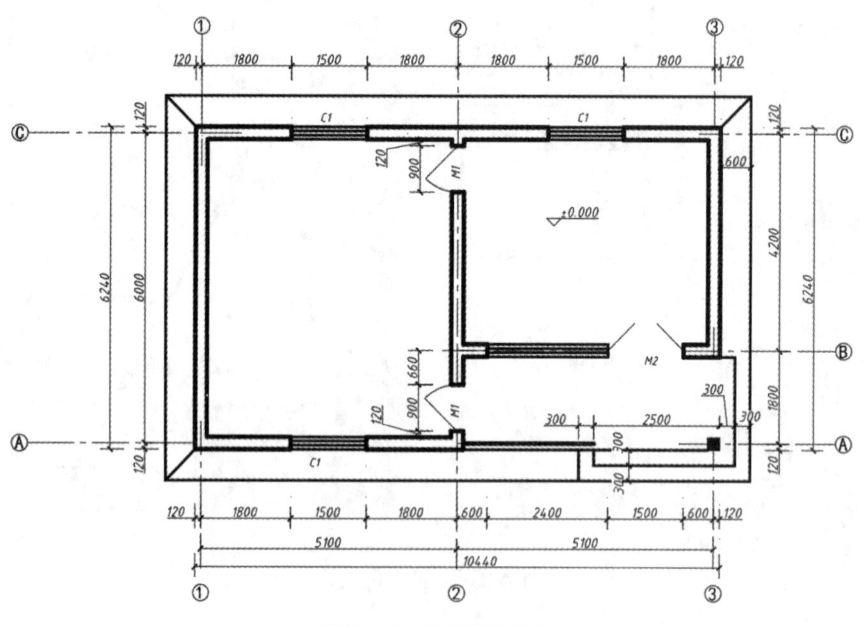

图 1.4.4 建筑平面图

两点说明：

①默认环境下，绘图的尺寸大小并不受图形界限的限制，即不设置图形界限也可以绘制任意大小的图形。但是，当打开图形界限检查后，AutoCAD 将限制图形界限之外的坐标输入（显示“** 超出图形界限”信息）。打开界限检查的命令行序列如下：

命令 : limits

重新设置模型空间界限 :

指定左下角点或 [开（ON）/ 关（OFF）] <0.0000,0.0000>: on ；打开界限检查，默认是关闭的

②设置图形界限之后，该界限与打印图纸时的“图形界限”选项以及绘图栅格的显示区域是一致的。

1.4.3 对象的基本特性

工程图中表达工程形体需要不同的线型，有实线、虚线和点画线，还有粗实线和细实线之分。在 AutoCAD 中创建的图形对象除了具有不同的线型和线宽特性外，同时还具有图层、颜色、打印样式等特性。我们称这些特性为对象的基本特性。下面介绍图层、颜色、线型和线宽的设置。

1. 图层的概念

图层是一个用来管理图形对象的工具，工程图样中，每一个图形对象都必须放置在相应的图层上。

设置图层需要设置图层名，设置颜色、线型和线宽。可以形象地认为，图层就像透明的绘图纸，一张工程图由多张这样的“透明纸”叠加组成。每一图层上绘制的图形对象具有该图层的颜色、线型和线宽。例如，图 1.4.5 所示的图形可以设置 4 个图层，分别用于点画线、粗实线的绘制，以及标注尺寸与文字，如图 1.4.6 所示。

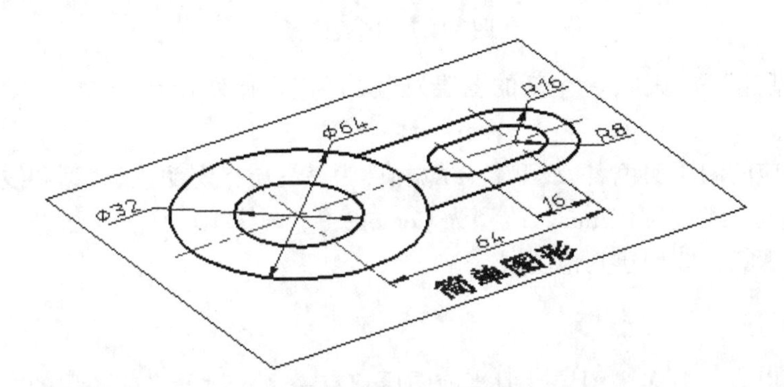

图 1.4.5 利用“图层”管理图形对象

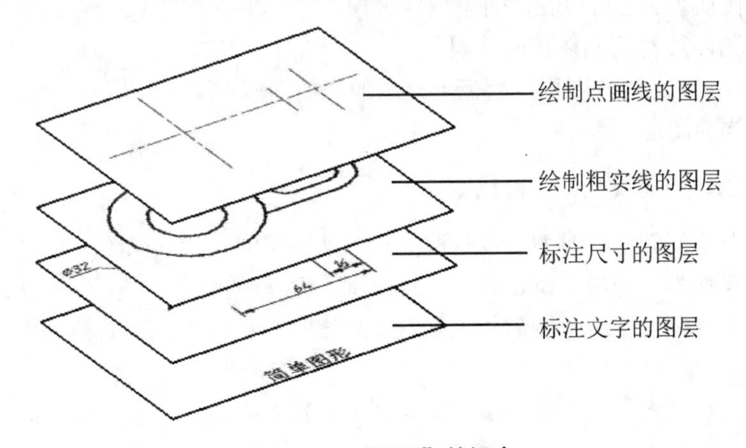

图 1.4.6 “图层”的概念

2. 图层的设置

图1.4.7所示的“图层特性管理器”对话框用于创建与设置图层，为图层设置图名、颜色、线型、线宽等特性。启动“图层特性管理器”有如下几种方法：

- 功能区：“默认”选项卡→“图层”面板→“图层特性”按钮；
- “图层”工具栏→“图层特性”按钮；
- 命令行：LAYER（LA）。

设置图层的操作步骤如下。

①启动“图层特性管理器”对话框，如图1.4.7所示。

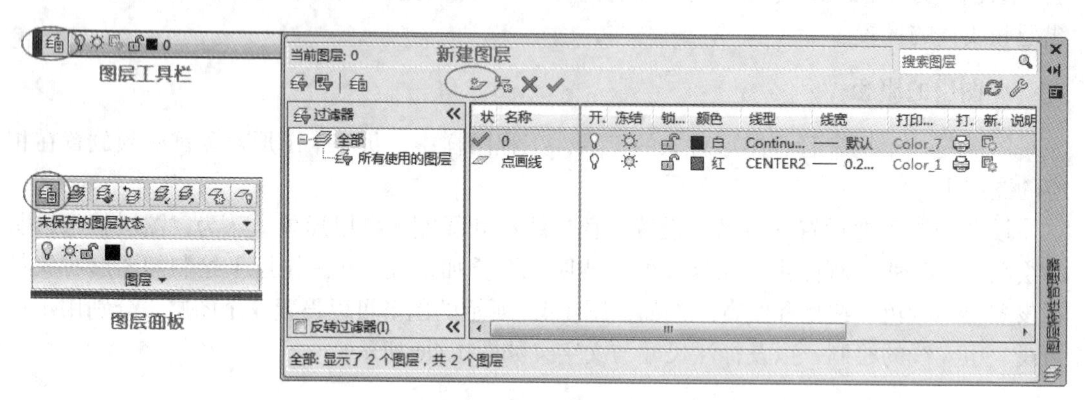

图1.4.7　图层设置

②单击“新建”按钮，一个新的图层“图层1”出现在列表中，随之将“图层1”改名（如“点画线”）。

③单击相应的图层颜色名、线型名、线宽值，为该图层指定颜色、线型和线宽，如指定“点画线”层为红色、线宽为0.2mm、线型为Center2（点画线）。

④重复步骤②、③创建其他图层。

3. 当前图层

一张图可以有任意多个图层，但当前图层只有一个。设置当前图层的方法是点击图层列表中对应的图层名，也可以在“图层特性管理器”选择一个图层，然后单击“置为当前”按钮，绘制的图形对象就在当前图层上。

图1.4.8（a）所示为“图层”面板上显示的当前图层；图1.4.8（b）所示为“图层”工具栏上显示的当前图层。

4. 当前颜色、当前线型、当前线宽

新建图形对象的颜色、线型、线宽取决于当前图层的设置。如图1.4.9所示，“特性”面板的默认设置均为“随层（ByLayer）”，即新建对象的颜色、线型、线宽与当前图层的设置相同。图1.4.9（a）所示为特性面板显示的当前特性，图1.4.9（b）所示为特性工具栏的显示。

例如，以“点画线”层为当前层，将绘制出0.2mm宽的红色点画线。

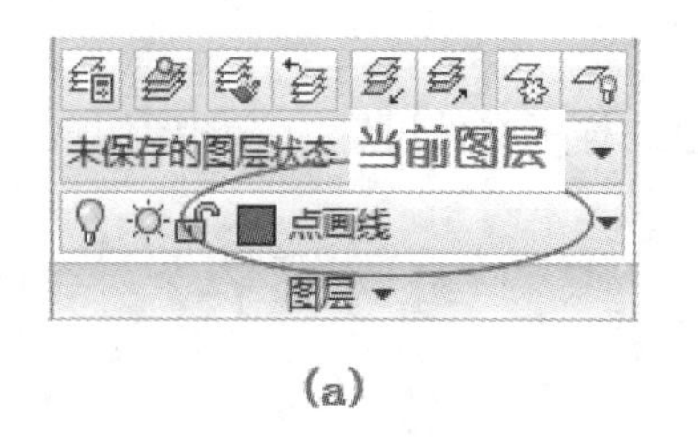

(a)

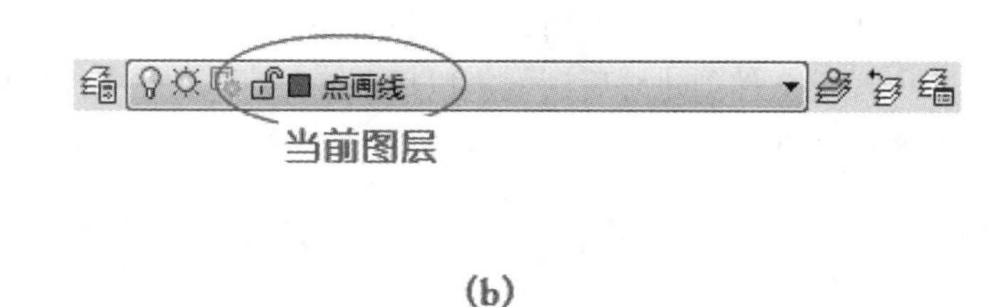

(b)

图 1.4.8　设置当前图层

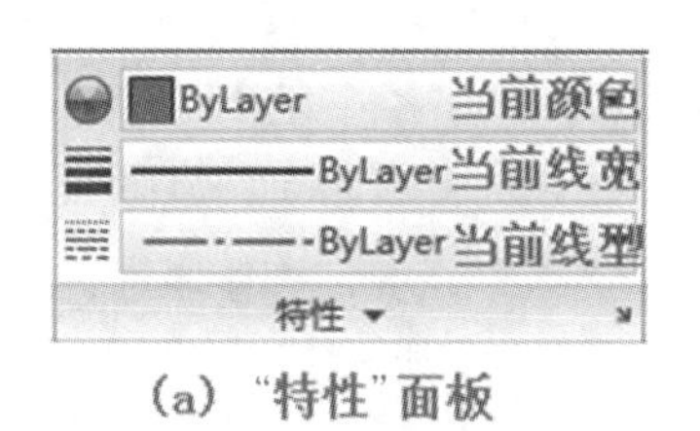

(a) "特性"面板

(b) "特性"工具栏

图 1.4.9　当前对象特性

对象特性"随层"的优点在于：在"图层特性管理器"修改图层特性后，对象特性随之更新。例如将"点画线"层"红色"改为"蓝色"，则已绘制的点画线将改为蓝色特性。

必要时，也可以自定义当前特性，即指定一种特定的颜色、线型或线宽。对于更改了对象的"随层"特性，新建对象将与图层的设置无关。如图 1.4.10 所示的自定义特性，无论以哪个图层为当前层，新建对象都是"0.3mm 宽的蓝色实线"。

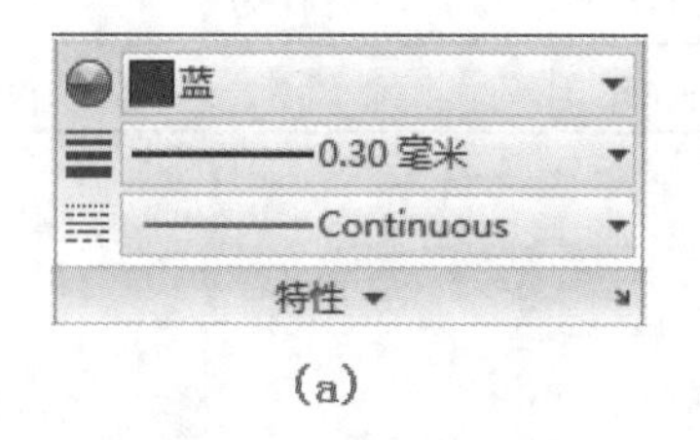

(a)

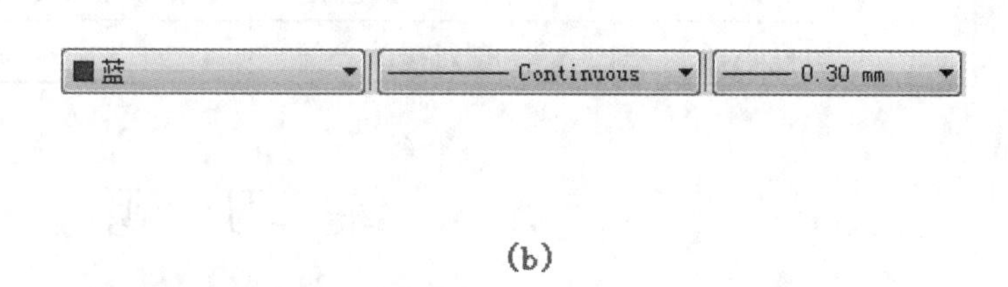

(b)

图 1.4.10　自定义对象特性

因此，推荐使用默认的"随层（ByLayer）"特性。

1.4.4　创建样板文件

在完成上述绘图环境的基本设置后，就可以开始绘图了。

在 AutoCAD 中，可以将设置好的绘图环境保存为样板文件，还可以把样板文件设置为新建图形的默认样板文件。这样可以提高绘图效率，还能使图形具有统一的文字样式、标注样式、布局、打印样式（其设置方法将在后续章节专门介绍）及图层等格式。

保存样板文件的步骤如下：

①单击 → "另存为"，弹出"图形另存为"对话框；

②在"图形另存为"对话框的"文件类型"选项列表中选择"AutoCAD 图形样板（*.dwt）"；

③在"保存于"框选择保存样板文件的文件夹，在"文件名"输入框输入文件名；

④单击“保存”按钮，完成设置。

样板文件创建好后，就可以用图 1.3.2 所示方法，将自己的样板文件设置为新图形的默认样板文件。

小　结

本项目学习了 AutoCAD 的入门知识，包括：

（1）认识 AutoCAD 的工作界面；

（2）掌握自定义 AutoCAD 的工作界面；

（3）掌握 AutoCAD 命令的输入方式及命令交互式操作方法；

（4）掌握点的输入方法；

（5）掌握 AutoCAD 文件的类型和文件操作方法；

（6）掌握 AutoCAD 绘图环境的设置内容；

（7）掌握 AutoCAD 样板文件的设置方法。

项目 1 常用快捷键表

快捷键	命令	快捷键	命令
Ribbonclose	隐藏功能区	New；Ctrl+N	新建文件
Cui	自定义工作界面	Open；Ctrl+O	打开文件
Units（Un）	单位设置	Save；Ctrl+S	保存文件
Layer（La）	图层特性管理器	Saveas；Ctrl+shift+S	另存为
Ctrl+Tab	窗口切换		

练　习　题

一、理论题

1. AutoCAD 中保存文件，系统默认的文件格式为（　）。

A.dxf 格式　B.dws 格式　C. dwg 格式　D.3ds 格式

2. AutoCAD 中，样板文件的后缀名为（　）。

A. .dxf　B..dwt　C. .dwg　D. .dws

3. 在 AutoCAD 中，若在多个打开的图形间来回切换，则按快捷键（　）。

A.Ctrl+Shift　B. Ctrl+Alt　C. Ctrl+Tab　D. Shift+Tab

4. 在“命令：”提示下，不能调用帮助功能的操作是（　）。

A. 键入 HELP 回车　B. 按 Ctrl+H　C. 键入？（问号）回车　D. 按功能键 F1

5. 要使对象的颜色随图层的改变而改变，则对象的颜色应设置为（　）。

A.ByLayer　B.Color　C.Layer　D. 不固定

6. 以下不属于对象特性的是（　）。

A. 打印样式　B. 图形界限　C. 颜色　D. 线型

7. 设长度单位类型设置为十进制整数（小数 0 位），以下表述错误的是（　）。

A. 不影响图形绘制的尺寸精度　　B. 尺寸标注为整数

C. 距离查寻显示整数长度　　D. 状态栏显示整数坐标

8. 取消命令执行的键是（　）。

A. 按回车键　　B. 按空格键　　C. 按 Esc 键　　D. 按 F1 键

9. 重复执行上一条命令的快捷方式是（　）。

A. 按回车键　　B. 按 Esc 键　　C. 按 Tab 键　　D. 按 F1 键

10.AutoCAD 的图层不可以改名的是（　）。

A.1 图层　　B. 第二图层　　C. 0 层　　D. 任意层

11. 下列不属于图层设置范围的有（　）。

A. 颜色　　B. 线宽　　C. 过滤器　　D. 线型

12. 下列选项中，不属于图层状态控制的有（　）。

A. 冻结 / 解冻　　B. 修改　　C. 开 / 关　　D. 解锁 / 锁定

13. 为使图层上的对象不显示，图层应设置为（　）。

A. 隐藏　　B. 打开　　C. 锁定　　D. 关闭

14. 图层 0 是系统的默认图层，用户可以对 0 图层进行的操作是（　）。

A. 改名　　B. 删除　　C. 将颜色设置为红色　　D. 不能作任何操作

15. 动态输入下绘制直线，坐标输入的约定是（　）。

A. 第一点为绝对坐标，第二点为相对坐标

B. 输入 @ 转换为相对坐标

C. 输入 # 转换为绝对坐标

D. 以上都对

16. 打开“动态输入”绘制直线，在“指定第一点：”提示下输入“100,100”，在“指定下一点：”提示下输入“200,100”，绘制的直线（　）。

A. 第二点的端点坐标为：300,200　　B. 第二点的端点坐标为：200,100

C. 与关闭动态输入时绘制出的结果相同　　D. 长度 100 的水平线

二、实操题

1. 用输入坐标的方法，绘制图 1.1 所示的图形。

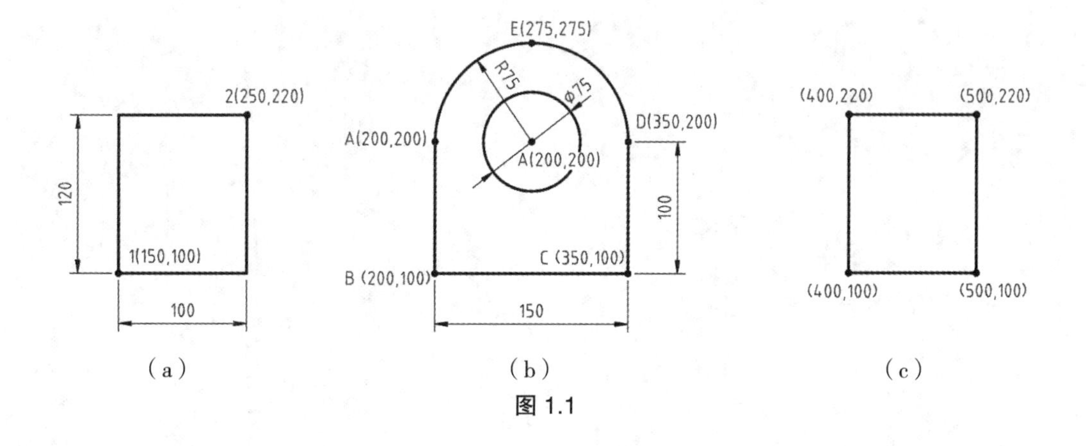

（a）　　（b）　　（c）

图 1.1

2. 合理设置图层，绘制图 1.2 所示的两视图。

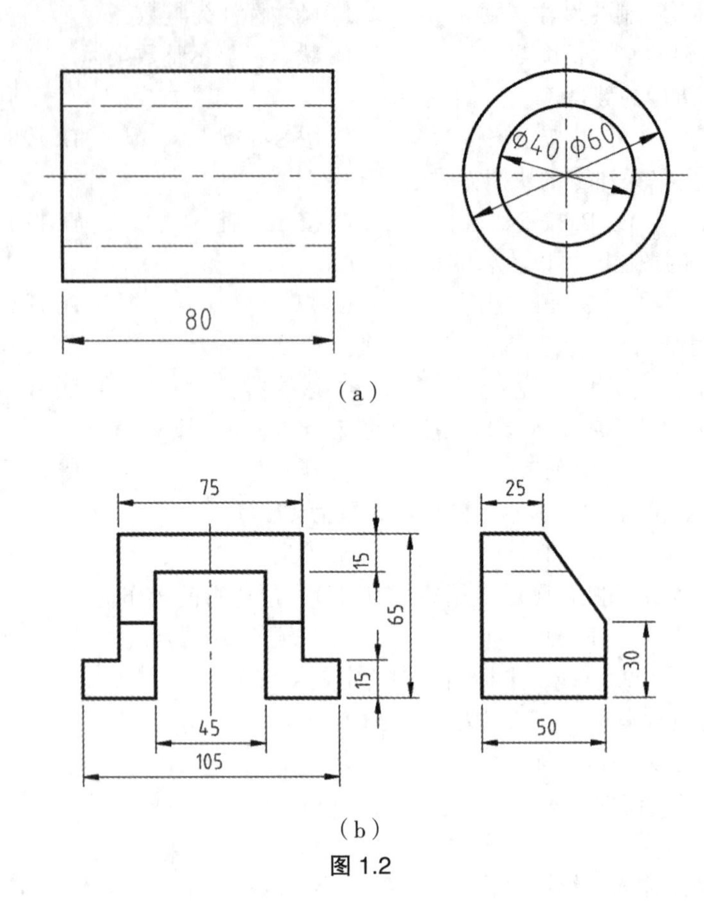

（a）

（b）

图 1.2

项目 2　掌握绘图辅助工具

项目概述

本项目主要介绍状态栏中的各个精确绘图的辅助工具及其设置；视图显示的命令；各个查询命令的功能以及帮助系统的使用。

学习目标

知识目标	能力目标	思政目标
掌握极轴、对象捕捉、对象追踪的设置与使用方法；掌握动态输入方法；熟悉视图的缩放、平移操作及鼠标中键的使用；了解查询对象的几何特性，如距离、面积等；了解帮助系统的使用。	能根据所绘图形灵活应用精确绘图的辅助工具进行作图；能熟练进行视图缩放和平移操作；能进行各个查询命令的操作；能通过帮助系统解决学习和绘图过程中的问题。	培养学生严谨仔细、一丝不苟的工作态度；使学生能殊途同归，正确使用不同的方法做事。

任务 2.1　掌握精确绘图工具

在工程设计过程中，工程图样不仅能反映设计者的设计意图，同时还应该可以从图形中提取相关的数据，如距离、面积和体积等参数。因此为了设计者能够精确绘图，AutoCAD 提供了强大的精确绘图功能，如栅格、捕捉、动态输入、正交、极轴、对象追踪和对象捕捉等。这些绘图工具一般显示在状态栏上，如图 2.1.1 所示；也可以通过右下角的“自定义”选择是否在状态栏上显示出来。

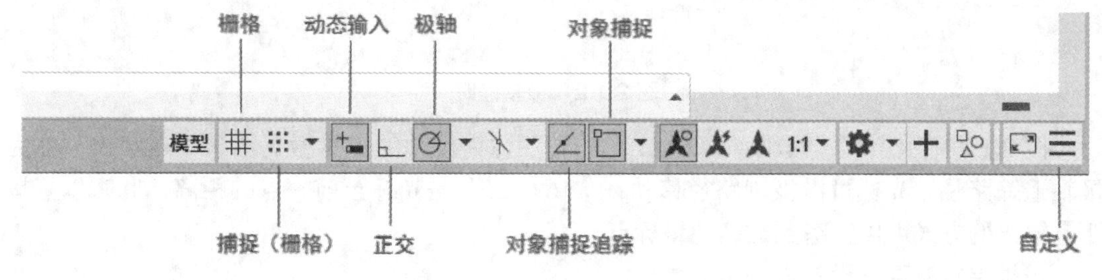

图 2.1.1　绘图辅助工具

下面介绍各种辅助工具的功能与使用方法。

2.1.1 设置栅格与捕捉

“栅格”是指显示在绘图区域（limits 命令定义的区域）内的点阵图案。显示栅格后，绘图区域的背景就像一张坐标纸，可用于绘图时的参考，它可以直观地显示对象的大小及对象间的距离。在输出图纸时，并不打印栅格。

“栅格”经常配合“捕捉”一起使用。开启“捕捉”功能后，移动鼠标就会发现光标在栅格点间“跳跃”式移动，光标准确地对准到栅格点上。例如，绘制直线时，用鼠标拾取点，直线的端点就被准确地定位在栅格点。

默认设置下，栅格间距与捕捉间距相等，X、Y 方向间距均为 10 个图形单位。

2.1.2 设置正交与极轴

“正交”与“极轴”都是为了准确追踪一定角度而设置的绘图功能。它们之间不同的是正交功能出现得比较早，它仅仅追踪水平方向和垂直方向；而极轴是后来出现的，具有更强的绘图功能，可以追踪用户预先设定的任何角度及该角度的整数倍。

点击状态栏“正交”或“极轴”按钮即可打开或关闭相应功能，正交功能和极轴功能不能同时开启，打开一个则自动关闭另一个。

1. 正交模式

正交模式是模拟手工绘图时丁字尺与三角板在图板上配合，绘制水平线和垂直线的一种功能。打开正交功能后，光标限制在水平或垂直方向移动。定义位移的拖引线究竟沿哪个轴的方向，这取决于光标距水平轴或垂直轴哪个近一些。

2. 极轴模式

使用极轴模式，可以使光标沿预先设定的角度方向移动，它是比正交更为强大的功能，建议多使用“极轴”功能。

极轴追踪的角度会在工具栏中显示出来，如图 2.1.2（a）所示；在动态输入下，还显示其标注格式，更加直观，如图 2.1.2（b）所示。

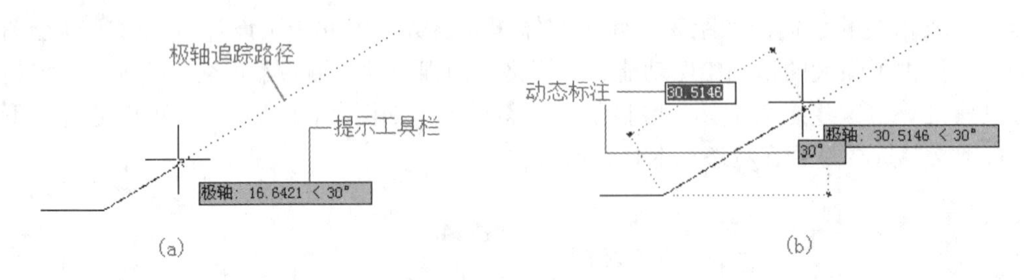

图 2.1.2 极轴追踪

图 2.1.2 所示中，“极轴：16.6421 < 30° ”称为极轴的工具栏提示。“点状线”称为极轴追踪路径，光标可沿极轴路径移动；“16.6421”是光标至前一点的距离，此时以直接距离输入的方式可以追踪到准确的目标点。

极轴追踪有两种设置方法。

①用鼠标右键单击“极轴”按钮，在弹出的菜单中选择增量角，例如 30°，如图 2.1.3（a）所示。

②用鼠标右键单击“极轴”按钮，选择右键菜单的“正在追踪设置”，弹出“草图设置”对话框，选择“极轴追踪”选项卡，在“增量角”下拉列表中可以选择需要设置的角度或直接输入角度值，如图 2.1.3（b）所示。

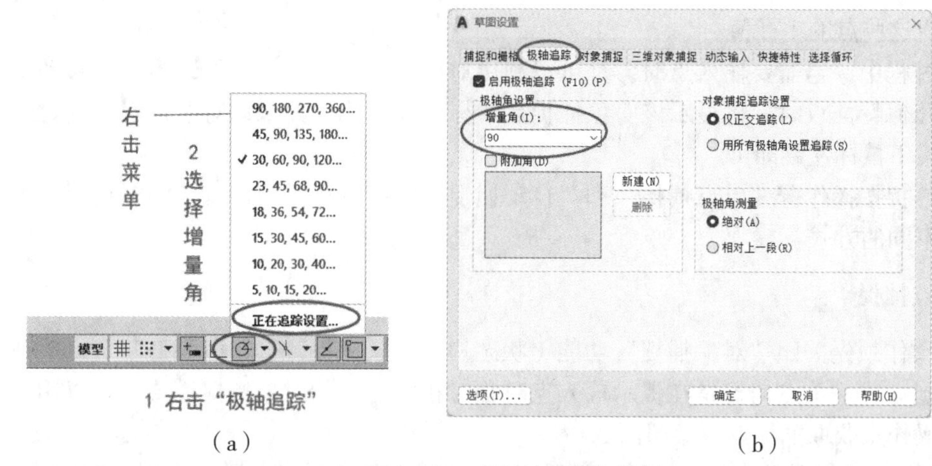

（a）　　　　　　　　（b）

图 2.1.3　“极轴追踪”设置

在“极轴角测量”选项区有“绝对”和“相对上一段”两种选择。图 2.1.4 所示是用“直线”命令绘制正五边形的过程，极轴增量角设置为 72°。其中，图（a）所示采用“绝对”方式绘制，绘制的每条边依次增加 72°，即依次显示的极轴角是 0°、72°、144°、216°；图（b）所示采用“相对上一段”方式绘制，当前方向与上一段的方向总是增加 72°。

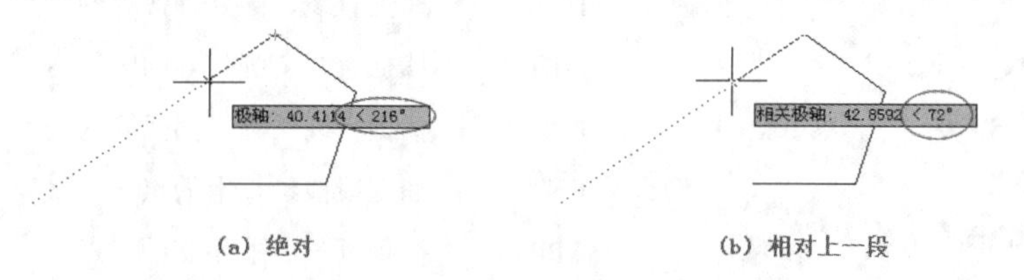

（a）绝对　　　　（b）相对上一段

图 2.1.4　“绝对”方式与“相对上一段”方式绘制极轴

技巧：绘制已知直线的垂直线时，按图 2.1.5 所示设置极轴。

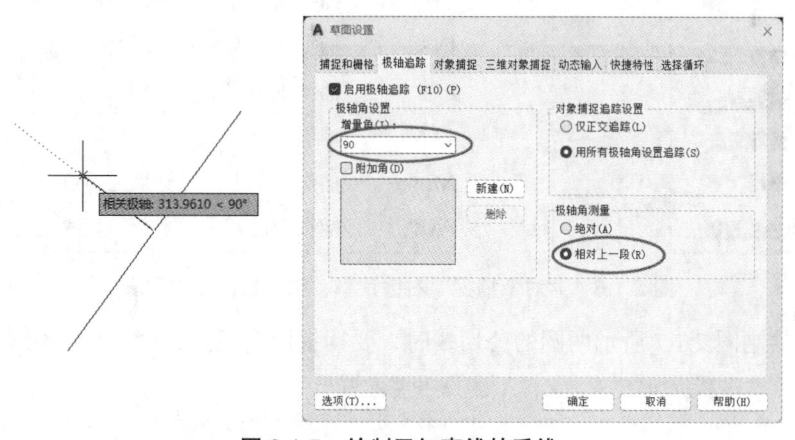

图 2.1.5　绘制已知直线的垂线

2.1.3 设置对象捕捉

状态栏上的“对象捕捉”功能是一种非常有用的辅助工具，也称为自动捕捉。它可以通过光标的移动来自动拾取图形对象的几何特征点，如端点、中点、圆心、交点等，而用户无须知道这些点的坐标值。

绘图过程中，当需要输入点时，都可以利用对象捕捉。默认情况下，当光标移动到对象的某一几何特征点时，将显示该对象捕捉点的标记和名称。如果该对象捕捉点满足绘图要求，则按下鼠标左键即可。

对象捕捉按操作分“单点捕捉”和“自动捕捉”两种方式，用户可以根据绘图需要启用或变换不同的方式。

1. 单点捕捉

以下操作须先关闭“对象捕捉”功能（状态栏“对象捕捉”按钮由亮变暗），单独使用单点捕捉方式。单点捕捉是在提示输入点时临时指定需要的对象捕捉模式，可以用以下任何一种操作来获取捕捉点（参照图 2.1.6）。

- 按住 Shift 键并单击鼠标右键，显示“对象捕捉”快捷菜单，从中选择一种捕捉。
- 单击“对象捕捉”工具栏上对应的对象捕捉按钮。
- 在命令行上输入对象捕捉的名称。

名称	功能
END	捕捉直线、圆、圆弧等的端点
MID	捕捉直线、圆弧等的中点
INT	捕捉直线、圆、圆弧等的交点
EXT	捕捉线段延长上的点
APP	捕捉延长后才相交的交点
CEN	捕捉圆（弧）、椭圆（弧）的中心
NOD	捕捉点对象、标注定位点等
QUA	捕捉圆（弧）、椭圆（弧）的象限点
INS	捕捉块、文字、图形的插入点
PER	捕捉垂足
TAN	捕捉切点
NEA	捕捉对象上距光标最近的点
PAR	捕捉与已知直线平行的直线上的点

图 2.1.6 “对象捕捉”右键菜单、工具栏、名称列表

例如，绘制图 2.1.7 所示两圆的公切线时，要捕捉两个切点，命令行序列如下：

命令 : line ；输入 line 并回车

指定第一点 : tan ；输入捕捉切点的名称 tan 并回车

到 ；将光标移至大圆上，出现提示后单击左键，捕捉到切点

指定下一点或 [放弃（U）]: tan　；再次输入 tan 并回车
到　；将光标移至小圆上，出现提示后单击左键，捕捉另一个切点
指定下一点或 [放弃（U）]:　；回车结束

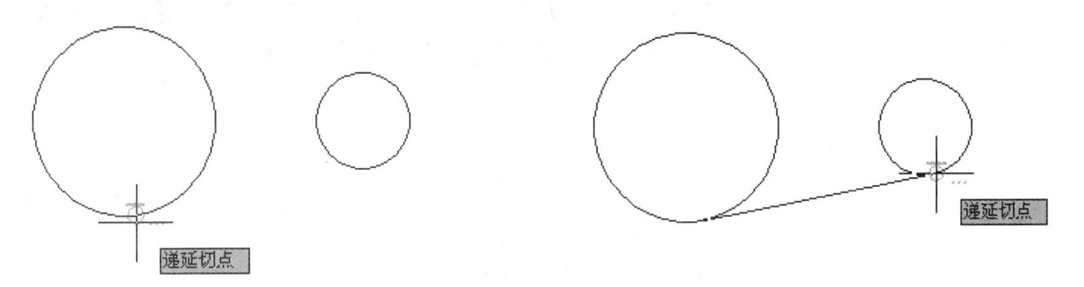

图 2.1.7　用“单点捕捉”方式捕捉切点

2. 自动捕捉

单点捕捉设置一次使用一次，每次需要输入点时，都必须先选择捕捉模式，操作比较麻烦。系统提供的另一种对象捕捉方式就是预设置的自动捕捉方式。用户可以一次性选择多种常用的捕捉模式，在执行输入点命令时，捕捉模式自动生效。

设置自动捕捉方式有两种方法。

①用鼠标右击“对象捕捉”按钮，在弹出的菜单中选择捕捉模式，如图 2.1.8（a）所示。

②用鼠标右击“对象捕捉”按钮，在菜单中选择“对象捕捉设置”，弹出“草图设置”对话框，点击“对象捕捉”选项卡。其中的“端点”“圆心”“交点”“延长线”这 4 种是默认设置，用户根据需要勾选常用的对象捕捉模式，如图 2.1.8（b）所示。

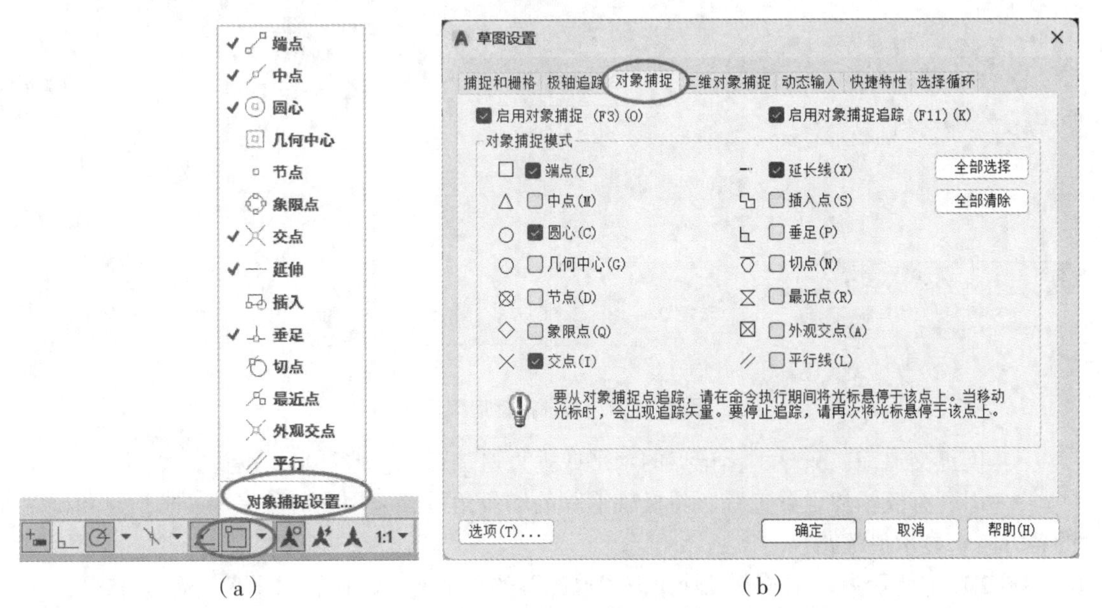

（a）　　（b）

图 2.1.8　设置对象捕捉方式

2.1.4 设置对象追踪

“对象追踪”可以看成是对象捕捉和极轴追踪功能的综合应用。操作时，光标在对象捕捉点稍停留即产生一个标记点（黄色的小加号“+”），移动光标至合适位置会出现标记点的追踪路径，如图 2.1.9 所示。这时，可以以该标记点为基准，沿追踪路径指定（可以直接距离输入）目标点。图中的工具栏提示与极轴追踪提示的含义类似。

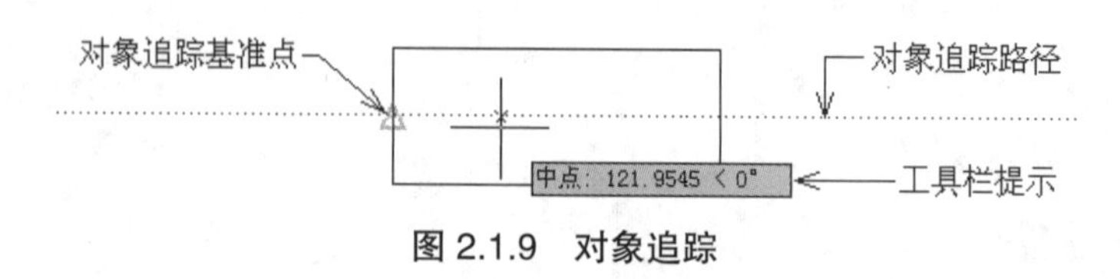

图 2.1.9 对象追踪

为了使用“对象追踪”功能，必须同时打开“对象捕捉”和“对象捕捉追踪”，如图 2.1.10（a）所示。

在“草图设置”的“极轴追踪”选项卡上，对象捕捉追踪设置有两种选择，如图 2.1.10（b）所示。这两种设置的意义如下。

“对象捕捉”与“对象捕捉追踪”
必须同时打开才能使用“对象捕捉追踪”

（a）

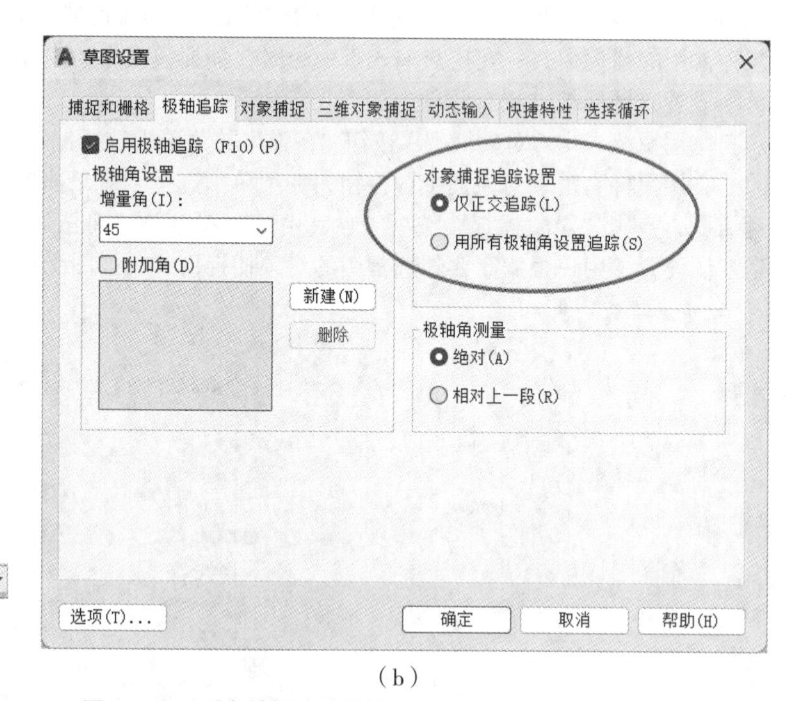

（b）

图 2.1.10 对象捕捉追踪设置

- 仅正交追踪：只显示标记点的水平或垂直追踪路径，这是默认设置。
- 用所有极轴角设置追踪：将极轴追踪的增量角设置应用到对象追踪，按增量角确定的各方向来显示追踪路径。

图 2.1.11 所示为“用所有极轴角设置追踪”的一个例子，极轴增量角设置为 45°。

如果说捕捉和栅格工具可以让我们更好地获得绝对坐标，那么对象捕捉与对象追踪可以更容易地获得图形的相对坐标。设计人员在设计绘图时往往只关心图形各对象之间的相对位置，对于图形在图纸中处于什么方位（即绝对坐标）并不关心，因此捕捉和栅格工具用得越来越少，而几乎离不开的工具是极轴、对象捕捉和对象捕捉追踪。

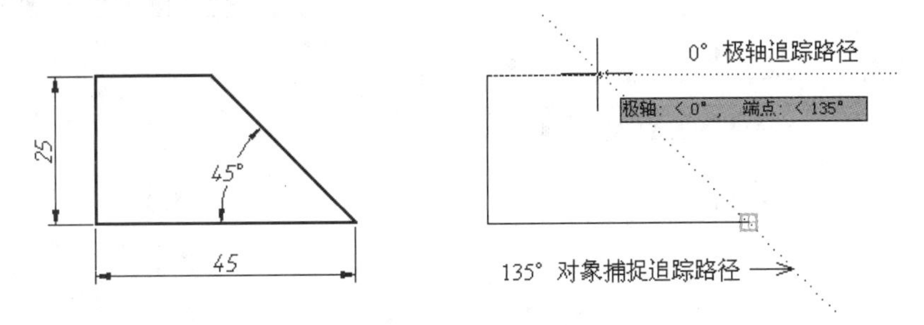

图 2.1.11　用所有极轴角设置追踪

【例 2–1】利用“极轴”和“对象追踪”绘制图 2.1.12（a）所示几何图形（直线长度任意）。

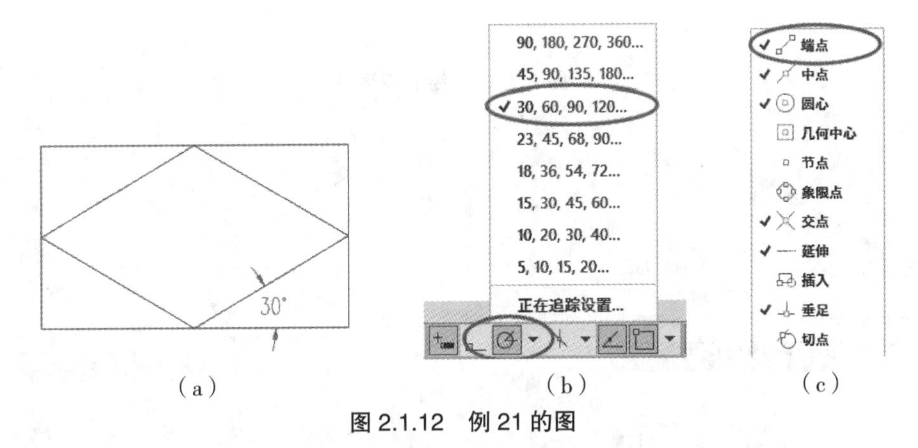

图 2.1.12　例 21 的图

步骤 1　以公制样板文件 acadiso.dwt 创建新图；双击鼠标中键（或输入 z 空格 a 空格），屏幕显示 A3 图幅大小。

步骤 2　设置极轴为 30°，确保对象捕捉和对象追踪打开，如图 2.1.12（b）、（c）所示。

步骤 3　如图 2.1.13 所示绘制菱形，操作过程如下。

命令 : _line 指定第一点 :　　；输入直线命令，鼠标指定起点 1

指定下一点或 [放弃（U）]:　　；沿 30° 极轴方向，适当长度单击点 2

指定下一点或 [放弃（U）]:　　；沿 150° 极轴并对齐点 1 指定点 3

指定下一点或 [闭合（C）/ 放弃（U）]:　　；沿 210° 极轴并对齐点 2 指定点 4

指定下一点或 [闭合（C）/ 放弃（U）]: c　　；闭合图形

步骤 4　绘制图 2.1.14 所示绘制矩形，命令行序列如下：

命令 : _line 指定第一点 :　　；对齐点 1、4 指定点 A

指定下一点或 [放弃（U）]:　　；沿 0° 极轴并对齐点 2 指定点 B

指定下一点或 [放弃（U）]:　　；沿 90° 极轴并对齐点 3 指定点 C

指定下一点或 [闭合（C）/ 放弃（U）]:　　；沿 180° 极轴并对齐点 A 指定点 D

指定下一点或 [闭合（C）/ 放弃（U）]: c　　；闭合图形

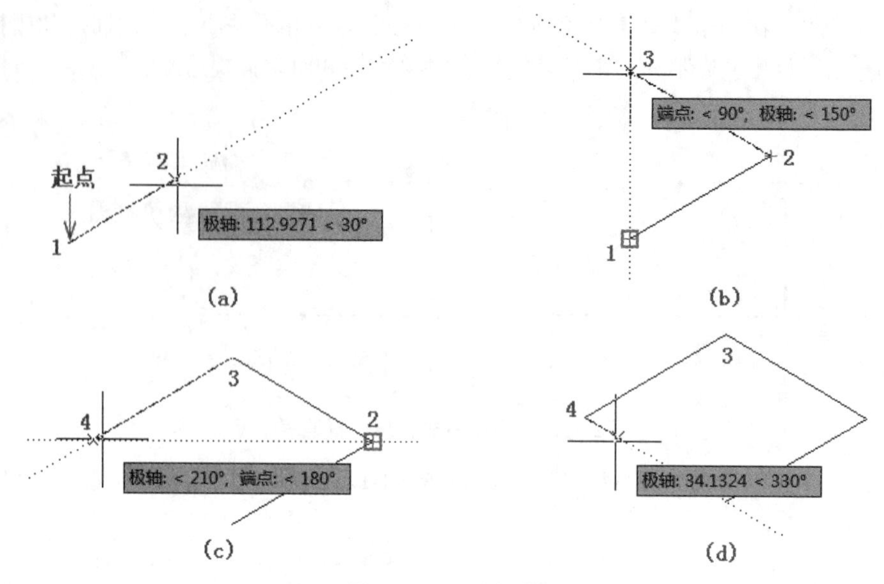

图 2.1.13　绘制菱形

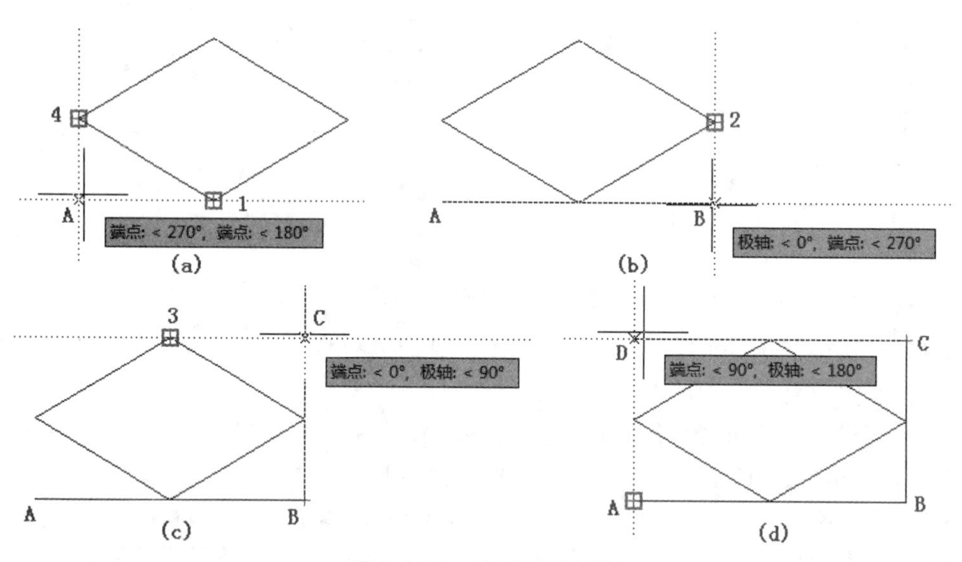

图 2.1.14　绘制矩形步骤

【例 2–2】利用绘图工具准确绘制图 2.1.15 所示图形。

步骤 1　以公制样板文件 acadiso.dwt 创建新图；双击鼠标中键（或输入 z 空格 a 空格），屏幕显示 A3 图幅大小。

步骤 2　先绘制中间图形，命令行序列如下：

命令 : l LINE 指定第一点 :　　　　　　　　；输入直线命令，指定点 1
指定下一点或 [放弃（U）]: 100　　　　　　；指定点 2
指定下一点或 [放弃（U）]: 150　　　　　　；指定点 3
指定下一点或 [闭合（C）/ 放弃（U）]: 100　；指定点 4
指定下一点或 [闭合（C）/ 放弃（U）]:　　　；回车结束直线命令

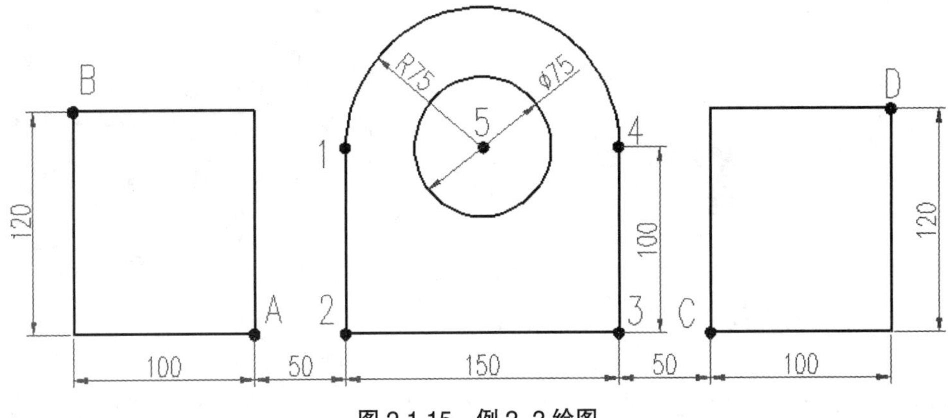

图 2.1.15　例 2–2 绘图

命令 : _arc　　　　　　　　　　　　　　　; 输入“起点、端点、半径”圆弧命令

指定圆弧的起点或 [圆心（C）]:　　　　　; 捕捉点 4

指定圆弧的第二个点或 [圆心（C）/ 端点（E）]: _e

指定圆弧的端点 :　　　　　　　　　　　　; 捕捉点 1

指定圆弧的圆心或 [角度（A）/ 方向（D）/ 半径（R）]: _r 指定圆弧的半径 : 75

　　　　　　　　　　　　　　　　　　　　; 输入半径 75

命令 : CIRCLE　　　　　　　　　　　　　; 输入圆命令

指定圆的圆心或 [三点（3P）/ 两点（2P）/ 切点、切点、半径（T）]:　; 捕捉圆心点 5

指定圆的半径或 [直径（D）]: 37.5　　　　; 输入圆的半径

步骤 3　绘制两侧矩形，命令行序列如下：

命令 : _rectang　　　　　　　　　　　　; 输入矩形命令

指定第一个角点或 [倒角（C）/ 标高（E）/ 圆角（F）/ 厚度（T）/ 宽度（W）]: 50

　　　　　　　　　　　　　　　　　　　　; 从点 2 向左追踪 50 指定点 A

指定另一个角点或 [面积（A）/ 尺寸（D）/ 旋转（R）]: @−100,120

　　　　　　　　　　　　　　　　　　　　; 输入“−100,120”指定点 B

命令 : _rectang　　　　　　　　　　　　; 输入矩形命令

指定第一个角点或 [倒角（C）/ 标高（E）/ 圆角（F）/ 厚度（T）/ 宽度（W）]: 50

　　　　　　　　　　　　　　　　　　　　; 从点 3 向右追踪 50 指定点 C

指定另一个角点或 [面积（A）/ 尺寸（D）/ 旋转（R）]: @100,120

　　　　　　　　　　　　　　　　　　　　; 输入“100,120”指定点 D

2.1.5　设置动态输入

动态输入功能的最大特点是可以在绘图区域的工具栏提示中输入值，而不必在命令行输入。该功能由状态栏“动态输入”按钮控制，F12 为开关功能键。

光标旁边显示的工具栏提示信息将随着光标的移动而动态更新，执行不同的命令，显示不同的工具栏提示信息。图 2.1.16（a）所示为直线命令执行中的动态工具栏，图 2.1.16（b）所示为夹点编辑直线时的动态工具栏。

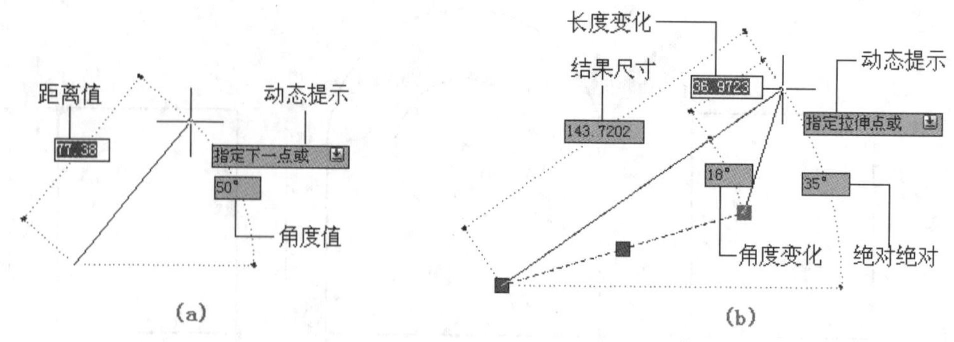

图 2.1.16　动态输入的提示工具栏

设置“动态输入”的方法：在“动态输入”按钮上单击右键，在快捷菜单中选择“设置”，弹出“草图设置”对话框，在对话框中选择“动态输入”选项卡，如图 2.1.17 所示。

动态输入主要由指针输入、标注输入、动态提示三部分组成。在“动态输入”选项卡内有“指针输入”“标注输入”“动态提示”三个选项区域，分别控制动态输入的三项功能。

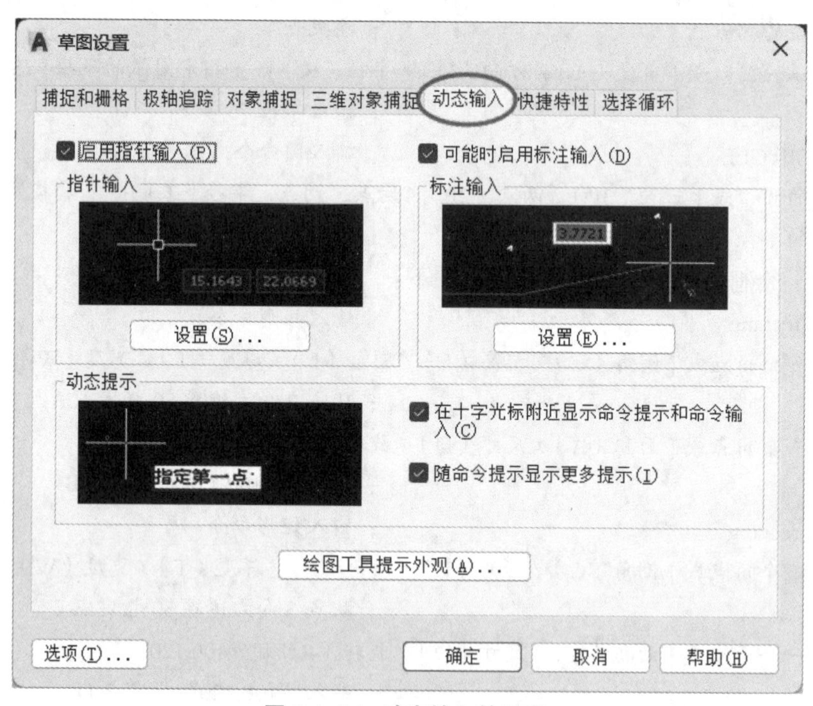

图 2.1.17　动态输入的设置

1. 指针输入

先关闭“标注输入”（取消“可能时启用标注输入”的选项），单独研究“指针输入”。下面以直线命令为例说明“指针输入”的操作。

执行直线命令，光标附近的工具栏显示坐标提示框，可以在这些提示框中输入坐标值，而不用在命令行输入。在“指定第一点：”提示框下先输入 X 坐标，再按 Tab 键（或“，”）切换到下一个提示框中输入 Y 坐标，如图 2.1.18（a）所示。

第一点输入的坐标为绝对坐标。

第二点及后续点提示的坐标格式由“指针输入设置”（在指针区域单击“设置”）确定，默认为极轴格式和相对坐标，如图 2.1.18（b）所示。“格式”选项区域有 4 种不同的坐标格式，分别是：相对极坐标、相对直角坐标、绝对极坐标、绝对直角坐标，各坐标格式对应的第二点提示如图 2.1.18（c）所示。

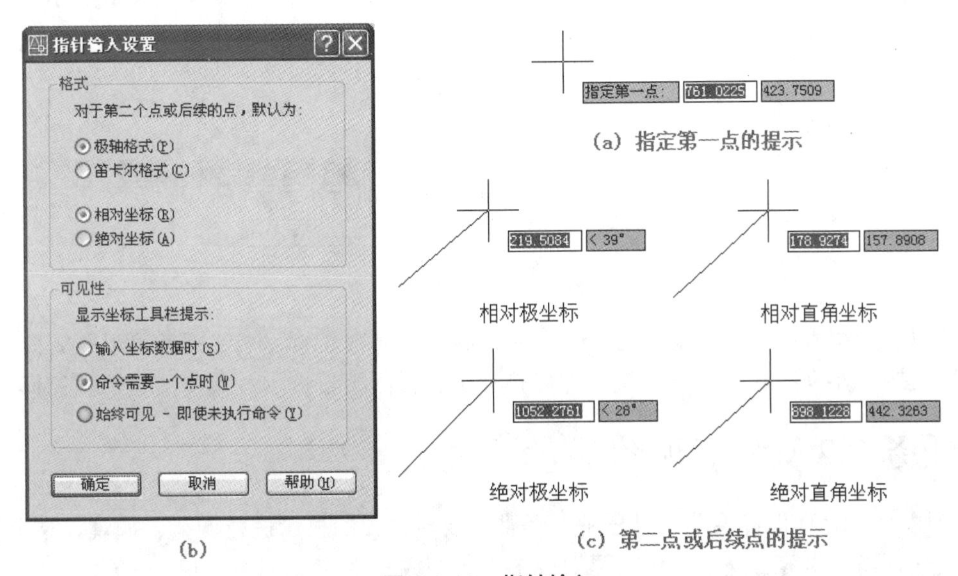

(b)

(a) 指定第一点的提示

(c) 第二点或后续点的提示

图 2.1.18　指针输入

坐标输入格式切换的几个约定如下。

- 极坐标与直角坐标的输入切换：极坐标格式显示下输入“，”可更改为笛卡尔格式；笛卡儿坐标格式显示下输入“<”可更改为极坐标格式。
- 相对坐标与绝对坐标的输入切换：相对坐标格式显示下输入“#”可更改为绝对坐标格式；绝对坐标格式显示下输入“@”可更改为相对坐标格式。

2. 标注输入

启用标注输入时，指定的第一点仍是绝对坐标，当命令提示输入第二点及下一点时，工具栏提示将显示距离和角度值，即将相对极坐标以直观的标注形式显示出来，如图 2.1.19 所示。可以在工具栏提示框中输入距离或角度值，按 Tab 键可以移动到要更改的值。

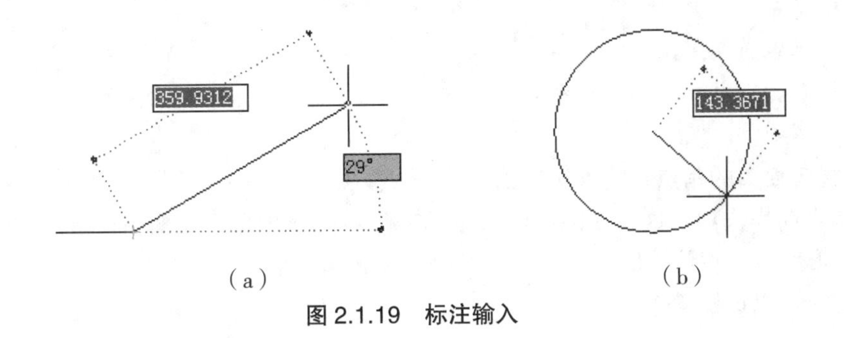

(a)　　(b)

图 2.1.19　标注输入

标注输入可用于直线、多段线、圆弧、圆和椭圆的绘制。

3. 动态提示

启用动态提示后，用户可以在工具栏提示框中输入命令以及对命令提示做出响应。如果提示包含多个选项，则按键盘向下箭头键可以查看这些选项，然后单击选择一个选项。动态提示可以与指针输入、标注输入一起使用，但不能单独使用，如图 2.1.20 所示。

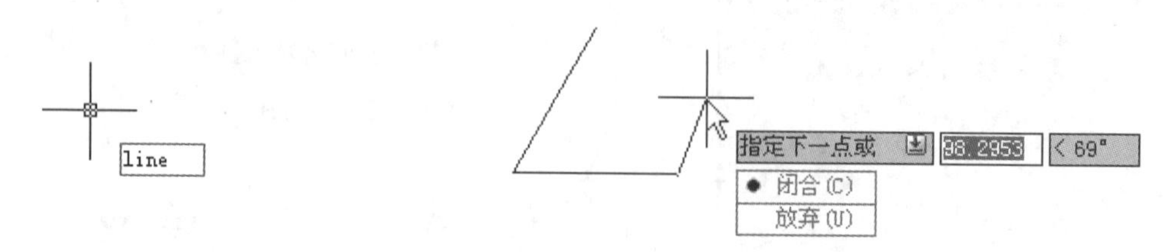

图 2.1.20 动态提示

从以上介绍看出，动态输入几乎取代了 AutoCAD 传统的命令行，因此可以关闭命令行。其方法是按 Ctrl+9 组合键（再次按下即可打开），弹出警告提示，单击“是”按钮即可。

任务 2.2 调整视图显示

应用 AutoCAD 设计绘图的过程中，经常需要对视图的显示进行调整，如观察整个设计图形或查看局部内容，这些操作需要对视图进行缩放和平移。

2.2.1 缩放视图

按照一定的缩放比例、观察位置和角度显示的图形称为视图。默认环境下，绘图窗口的图形显示即为视图。视图的放大和缩小只是缩放图形在屏幕上的视觉效果，并不改变图形的实际尺寸，也就是不改变图形中对象的绝对大小，而只是改变视图的显示比例。

AutoCAD 经典工作界面执行缩放的命令如图 2.2.1 所示，常用的操作有：

- 单击菜单“视图”→“缩放”；
- 单击“缩放”工具栏上的命令按钮；
- 命令：ZOOM（Z）。

无论从哪个途径激活命令，都启动了 zoom 命令。缩放命令有多个选项，命令中各个选项的功能与工具栏上各按钮的功能是对应的。

命令：zoom

指定窗口的角点，输入比例因子（nx 或 nxp），或者

[全部（A）/ 中心（C）/ 动态（D）/ 范围（E）/ 上一个（P）/ 比例（S）/ 窗口（W）/ 对象（O）] <实时>:

1）指定窗口的角点，输入比例因子（nx 或 nxp）

这是当前操作项。这个功能允许用鼠标来指定两个角点，根据用户指定的这两个对角点构成矩形区域，将该矩形区域中的图形放大到充满屏幕。

当前还可以这样操作：

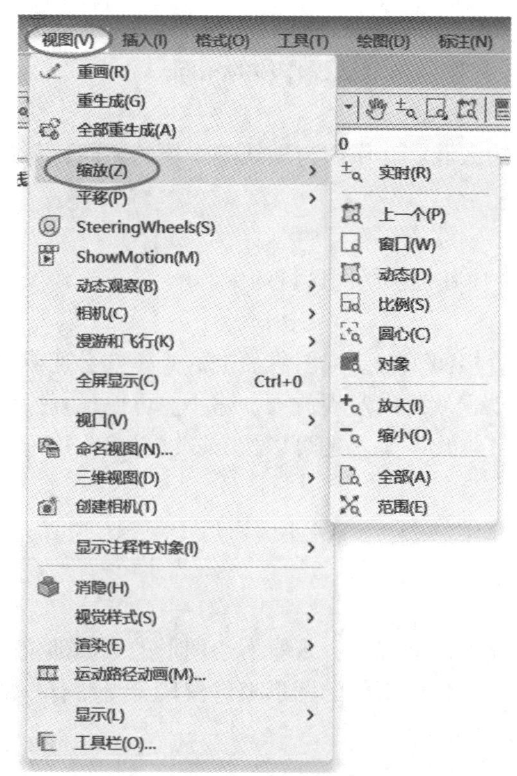

（a）菜单“视图”→“缩放”　　（b）“缩放”工具栏上的命令

图 2.2.1　AutoCAD 经典界面的“缩放”工具

输入 nx：根据当前视图指定比例，例如输入 2x，表示将当前视图放大 2 倍显示。

输入 nxp：指定相对于图纸空间单位的比例。

2）全部（A）

输入 a 回车，AutoCAD 将屏幕缩放到图形界限，或显示图形界限及包含整个图形的最大区域。

3）中心（C）

指定视图缩放的中心点，将视图移动到绘图区域的中心，然后根据用户输入的放大比例值或高度值居中缩放视图，缩放比例常用相对缩放比例（nx）来控制视图的缩放。

4）动态（D）

AutoCAD 通过使用视图框动态确定缩放范围来实现缩放显示视图，在动态框调整大小后回车。

5）范围（E）

“范围”这个选项的功能是满屏显示整个图形，它不受图形界线的限制，它只把当前图形中的所有对象尽量充满屏幕显示出来。

6）上一个（P）

输入字母 P 回车，AutoCAD 将恢复上一次显示的图形窗口，最多可以恢复前 10 次显示过的图形。其功能与标准工具栏按钮的相同。

7）比例（S）

以指定的比例因子（nx 或 nxp）缩放显示。其作用与默认操作项的相同。

8）窗口（W）

缩放显示由两个角点定义的矩形窗口框定的区域。其作用与默认操作项的相同，与标准工具栏按钮的相同。

9）对象（O）

将选定的一个或多个对象尽可能大地显示并使其位于绘图区域的中心。

10）实时

这是默认选项。输入命令后不选择选项，直接回车时，视图界面上的光标就会变成放大镜图标，按住鼠标左键拖动光标上、下移动，就可以实现放大、缩小。可以反复操作直至回车退出（或单击右键，选择快捷菜单的“退出”）。还可以按 Esc 键退出。这个选项的作用与标准工具栏按钮的相同。

这些选项中常用的是：全部（A）、范围（E）、上一个（P）、窗口（W）、实时。

2.2.2　平移视图

平移命令是在不改变图形对象大小和显示比例的情况下，观察所绘图形的不同部位。操作者可以把图形“拖放”到屏幕的不同位置，或将屏幕外的图形拖进窗口（当然有一部分随之移出图形窗口）。

激活平移命令的方法有以下几种：

- 在经典界面单击菜单“视图”→“平移”→“实时”；
- 在标准工具栏上点击“实时平移”图标“”；
- 命令：PAN（P）。

激活命令后，光标变成小手状图标，按住左键，就可以上、下、左、右拖动图形了。单击右键，出现右键菜单如图 2.2.2 所示（与缩放时的右键菜单相同），选择“退出”。

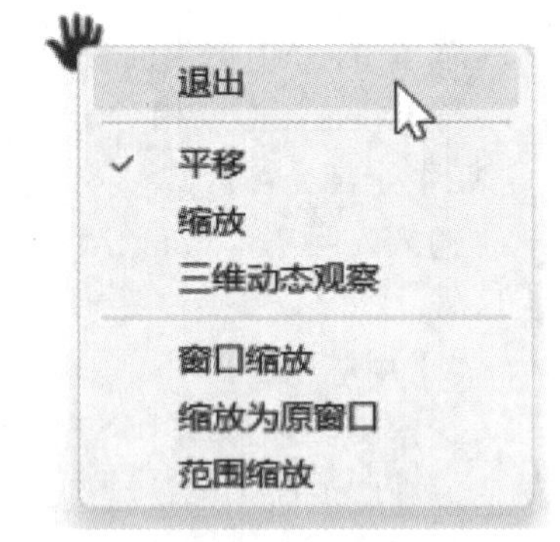

图 2.2.2　缩放与平移的右键菜单

在常用操作中，用鼠标中键可以实现以上缩放和平移命令的部分功能：双击滚轮实现“范围”缩放功能；上下滚动滚轮实现“实时缩放”功能；按住滚轮实现“实时平移”功能。当提示不能再缩放或平移的时候，输入 re 回车即可继续操作。

任务 2.3　查询对象的几何特性

用 AutoCAD 绘制的图形是一个图形数据库，其中包括大量与图形有关的数据信息。查询命令可以从图形中查询或提取某些图形信息。在二维设计中，查询的基本功能有：查询点坐标、查询两点间的距离、查询封闭图形的面积等。

AutoCAD 经典工作界面和“草图与注释”工作界面下的查询工具如图 2.3.1 所示。

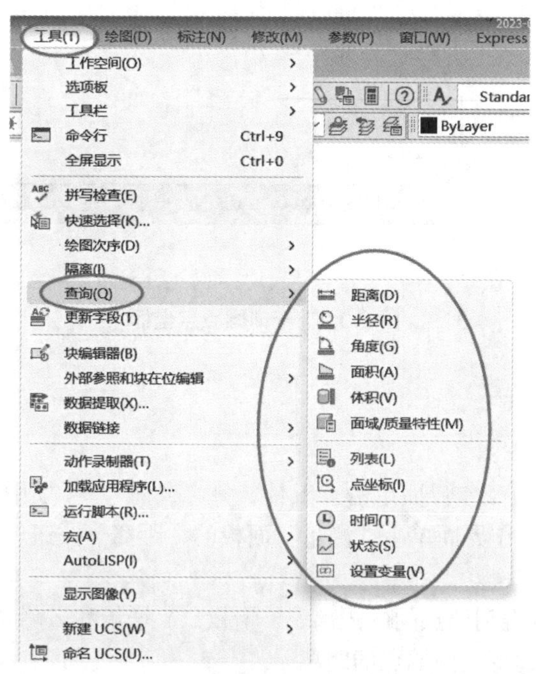

（a）AutoCAD 经典工作界面

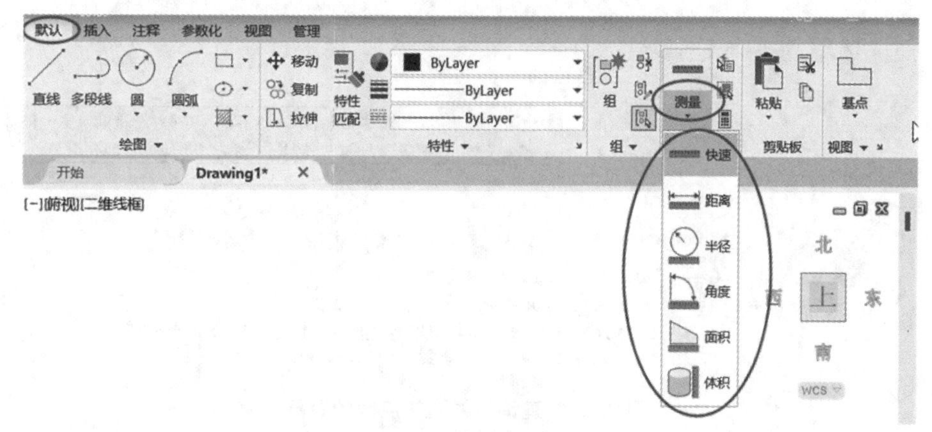

（b）草图与注释工作界面

图 2.3.1　查询工具

2.3.1　查询点坐标

查询点的坐标有如下方法：

- 在 AutoCAD 经典工作界面下单击“工具”→“查询”→“点坐标”；
- 在草图与注释工作界面下单击“实用工具”面板的“点坐标”按钮；
- 命令：ID。

图 2.3.2 所示为查询圆心坐标的例子。

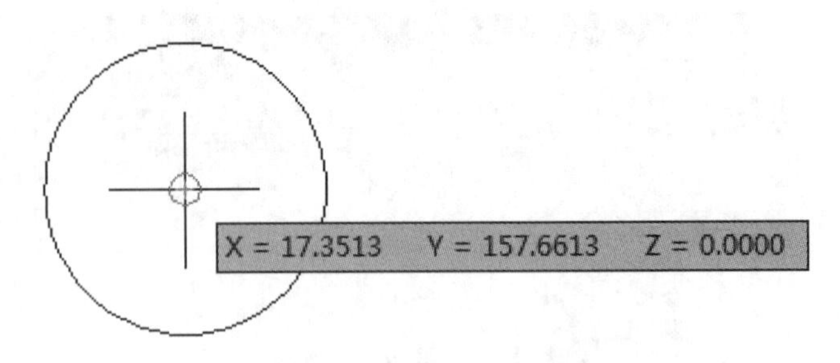

图 2.3.2 查询圆心点坐标

2.3.2 查询距离

查询距离的方法如下：

- 在 AutoCAD 经典工作界面单击“工具”→“查询”→“距离”；
- 在草图与注释工作界面单击“测量”面板的“距离”按钮；
- 命令：DIST（DI）。

通过查询距离可以得到两点间的距离、X 增量、Y 增量和 Z 增量等。

图 2.3.3 所示为查询直线两端点的距离。

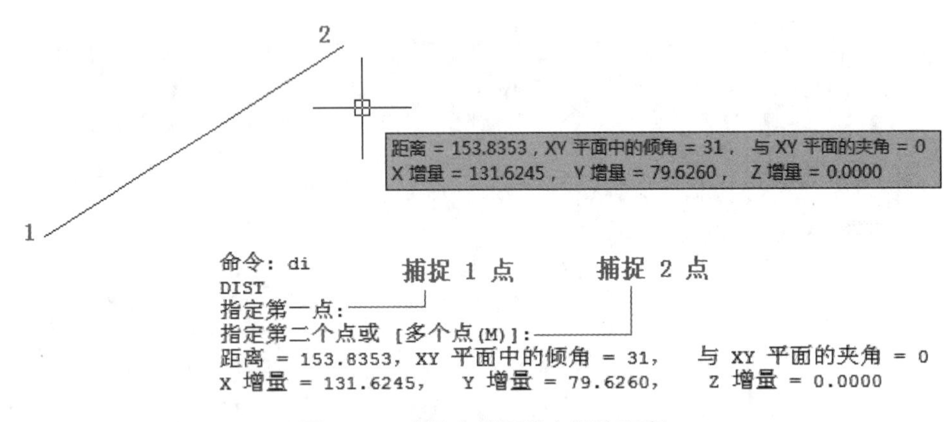

图 2.3.3 查询直线两端点间的距离

2.3.3 查询面积

调用面积查询命令的方法如下：

- 在 AutoCAD 经典工作界面单击“工具”→“查询”→“面积”；
- 在草图与注释工作界面单击“测量”面板的“面积”按钮；
- 命令：AREA（AA）。

查询面积可以得到点阵序列或闭合区域的面积和周长。根据实际情况可以有 3 种计算面积的方法。

1. 按序列点计算面积

该方法适用于边界由直线围成的区域，如求图 2.3.4 所示房间的面积时，启动命令后依次拾取房间 4 个角点即得。查询儿童房面积的操作过程如下：

命令 : aa
AREA　；输入命令
指定第一个角点或 [对象（O）/ 加（A）/ 减（S）]:　；点击儿童房间的一个角点
指定下一个角点或按 ENTER 键全选 :　；点击另一个角点
指定下一个角点或按 ENTER 键全选 :　；点击第三个角点
指定下一个角点或按 ENTER 键全选 :　；点击第四个角点
指定下一个角点或按 ENTER 键全选 :　；回车
面积 = 8798400.0000，周长 = 11880.0000

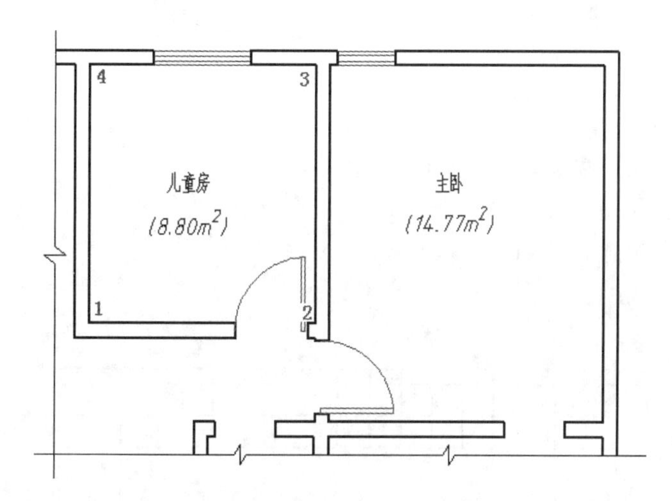

图 2.3.4　查询房间的面积

2. 计算封闭对象的周长和面积

最为简单的情况：绘制一个圆，求该圆面积和周长。

命令 : area　；输入命令
指定第一个角点或 [对象（O）/ 加（A）/ 减（S）]: o　；选择选项“对象（O）”
选择对象 :　；拾取圆周
面积 = 13814.4593，圆周长 = 416.6505　；显示出面积和周长

计算一个复杂区域的面积时，只要将该区域的边界创建为多段线，就可方便地求出其面积。

3. 利用加、减方式计算组合面积

计算图 2.3.5 所示填充区域的面积（矩形面积减去椭圆面积）。使用填充特性也可以查看该面积。利用面积命令的操作如下：

命令 : aa　；输入命令
AREA
指定第一个角点或 [对象（O）/ 增加面积（A）/ 减少面积（S）] < 对象（O）>: a
　；选择“加”模式

指定第一个角点或 [对象（O）/ 减少面积（S）]: o ；选择“对象”选项
（“加”模式）选择对象： ；选择矩形
面积 = 43668.7728，周长 = 842.8421
总面积 = 43668.7728
（“加”模式）选择对象：
面积 = 43668.7728，周长 = 842.8421
总面积 = 43668.7728
指定第一个角点或 [对象（O）/ 减少面积（S）]: s ；选择“减”模式
指定第一个角点或 [对象（O）/ 增加面积（A）]: o ；选择“对象”选项
（“减”模式）选择对象： ；选择“椭圆”
面积 = 12754.4646，周长 = 476.7191
总面积 = 30914.3081
（“减”模式）选择对象：
面积 = 12754.4646，周长 = 476.7191
总面积 = 30914.3081
指定第一个角点或 [对象（O）/ 增加面积（A）]:
总面积 = 30914.3081

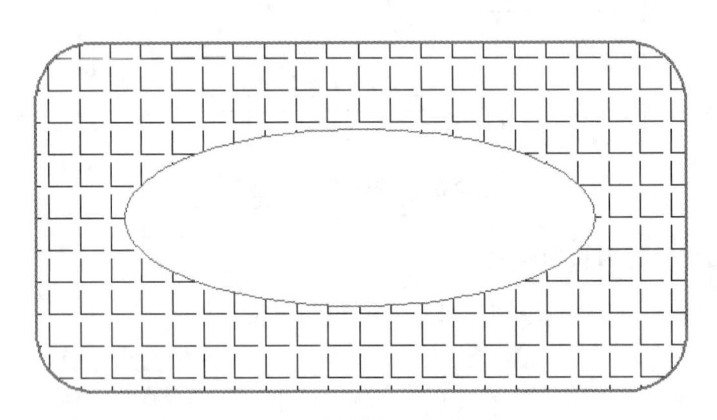

图 2.3.5 计算填充区域面积

2.3.4 调用列表显示

调用列表命令的方法如下：

- 在 AutoCAD 经典工作界面单击“工具”→“查询”→“列表显示”；
- 命令：LIST（LI）。

列表命令可以显示对象的类型、所在图层、坐标、面积、周长等。以下是直线、椭圆、文字对象的列表显示。

1. 直线的列表显示

命令：_list
选择对象：找到 1 个

选择对象:

LINE 图层:0

空间:模型空间

句柄 = 182

自点, X=-212.3860 Y=1437.3271 Z= 0.0000

到点, X= 558.8341 Y=1658.0991 Z= 0.0000

长度 = 802.1975, 在 XY 平面中的角度 = 16

增量 X = 771.2201, 增量 Y = 220.7721, 增量 Z = 0.0000

2. 椭圆的列表显示

命令:li

LIST

选择对象:找到 1 个

选择对象:

ELLIPSE 图层:0

空间:模型空间

句柄 = 184

面积:615708.7277

圆周:3228.8943

中心点:X = 1709.4111, Y = 1689.3405, Z = 0.0000

长轴:X = -675.3387, Y = -193.6962, Z = 0.0000

短轴:X = 76.9079 , Y = -268.1461, Z = 0.0000

半径比例:0.3971

3. 文字的列表显示

命令:li

LIST

选择对象:找到 1 个

选择对象:

TEXT 图层:0

空间:模型空间

句柄 = 263

样式 = "Standard"

注释性:否

字体 = 仿宋 _GB2312

起点点, X= 61.4327 Y= 120.1376 Z= 0.0000

高度 20.0000

文字渡槽结构图

旋转角度 0

宽度比例因子　0.7000

倾斜角度　0

生成普通

任务 2.4　使用帮助系统

AutoCAD 2022 中文版提供了详细的中文在线帮助，内含用户手册、命令参考等。在学习和使用过程中碰到各种问题时，调用系统帮助是解决问题的有效途径。

使用以下任何一种方法都可以激活在线帮助系统：

- 单击 AutoCAD 窗口右上角的“？”按钮；
- 直接按 F1 功能键；
- 在命令行输入 help 或问号“？”，回车。

进入帮助系统，首先显示帮助主页，用鼠标左键点击“快速参考”，如图 2.4.1 所示。在下拉菜单中有“新增功能”“新功能概述（视频）”“AutoCAD 漫游手册”“您尝试过吗”“命令”等，点击后可以查找所需的内容。

图 2.4.1　访问系统帮助

系统还提供了更为便捷地获得所需帮助的方法：在右上角搜索栏中直接搜索需要帮助的内容。例如，在右上角搜索栏中搜索“直线”，可以直接打开“直线”的帮助系统，如图2.4.2所示。

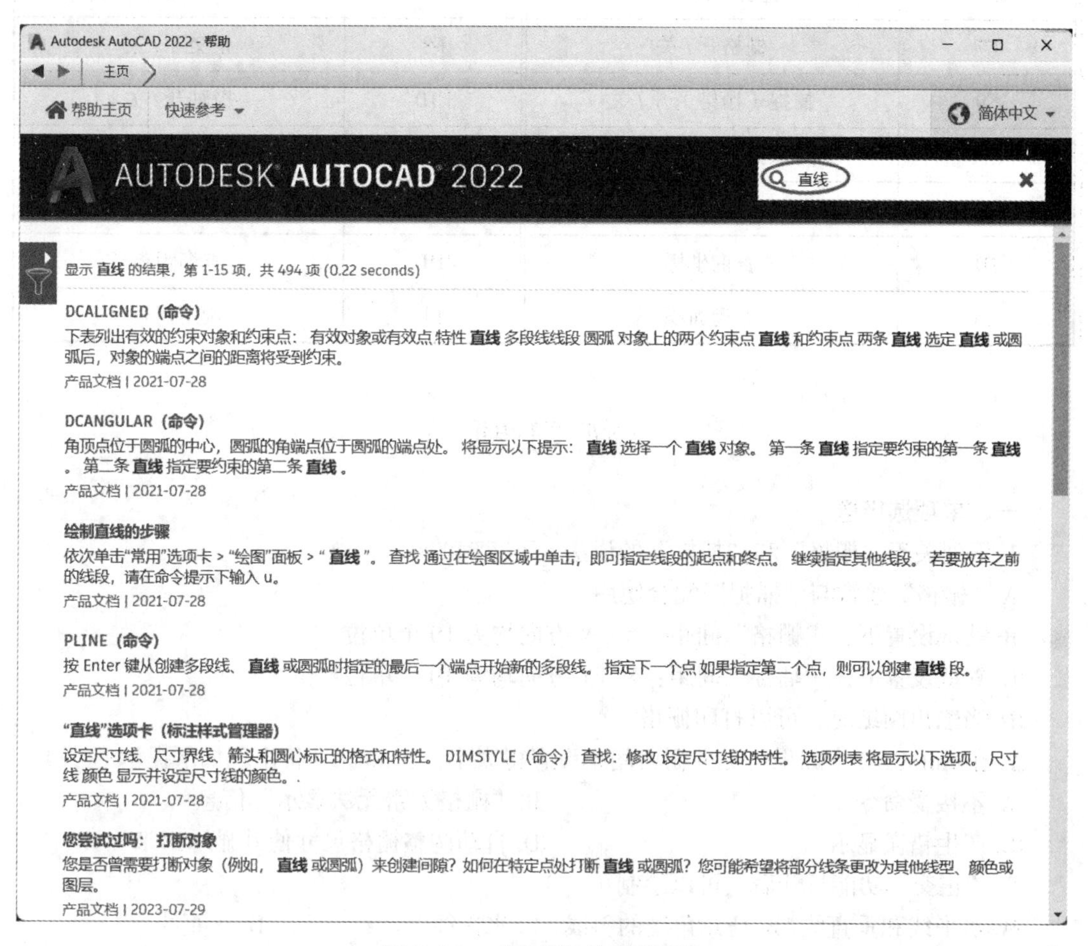

图 2.4.2　“直线”的帮助系统

小　　结

本项目主要介绍了精确绘图的辅助工具。正交与极轴是使光标沿指定方向（角度）移动的工具，正交使光标按水平或垂直方向移动，而极轴可以预先设定任何角度。正交和极轴不能同时使用，一般使用极轴。对象捕捉用来精确指定对象上的特征点。当系统提示输入点时，可以临时指定对象捕捉或自动执行对象捕捉。对象追踪是对象捕捉和极轴功能的综合应用，用来获取需要画辅助线才能确定的点。对象追踪取代了作图中的辅助线。动态输入提供了另一个命令输入界面，使得输入更方便、更直观。滚动鼠标中键缩放视图、按住中键平移视图是实现视图缩放和平移的快捷操作。使用系统在线帮助是学习 AutoCAD 软件和解决使用中问题的另一个途径。

项目 2 常用快捷键表

快捷键	命令	快捷键	命令
F1	查看帮助系统	F3	对象捕捉开 / 关
F7	栅格开 / 关	F8	正交开 / 关
F9	捕捉（栅格）开 / 关	F10	极轴开 / 关
F11	对象捕捉追踪开 / 关	F12	动态输入开 / 关
Z	视图缩放	P	实时平移
ID	查询坐标	DI	查询距离
AA	查询面积	LI	调用列表

练 习 题

一、单项选择题

1. 下列关于“栅格”和“捕捉”的说法，不正确的是（　）。

A.“栅格”通常与“捕捉”配合使用

B. 默认设置下，“栅格”间距：X、Y 方向均为 10 个单位

C. 默认设置下，“捕捉”间距：X、Y 方向均为 10 个单位

D. 当输出图纸时，可以打印栅格

2. 在 AutoCAD 中如果可见的栅格间距设置得太小，AutoCAD 将出现如下提示（　）。

A. 不接受命令　　B.“栅格太密无法显示”信息

C. 产生错误显示　　D. 自动调整栅格尺寸使其显示出来

3.“正交”功能打开后，可以绘制（　）。

A. 水平线和垂直线　B. 任意角度的斜线　C. 水平线　D. 垂直线

4. 在 AutoCAD 中移动圆对象，使其圆心移动到直线中点，需要应用（　）。

A. 正交　B. 栅格捕捉　C. 栅格　D. 中心捕捉

5. 使用（　）可以在动态输入的提示框之间切换。

A.Tab 键　B.Enter 键　C.Space 键　D.Esc 键

6. 在 AutoCAD 中，以下用于移动视图的是（　）。

A.ZOOM/W　B.PAN　C.ZOOM　D.ZOOM/A

7. 在 AutoCAD 中如果执行了缩放命令的“全部”选项后，图形在屏幕上变成很小的一个部分，则可能出现的问题是（　）。

A. 溢出计算机内存　　B. 将图形对象放置在错误的位置上

C. 栅格和捕捉设置错误　　D. 图形界限比当前图形对象范围大

8. 在 AutoCAD 中按（　）键可以激活在线帮助系统。

A.F1　B.F2　C.F3　D.F4

二、实操题

1. 使用绝对坐标方法绘制图2.1所示图形。

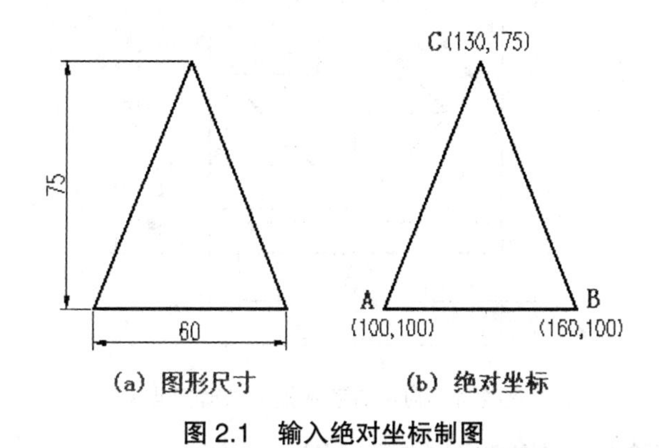

图2.1　输入绝对坐标制图

2. 使用直接距离输入法与相对坐标输入法绘制图2.2所示图形。

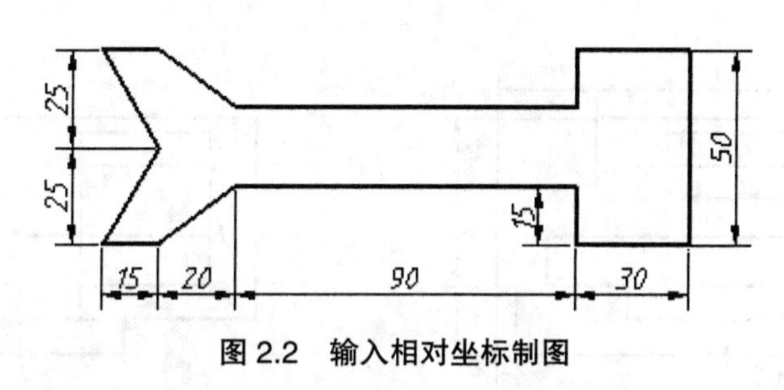

图2.2　输入相对坐标制图

3. 使用动态输入方法绘制图2.3所示图形。

图示的角度采用了两种不同的标注，图（a）所示的是以水平线为标注基准，图（b）所示的是两线段的夹角。试用两种不同的绘图工具来绘图。

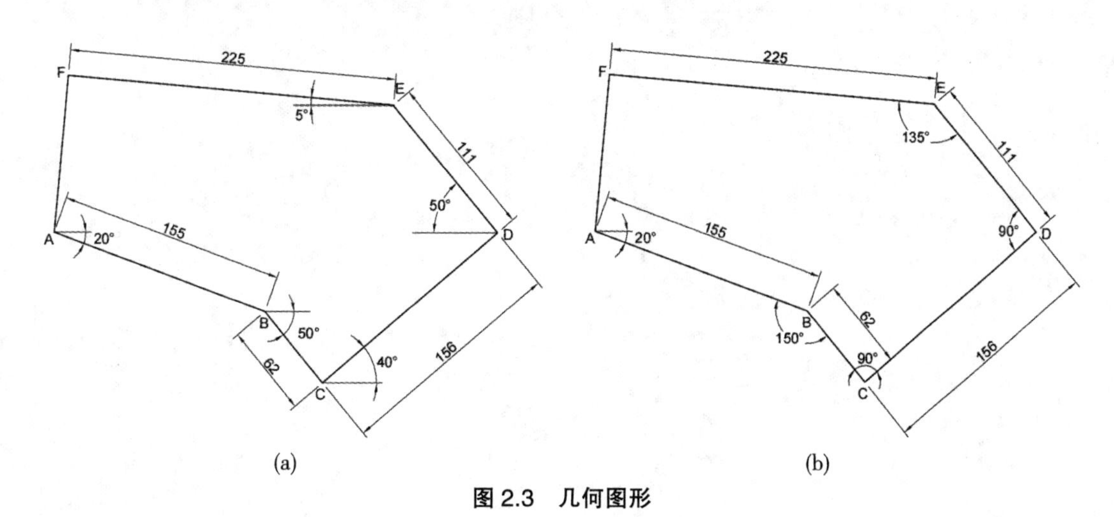

图2.3　几何图形

4. 使用自动捕捉方法确定点，绘制图 2. 4 所示图形。

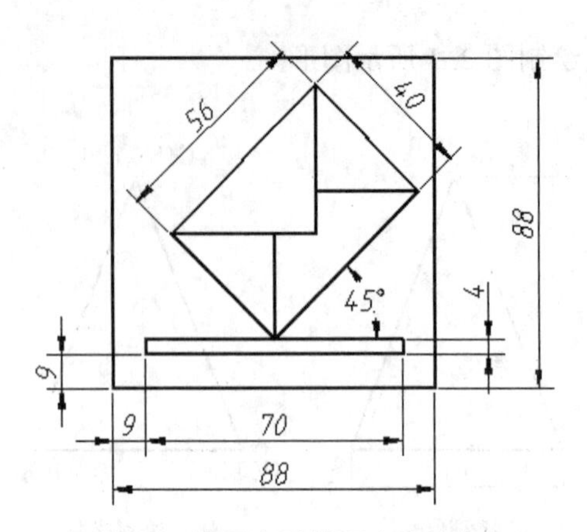

图 2.4　利用自动捕捉方法确定点

5. 使用对象捕捉追踪方法绘制图 2.5 所示图形。

要求：未标注尺寸的轮廓与给定的 A、B、……、G 各点对齐，其中 B、C、E 为中点，其他为端点，参见图（b）。

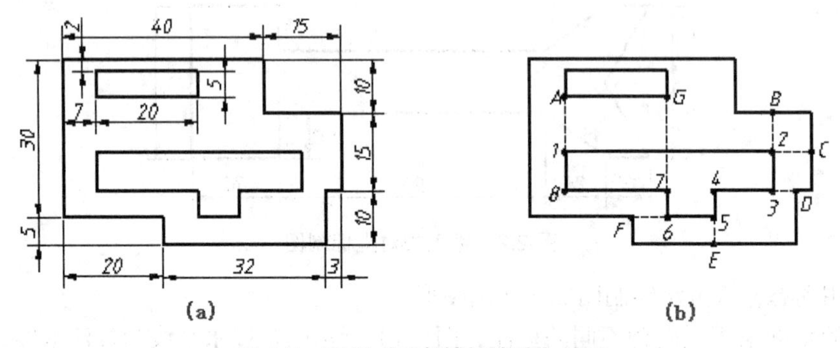

图 2.5　利用“对象捕捉追踪”绘图

项目3　创建图形对象

项目概述

学习创建二维图形的常用方法，包括绘制图形对象和图案填充。

学习目标

知识目标	能力目标	思政目标
熟记图形创建类各命令全名及别名，了解启动命令的多种途径和方法，能根据作图需要正确选择并使用命令选项。 具体如下： （1）了解直线、矩形、正多边形、多段线、多线命令的功能，理解直线与多段线的区别。 （2）了解圆、圆弧、椭圆、椭圆弧、样条曲线命令的功能。 （3）了解点样式及其设置方法；了解等分的概念及等分命令的功能。 （4）了解图案填充命令的功能。	熟练掌握常用绘图命令的操作方法。 具体如下： （1）熟练使用直线、矩形、正多边形、多段线、多线命令作图。 （2）熟练使用圆、圆弧、椭圆、椭圆弧、样条曲线命令作图。 （3）熟练掌握两种等分方法。 （4）熟练使用填充命令创建混凝土、钢筋混凝土材料符号以及其他规则图案对象。	（1）爱岗敬业，培养责任意识和职业操守。 （2）体会工匠精神，养成认真细致、一丝不苟的工作态度。 （3）发扬吃苦耐劳、脚踏实地的工作作风。 （4）培养爱国情怀和民族自豪感，践行社会主义核心价值观。

任务3.1　绘制直线类对象

3.1.1　绘制直线与多段线

1. 绘制直线

调用直线命令的方法有如下几种：

• 功能区："默认"选项卡→"绘图"面板下的"直线"按钮（使用默认界面，下同）。

• 工具栏："绘图"工具栏下的"直线"按钮（使用经典界面，下同）。

• 命令行：LINE（L）。

执行直线命令，命令行序列如下：

命令 :L LINE ；输入命令
指定第一个点： ；指定直线起点，直接回车从上一直线的端点开始
指定下一点或 [放弃（U）]: ；指定直线另一端点
指定下一点或 [放弃（U）]: ；指定点，连续绘制下一直线段
指定下一点或 [闭合（C）/ 放弃（U）]: ；如此反复提示，回车结束命令

执行直线命令，依次指定一系列点，绘制连续的直线段，要结束时按回车键或空格键。这一系列直线段中每一条线段为一个对象，例如，用直线命令绘制的矩形包含 4 个对象。

直线命令有两个选项，它们的含义如下。

"闭合（C）"：表示从最后指定的一点与第一点相连，并退出命令。

"放弃（U）"：表示删除最近指定的点，即删除最后绘制的线段，多次输入"U"可逐个删除线段。

用直线命令绘制有限长度的线段。用构造线（XLINE）和射线（RAY）绘制无限长的直线，在绘图中常常作为辅助线被使用。选择"绘图"→"构造线"命令或者"绘图"→"射线"命令，即可绘制构造线或射线。其中构造线还可用来绘制角平分线。

【例 3-1】用直线命令绘制图 3.1.1 所示轮廓图形。

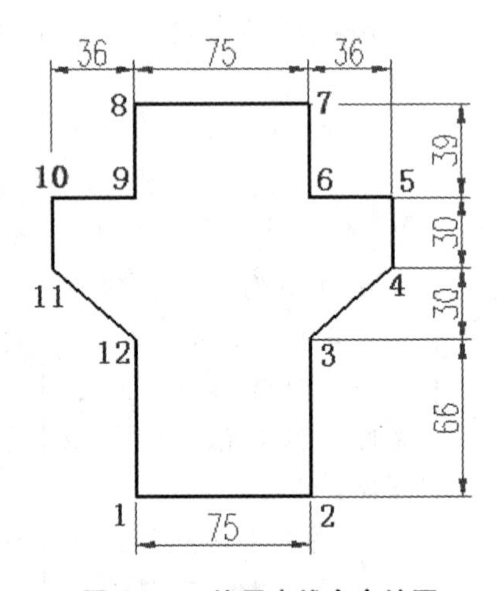

图 3.1.1 使用直线命令绘图

步骤 1 默认样板 acadiso.dwt 新建图形；创建图层"轮廓线"，设线宽为 0.5mm。

步骤 2 以"轮廓线"为当前层，颜色、线型、线宽特性为"ByLayer"。

步骤 3 用直线命令作图，命令行序列如下。

命令 : L LINE 指定第一个点 : ；启动直线命令，拾取点 1
指定下一点或 [放弃（U）]: 75 ；在 0° 极轴输入距离 75 追踪至点 2
指定下一点或 [放弃（U）]: 66 ；在 90° 极轴输入距离 66 追踪至点 3
指定下一点或 [闭合（C）/ 放弃（U）]: @36,30 ；输入相对坐标至点 4
指定下一点或 [闭合（C）/ 放弃（U）]: 30 ；在 90° 极轴输入距离 30 追踪至点 5
指定下一点或 [闭合（C）/ 放弃（U）]: 36 ；在 180° 极轴输入距离 36 追踪至点 6
指定下一点或 [闭合（C）/ 放弃（U）]: 39 ；在 90° 极轴输入距离 39 追踪至点 7
指定下一点或 [闭合（C）/ 放弃（U）]: 75 ；在 180° 极轴输入距离 75 追踪至点 8
指定下一点或 [闭合（C）/ 放弃（U）]: 39 ；在 270° 极轴输入距离 39 追踪至点 9
指定下一点或 [闭合（C）/ 放弃（U）]: 36 ；在 180° 极轴输入距离 36 追踪至点 10
指定下一点或 [闭合（C）/ 放弃（U）]: 30 ；在 270° 极轴输入距离 30 追踪至点 11

指定下一点或 [闭合（C）/ 放弃（U）]: @36,-30 ；输入相对坐标至点 12

指定下一点或 [闭合（C）/ 放弃（U）]: c ；闭合图形

2. 绘制多段线

调用多段线命令的方法如下。

- 功能区："默认"选项卡→"绘图"面板→"多段线"按钮。
- 工具栏："绘图"工具栏→"多段线"按钮。
- 命令行：PLINE（PL）。

执行多段线命令，命令行序列如下：

命令 : PL PLINE ；输入命令

指定起点 : ；指定画线的起始点

当前线宽为 0.0000

指定下一个点或 [圆弧（A）/ 半宽（H）/ 长度（L）/ 放弃（U）/ 宽度（W）]:

；指定下一点

指定下一点或 [圆弧（A）/ 闭合（C）/ 半宽（H）/ 长度（L）/ 放弃（U）/ 宽度（W）]:

；指定下一点

…… ；回车结束命令

多段线命令也像直线命令一样，根据指定的一系列点绘制连续线段，但多段线的各段组成一个整体，是一个对象。多段线命令的选项比较多，以下是 PLINE 初始提示各选项的含义。

"圆弧（A）"选项：表示将 PLINE 画直线方式转换为画圆弧方式。

"闭合（C）"选项：表示以直线段闭合多段线，并结束命令。

"半宽（H）"选项：设置多段线的半宽度，只需输入宽度的一半。

"长度（L）"选项：绘制指定长度的直线段。

"放弃（U）"选项：将刚才绘制的一段取消，可以重复操作，依次取消直至全部删除。

"宽度（W）"选项：设置多段线的宽度。注意，要根据提示指定起点宽度和端点宽度，即线段两端点的宽度。两端宽度可以相同（绘制等宽线段），也可以不同（如箭头）。

1）默认情况下绘制的多段线

多段线命令在默认情况下，依据指定的一系列点（如同 LINE 命令指定点一样），画出一系列首尾相接的直线段，回车或空格结束或输入 c 闭合图形后结束命令。图 3.1.2 可以用直线命令绘制，也可以用多段线命令绘制。

2）创建具有宽度的多段线

确定起点后选择"宽度（W）"选项，则 AutoCAD 提示：

指定起点宽度 <0.0000>: ；指定线段一端的线宽

指定端点宽度 <0.0000>: ；指定线段另一端的线宽

图 3.1.3 所示图形是具有宽度的多段线，执行以下命令行序列绘制一个大箭头。

命令 : _pline

指定起点 :

当前线宽为 0.0000

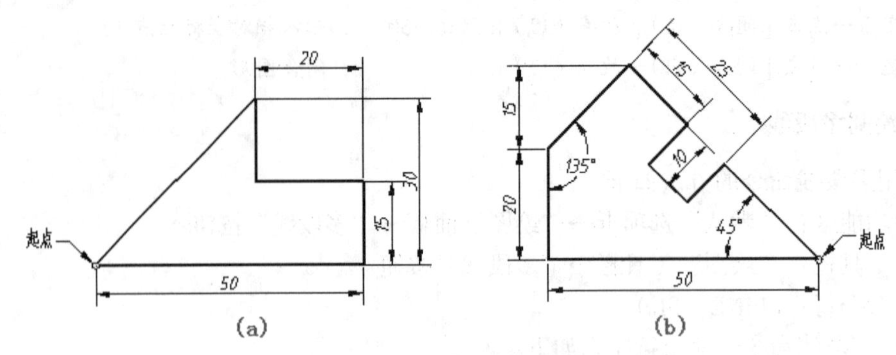

图 3.1.2　多段线绘制图形

图 3.1.3　具有宽度的多段线

指定下一个点或 [圆弧（A）/ 半宽（H）/ 长度（L）/ 放弃（U）/ 宽度（W）]: w

指定起点宽度 <0.0000>: 10　　　　　　　　　　；起点宽度 10

指定端点宽度 <10.0000>:　　　　　　　　　　　；回车，端点宽度也是 10

指定下一个点或 [圆弧（A）/ 半宽（H）/ 长度（L）/ 放弃（U）/ 宽度（W）]: 20

；绘制长度 20 的等宽线段

指定下一点或 [圆弧（A）/ 闭合（C）/ 半宽（H）/ 长度（L）/ 放弃（U）/ 宽度（W）]: w

指定起点宽度 <10.0000>: 30　　　　　　　　　；重新设置端点宽度为 30

指定端点宽度 <30.0000>: 0　　　　　　　　　　；端点宽度 0，从 30 变化为 0

指定下一点或 [圆弧（A）/ 闭合（C）/ 半宽（H）/ 长度（L）/ 放弃（U）/ 宽度（W）]: 10

；绘制长度 10 的箭头

指定下一点或 [圆弧（A）/ 闭合（C）/ 半宽（H）/ 长度（L）/ 放弃（U）/ 宽度（W）]:

；回车结束命令

3）创建直线和圆弧组成的多段线

指定起点后选择“圆弧（A）”选项，则 AutoCAD 命令行序列如下：

指定下一点或 [圆弧（A）// 半宽（H）/ 长度（L）/ 放弃（U）/ 宽度（W）]: a

指定圆弧的端点（按住 Ctrl 键以切换方向）或

[角度（A）/ 圆心（CE）/ 方向（D）/ 半宽（H）/ 直线（L）/ 半径（R）/ 第二个点（S）/ 放弃（U）/ 宽度（W）]:

圆弧方式下的提示选项比直线方式的（初始选项）多，以下是这些选项的含义。

“角度（A）”选项：指定弧线段从起点开始的包含角。

“圆心（CE）”选项：：指定圆弧段的圆心。

“方向（D）”选项：指定弧线段的起始方向

“半宽（H）”选项：设置多段线的半宽度，只需输入宽度的一半。

“直线（L）”选项：退出 PLINE 的圆弧方式，返回直线方式。

“半径（R）”选项：指定圆弧段的半径。

“第二个点（S）”选项：指定三点圆弧的第二点和端点。

“放弃（U）”选项：删除最近一次绘制的圆弧段。

“宽度（W）”选项：指定下一弧线段的宽度。

（1）绘制相切圆弧。

默认情况下，当前圆弧段与上一线段（直线段或圆弧段）是相切的。绘制图3.1.4所示的轮廓图形，命令行序列如下：

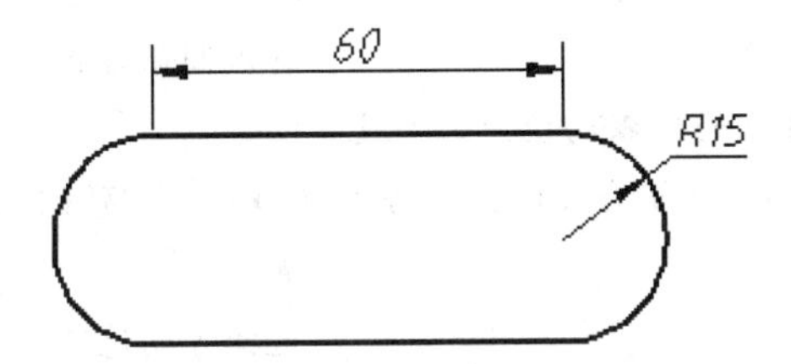

图3.1.4　直线段与圆弧段组成的多段线

命令 : PL PLINE

指定起点 :

当前线宽为 0.0000

指定下一个点或 [圆弧（A）/ 半宽（H）/ 长度（L）/ 放弃（U）/ 宽度（W）]: 60
；先画直线段

指定下一点或 [圆弧（A）/ 闭合（C）/ 半宽（H）/ 长度（L）/ 放弃（U）/ 宽度（W）]: a
；转入圆弧方式

指定圆弧的端点（按住 Ctrl 键以切换方向）或

[角度（A）/ 圆心（CE）/ 闭合（CL）/ 方向（D）/ 半宽（H）/ 直线（L）/ 半径（R）/ 第二个点（S）/ 放弃（U）/

宽度（W）]: 30　；直接距离输入指定圆弧的端点

指定圆弧的端点（按住 Ctrl 键以切换方向）或

[角度（A）/ 圆心（CE）/ 闭合（CL）/ 方向（D）/ 半宽（H）/ 直线（L）/ 半径（R）/ 第二个点（S）/ 放弃（U）/

宽度（W）]: 1　；返回直线方式

指定下一点或 [圆弧（A）/ 闭合（C）/ 半宽（H）/ 长度（L）/ 放弃（U）/ 宽度（W）]: 60
；绘制直线

指定下一点或 [圆弧（A）/ 闭合（C）/ 半宽（H）/ 长度（L）/ 放弃（U）/ 宽度（W）]: a
；再转入圆弧方式

指定圆弧的端点（按住 Ctrl 键以切换方向）或

[角度（A）/ 圆心（CE）/ 闭合（CL）/ 方向（D）/ 半宽（H）/ 直线（L）/ 半径（R）/ 第二个点（S）/ 放弃（U）/

宽度（W）]: c1　；直接以圆弧闭合

（2）绘制指定方向的圆弧。

利用选项“方向（D）”可以绘制与上一线段不相切的圆弧。绘制如图 3.1.5 所示的轮廓图形，命令行序列如下：

命令 : PL PLINE

指定起点 : ；指定点 1，先绘制直线段 A

当前线宽为 0.0000

指定下一个点或 [圆弧（A）/ 半宽（H）/ 长度（L）/ 放弃（U）/ 宽度（W）]:

；指定点 2

指定下一点或 [圆弧（A）/ 闭合（C）/ 半宽（H）/ 长度（L）/ 放弃（U）/ 宽度（W）]: a

；转入圆弧方式

指定圆弧的端点（按住 Ctrl 键以切换方向）或

[角度（A）/ 圆心（CE）/ 闭合（CL）/ 方向（D）/ 半宽（H）/ 直线（L）/ 半径（R）/ 第二个点（S）/ 放弃（U）/

宽度（W）]: d ；选择方向选项

指定圆弧的起点切向 : ；光标上移，在 90° 极轴时点击

指定圆弧的端点（按住 Ctrl 键以切换方向）: ；捕捉直线 A 中点 3，绘制出圆弧 B

指定圆弧的端点（按住 Ctrl 键以切换方向）或

[角度（A）/ 圆心（CE）/ 闭合（CL）/ 方向（D）/ 半宽（H）/ 直线（L）/ 半径（R）/ 第二个点（S）/ 放弃（U）/

宽度（W）]: c1 ；以圆弧闭合，结束命令

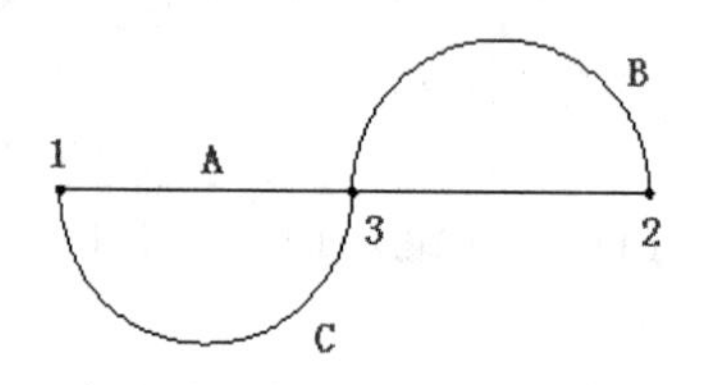

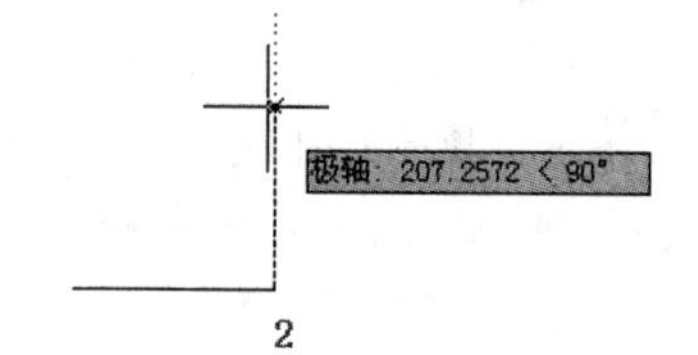

图 3.1.5 使用“方向（D）”选项

3.1.2 绘制矩形与多边形

1. 绘制矩形

调用矩形命令的方法如下。

- 功能区：“默认”选项卡→“绘图”面板→“矩形”按钮。
- 工具栏：“绘图”工具栏→“矩形”按钮。
- 命令行：RECTANG（REC）。

执行矩形命令，命令行序列如下：

命令 : REC RECTANG

指定第一个角点或 [倒角（C）/ 标高（E）/ 圆角（F）/ 厚度（T）/ 宽度（W）]:

；指定一个角点

指定另一个角点或 [面积（A）/ 尺寸（D）/ 旋转（R）]: ；指定另一个角点

矩形是最常用的几何图形，默认情况下，指定两个角点即完成矩形绘制，且矩形的边与当前 X、Y 轴平行。用命令 RECTANG 绘制的矩形是多段线，矩形为一个对象。

如果给定矩形的长度和宽度，操作时用鼠标指定第一角点，另一角点输入相对坐标“@长度，宽度”；当开启“动态输入”时，第一角点为绝对坐标，另一角点为相对坐标。可以直接在输入框输入长度，按 Tab 键或逗号再输入宽度，回车完成，如图 3.1.6 所示。

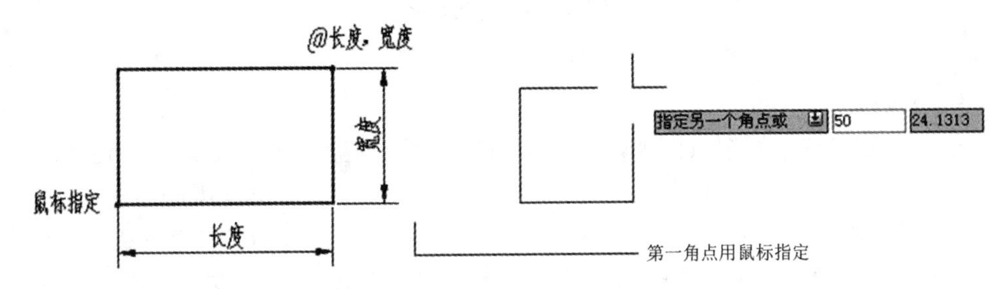

图 3.1.6 指定矩形角点的方法

利用矩形命令的选项，还有多种绘制矩形的方式，下面介绍几种常用的。

1）绘制倒角矩形

“倒角（C）”选项用于绘制一个倒斜角的矩形，如图 3.1.7 所示。

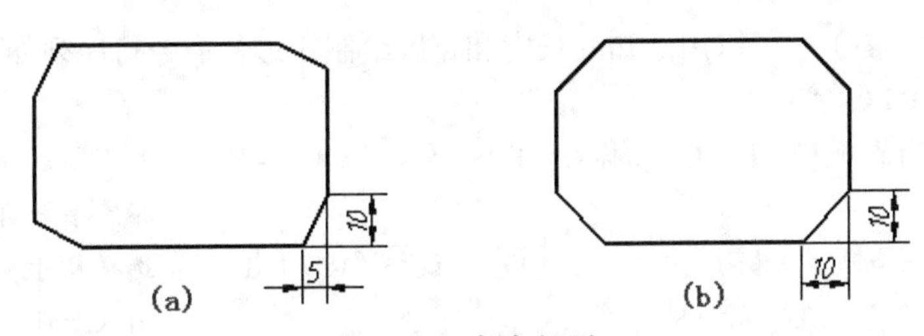

图 3.1.7 倒角矩形

命令行序列如下：

命令 : REC RECTANG

指定第一个角点或 [倒角（C）/ 标高（E）/ 圆角（F）/ 厚度（T）/ 宽度（W）]: c

；选择倒角选项

指定矩形的第一个倒角距离 <0.0000>: 5　　；指定第一个倒角距离为 5

指定矩形的第二个倒角距离 <5.0000>: 10　　；指定第二个倒角距离为 10

指定第一个角点或 [倒角（C）/ 标高（E）/ 圆角（F）/ 厚度（T）/ 宽度（W）]:

；指定第一点

指定另一个角点或 [面积（A）/ 尺寸（D）/ 旋转（R）]:　　；指定第二点

按逆时针方向确定倒角 1 与倒角 2。图 3.1.7（a）所示倒角 1 的距离为 5，倒角 2 的距离为 10；图 3.1.7（b）所示两个倒角的距离相等。

2）绘制圆角矩形

“圆角（F）”选项用于绘制一个倒圆角的矩形，如图 3.1.8 所示。

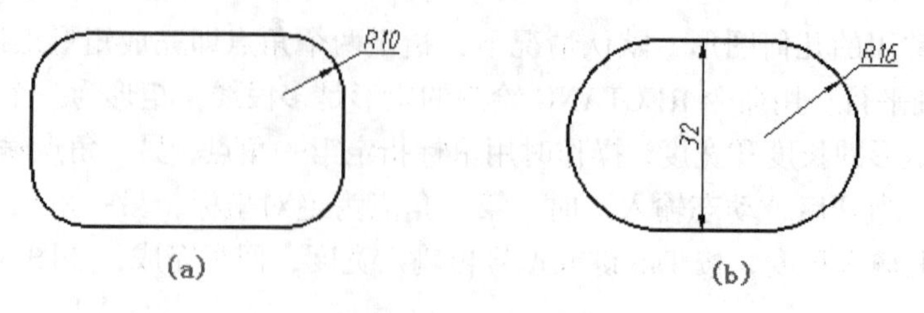

图 3.1.8　圆角矩形

命令行序列如下：

命令 : REC RECTANG

指定第一个角点或 [倒角（C）/ 标高（E）/ 圆角（F）/ 厚度（T）/ 宽度（W）]: f

；选择圆角选项

指定矩形的圆角半径 <0.0000>: 10　　；指定圆角半径

指定第一个角点或 [倒角（C）/ 标高（E）/ 圆角（F）/ 厚度（T）/ 宽度（W）]:

；指定第一角点

指定另一个角点或 [面积（A）/ 尺寸（D）/ 旋转（R）]:　　；指定第二角点

注意：矩形的短边长度小于 2 倍半径大小时，矩形不能绘制圆角。例如，图 3.1.8（b）所示的矩形圆角半径最大为 R16。

3）根据尺寸绘制矩形

选项“尺寸（D）”可以用已知的长度和宽度绘制矩形，命令行序列如下：

命令 : REC RECTANG

指定第一个角点或 [倒角（C）/ 标高（E）/ 圆角（F）/ 厚度（T）/ 宽度（W）]:

；指定第一角点

指定另一个角点或 [面积（A）/ 尺寸（D）/ 旋转（R）]: d　　；选择尺寸选项

指定矩形的长度 <10.0000>: 50　　；输入长度

指定矩形的宽度 <10.0000>: 30　　；输入宽度

指定另一个角点或 [面积（A）/ 尺寸（D）/ 旋转（R）]:　　；鼠标点击一点以确定

；矩形相对第一点的方位

4）绘制宽边矩形

“宽度（W）”选项可以用来绘制一个如图 3.1.9（a）所示线宽为 5 的矩形。命令行序列如下：

命令 :REC RECTANG

指定第一个角点或 [倒角（C）/ 标高（E）/ 圆角（F）/ 厚度（T）/ 宽度（W）]: w

；选择宽度选项

指定矩形的线宽 <0.0000>: 5　　；指定矩形线宽

指定第一个角点或 [倒角（C）/ 标高（E）/ 圆角（F）/ 厚度（T）/ 宽度（W）]:

；指定第一角点

指定另一个角点或 [面积（A）/ 尺寸（D）/ 旋转（R）]:　　；指定第二角点

也可以利用图 3.1.9（b）所示的“快捷特性”指定多段线的宽度，而不必使用“宽度”选项。

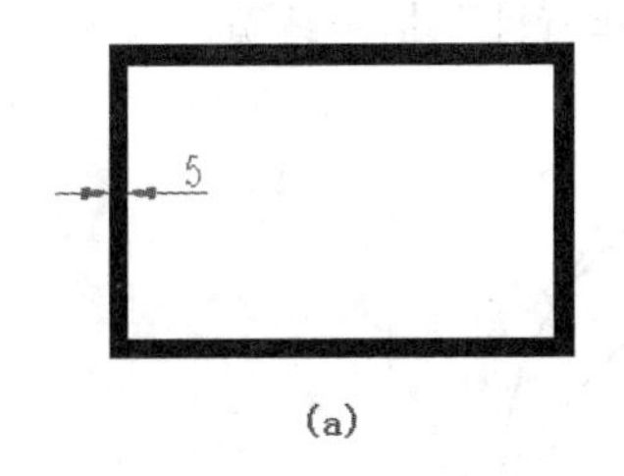

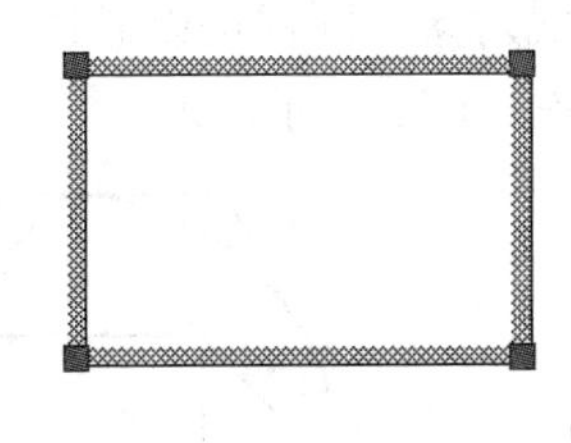

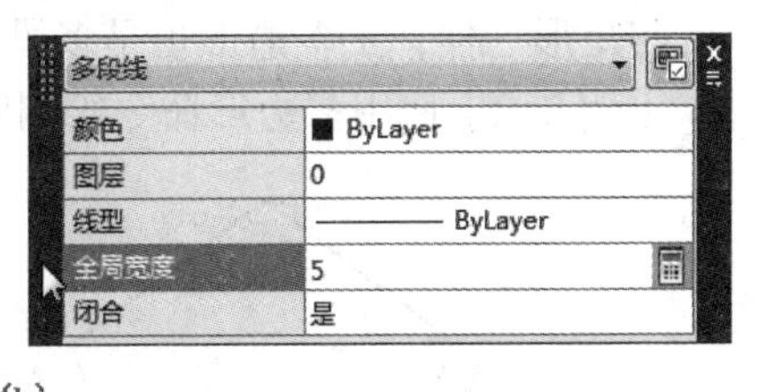

图 3.1.9　宽边矩形

“标高（E）”选项用于设置所绘矩形到 XY 平面的垂直距离，“厚度（T）”选项用于设置矩形的厚度，此二项一般用于三维绘图中，在此不作讨论。

2. 绘制正多边形

调用正多边形命令的方法如下。

- 功能区：“默认”选项卡→“绘图”面板→“正多边形”按钮。
- 工具栏：“绘图”工具栏→“正多边形”按钮。
- 命令行：POLYGON（POL）

执行正多边形命令时，要求先输入多边形的边数（3~1024 整数有效），确定边数后有两种绘制正多边形的方法。

1）指定中心点绘制正多边形

这是默认的执行方式，例如，执行以下命令行序列绘制一个正六边形。

命令 : POL POLYGON　　；输入命令

输入侧面数 <4>:6　　；键盘输入多边形边数，默认绘制 4 边形

指定正多边形的中心点或 [边（E）]:　　；用鼠标指定多边形的中心点

输入选项 [内接于圆（I）/ 外切于圆（C）] <I>:　　；选择正多边形的定义方式（参考图 3.1.10）

指定圆的半径 :35　　；指定外接圆或内切圆的半径

2）指定边长绘制正多边形

当已知多边形的边长，执行命令输入边数后，先不要指定中心，要选择“边（E）”选项来指定多边形的边长。例如，执行以下命令行序列绘制图 3.1.11 所示的正五边形。

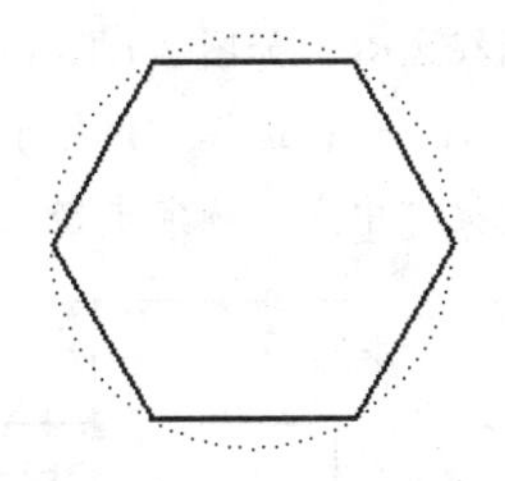

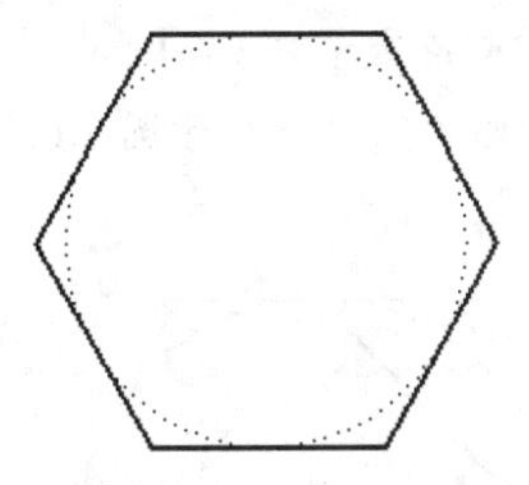

图 3.1.10　内接于圆（I）/ 外切于圆（C）的正六边形

命令 : POL POLYGON

输入侧面数 <6>: 5

指定正多边形的中心点或 [边（E）]: e　　；选择“边（E）”选项

指定边的第一个端点 :　　；用鼠标点击边的端点 1

指定边的第二个端点 : 50　　；直接输入距离 50，确定边的端点 2

与矩形一样，正多边形也是多段线对象，同样可以通过“快捷特性”指定线宽。

【例 3-2】使用多边形命令绘制图 3.1.12 所示图形。

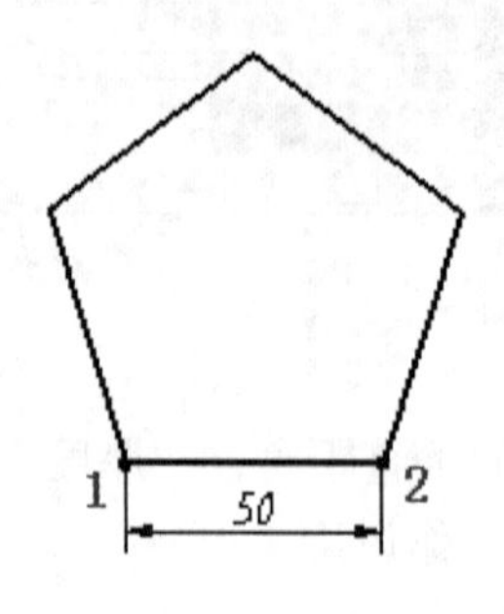

图 3.1.11 根据边长绘制正五边形

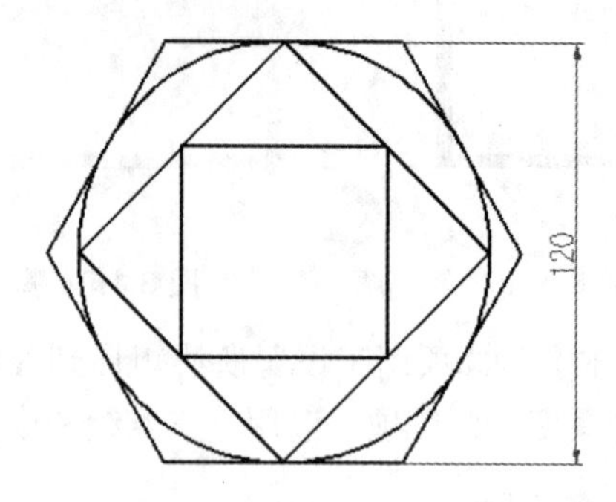

图 3.1.12 绘制正多边形

步骤 1 输入 circle 命令绘制直径为 120 的圆，如图 3.1.13（a）所示。

步骤 2 输入 polygon 命令绘制圆内接的四边形，如图 3.1.13（b）所示。

步骤 3 重复用多边形命令绘制直圆外切六边形，如图 3.1.13（c）所示。

步骤 4 输入 rectang 命令，捕捉“中点”绘制矩形，如图 3.1.13（d）所示。或按如下步骤 5 绘制该矩形。

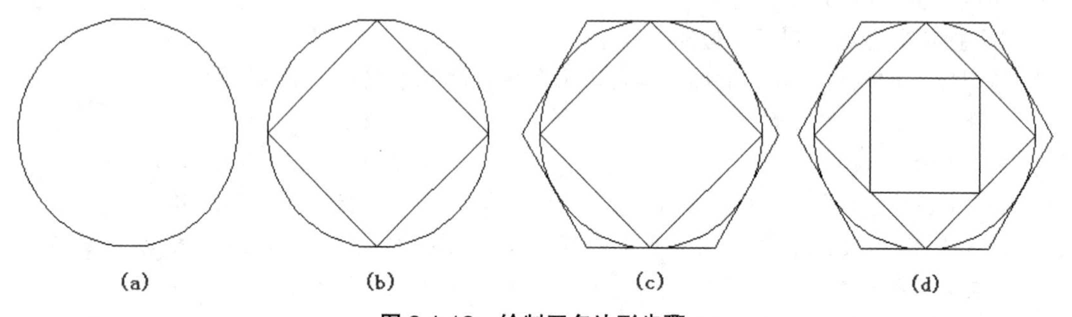

图 3.1.13 绘制正多边形步骤

步骤 5 重复用多边形命令绘制直圆外切六边形，如图 3.1.13（c）所示。

命令 : POL POLYGON 输入侧面数 <4>: ；重复多边形命令绘制 4 边形

指定正多边形的中心点或 [边（E）]: ；捕捉圆心，如图 3.1.14（a）所示

输入选项 [内接于圆（I）/ 外切于圆（C）] <C>: I ；选择“内接于圆”方式

指定圆的半径 : ；捕捉“中点”确定半径 , 如图 3.1.14（b）所示

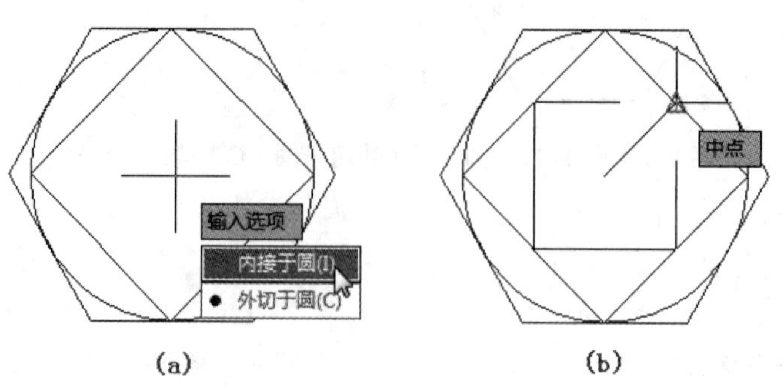

图 3.1.14 用多边形命令绘制内接四边形

3.1.3 绘制多线

多线是 AutoCAD 提供的一种特殊的图形对象，默认绘制双线，通过多线样式可以设置成绘制多条平行线。多线在建筑工程图中有广泛的应用，主要用于绘制墙线、窗平面图、条形基础平面图。

1. 用多线命令绘制多线

调用多线命令的方法如下。

- 菜单栏："绘图"菜单→"多线"。
- 命令行：MLINE（ML）。

执行多线命令，命令行序列如下：

命令 : ml MLINE

当前设置 : 对正 = 上，比例 = 20.00，样式 = STANDARD

指定起点或 [对正（J）/ 比例（S）/ 样式（ST）]:

指定下一点 :

指定下一点或 [放弃（U）]:

指定下一点或 [闭合（C）/ 放弃（U）]: ；如此反复，回车结束或闭合并结束

默认情况下，多线的操作与直线的类似，依次指定一系列点，如图 3.1.15 所示的 1~4 点，用 MLINE 命令绘制连续的双线。用 MLINE 命令一次绘制的多线是一个对象。

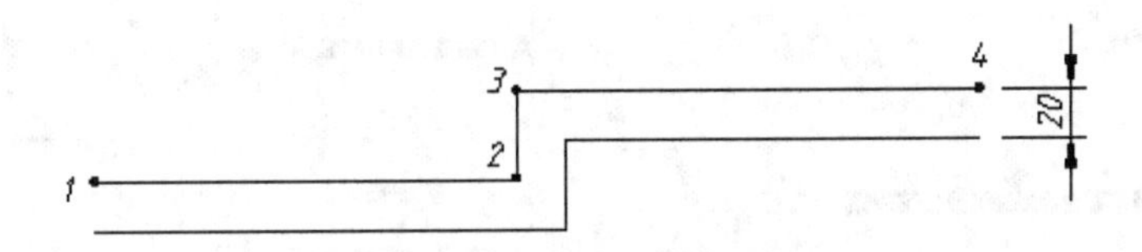

图 3.1.15 默认方式绘制的多线

多线命令选项的含义如下。

"对正（J）"选项：用于确定双线与指定点之间的位置关系。选择该选项后，AutoCAD 又提示：

输入对正类型 [上（T）/ 无（Z）/ 下（B）] < 上 >:

有 3 种对正方式，默认是上对正。各对正方式的含义如图 3.1.16 所示。

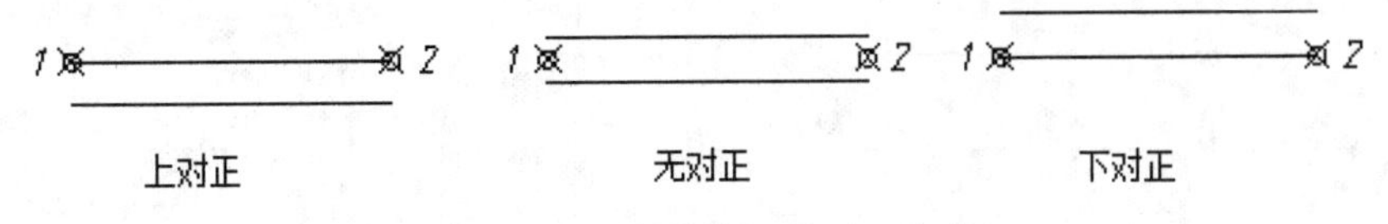

图 3.1.16 多线的 3 种对正方式

"比例（S）"选项：用于确定多线的宽度。实际宽度为多线样式设置的宽度乘以比例，默认情况下样式的宽度为 1，比例为 20，所以默认双线的间距为 20。

"样式（ST）"选项：用于指定已定义的其他样式，默认情况下只有一个名为"Standard"

的样式。根据需要，用户可以自定义多线样式。

2. 创建多线样式

一条多线最多可以包含多条平行线，这些平行线称为元素。设置多线样式，就是在样式中设置元素的数量和每个元素特性。

调用多线样式命令的方法如下。

- 菜单：“格式”→“多线样式”。
- 命令：MLSTYLE。

执行多线样式命令，弹出“多线样式”对话框，在这里可以设置自己需要的多线样式。

下面创建两个多线样式：wall24 与 wall37，分别用于绘制“24 墙”与“37 墙”，元素设置要求如图 3.1.17 所示。参照图 3.1.18 进行设置。

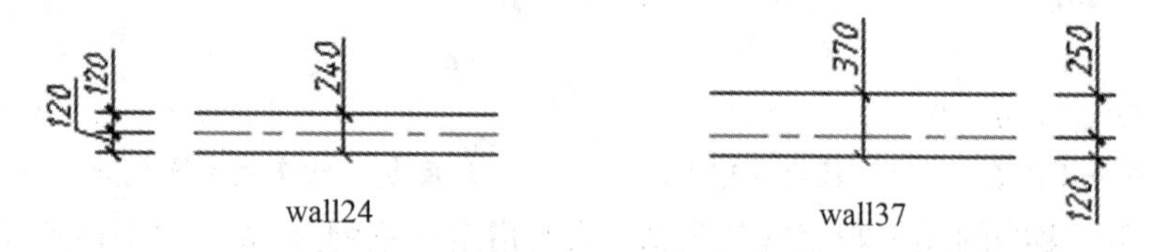

图 3.1.17 自定义多线

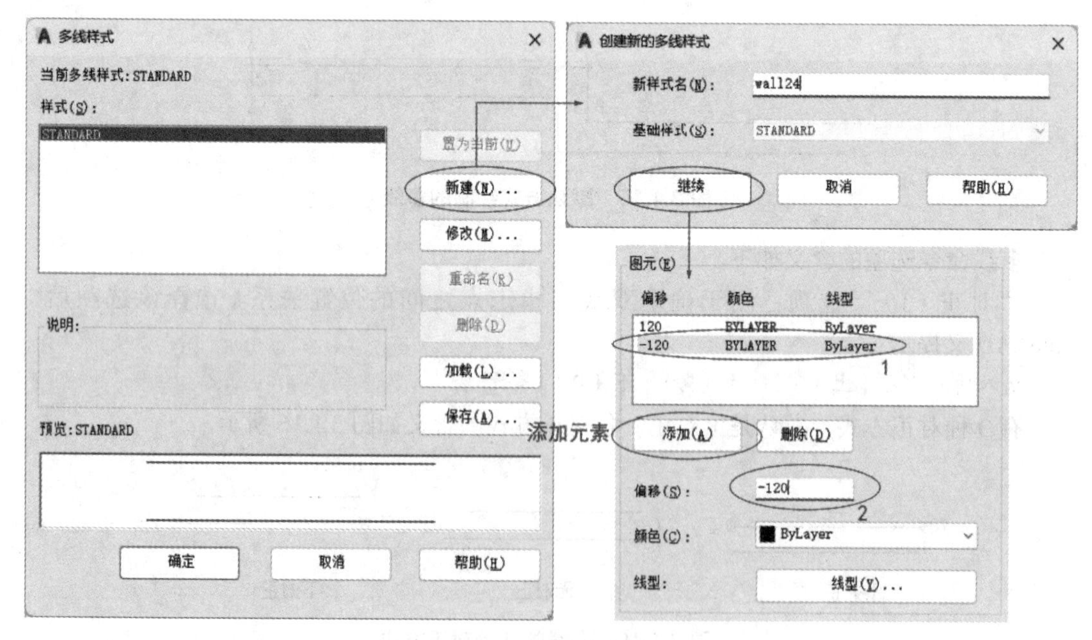

图 3.1.18 设置多线样式

【例 3-3】用矩形和多线命令绘制图 3.1.19 所示图形。

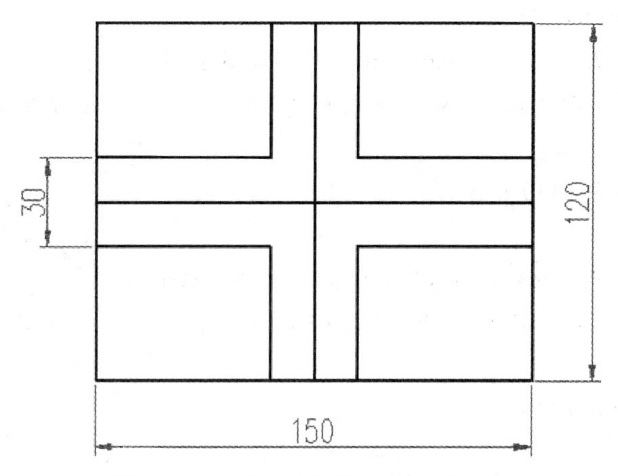

图 3.1.19　使用矩形和多线命令绘图

步骤 1　输入 mlstyle 命令设置多线样式，按如图 3.1.20 所示设置为三线。

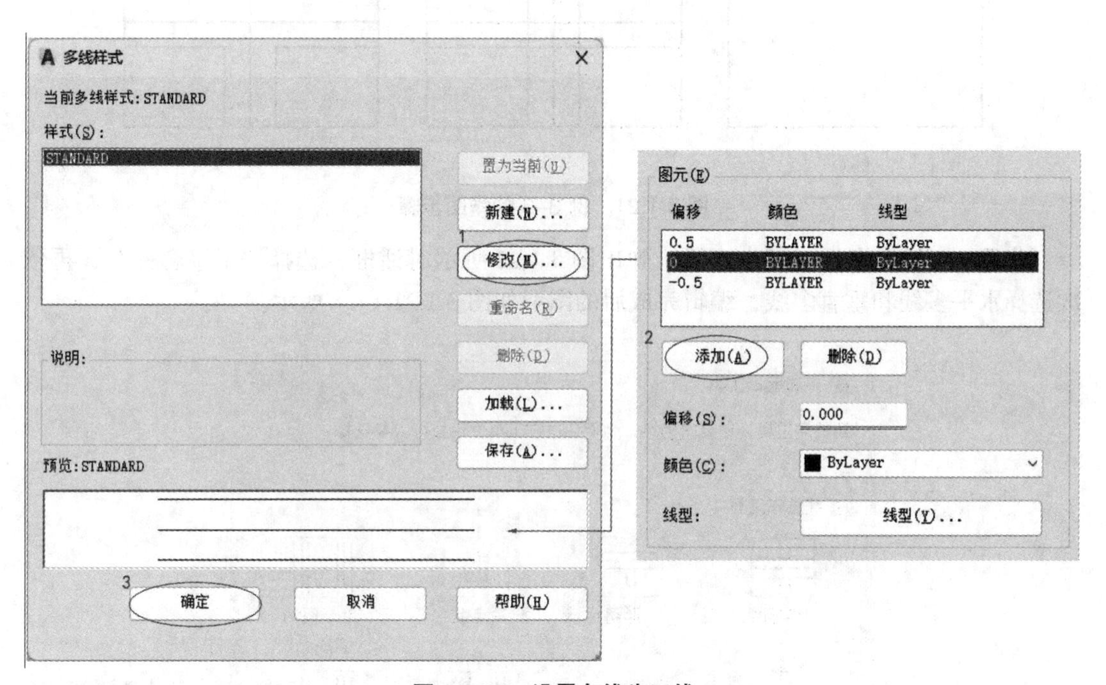

图 3.1.20　设置多线为三线

步骤 2　绘制 150 × 120 矩形，如图 3.1.21（a）所示。

步骤 3　输入 mline 命令，捕捉中点绘制多线，如图 3.1.21（b）所示。

命令 : ML MLINE

当前设置 : 对正 = 上，比例 = 20.00，样式 = STANDARD

指定起点或 [对正（J）/ 比例（S）/ 样式（ST）]: j　　　　；设置对正类型为“无”

输入对正类型 [上（T）/ 无（Z）/ 下（B）] < 上 >: Z

当前设置 : 对正 = 无，比例 = 20.00，样式 = STANDARD

指定起点或 [对正（J）/ 比例（S）/ 样式（ST）]: s　　　　；设置多线比例为 30

输入多线比例 <20.00>: 30
当前设置 : 对正 = 无，比例 = 30.00，样式 = STANDARD
指定起点或 [对正（J）/ 比例（S）/ 样式（ST）]: ；捕捉中点绘制水平多线
指定下一点 :
指定下一点或 [放弃（U）]:
命令 : MLINE ；重复命令
当前设置 : 对正 = 无，比例 = 30.00，样式 = STANDARD
指定起点或 [对正（J）/ 比例（S）/ 样式（ST）]: ；绘制垂直多线
指定下一点 :
指定下一点或 [放弃（U）]:

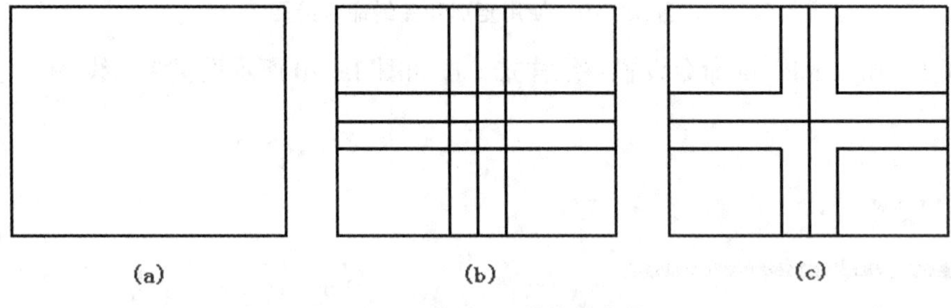

图 3.1.21 例 3–3 的作图步骤

步骤 4 编辑多线：双击多线，弹出图 3.1.22 所示对话框，选择“十字合并”，再依次选择水平多线和垂直多线，编辑完成后的图形如图 3.1.21（c）所示。

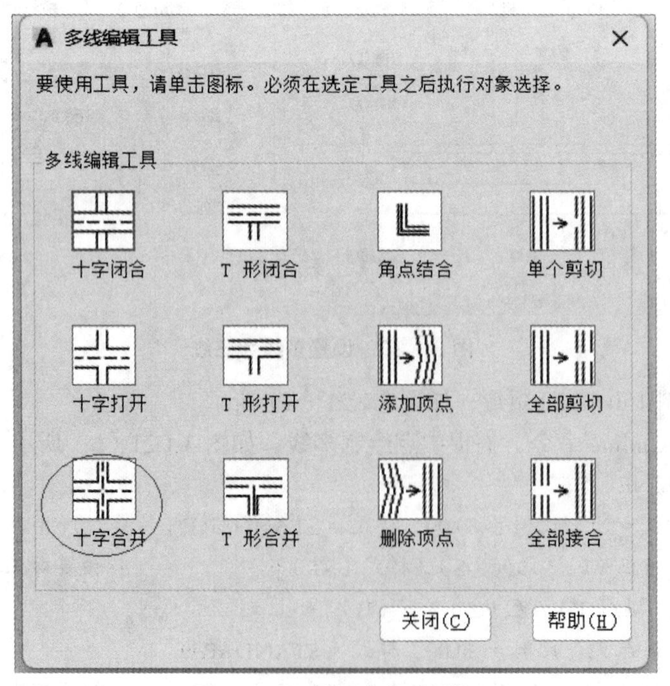

图 3.1.22 编辑多线对话框

任务 3.2 绘制曲线类对象

3.2.1 绘制圆与圆弧、圆环

1. 绘制圆

调用圆命令的方法如下。

- 功能区：“默认”选项卡→“绘图”面板，选择一种画圆方式。
- 工具栏：“绘图”工具栏→“圆”按钮。
- 命令行：在命令行输入命令 CIRCLE（C）。

有 6 种画圆的方法，如图 3.2.1所示。根据具体条件选择绘制圆的方式，介绍如下。

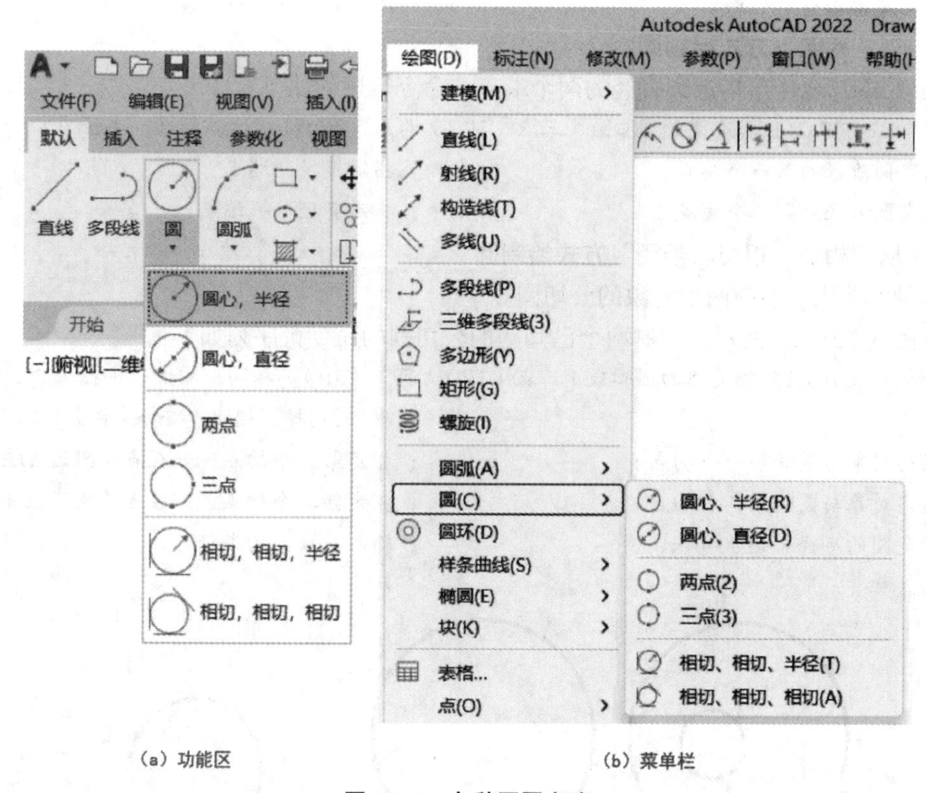

（a）功能区　　（b）菜单栏

图 3.2.1 各种画圆方法

1）以“圆心、半径”方式绘制圆

这是默认的绘制圆的方式，也是最常用的方式，命令行序列如下：

命令 : C CIRCLE ；输入命令

指定圆的圆心或 [三点（3P）/ 两点（2P）/ 相切、相切、半径（T）]: ；指定圆的圆心

指定圆的半径或 [直径（D）]: ；指定圆的半径，命令结束

2）以“圆心、直径”方式绘制圆

与“圆心、半径”方式不同的是，在“指定圆的半径或 [直径（D）]:”提示下先输入

字母 d 回车，再指定直经。命令行序列如下：

命令：c CIRCLE

指定圆的圆心或 [三点（3P）/ 两点（2P）/ 相切、相切、半径（T）]: ；指定圆心

指定圆的半径或 [直径（D）] <124.9118>: d ；选择直径选项

指定圆的直径 <249.8235>: 100 ；输入直径值

3）以“三点”方式绘制圆

依次指定圆周上的三点，命令行序列如下：

命令：c CIRCLE 指定圆的圆心或 [三点（3P）/ 两点（2P）/ 相切、相切、半径（T）]: 3p

；输入 3p 选择三点（3P）选项

指定圆上的第一个点： ；指定第一点

指定圆上的第二个点： ；指定第二点

指定圆上的第三个点： ；指定第三点，命令结束

4）以“两点”方式绘制圆

输入 2p 选项，再指定圆直经的两个端点，命令行序列如下：

命令：c CIRCLE 指定圆的圆心或 [三点（3P）/ 两点（2P）/ 相切、相切、半径（T）]: 2p

指定圆直径的第一个端点： ；指定直径一端点

指定圆直径的第二个端点： ；指定直径另一端点

5）以“相切、相切、半径”方式绘制圆

这种方式用于绘制两个对象的公切圆。

如图 3.2.2（a）所示，绘制两个已知圆的公切圆的命令行序列如下：

命令：c CIRCLE 指定圆的圆心或 [三点（3P）/ 两点（2P）/ 相切、相切、半径（T）]: t

；输入 t 选择“相切、相切、半径（T）”选项

指定对象与圆的第一个切点： ；指定第一个切点，如在点 1 附近点击圆周

指定对象与圆的第二个切点： ；指定第二个切点，如在点 2 附近点击圆周

指定圆的半径 <90.0000>: ；输入欲画圆的半径

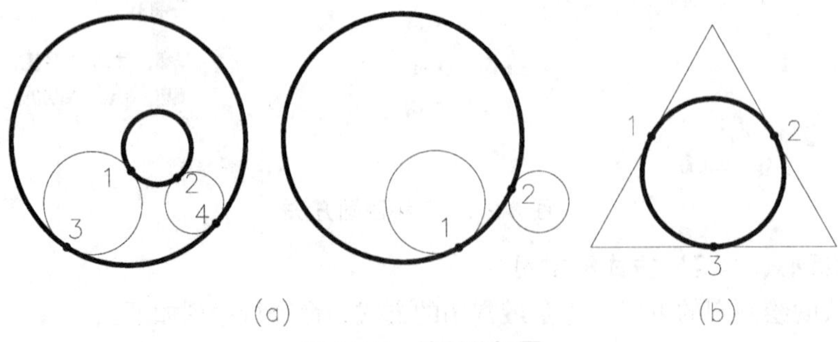

图 3.2.2 绘制公切圆

6）以“相切、相切、相切”方式绘制圆

这也是一种公切圆，与 3 个对象相切，半径由作图确定。例如，绘制图 3.2.2（b）所示正三边形的内切圆，命令行序列如下：

命令：c CIRCLE 指定圆的圆心或 [三点（3P）/ 两点（2P）/ 相切、相切、半径（T）]: _3p

指定圆上的第一个点：_tan 到　　　　　　　　；在点 1 附近点击
指定圆上的第二个点：_tan 到　　　　　　　　；在点 2 附近点击
指定圆上的第三个点：_tan 到　　　　　　　　；在点 3 附近点击

2. 绘制圆弧

调用圆命令的方法如下。

· 功能区："默认"选项卡→"绘图"面板，选择一种绘制圆弧方式。

· 工具栏："绘图"工具栏→"圆弧"按钮。

· 命令行：ARC（A）。

从菜单看到，绘制圆弧有 11 种方式，如图 3.2.3 所示。下面介绍几种主要的，如图 3.2.4 所示。

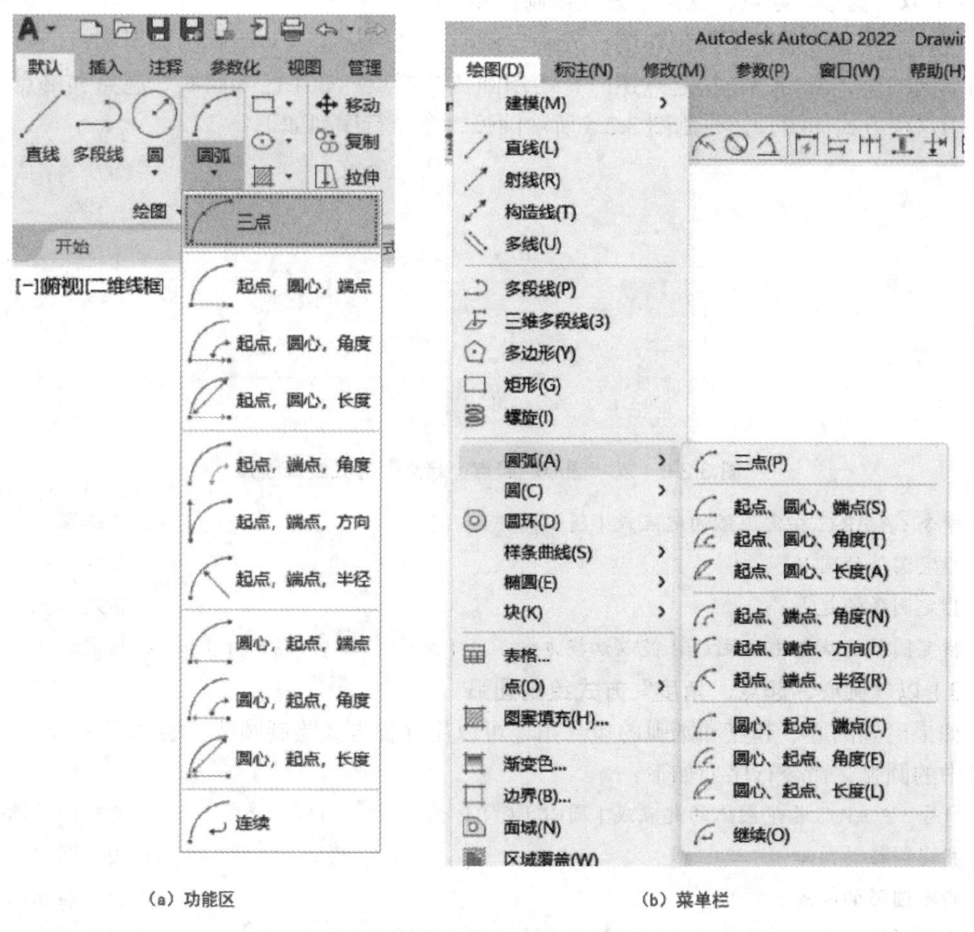

（a）功能区　　（b）菜单栏

图 3.2.3　各种绘制圆弧的方法

1）以"三点"方式绘制圆弧

这是默认的绘制圆弧方式。AutoCAD 依据指定的 3 个点绘制出圆弧，命令行序列如下：

命令：A ARC

指定圆弧的起点或 [圆心（C）]:　　　　　　　　；指定起点

指定圆弧的第二个点或 [圆心（C）/ 端点（E）]: ；指定第 2 点

指定圆弧的端点： ；指定端点（第 3 点）

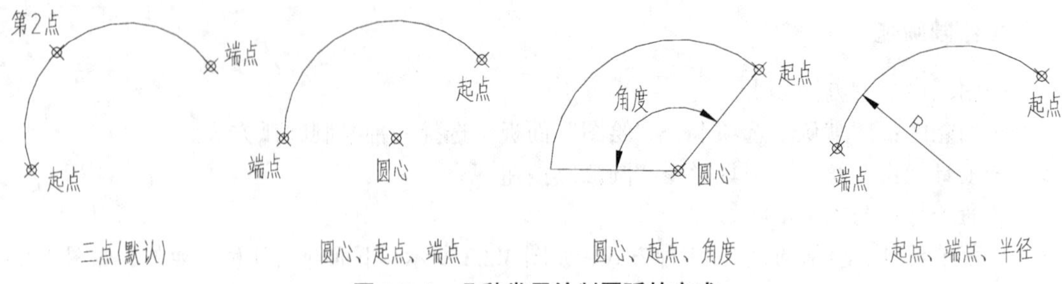

图 3.2.4 几种常用绘制圆弧的方式

2）以"圆心、起点、端点"方式绘制圆弧

这种方式类似手工用圆规作图，先确定圆心，之后从起点开始画圆弧至端点。与手工作图不同的是，AutoCAD 从起点逆时针绘制圆弧至端点。如果已知圆心、起点和端点，就可以用这种方式作图，如绘制图 3.2.5 所示圆弧，命令行序列如下：

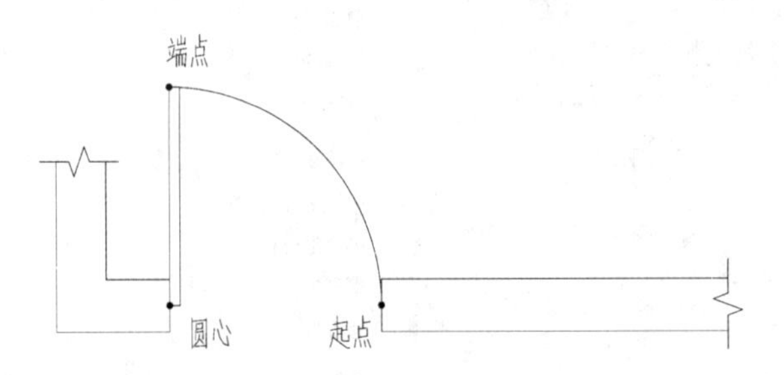

图 3.2.5 以"圆心、起点、端点"方式绘制圆弧

命令：A ARC 指定圆弧的起点或 [圆心（C）]: c ；选择圆心选项

指定圆弧的圆心： ；指定圆心

指定圆弧的起点： ；指定起点

指定圆弧的端点（按住 Ctrl 键以切换方向）或 [角度（A）/ 弦长（L）]: ；指定端点

3）以"圆心、起点、角度"方式绘制圆弧

如果已知圆心、起点和圆弧的包含角，可以用这种方式绘制圆弧。绘制图 3.2.6 所示门符号中的圆弧，命令行序列如下：

命令：A ARC 指定圆弧的起点或 [圆心（C）]: c ；选择圆心选项

指定圆弧的圆心： ；指定圆心

指定圆弧的起点： ；指定起点

指定圆弧的端点（按住 Ctrl 键以切换方向）或 [角度（A）/ 弦长（L）]: a ；选择角度选项

指定夹角（按住 Ctrl 键以切换方向）: 45 ；指定角度

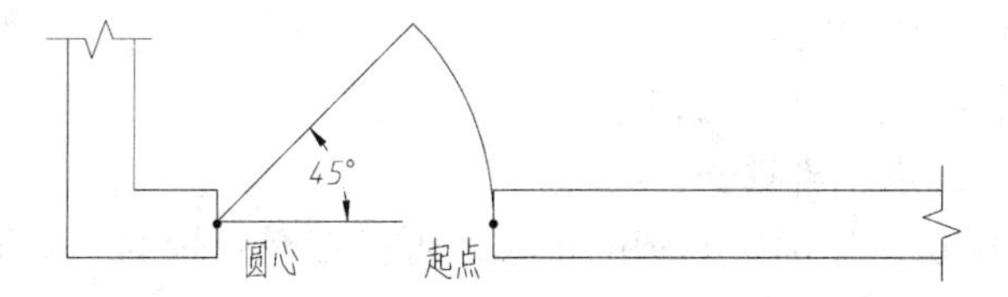

图 3.2.6 “圆心、起点、角度”方式绘制圆弧

4）以“起点、端点、半径”方式绘制圆弧

如果已知圆弧是两个端点和半径，则可以用这种方式绘制圆弧，命令行序列如下：

命令 : A ARC 指定圆弧的起点或 [圆心（C）]: ；指定起点

指定圆弧的第二个点或 [圆心（C）/ 端点（E）]: e ；选择端点选项

指定圆弧的端点 : ；指定端点

指定圆弧的中心点（按住 Ctrl 键以切换方向）或 [角度（A）/ 方向（D）/ 半径（R）]: r ；选择半径选项

指定圆弧的圆心或 [角度（A）/ 方向（D）/ 半径（R）]: 80 ；指定半径

3. 绘制圆环

调用圆环命令的方法如下。

- 功能区：“默认”选项卡→“绘图”面板→“圆环”按钮。
- 命令行：DONUT（DO）

命令 :DO DONUT

指定圆环的内径 <0.5000>: ；指定圆环的内径

指定圆环的外径 <1.0000>: ；指定圆环的外径，内外直径定义见图 3.2.7（a）

指定圆环的中心点或 < 退出 >: ；指定圆环的中心位置，可以连续绘制圆环，回车则结束

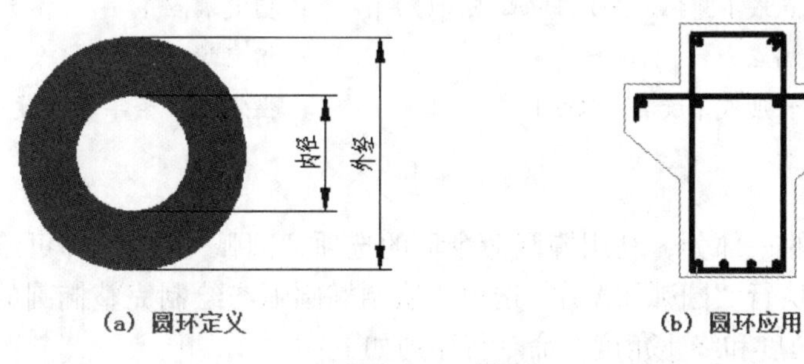

（a）圆环定义　（b）圆环应用

图 3.2.7 圆环

应用：当内径为 0 时，可以绘制实心圆，用来表达钢筋断面图，如图 3.2.7（b）所示。

3.2.2 绘制椭圆与椭圆弧

1. 绘制椭圆

调用椭圆命令的方法如下。

- 功能区：“默认”选项卡→“绘图”面板，选择一种绘制椭圆方式。
- 工具栏：“绘图”工具栏→“椭圆”按钮。

- 命令行：ELLIPSE（EL）。

有两种绘制椭圆的方法，介绍如下。

1）指定“中心、端点、半轴长”

如图 3.2.8（a）所示，先确定椭圆的中心，再指定椭圆轴的一个端点，最后指定另一条半轴长。命令行序列如下：

命令 : EL ELLIPSE

指定椭圆的轴端点或 [圆弧（A）/ 中心点（C）]: c

指定椭圆的中心点 : ；指定中心点 1

指定轴的端点 : ；指定轴端点 2

指定另一条半轴长度或 [旋转（R）]: ；指定另一条半轴长

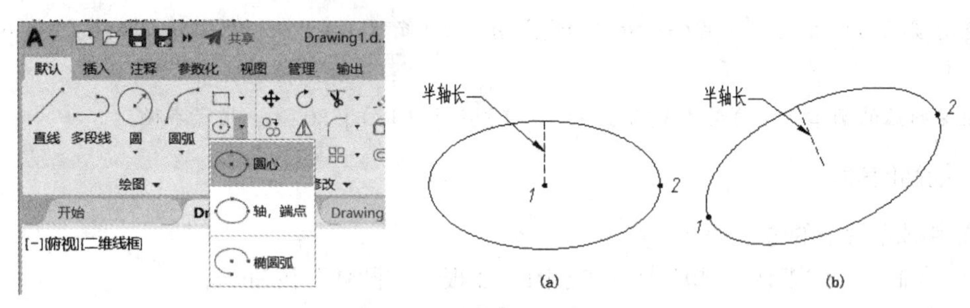

图 3.2.8 椭圆两种的画法

2）指定“端点、半轴长”

如图 3.2.8（b）所示，先指定椭圆一条轴的两个端点，再指定另一轴的半轴长。命令行序列如下：

命令 : EL ELLIPSE

指定椭圆的轴端点或 [圆弧（A）/ 中心点（C）]: ；指定端点 1

指定轴的另一个端点 : ；指定端点 2

指定另一条半轴长度或 [旋转（R）]: ；指定另一条半轴长度

2. 绘制椭圆弧

椭圆弧是椭圆的一部分，利用椭圆命令下的选项“圆弧（A）”即可绘制椭圆弧。点击按钮即可指定执行“圆弧（A）”选项。绘制椭圆弧与绘制完整椭圆的操作一样，只是最后要确定起始角度和终止角度。命令行序列如下：

指定起始角度或 [参数（P）]:

指定端点角度或 [参数（P）/ 夹角（I）]:

椭圆弧按逆时针方向绘制，由此确定起始角度和终止角度。

3.2.3 绘制样条曲线

调用样条曲线命令的方法如下。

- 功能区：“默认”选项卡→“绘图”面板→“样条曲线”按钮（两个按钮分别代表不同的绘制方法）。

- 工具栏："绘图"工具栏→"样条曲线"按钮。
- 命令行：SPLINE（SPL）。

指定一系列点，AutoCAD 沿这些点生成光滑曲线。这是一种称为非均匀关系基本样条（Non-Uniform Rational Basis Splines，简称 NURBS）曲线，这种曲线会在控制点之间产生一条光滑的曲线，并保证其偏差很小，如图 3.2.9 所示。

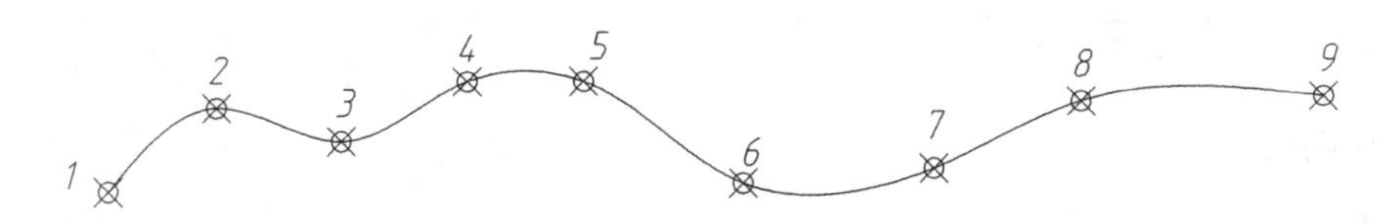

图 3.2.9 样条曲线

执行样条曲线命令，命令行序列如下：

命令 : SPL SPLINE

当前设置 : 方式 = 拟合节点 = 弦

指定第一个点或 [方式（M）/ 节点（K）/ 对象（O）]: ；指定第点 1

输入下一个点或 [起点切向（T）/ 公差（L）]: ；指定第点 2

输入下一个点或 [端点相切（T）/ 公差（L）/ 放弃（U）]: ；指定第点 3

输入下一个点或 [端点相切（T）/ 公差（L）/ 放弃（U）/ 闭合（C）]: ；指定第点 4

…… ；如此反复

输入下一个点或 [端点相切（T）/ 公差（L）/ 放弃（U）/ 闭合（C）]:

；回车，则结束点的输入

"方式（M）"选项：是使用拟合点还是控制点来创建样条曲线。使用拟合点绘制的样条曲线，每个点与样条曲线的距离都在公差范围内，特别地，当公差为 0 时，样条曲线通过拟合点；使用控制点绘制的样条曲线，除端点外，其余点起控制方向的作用，不在曲线上，如图 3.2.10 所示。

图 3.2.10 拟合点绘制（左图）控制点绘制（右图）

"节点（K）"选项：当选择拟合点方式绘制样条曲线时，会出现这一选项，它是一种计算方法，用来确定样条曲线中连续拟合点之间的曲线如何过渡，有"弦""平方根""统一"三种节点参数，分别代表不同的计算方法。

"阶数（D）"选项：当选择控制点方式绘制样条曲线时，会出现这一选项，阶数表示生成样条曲线的多项式的阶数，直接影响样条曲线的形状。

"对象（O）"选项：输入此选项，命令行会提示选择"样条曲线拟合多段线"。所谓"样条曲线拟合多段线"是指被样条曲线化的多段线本质上还是多段线，执行"对象（O）"选项后，就会变成真正的样条曲线。

“闭合（C）”选项：使最后一点与起点重合，构成闭合的样条曲线。

“公差（L）”选项：指定样条曲线可以偏离拟合点的距离。

“起点切向（T）”“端点相切（T）”两选项分别指定样条曲线在起点、终点的相切条件。

任务 3.3 绘制点与等分

3.3.1 点与点样式

1. 绘制点

调用点命令的方法如下。

- 功能区：“默认”选项卡→“绘图”面板→“多点”按钮。
- 工具栏：“绘图”工具栏→“点”按钮。
- 命令行：POINT（PO）。

执行点命令，提示行显示如下。

命令：PO POINT

当前点模式：PDMODE=0 PDSIZE=0.0000

指定点：　　；用鼠标在绘图区域点击，可连续点击，按 ESC 退出

2. 设置点样式

默认方式下绘制的点只是一个像素点，是几乎看不见的点。用“点样式”可以设置点的形状和大小。调用点样式的方法如下。

- 功能区：“默认”选项卡→“实用工具”面板→“点样式”按钮。
- 命令行：DDPTYPE。

执行点样式命令，弹出“点样式”对话框，如图 3.3.1 所示。

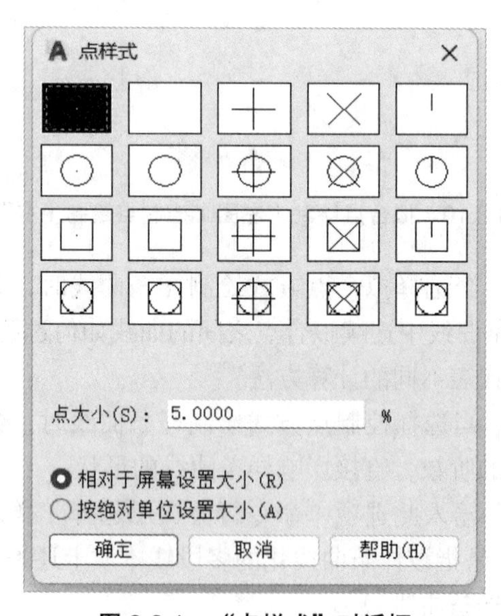

图 3.3.1 “点样式”对话框

在“点样式”对话框中可以设置点的样式和大小，有多种点样式可以选择，但是当前只有一种样式有效。“点大小”输入框可以指定点相对屏幕的百分数或绝对大小。

设置“节点”捕捉模式后，可以捕捉到点。

3.3.2 等分

有两种等分方式：定数等分与定距等分（见图 3.3.2）。

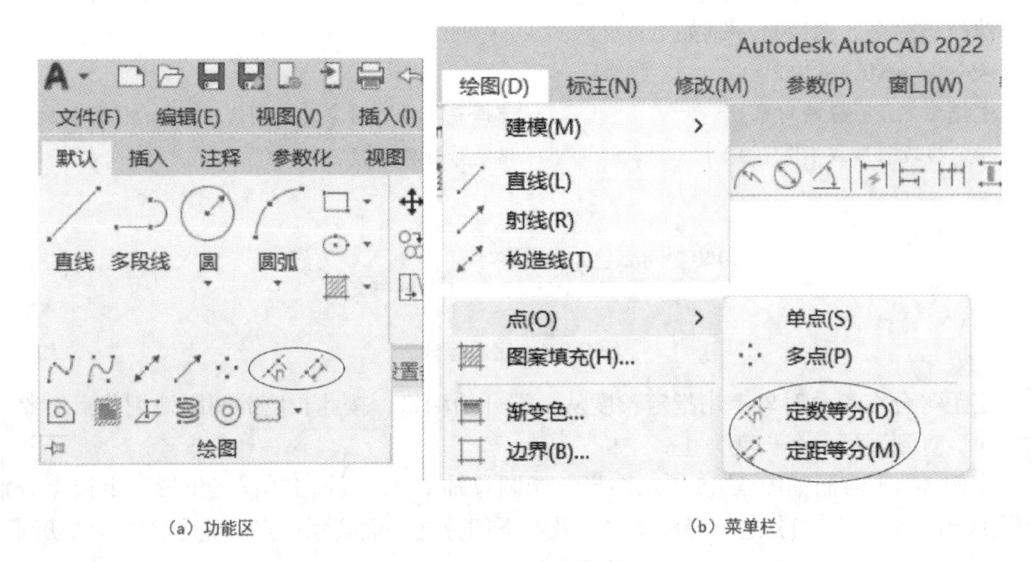

（a）功能区　　（b）菜单栏

图 3.3.2　等分命令

1. 定数等分

调用定数等分命令的方法如下。

- 功能区：“默认”选项卡→“绘图”面板→“定数等分”按钮。
- 菜单栏：“绘图”→“点”→“定数等分”。
- 命令行：DIVIDE（DIV）。

执行该命令，命令行序列如下：

命令 : div DIVIDE

选择要定数等分的对象 :　　　　；选择要等分的对象，如图 3.3.3 所示的椭圆

输入线段数目或 [块（B）]: 5　　　　；输入等分段数，如 5 等分椭圆

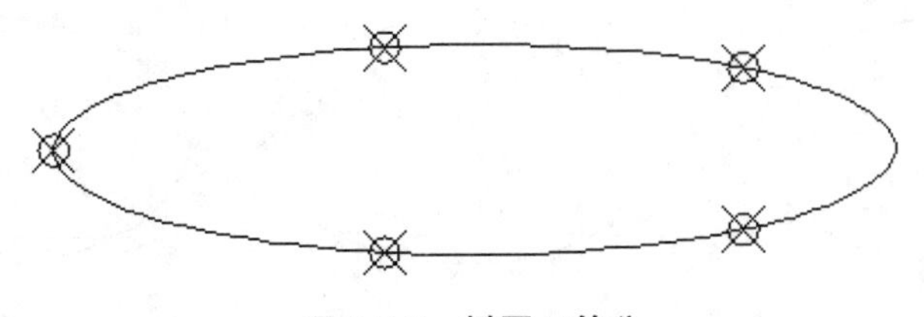

图 3.3.3　椭圆 5 等分

定数等分在等分对象上按指定数目等间距地创建点对象或插入块，被等分对象仍为一

个整体。如上例的椭圆 5 等分后还是 1 个对象，并没有等分成 5 段。

2. 定距等分

调用定距等分命令的方法如下。

- 功能区："默认"选项卡→"绘图"面板→"定距等分"按钮。
- 菜单栏"绘图"→"点"→"定距等分"。
- 命令：MEASURE（ME）。

执行该命令，命令行序列如下：

命令 : me MEASURE
选择要定距等分的对象 : ；选择要等分的对象，如图 3.3.4 所示样条曲线
指定线段长度或 [块（B）]: ；指定等分段长度

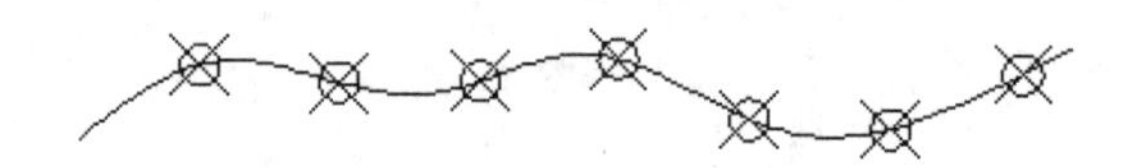

图 3.3.4 定距等分

定距等分在等分对象上用指定长度从一端开始测量，按此长度等间距地创建点对象或插入块，直到不足一个长度为止。

【例 3-4】绘制如图 3.3.5 所示图形，椭圆长轴 200、短轴 120；三角形三个顶点分别为椭圆象限点、左下四分之一椭圆弧中点及右下四分之一椭圆弧中点；圆是三角形内切圆。

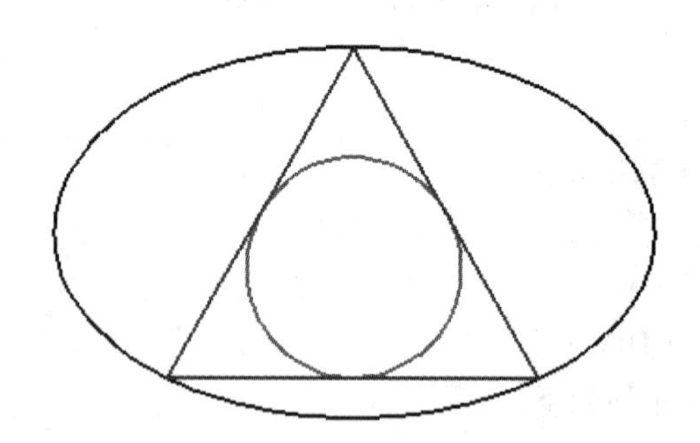

图 3.3.5 例 3-4 图

步骤 1 绘制 200×120 的椭圆，如图 3.3.6（a）所示。

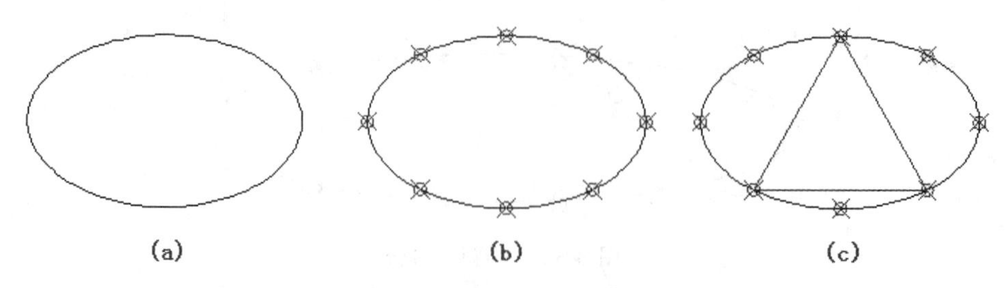

图 3.3.6 例 3-4 作图步骤

步骤 2 修改点样式后将椭圆 8 等分，如图 3.3.6（b）所示。

步骤 3 捕捉“节点”绘制椭圆内接三角形，如图 3.3.6（c）所示。

步骤 4 使用“切点、切点、切点”绘制三角形内切圆，删除点，完成图形。

任务 3.4 图案填充

图形中的规则图案以及剖视、剖面上的材料符号，在 AutoCAD 中利用“图案填充”命令来完成。

调用图案填充命令的方法如下。

- 功能区：“默认”选项卡→“绘图”面板→“图案填充”按钮。
- 工具栏：“绘图”工具栏→“图案填充”按钮。
- 命令行：BHATH（H）

执行图案填充命令，弹出“图案填充和渐变色”对话框，其中包含“图案填充”与“渐变色”两个选项卡，单击右下角的可以展开更多的选项，如图 3.4.1 所示。

1. 填充图案

填充图案时最关键的是选择需要填充的图案、定义填充的区域和设定合适的图案比例。

1）选择需填充的图案

在“图案填充”选项卡的“类型和图案”选项区域，点击“图案”名称后面的按钮，弹出如图 3.4.2 所示的“填充图案选项板”对话框，从中选择需要的图案。有 4 个选项卡供选择。

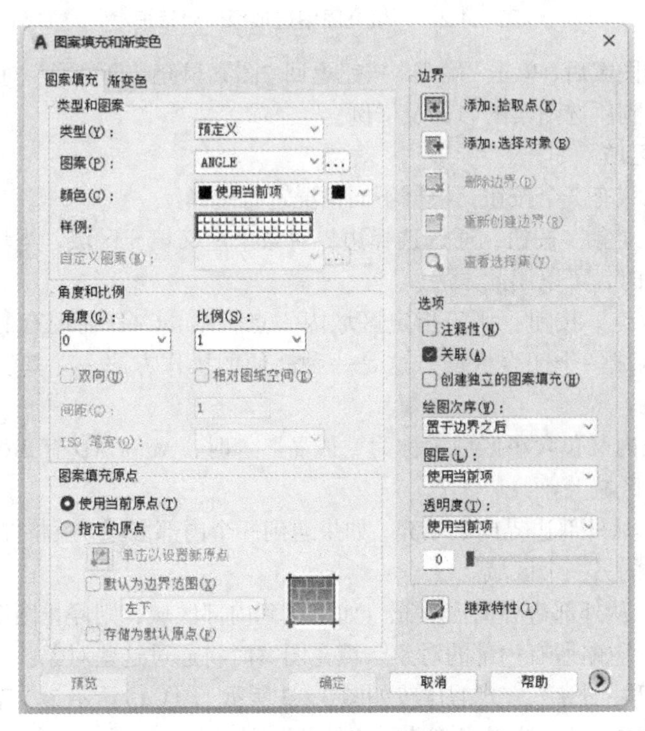

图 3.4.1 “图案填充和渐变色”对话框

“ANSI”选项卡：美国国家标准化组织建议使用的填充图案。

“ISO”选项卡：国际标准化组织建议使用的填充图案。

“其他预定义”选项卡：AutoCAD 提供的填充图案。

“自定义”选项卡：用户自己定制的填充图案。

“其他预定义”和“ANSI”是常用的两个选项卡。

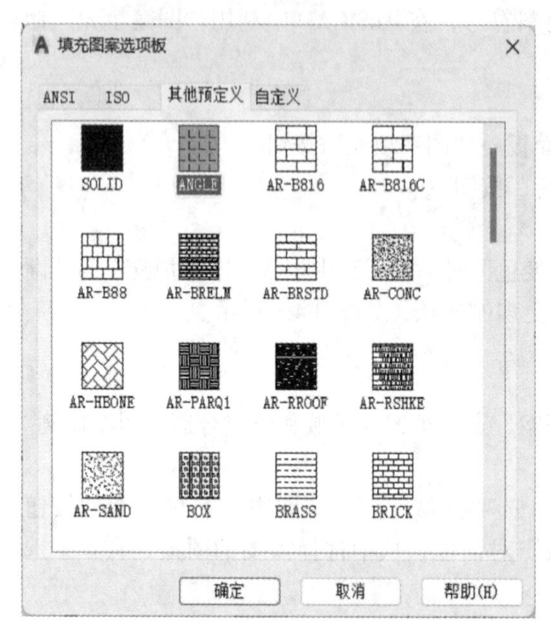

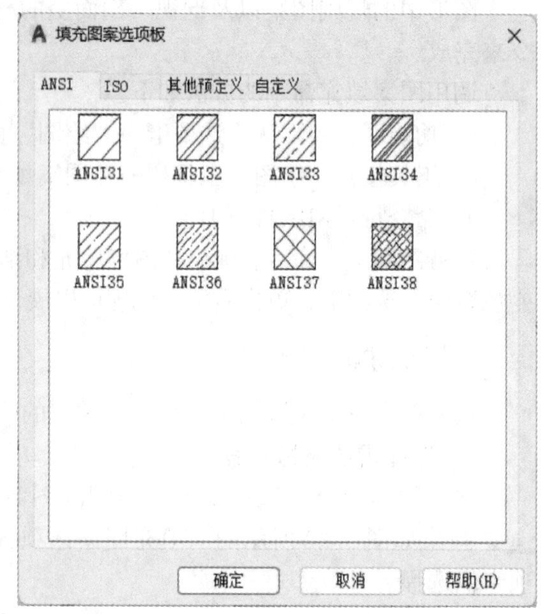

图 3.4.2 “填充图案选项板”对话框

选择到需要的图案后，单击“确定”按钮返回“图案填充和渐变色”对话框，这时在“类型和图案”区可看到所选图案的名称及样例。

2）定义填充区域

在“边界”区域有 2 个按钮，根据不同情况进行选择。

“添加：选择对象”按钮：通过选择边界对象来定义填充区域。当填充区域由一个或几个简单对象组成时，可以用此方法。

“添加：拾取点”按钮：用于指定区域内一点，AutoCAD 在现有的对象中检测距该点最近的边界，构成一个闭合区域。这是一种简便的操作方法，尤其适用于边界较复杂的情况。

当拾取的区域内又包含小区域（称为“孤岛”）时，AutoCAD 有 3 种处理方式（见展开部分的“孤岛”区域）。

- 普通方式：从外部边界向内填充，如果遇到一个内部区域，就将停止进行图案填充，直到遇到该区域内的另一个区域。
- 外部方式：从外部边界向内填充，如果遇到内部区域，则停止图案填充。
- 忽略方式：忽略所有内部的对象，填充图案时将通过这些对象。

“普通”方式和“外部”方式的比较如图 3.4.3 所示。图（a）所示为“普通”方式，图（b）所示为“外部”方式。显然这里应该选择“外部”方式。

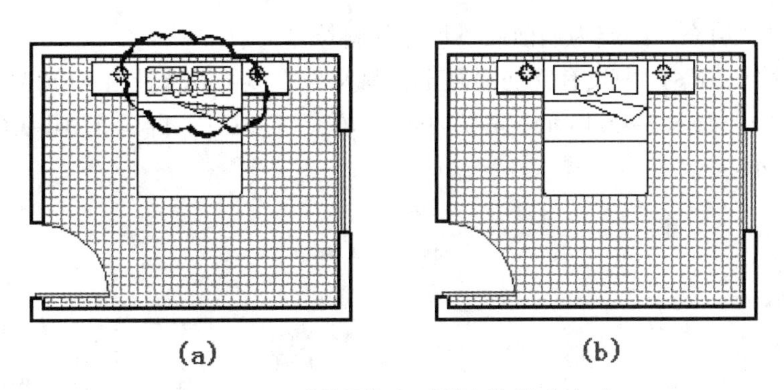

图 3.4.3　“普通”与“外部”填充方式

3）设定合适的比例

在“角度和比例”区有“角度”和“比例”两个列表框，角度多采用默认值，比例用于放大或缩小图案，当图案过密时选择较大的比例值，反之取小值。

【例 3–5】绘制如图 3.4.4 所示钢筋混凝土底板剖面并填充材料符号。

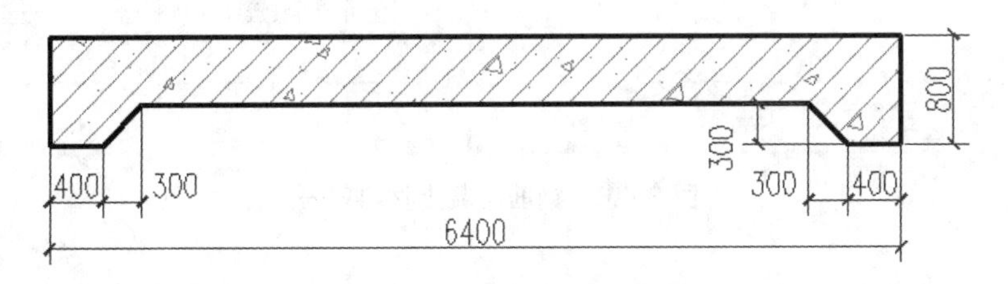

图 3.4.4　底板剖面

步骤 1　按图 3.4.5 所示设置图层，“粗实线”图层用于绘制剖面轮廓线，“填充”图层用于填充材料符号。

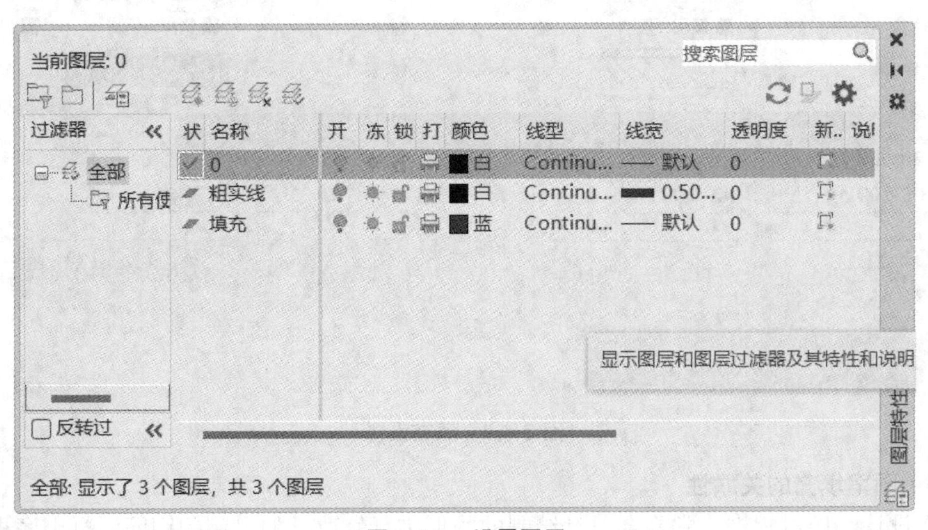

图 3.4.5　设置图层

步骤 2　以“粗实线”图层为当前层，绘制剖面轮廓。

步骤 3　以“填充”图层为当前层，填充材料符号。

AutoCAD 填充图案库中没有钢筋混凝土材料符号，但可以选择由 ANSI31 与 AR-CONC 叠加而成的符号，如图 3.4.6 所示。其方法是先填充 ANSI31，再填充 AR-CONC，填充设置如图 3.4.7 所示。

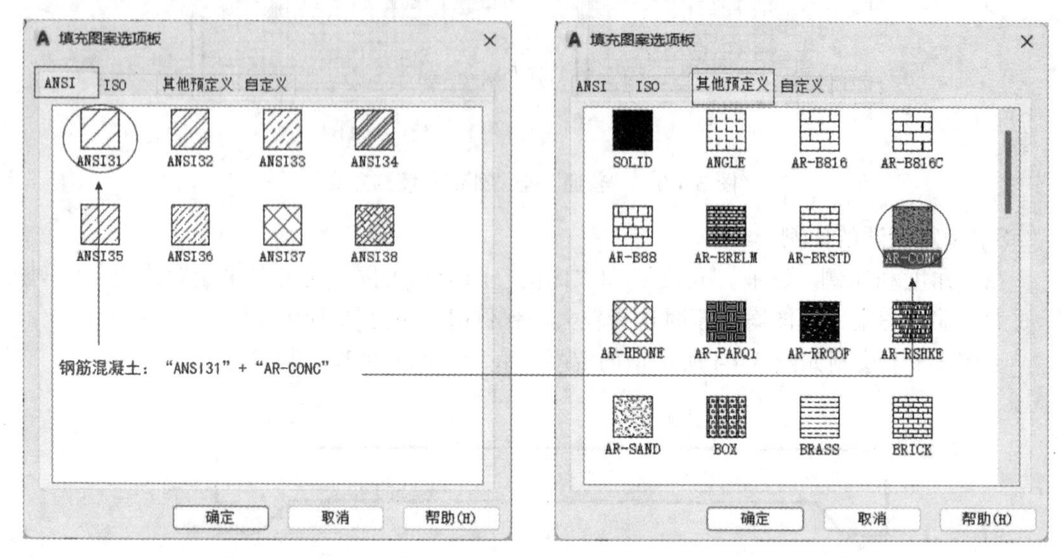

图 3.4.6　钢筋混凝土材料符号

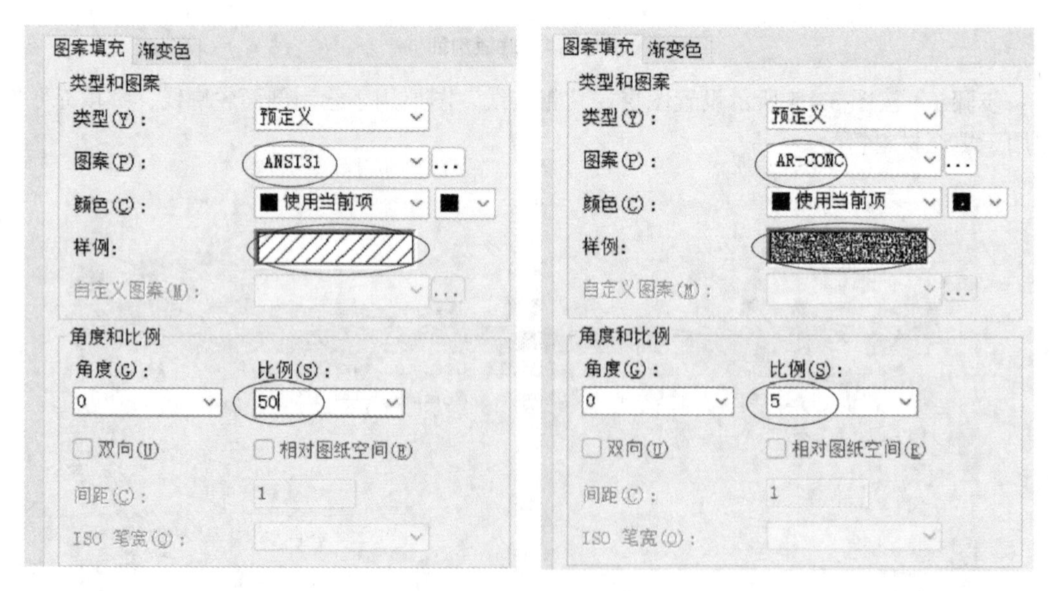

图 3.4.7　填充设置

4）图案填充的关联性

在设计绘图过程中，常常要对已绘制的图形进行修改，如上例的钢筋混凝土底板图案填充后需要修改其边界，那么图案填充会怎么变化呢？图案填充的“关联”设置如图 3.4.8 所示。

勾选“关联”复选框，表示填充与边界是关联的，关联的图案填充会随着边界的修改而自动更新。如图 3.4.9（a）所示，底板长度由 6400 拉伸至 7200 后，图案填充自动随之变化。

去掉“关联”选择，表示填充与边界是非关联的，非关联的图案填充不会随着边界的变化而变化。如图 3.4.9（b）所示，同样修改图形尺寸后，图案填充却保持不变。

图 3.4.8 创建“关联”填充

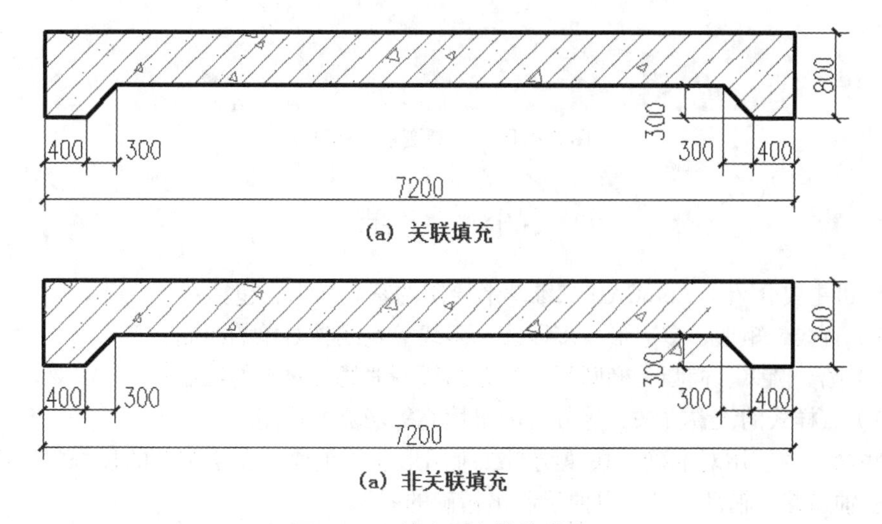

图 3.4.9 填充图案的关联性

2. 设置渐变色

渐变色填充是 AutoCAD 2004 开始推出的功能。利用渐变色填充，可以创建从一种颜色到另一种颜色的平滑过渡，可以增加演示图形的视觉效果。

“渐变色”选项卡如图 3.4.10 所示，在“颜色”区域可以选择单色渐变或双色渐变。

- 单色渐变：指定由深到浅平滑过渡的单一颜色来填充图案。单击按钮 ... 打开“选择颜色”对话框，从中选择一种颜色。
- 双色渐变：选择颜色 1、颜色 2 后，在两种颜色之间进行渐变填充。

无论是单色渐变还是双色渐变，在选择颜色后，再选择一种过渡方式就可以对选定的区域进行填充了。

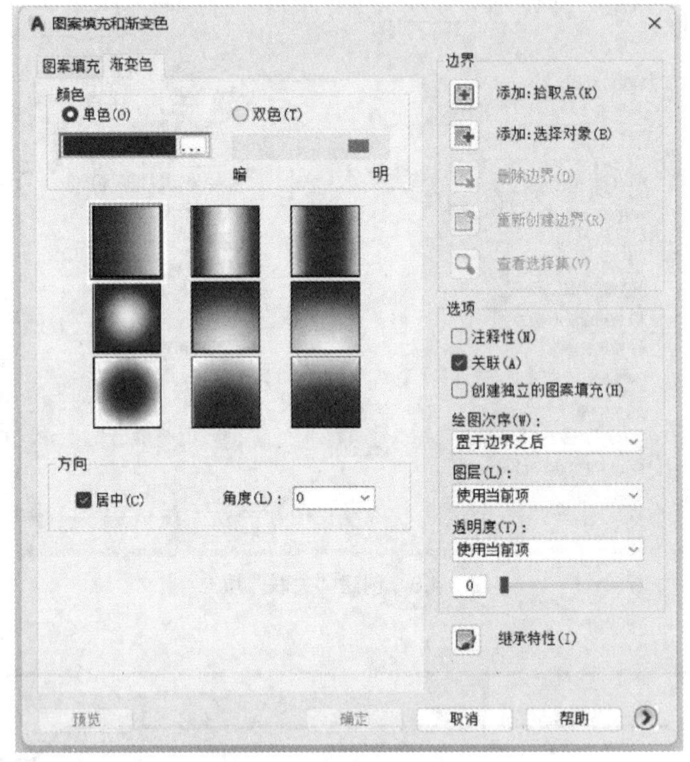

图 3.4.10 “渐变色”选项卡

小　结

本项目主要介绍了 AutoCAD 二维图形绘制的基本知识，包括：

（1）直线、矩形、多边形、多段线、多线等直线类对象的绘制；

（2）圆、圆弧、椭圆、椭圆弧、样条曲线等曲线类对象的绘制；

（3）点样式的设置方法，等分、图案填充等功能的使用。

这些命令的使用对准确、快速绘制二维图形非常重要。在绘制图的过程中，需要配合捕捉、极轴追踪等辅助工具，以便绘制出精确的图形。

项目 3 常用快捷键表

快捷键	命令	快捷键	命令
LINE（L）	直线	PLINE（PL）	多段线
RECTANG（REC）	矩形	POLYGON（POL）	正多边形
MLINE（ML）	多线	CIRCLE（C）	圆
ARC（A）	圆弧	DONUT（DO）	圆环
ELLIPSE（EL）	椭圆	SPLINE（SPL）	样条曲线
POINT（PO）	点	DIVIDE（DIV）	定数等分
MEASURE（ME）	定距等分	BHATH（H）	图案填充

练 习 题

一、理论题

1. 如果起点为（5,5），要画出与 X 轴正方向成 30° 夹角、长度为 50 的直线段，则应输入（　）。

A. 50，30　　B. @30，50　　C. @50<30　　D. 30，50

2. 使用“矩形”命令可以绘制多种图形，以下答案中最恰当的是（　）。

A. 倒角矩形　　B. 圆角矩形　　C. 有厚度的矩形　　D. 以上答案全正确

3. 下列对象中不可以使用 PLINE 命令来绘制的是（　）。

A. 直线　　B. 圆弧　　C. 具有宽度的直线　　D. 椭圆弧

4. 运用正多边形命令绘制的正多边形可以看作是一条（　）。

A. 多段线　　B. 构造线　　C. 样条曲线　　D. 直线

5.（　）命令用于绘制多条相互平行的线，每一条的颜色和线形可以相同，也可以不同，此命令常用来绘制建筑工程上的墙线。

A. 多段线　　B. 多线　　C. 样条曲线　　D. 直线

6. 在几何作图中，常使用“圆”命令中的（　）子命令绘制连接弧。

A. 三点　　B. 相切、相切、半径

C. 相切、相切、相切　　D. 圆心、半径

7. 下面的各选项中，除了（　）外都可以绘制圆弧。

A. 起点、圆心、终点　　B. 起点、圆心、方向

C. 圆心、起点、长度　　D. 起点、终点、半径

8.（　）命令用于绘制指定内外直径的圆环或填充圆。

A. 椭圆　　B. 圆　　C. 圆弧　　D. 圆环

9. 以下关于点的说法中错误的是（　）。

A. 一个图上可以有多种点样式

B. 默认方式下绘制的点只是一个“小点”，几乎看不见

C. 有两种等分方式：定数等分与定距等分

D. 定距等分在等分对象上用指定长度从一端开始测量，按此长度等间距地创建点对象或插入块，直到不足一个长度为止

10. 图案填充操作中（ ）。

A. 只能单击填充区域中任意一点来确定填充区域

B. 所有的填充样式都可以调整比例和角度

C. 图案填充可以和原来轮廓线关联或者不关联

D. 图案填充只能一次生成，不可以编辑修改

二、实操题

1. 绘制图 3.1 所示 A4 图框。

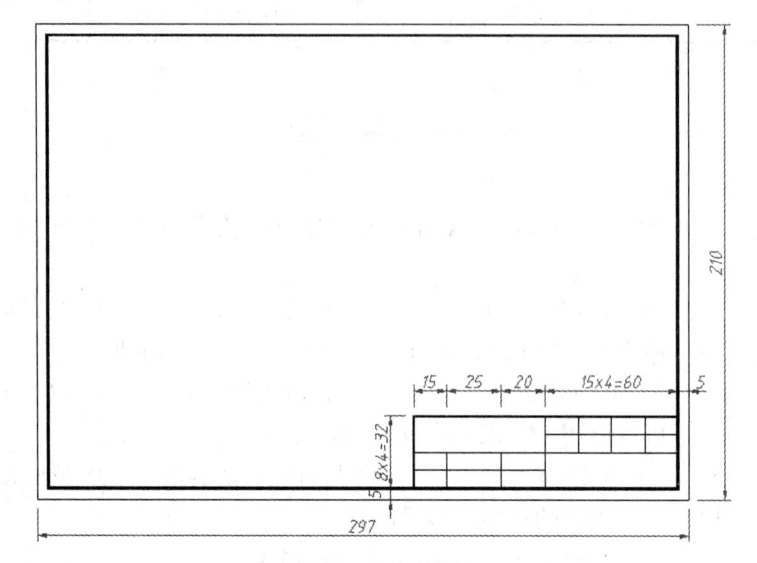

图 3.1 A4 图框

2. 绘制由正多边形组成的图形，如图 3.2 所示。

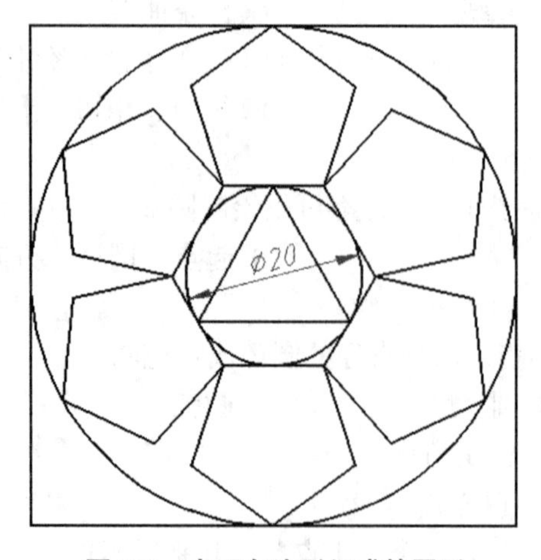

图 3.2 由正多边形组成的图形

3. 绘制由圆弧组成的图形，如图 3.3 所示。

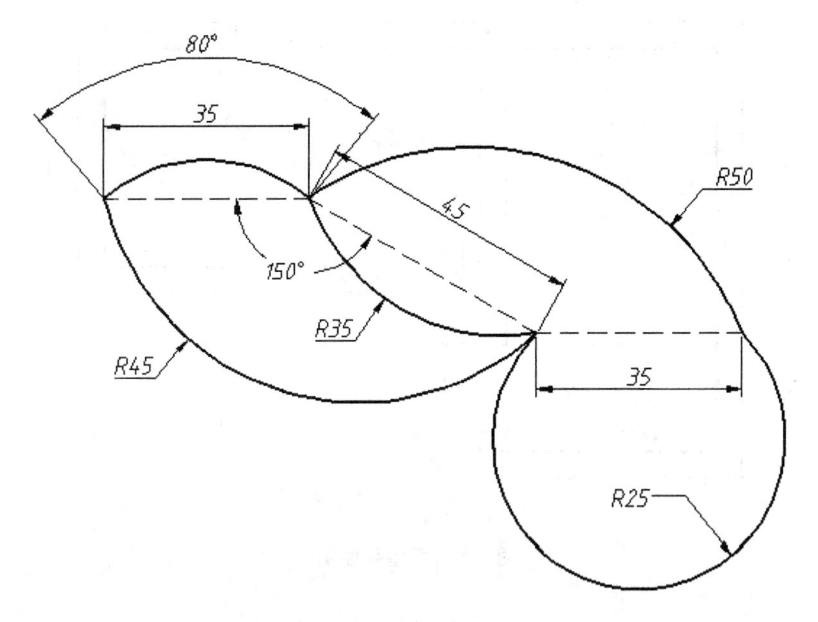

图 3.3　由圆弧组成的图形

4. 绘制面盆平面轮廓图，如图 3.4 所示。

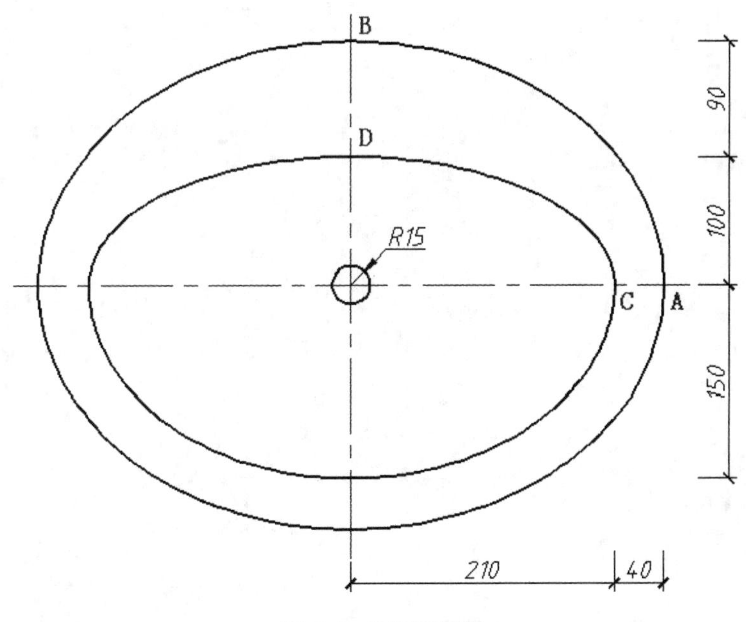

图 3.4　面盆平面图

5. 用多线命令绘制如图 3.5 所示的平面图并填充地面。

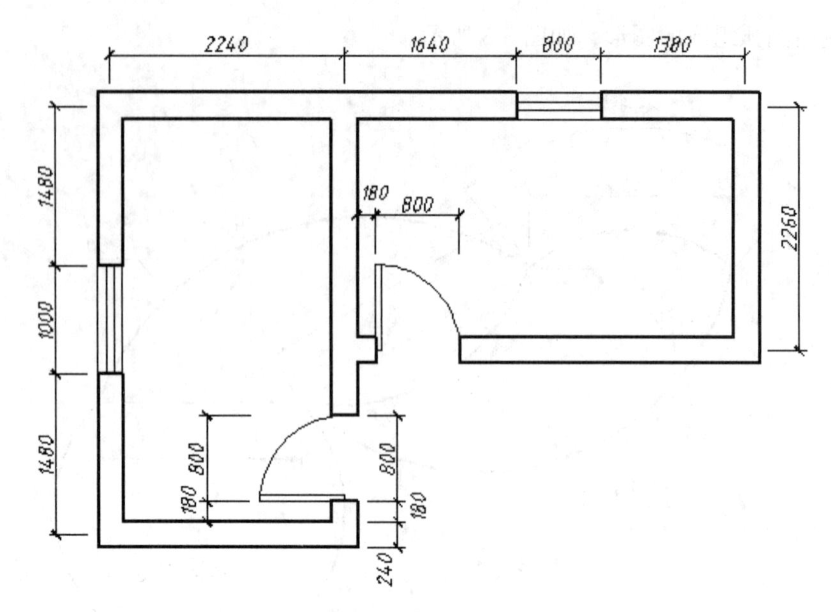
2240
1640
800
1380
1480
1000
1480
2260
180
800
800
180
800
180
240

图 3.5　房屋平面图

项目 4　编辑图形对象

项目概述

学习 AutoCAD 二维图形编辑、修改的常用方法。

学习目标

知识目标	能力目标	思政目标
熟记图形编辑类各命令全名及别名，了解启动命令的多种途径和方法，能根据作图需要正确选择并使用命令选项。 具体如下： （1）了解选择集的概念及选择方法；理解窗口与窗交选择的区别。 （2）掌握复制、镜像、偏移和阵列等复制类命令；掌握移动、旋转、缩放、对齐、修剪、延伸、拉伸等改变对象位置和大小的命令。 （3）掌握边、角、长度、多线、多段线、图案填充等对象的编辑方法，修改对象特性的方法。	熟练掌握常用编辑命令的操作方法。 具体如下： （1）熟练掌握窗口与窗交的选择操作。 （2）灵活运用复制类命令；熟练使用移动、旋转、缩放、修剪、拉伸等命令作图。 （3）熟练对图形对象进行编辑和特性修改。	（1）树立质量意识、效率意识、安全意识，弘扬高质高效、追求卓越的工匠精神。 （2）养成认真负责、严谨细致的工作态度和工作作风。 （3）分工合作，加强团队合作精神，树立大局意识。 （4）丰富绘图思维，培养创新意识、创新能力。

任务 4.1　构造选择集

1. 选择集概念

在设计绘图过程中，会大量地使用编辑操作。使用编辑命令时，要选择被编辑修改的对象，这些对象的集合称为选择集。它可以包含一个对象或多个对象。

例如，使用“删除”命令的操作提示如下：

命令 : E ERASE　　　　　　　　；点击命令按钮

选择对象 : 指定对角点 : 找到 10 个　；选择要删除的对象，如已选中了 10 个对象

选择对象 :　　　　　　　　　　　；按回车键结束选择，被选中的 10 个对象被删除

通常，在输入编辑命令后，系统提示“选择对象：”。当选择对象后，AutoCAD 将被

选择的对象用虚线显示（称为亮显），这些变虚的对象就是当前的选择集。

选择对象有多种方式，命令行一般没有选项提示，如果在“选择对象：”提示下输入问号“？”后回车，AutoCAD 将提示这些选项，如下所示。

需要点或窗口（W）/ 上一个（L）/ 窗交（C）/ 框（BOX）/ 全部（ALL）/ 栏选（F）/ 圈围（WP）/ 圈交（CP）/ 编组（G）/ 添加（A）/ 删除（R）/ 多个（M）/ 前一个（P）/ 放弃（U）/ 自动（AU）/ 单个（SI）/ 子对象（SU）/ 对象（O）

“窗口（W）”和“窗交（C）”选项是最常用的，详见下一节。以下简述其他选项的含义。

- “上一个（L）”选项：选择最后一次创建的对象。
- “框（BOX）”选项：选择矩形（由两点确定）内部或与矩形相交的对象。如果该矩形的点是从右向左确定，则这个框选与窗交选择等效，否则框选与窗口选择等效。
- “全部（ALL）”选项：选择图形文件中所有的对象
- “栏选（F）”选项：绘制一条多段线的折线，所有与该折线相交的对象被选中。
- “圈围（WP）”选项与“圈交（CP）”选项：圈围类似于窗口方式，圈交类似于窗交方式，只不过圈围与圈交是任意封闭的多边形窗口。
- “编组（G）”选项：选择指定组中的全部对象。
- “删除（R）选项”与“添加（A）选项”：删除（R）是将对象从选择集中移除，在执行删除方式时如果又要向选择集添加对象，可以再执行“添加（A）”方式。
- “多个（M）”选项：指定多次选择而不高亮显示对象，从而加快对复杂对象的选择过程。
- “前一个（P）”选项：选择最近创建的选择集。
- “放弃（U）”选项：放弃选择最近加到选择集中的对象。
- “自动（AU）”选项：切换到自动选择后，指向一个对象即可选择该对象。指向对象内部或外部的空白区，将形成框选方法定义的选择框的第一个角点。“自动”和“添加”为默认模式。
- “单个（SI）”选项：选择指定的第一个或第一组对象而不继续提示进一步选择。
- “子对象（SU）”选项：可以逐个选择原始形状，这些形状是复合实体的一部分或三维实体上的顶点、边和面。
- “对象（O）”选项：结束选择子对象的功能。

2. 构造选择集的方法

下面只详细介绍 3 种最常用选择的操作方法。

1）直接选择对象

在提示“选择对象：”时，用拾取框直接点击对象，选中对象“变虚”，如图 4.1.1 所示。这种选择方式一次只能选择一个对象，但连续操作可以选择多个对象，按回车键或空格键结束选择。

2）用窗口方式选择对象

在“选择对象：”提示下，用鼠标从左到右指定角点形成一个矩形框，只有完全包含在矩形框中的对象被选中，如图 4.1.2 所示。

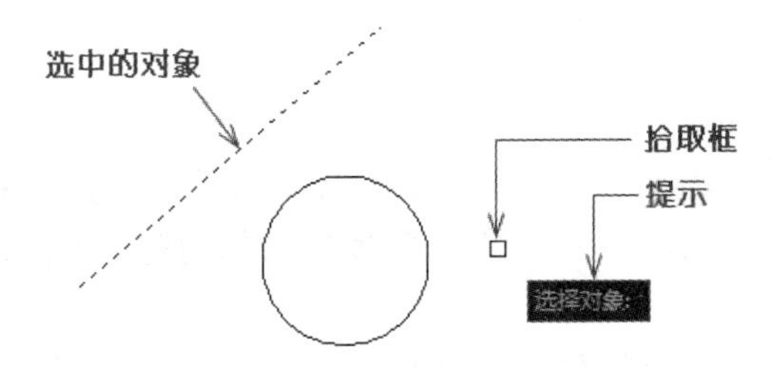

图 4.1.1　直接选择对象

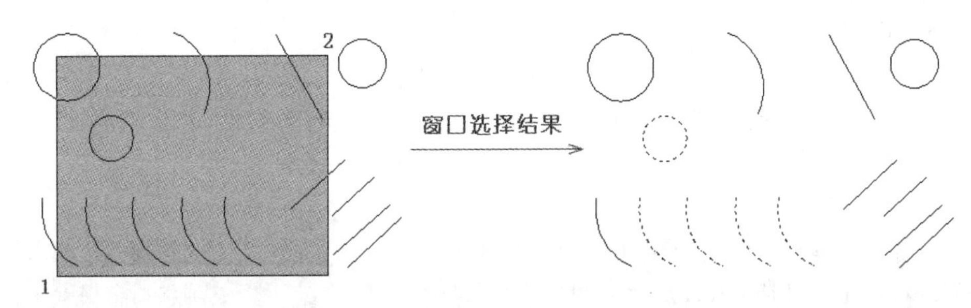

图 4.1.2　用“窗口”方式选择对象

3）用窗交方式选择对象

在“选择对象：”提示下，鼠标从右向左指定角点形成一个矩形框，这时包含在方框内以及与方框相交的对象都被选中，如图 4.1.3 所示。

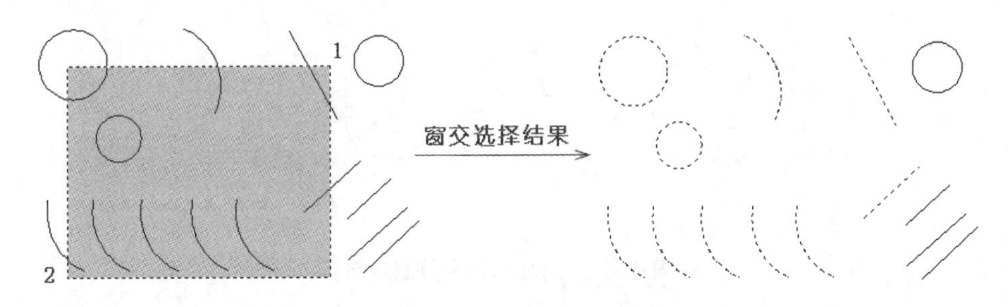

图 4.1.3　用“窗交”方式选择对象

从 AutoCAD2015 开始增加了“套索选择”功能，即按住鼠标左键拖动变成了不规则选区，单击后松开鼠标左键即可进行矩形框选；或者在“选项”设置中单击“选择集”选项卡，取消选择“允许按住并拖动套索”，这样无论是按住鼠标左键不放还是单击后松开，显示的都是用矩形框进行选择。

任务 4.2　复制类操作

AutoCAD 中有多种复制操作，包括复制（COPY）、镜像（MIRROR）、偏移（OFFSET）和阵列（ARRAY）。从 AutoCAD 2006 开始，缩放（SCALE）和旋转（ROTATE）操作添加了“复制（C）”功能选项。

4.2.1 复制

调用复制命令的方法如下。

- 功能区："默认"选项卡→"修改"面板→"复制"按钮（使用默认界面，下同）。
- 工具栏："修改"工具栏→"复制"按钮（使用经典界面，下同）。
- 命令行：COPY（CO）。

需要在一个或多个位置重复绘制已有的图形时，使用复制命令。例如，对图 4.2.1（a）所示图形，4 个小圆只需如图 4.2.1（b）所示先绘制一个，其他 3 个可以通过复制来完成，如图 4.2.1（c）所示。

命令行序列如下：

命令：_copy ；点击输入命令
选择对象：指定对角点：找到 1 个 ；选择复制对象小圆
选择对象： ；回车退出选择
当前设置：复制模式 = 多个
指定基点或 [位移（D）/ 模式（O）] < 位移 >: ；捕捉圆心（基点）
指定第二个点或 [阵列（A）] < 使用第一个点作为位移 >: ；捕捉圆角圆心 1
指定第二个点或 [阵列（A）/ 退出（E）/ 放弃（U）] < 退出 >: ；捕捉圆角圆心 2
指定第二个点或 [阵列（A）/ 退出（E）/ 放弃（U）] < 退出 >: ；捕捉圆角圆心 3
指定第二个点或 [阵列（A）/ 退出（E）/ 放弃（U）] < 退出 >: ；回车结束命令

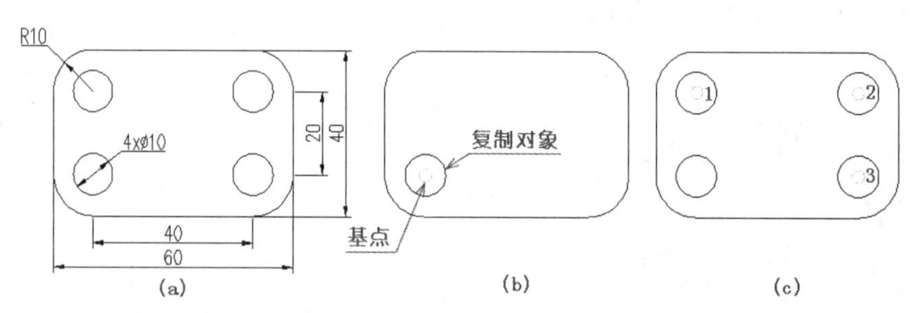

图 4.2.1 用复制命令复制对象

基点的确定：若要求 A 点对齐 B 点，则要以 A 点为基点，B 点为第二个点。如图 4.2.2 所示，选择 0 点为复制的"基点"，分别以点 1、2、3、4 为"第二个点"。

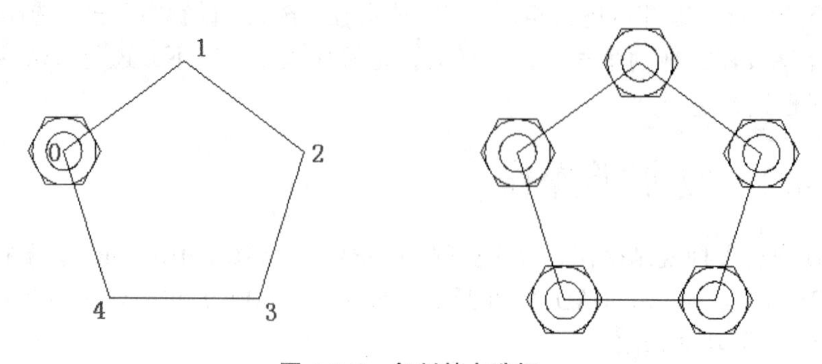

图 4.2.2 复制基点选择

不输入命令，通过在选择对象后按住鼠标右键拖动图形到指定位置后松开右键，在弹出的快捷菜单中选择“复制到此处”可复制对象。或选择图形后，先按住鼠标左键再按住Ctrl键拖动图形，也可以复制出新的图形对象。

4.2.2　镜像

调用镜像命令的方法如下。

- 功能区：“默认”选项卡→“修改”面板→“镜像”按钮。
- 工具栏：“修改”工具栏按钮。
- 命令行：MIRROR（MI）。

镜像用于创建对称的图形。对如图4.2.3所示的图形，只要先绘制出一半，利用镜像命令创建另一半。命令行序列如下：

命令：mi MIRROR	；输入命令
选择对象：指定对角点：找到10个	；用窗交选择对象
选择对象：	；按回车键结束选择
指定镜像线的第一点：	；指定对称线端点1
指定镜像线的第二点：	；指定对称线端点2
要删除源对象吗？［是（Y）/否（N）］<否>:	；按回车键保留源对象，命令结束

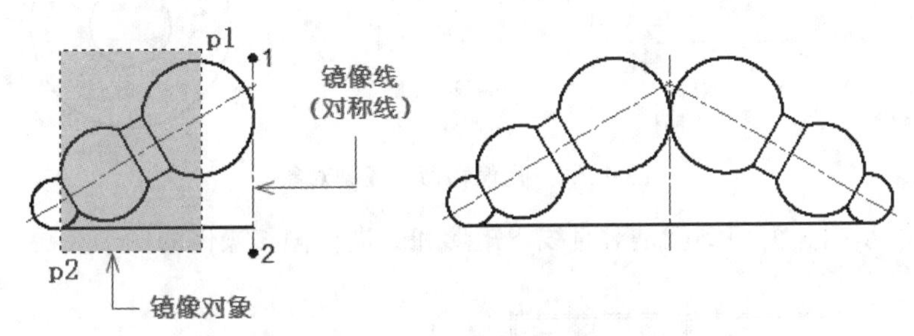

图4.2.3　用镜像命令复制对象

镜像线是镜像复制的对称线，指定镜像线时只要指定两个点即可，不一定画出镜像线，如图4.2.4所示。

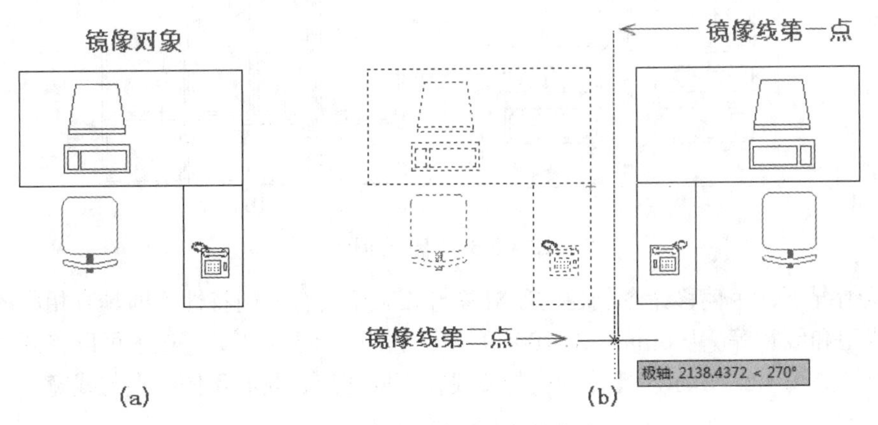

图4.2.4　用两点可确定镜像线

4.2.3 偏移

使用偏移命令可以创建一个与选定对象平行等间距的新对象，偏移的对象可以是直线、圆、圆弧、矩形、正多边形、椭圆、多段线、样条曲线等。

调用偏移命令的方法如下。

- 功能区：“默认”选项卡→“修改”面板→“偏移”按钮。
- 工具栏：“修改”工具栏按钮。
- 命令行：OFFSET（O）。

偏移命令的默认命令行序列如下（对照图 4.2.5 操作）：

命令 : o OFFSET ；输入命令
当前设置 : 删除源 = 否图层 = 源 OFFSETGAPTYPE=0
指定偏移距离或 [通过（T）/ 删除（E）/ 图层（L）] < 通过 >: ；输入偏移间距
选择要偏移的对象，或 [退出（E）/ 放弃（U）] < 退出 >: ；选择对象，点击 1
指定要偏移的那一侧上的点，或 [退出（E）/ 多个（M）/ 放弃（U）] < 退出 >: ；点击 2
选择要偏移的对象，或 [退出（E）/ 放弃（U）] < 退出 >: ；继续偏移或回车退出

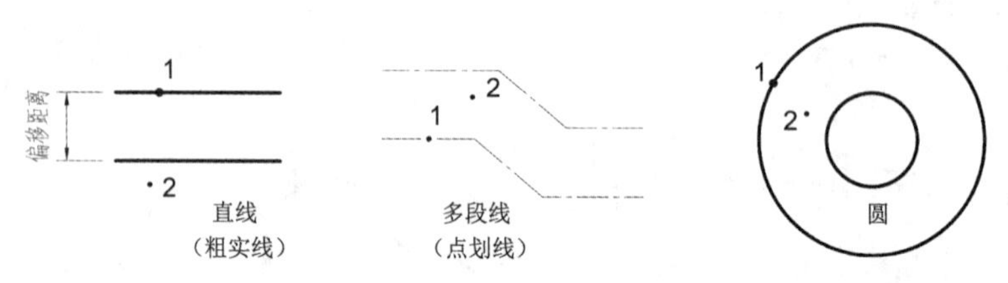

图 4.2.5 用偏移命令复制对象

图 4.2.6 所示门、窗图例就是对直线、矩形和圆进行偏移操作的例子。

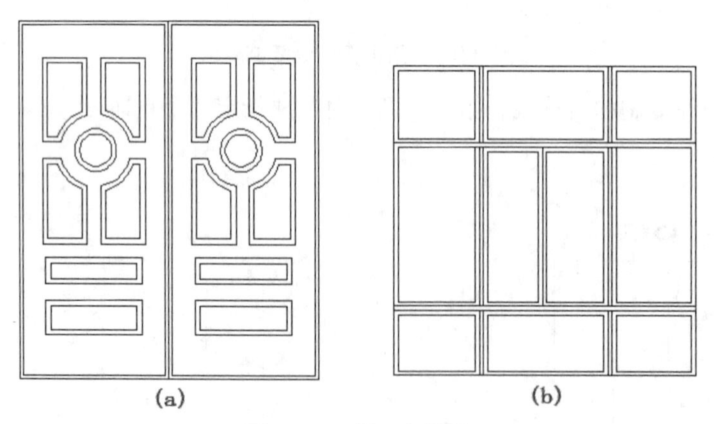

图 4.2.6 门、窗图例

默认情况下，用偏移命令创建的新对象与源对象具有相同特性，即具有相同的图层、颜色、线型和线宽等。从 AutoCAD 2006 开始，利用“图层（L）”选项可以将源对象偏移到当前层，如图 4.2.7 所示。墙体轴线与墙线在不同图层、具有不同线型与线宽。

图 4.2.7　将源对象偏移到当前层

作图时，先在“轴线”层绘制点画线，以“墙体”层为当前层，执行偏移命令，命令行序列如下：

命令：_offset　　　　　　　　　　　　；点击启动命令

当前设置：删除源 = 否图层 = 源　OFFSETGAPTYPE=0　　；看清当前设置

指定偏移距离或［通过（T）/ 删除（E）/ 图层（L）］< 通过 >:　；选择图层（L）选项

输入偏移对象的图层选项［当前（C）/ 源（S）］< 源 >: c　　；设对象偏移至当前层

指定偏移距离或［通过（T）/ 删除（E）/ 图层（L）］< 通过 >:　；输入半墙厚

选择要偏移的对象，或［退出（E）/ 放弃（U）］< 退出 >:　　；选择轴线

指定要偏移的那一侧上的点，或［退出（E）/ 多个（M）/ 放弃（U）］< 退出 >:
　　　　　　　　　　　　　　　　　　；偏移一条墙线

选择要偏移的对象，或［退出（E）/ 放弃（U）］< 退出 >:　　；再选择轴线

指定要偏移的那一侧上的点，或［退出（E）/ 多个（M）/ 放弃（U）］< 退出 >:
　　　　　　　　　　　　　　　　　　；偏移另一条墙线

选择要偏移的对象，或［退出（E）/ 放弃（U）］< 退出 >:　　；按回车键退出

4.2.4　阵列

按照一定规则排列的多个对象称为阵列。按排列方式，阵列分矩形阵列和环形阵列两种，如图 4.2.8 所示。

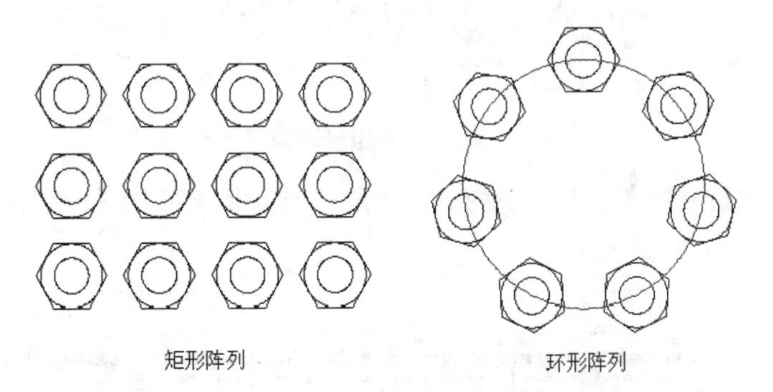

图 4.2.8　矩形阵列与环形阵列

调用阵列命令的方法如下。

- 功能区：“默认”选项卡→“修改”面板→“阵列”按钮。
- 工具栏：“修改”工具栏按钮。
- 命令行：ARRAY（AR）。

1. 矩形阵列

以图 4.2.9 所示 3×4 矩形阵列为例，执行矩形阵列的命令行序列如下：

命令 : AR ARRAY ；输入命令

选择对象 : 指定对角点 : 找到 3 个 ；选中要阵列的对象

选择对象 : 输入阵列类型 [矩形（R）/ 路径（PA）/ 极轴（PO）] < 矩形 >:

；按回车键默认阵列类型为矩形

类型 = 矩形关联 = 是

选择夹点以编辑阵列或 [关联（AS）/ 基点（B）/ 计数（COU）/ 间距（S）

/ 列数（COL）/ 行数（R）/ 层数（L）/ 退出（X）] < 退出 >: cou ；选择计数（COU）选项

输入列数数或 [表达式（E）] <4>: 5 ；设置列数为 5

输入行数数或 [表达式（E）] <3>: 4 ；设置行数为 4

选择夹点以编辑阵列或 [关联（AS）/ 基点（B）/ 计数（COU）/ 间距（S）

/ 列数（COL）/ 行数（R）/ 层数（L）/ 退出（X）] < 退出 >: s ；选择间距（S）选项

指定列之间的距离或 [单位单元（U）] <13.8564>: 15 ；设置列间距离为 15

指定行之间的距离 <12>: 12 ；设置行间距离为 12

选择夹点以编辑阵列或 [关联（AS）/ 基点（B）/ 计数（COU）/ 间距（S）

/ 列数（COL）/ 行数（R）/ 层数（L）/ 退出（X）] < 退出 >: ；回车则结束

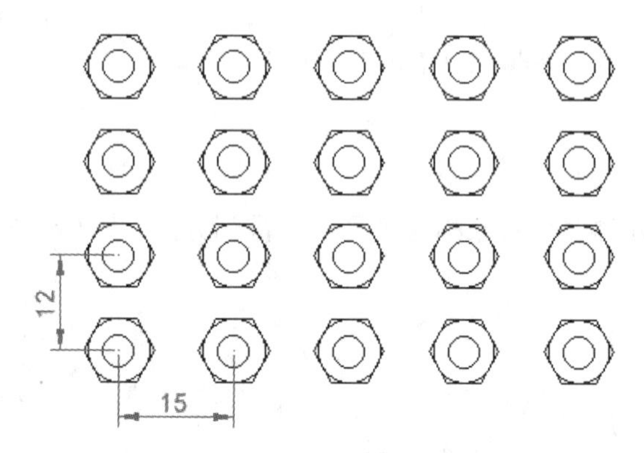

图 4.2.9 矩形阵列

图 4.2.10 为建筑立面图，其窗户的立面就是一个矩形阵列（5 行 8 列）的例子。

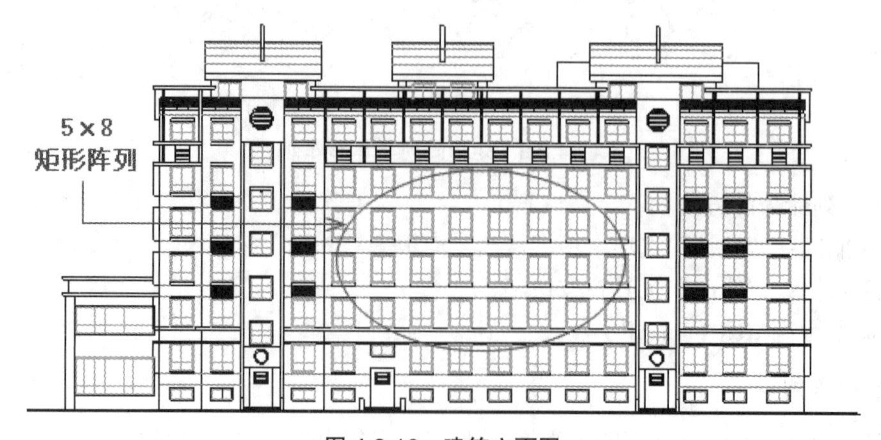

图 4.2.10 建筑立面图

2. 环形阵列

复制的多个对象按指定的中心等角度地分布在圆周上，称为环形阵列。绘制图 4.2.11 所示环形阵列的命令行序列如下：

命令 : AR ARRAY

选择对象 : 指定对角点 : 找到 3 个

选择对象 : 输入阵列类型 [矩形（R）/ 路径（PA）/ 极轴（PO）] < 矩形 >: po

；选择极轴（po）选项

类型 = 极轴关联 = 是

指定阵列的中心点或 [基点（B）/ 旋转轴（A）]:　　；用鼠标单击环形中心

选择夹点以编辑阵列或 [关联（AS）/ 基点（B）/ 项目（I）/ 项目间角度（A）/ 填充角度（F）/ 行（ROW）/ 层（L）/ 旋转项目（ROT）/ 退出（X）] < 退出 >: I

；选择项目（I）选项

输入阵列中的项目数或 [表达式（E）] <6>: 7　　；设置阵列项目数为 7

选择夹点以编辑阵列或 [关联（AS）/ 基点（B）/ 项目（I）/ 项目间角度（A）/ 填充角度（F）/ 行（ROW）/ 层（L）/ 旋转项目（ROT）/ 退出（X）] < 退出 >: f

；选择填充角度（F）选项

指定填充角度（+= 逆时针、−= 顺时针）或 [表达式（EX）] <360>:

；按回车键默认为 360

选择夹点以编辑阵列或 [关联（AS）/ 基点（B）/ 项目（I）/ 项目间角度（A）/ 填充角度（F）/ 行（ROW）/ 层（L）/ 旋转项目（ROT）/ 退出（X）] < 退出 >:

；按回车键结束

【例 4–1】用偏移与阵列操作完成图 4.2.12 所示图案。

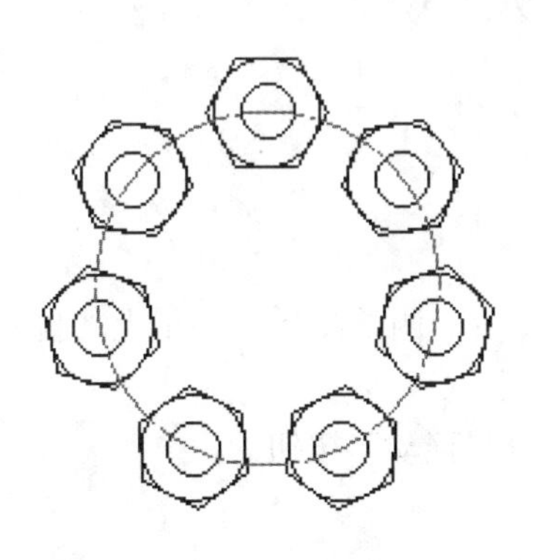

图 4.2.11　环形阵列

图 4.2.12　偏移与环形阵列作图

步骤 1　默认样板建新图。

步骤 2　按图 4.2.13（a）所示尺寸绘制多段线（先直线段后圆弧段），命令行序列如下：

命令 : pl PLINE

指定起点 :　　；指定起点 1

当前线宽为 0.0000

指定下一个点或 [圆弧（A）/ 半宽（H）/ 长度（L）/ 放弃（U）/ 宽度（W）]: 24

；指定点 2

指定下一点或 [圆弧（A）/ 闭合（C）/ 半宽（H）/ 长度（L）/ 放弃（U）/ 宽度（W）]: a

；选择圆弧选项

指定圆弧的端点或（按住 Ctrl 键以切换方向）

[角度（A）/ 圆心（CE）/ 闭合（CL）/ 方向（D）/……/ 宽度（W）]: 12

；鼠标右移，极轴追踪指定点 3

指定圆弧的端点或（按住 Ctrl 键以切换方向）

[角度（A）/ 圆心（CE）/ 闭合（CL）/ 方向（D）/……/ 宽度（W）]:

；回车则结束

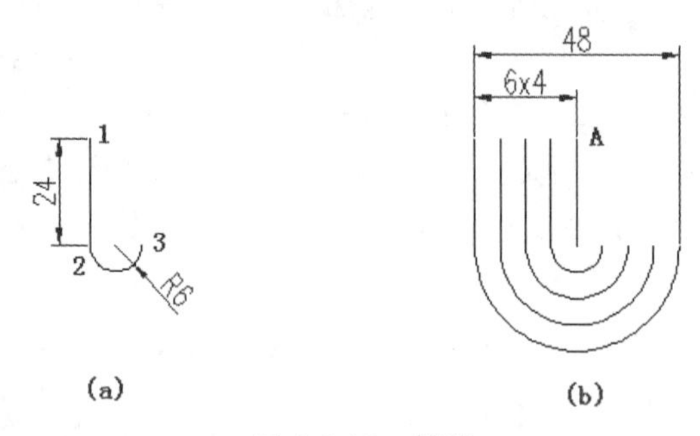

图 4.2.13　偏移

步骤 3　以偏移距离 6，偏移完成如图 4.2.13（b）所示图形。
步骤 4　以 A 点为中心，进行环形阵列操作后得最后结果。

任务 4.3　改变对象的位置和大小

4.3.1　移动、旋转、缩放与对齐

1. 移动

很多时候可以先绘制图形，然后通过“移动”命令调整图形在图纸上的位置。要精确移动对象，使用对象捕捉。调用移动命令的方法如下。

- 功能区：“默认”选项卡→“修改”面板→“移动”按钮✥。
- 工具栏：“修改”工具栏的移动按钮✥。
- 命令行：MOVE（M）。

如图 4.3.1（a）所示，将 101 房间的部分家具移动到 102 房间，命令行序列如下：

命令 : Mmove　；点击✥输入命令

选择对象 :　；选择左侧墙边的家具

选择对象 :　；回车结束选择

指定基点或 [位移（D）] < 位移 >:　；捕捉中点 A

指定第二个点或 < 使用第一个点作为位移 >:　；捕捉中点 B

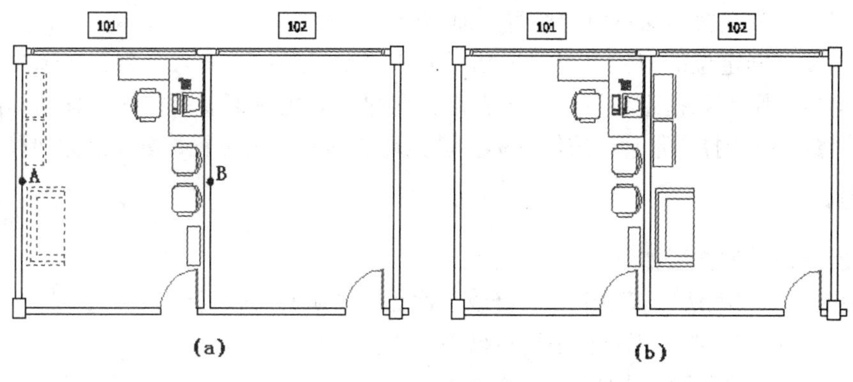

图 4.3.1　移动图形

在绘图时，为了按定位尺寸确定几何对象间的相对位置，往往需要作辅助线。这种情况下可以先不确定位置，在绘制好图形后通过移动对象进行精确定位。下面是两个应用例子。

图 4.3.2(a)所示椅子的作图：椅子面板可以不考虑准确定位，先任意位置画图 4.3.2(b)，再以 A 点为基点，B 点为追踪参照点移动矩形，如图 4.3.2（c）所示。

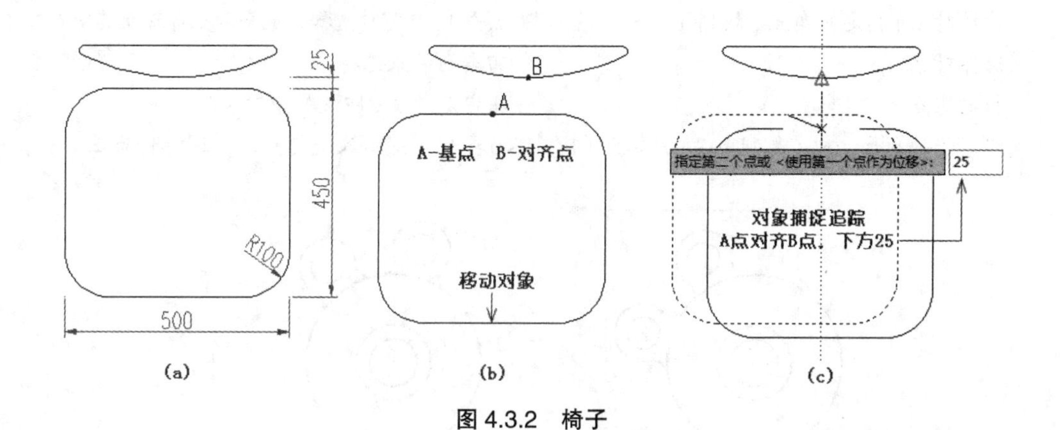

图 4.3.2　椅子

对图 4.3.3（a）所示的 12×10 矩形也不必定位画图，可先在其他位置绘制，如图 4.3.3（b）所示，再移动矩形到图 4.3.3（c）所示正确位置。移动时可以先移动 A 点到 C 点，再分别向右移动 7 单位、向上移动 10 单位。

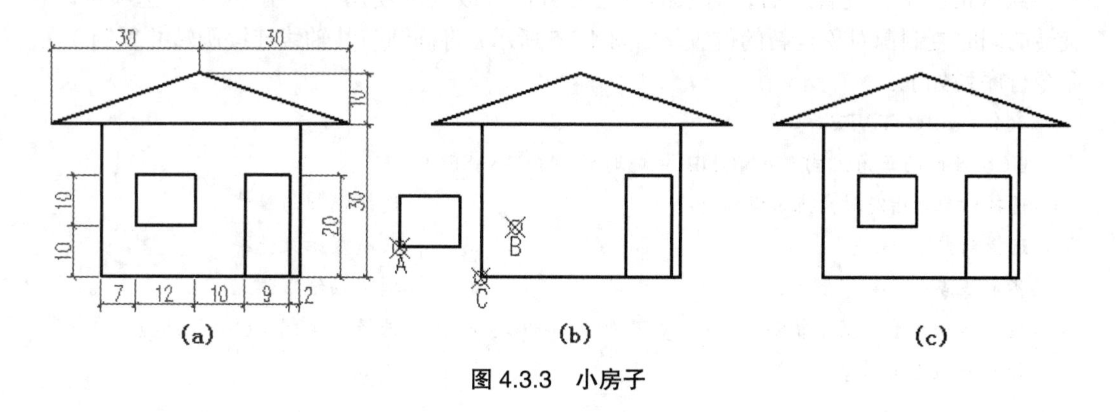

图 4.3.3　小房子

移动操作只改变被移动对象的位置，而不改变其大小和方向。

在不需要精确定位的时候可以采取如下方法移动图形：不输入命令，在选择对象后按住鼠标右键拖动图形到指定位置后松开右键，在弹出的快捷菜单中选择“移动到此处”，即可移动对象。或选择图形后，按住鼠标左键拖动图形到指定位置，松开鼠标即移动图形。

2. 旋转

调用旋转命令的方法如下。

- 功能区：“默认”选项卡→“修改”面板→“旋转”按钮。
- 工具栏：“修改”工具栏下的旋转按钮。
- 命令行：ROTATE（RO）。

1）默认操作

按照指定的角度旋转图形即为旋转的默认操作。

以图 4.3.4 为例，旋转命令的默认操作如下：

命令 :ROrotate ；点击输入命令

UCS 当前的正角方向：ANGDIR= 逆时针 ANGBASE=0

选择对象 : 指定对角点 : 找到 11 个 ；点击 1、2 窗口选择，包含两个耳环及其中心线

选择对象 : ；回车则结束选择

指定基点 : ；指定基点 3（即旋转中心）

指定旋转角度，或 [复制（C）/ 参照（R）] <0>: 40 ；输入旋转角度，逆时针为正

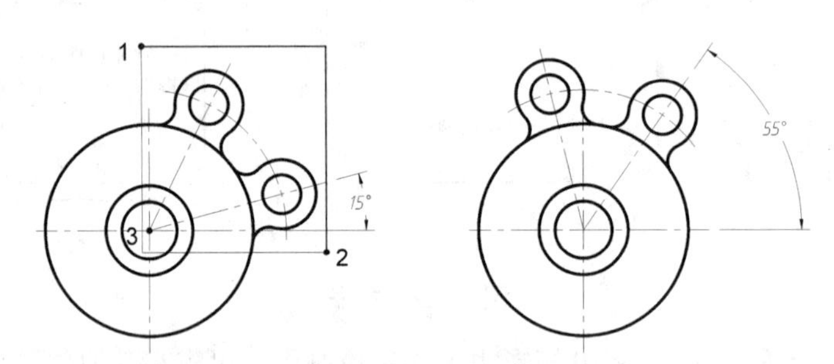

图 4.3.4 旋转对象

2）旋转并复制

默认情况下，旋转之后，对象的位置和方向会改变。使用“复制（C）”选项可以在旋转的同时复制源对象至新的位置。如图 4.3.5 所示，将椭圆与其轴线连续旋转并复制 3 次。命令行序列如下：

命令 : ro ROTATE

UCS 当前的正角方向：ANGDIR= 逆时针 ANGBASE=0

选择对象 : 指定对角点 : 找到 2 个 ；选择椭圆与轴线

选择对象 : ；回车则结束选择

指定基点 : ；捕捉轴线下端点

指定旋转角度，或 [复制（C）/ 参照（R）] <0>: c ；选择“复制（C）”选项

旋转一组选定对象。

指定旋转角度，或 [复制（C）/ 参照（R）] <0>: −20 ；输入旋转角度，顺时针旋转为负
…… ；重复以上操作 2 次，完成图形

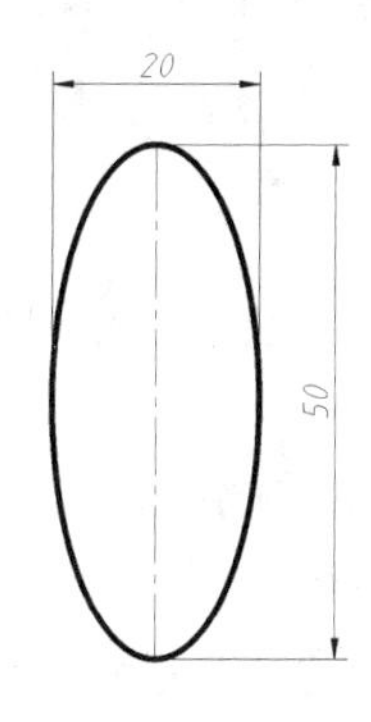

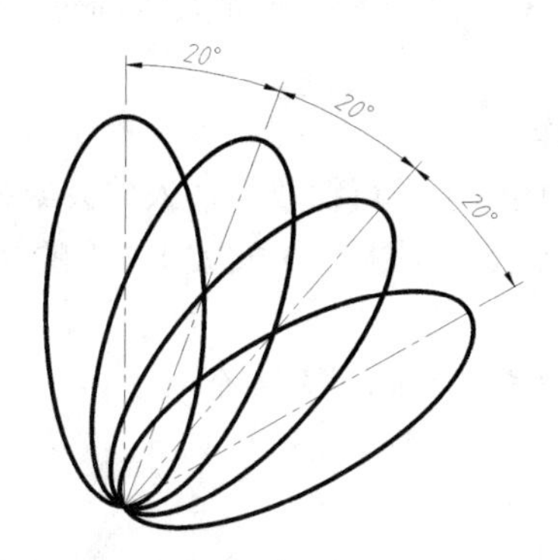

图 4.3.5　旋转并复制

3）参照旋转

有的情况下旋转的绝对角度未知。如图 4.3.6 所示，要求旋转小五星，使其一个角指向大五星中心。这时选择"参照（R）"选项来完成，操作如下。

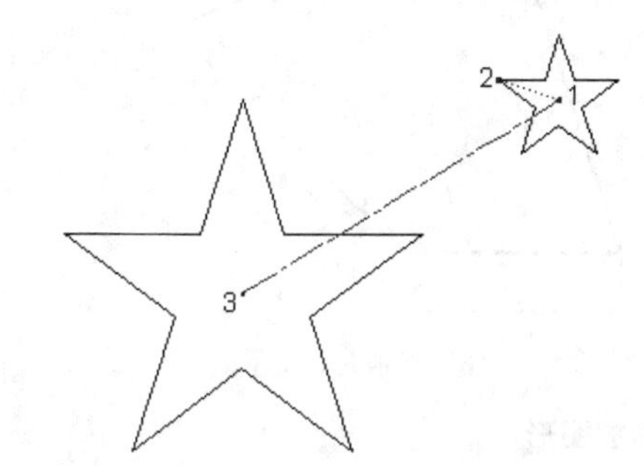

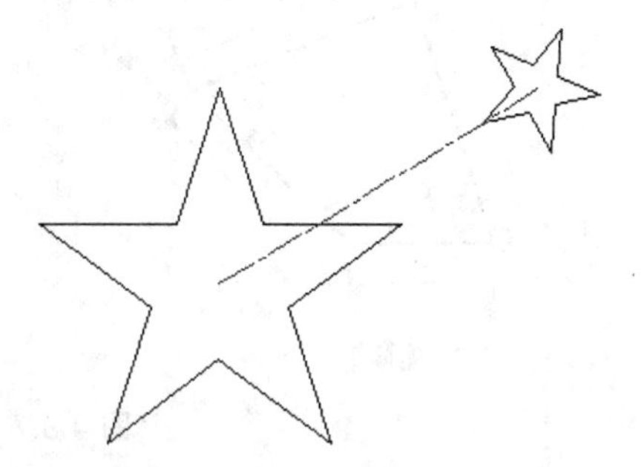

图 4.3.6　参照旋转

要点：旋转中心为点 1；参照方向（参照角）为 1–2；目标方向（新角度）为 1–3；
命令行序列如下：
命令 : ro ROTATE
UCS 当前的正角方向 : ANGDIR= 逆时针 ANGBASE=0
选择对象 : 指定对角点 : 找到 1 个
选择对象 :
指定基点 : ；捕捉端点 1
指定旋转角度，或 [复制（C）/ 参照（R）] <340>: r ；选择"参照（R）"选项
指定参照角 <0>: 指定第二点 : ；先捕捉点 1，再捕捉点 2，1−2 连线为参照方向（参照角）
指定新角度或 [点（P）] <0>: ；捕捉点 3，1−3 连线为目标方向（新角度）

3. 缩放

调用缩放命令的方法如下：

- 功能区："默认"选项卡→"修改"面板→"缩放"按钮 "。

- 工具栏："修改"工具栏。
- 命令行：SCALE（SC）。

缩放命令用来按比例缩小或放大所选对象的尺寸。与旋转命令类似，缩放命令也有 3 种应用方式。

1）默认操作

直接指定比例因子进行缩放，输入放大或缩小的倍数。

如图 4.3.7 所示，将图（a）放大 1.5 倍的结果如图（b），命令行序列如下：

命令：_scale ；点击输入命令
选择对象：指定对角点：找到 4 个 ；框选要缩放的对象
选择对象： ；回车结束选择
指定基点： ；捕捉 A 点作为基点，基点是缩放中心
指定比例因子或 [复制（C）/ 参照（R）]: 1.5；放大 1.5 倍

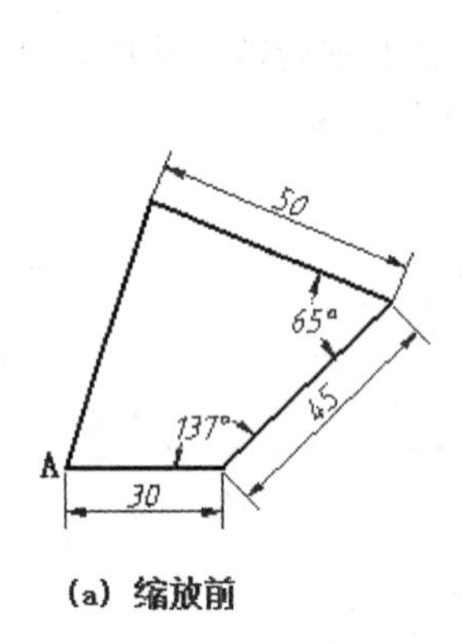

（a）缩放前

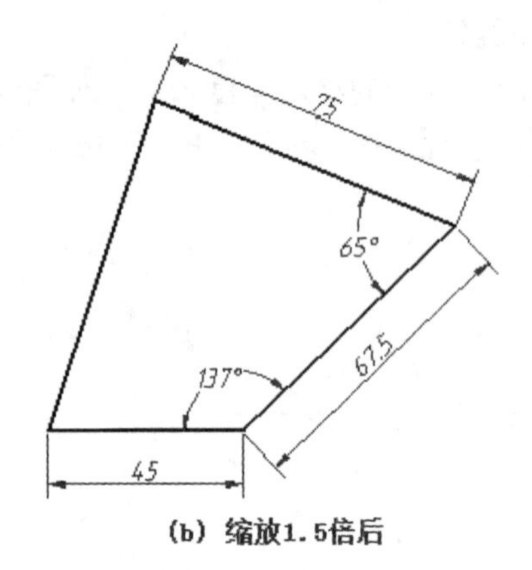

（b）缩放1.5倍后

图 4.3.7 缩放图形

2）缩放并复制

默认操作时，源对象被直接变为目标对象，源对象消失，如需保留源对象，则可以用"复制（C）"选项，在缩放的同时保留源对象。

如图 4.3.8 所示，要求将图 4.3.8（a）所示小五星放大 3 倍，同时保留小五星，如图 4.3.8（b）所示。命令行序列如下：

命令：sc SCALE
选择对象：指定对角点：找到 1 个 ；选择小五星
选择对象： ；回车结束选择
指定基点： ；捕捉圆心作为基点
指定比例因子或 [复制（C）/ 参照（R）] <1.0000>: c ；选择"复制（C）"选项
缩放一组选定对象。
指定比例因子或 [复制（C）/ 参照（R）] <1.0000>: 3 ；输入放大倍数

3）参照缩放

当放大倍数未知时，可以使用"参照（R）"选项。如图 4.3.9 所示，左图尺寸未知，要求缩放如右图大小。

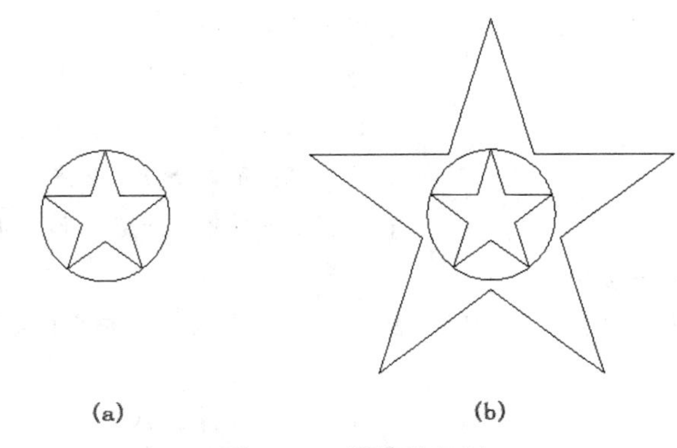

图 4.3.8　缩放并复制

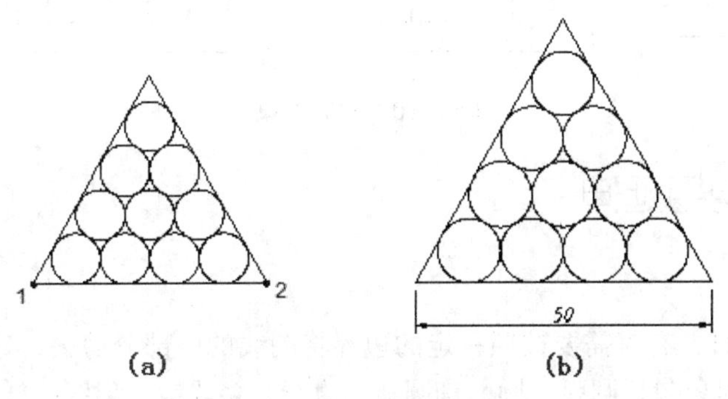

图 4.3.9　参照缩放

命令行序列如下：

命令 : sc SCALE
选择对象 : 指定对角点 : 找到 11 个　　　　；选择对象，回车退出选择
选择对象 :
指定基点 :　　　　；指定基点 1
指定比例因子或 [复制（C）/ 参照（R）] <1.0000>: r；选择“参照（R）”选项
指定参照长度 <1.0000>: 指定第二点 :　　　　；先点击 1，再点击 2，1–2 为参照长度
指定新的长度或 [点（P）] <1.0000>: 50　　　　；输入要求的长度 50

4. 对齐

调用对齐命令的方法如下。

- 功能区：“默认”选项卡→“修改”面板→“对齐”按钮。
- 菜单栏：“修改”→“三维操作”→“对齐”。
- 命令行：ALIGN（AL）。

使用对齐命令可以将一个对象与另一个对象对齐，对齐的对象可以是二维的也可以是三维实体。

对齐图 4.3.10 所示图形的命令行序列如下：

命令 : al ALIGN　　　　；输入命令
选择对象 :　　　　；选择对齐的对象，要移动位置的对象为源对象

选择对象： ；回车结束选择
指定第一个源点： ；源对象上第一个点，如点 1
指定第一个目标点： ；目标位置的第一个点，如点 3
指定第二个源点： ；源对象上第二个点，如点 2
指定第二个目标点： ；目标位置的第二个点，如点 4
指定第三个源点或 < 继续 >: ；回车
是否基于对齐点缩放对象？ [是（Y）/ 否（N）] < 否 >: ；这里不缩放源对象，回车完成

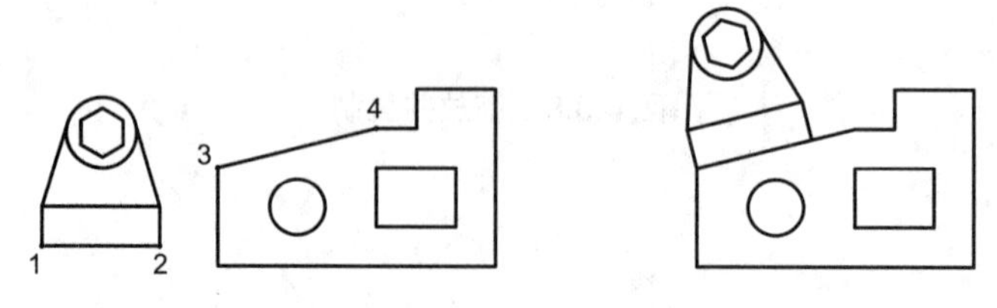

图 4.3.10 对齐对象

4.3.2 修剪与延伸

1. 修剪

AutoCAD 绘图时，有时需要按照一定的边界将图线的一部分剪去，这时需要用到修剪命令。可以修剪的对象包括圆弧、圆、椭圆弧、直线、多段线、射线、样条曲线等。

调用修剪命令的方法如下。

- 功能区：”默认”选项卡→“修改”面板“修剪”按钮。
- 工具栏：“修改”工具栏按钮。
- 命令行：TRIM（TR）。

第一次执行修剪命令时，默认为快速修剪模式，所有线条都为剪切边，直接选择要修剪的对象即可，若选中无法被修剪的对象，则会执行删除操作。

修剪过程如图 4.3.11 所示。

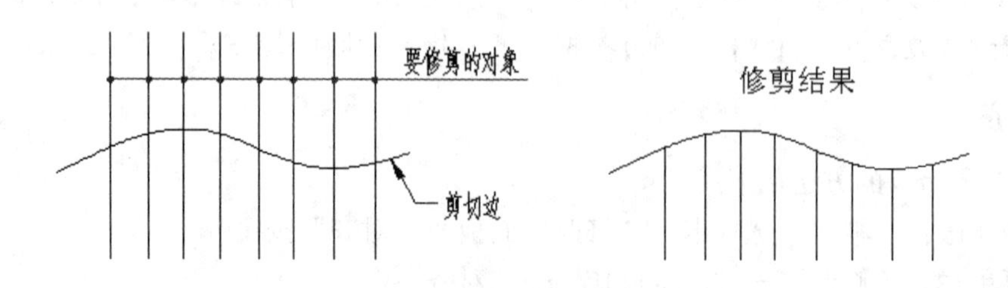

图 4.3.11 修剪对象

命令：TR TRIM ；输入命令
当前设置：投影 =UCS, 边 = 无，模式 = 快速 ；默认快速模式
选择要修剪的对象，或按住 Shift 键选择要延伸的对象或
[剪切边（T）/ 窗交（C）/ 模式（O）/ 投影（P）/ 删除（R）]: ；栏选要修剪的对象
选择要修剪的对象，或按住 Shift 键选择要延伸的对象或

[剪切边（T）/ 窗交（C）/ 模式（O）/ 投影（P）/ 删除（R）/ 放弃（U）]:

指定下一个栏选点或 [放弃（U）]:

指定下一个栏选点或 [放弃（U）]:

选择要修剪的对象，或按住 Shift 键选择要延伸的对象或

[剪切边（T）/ 窗交（C）/ 模式（O）/ 投影（P）/ 删除（R）/ 放弃（U）]:　；回车结束

从 AutoCAD2021 开始，修剪命令中有快速和标准两种模式。当调整“模式（O）”选项由快速模式切换为标准模式时，还是会默认所有线条都为剪切边；当再次执行修剪命令时，当前设置为上一次执行时设置的标准模式，此时会提示选取剪切边，再选取要修剪的对象。需要注意的是，标准模式下遇到无法修剪的对象不会执行删除操作。

【例 4-2】偏移与修剪完成图 4.3.12（f）所示图案。

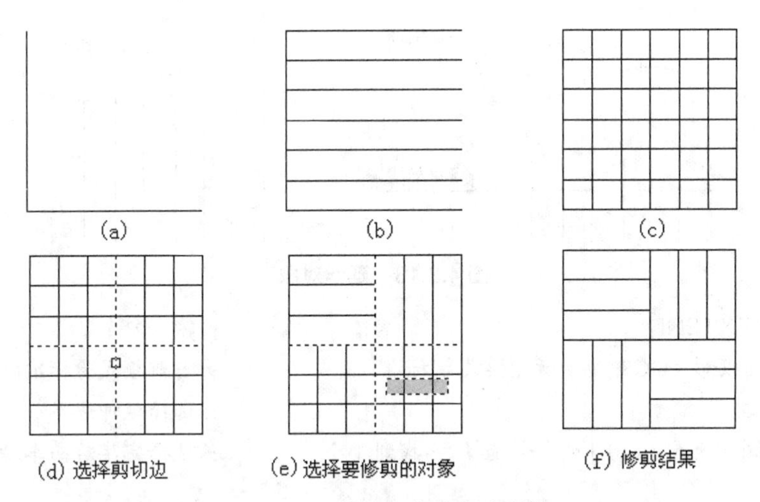

图 4.3.12　偏移、修剪创建图案

步骤 1　默认样板建新图。

步骤 2　先绘制一条垂直线和一条水平线，长度为 24，如图 4.3.12（a）所示。

步骤 3　用偏移命令创建网格。以间距 4 向上偏移 6 条水平线，如图 4.3.12（b）所示；同样的间距向右偏移 6 条垂直线，如图 4.3.12（c）所示。

步骤 4　修剪网格。命令行序列如下：

命令 : tr TRIM　；输入命令

当前设置 : 投影 =UCS, 边 = 无 , 模式 = 标准　；当前为标准模式

选择剪切边 ...　；提示选取剪切边

选择对象或 [模式（O）] < 全部选择 >: 找到 1 个　；按图 4.3.12（d）所示选取剪切边

选择对象 : 找到 1 个，总计 2 个

选择对象 :　；回车结束选择

选择要修剪的对象，或按住 Shift 键选择要延伸的对象或　；选择要修剪的对象

[剪切边（T）/ 栏选（F）/ 窗交（C）/ 模式（O）/ 投影（P）/ 边（E）/ 删除（R）]:

选择要修剪的对象，或按住 Shift 键选择要延伸的对象或　；继续选择要修剪的对象

[剪切边（T）/ 栏选（F）/ 窗交（C）/ 模式（O）/ 投影（P）/ 边（E）/ 删除（R）/ 放弃（U）]:

…… ；连续选择要修剪的对象，见图 4.3.12（e）

选择要修剪的对象，或按住 Shift 键选择要延伸的对象或

[剪切边（T）/ 栏选（F）/ 窗交（C）/ 模式（O）/ 投影（P）/ 边（E）/ 删除（R）/ 放弃（U）]: ；修剪完毕则回车结束命令

2. 延伸

调用延伸命令的方法如下。

- 功能区：“默认”选项卡→“修改”面板→“延伸”按钮 。
- 工具栏：“修改”工具栏按钮 。
- 命令行：EXTEND（EX）。

对图 4.3.13 所示图形进行延伸操作的命令行序列如下：

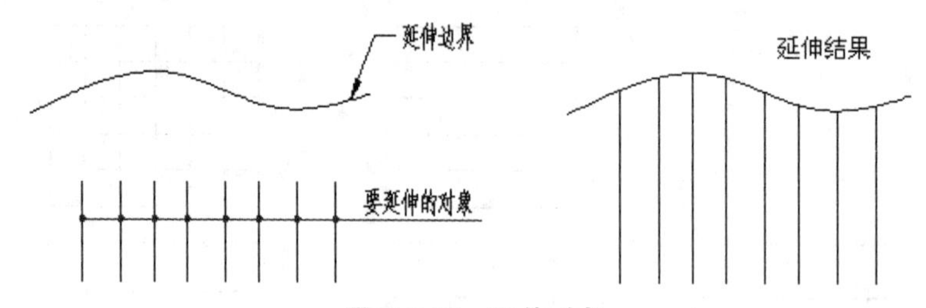

图 4.3.13 延伸对象

命令 : EX EXTEND ；输入命令

当前设置 : 投影 =UCS, 边 = 无 , 模式 = 标准 ；当前模式为标准模式

选择边界边 ... ；选择延伸边界

选择对象或 [模式（O）] < 全部选择 >: 找到 1 个 ；选择完毕后回车结束

选择对象 :

选择要延伸的对象，或按住 Shift 键选择要修剪的对象或

[边界边（B）/ 栏选（F）/ 窗交（C）/ 模式（O）/ 投影（P）/ 边（E）]:

；选择要延伸的对象

选择要延伸的对象，或按住 Shift 键选择要修剪的对象或

[边界边（B）/ 栏选（F）/ 窗交（C）/ 模式（O）/ 投影（P）/ 边（E）/ 放弃（U）]:

；延伸完毕后回车退出

延伸命令也有快速和标准两种模式。标准模式下，需要先选择延伸边界，再选择需要延伸的对象；快速模式下，直接选择需要延伸的对象，将它延伸到最近的线条上。

4.3.3 拉伸

调用拉伸命令的方法如下。

- 功能区：“默认”选项卡→“修改”面板→“合并”按钮 。
- 工具栏：“修改”工具栏按钮 。
- 命令行：STRETCH（S）。

拉伸命令用于移动图形中指定的部分，同时保持与图形的其他未移动部分相连接。例如，使用拉伸命令将单人沙发图形编辑成为双人沙发图形，如图 4.3.14 所示，命令行序列

如下：

命令：_stretch

以交叉窗口或交叉多边形选择要拉伸的对象 ...

选择对象：　　　　　　　　　　　　；点击点1、2用窗交方式选择拉伸对象，参照图4.3.14

选择对象：　　　　　　　　　　　　；回车退出

指定基点或[位移（D）]<位移>:　　；在适当位置点击一点作为基准点

指定第二个点或<使用第一个点作为位移>:

　　　　　　　　　　　　　　　　　；鼠标右移，在0°极轴下直接输入拉伸距离570

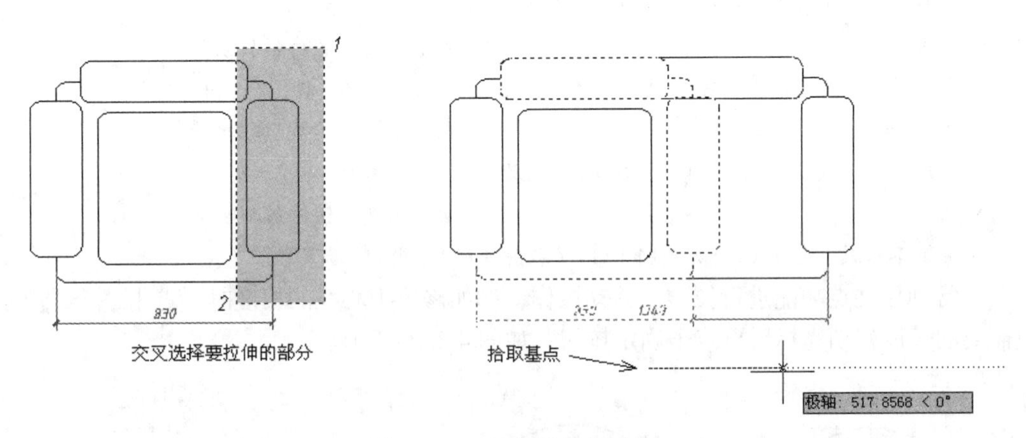

图4.3.14　拉伸的操作过程

拉伸完毕再镜像复制一个垫子，完成全图绘制。

使用拉伸命令的操作要点：①选择方法要求：用窗交方式选择拉伸对象。②对象移动规律：在窗口内的端点随拉伸而平移，窗口之外的端点不动。

对于具有填充和尺寸的图形，当填充与其边界关联时，拉伸改变边界后，填充能自动更新。同样，当尺寸与标注对象关联时，拉伸改变图形，其尺寸也自动更新。

特殊地，交叉窗口包含圆或椭圆的圆心、文字与图块的插入点时，拉伸的操作结果是平移被拉伸对象，而不改变大小。

4.3.4　使用夹点编辑对象

夹点是对象上的控制点，例如直线的端点和中点、多段线的顶点以及圆的圆心和象限点等。在没有命令执行的情况下拾取对象，被拾取的对象上就显示夹点标记，如图4.3.15所示。

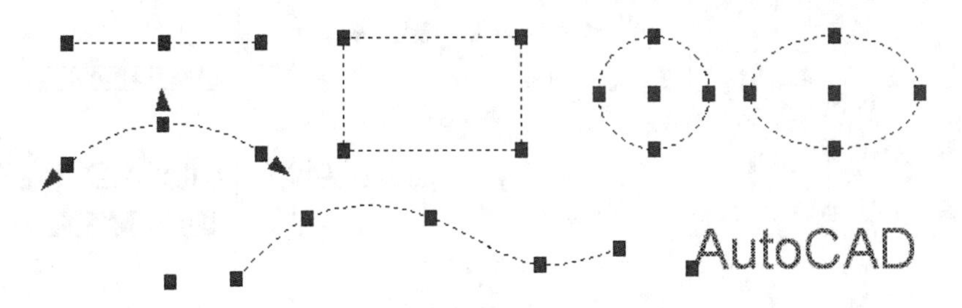

图4.3.15　不同对象上的夹点

AutoCAD 的夹点功能是一种非常灵活的编辑功能，利用夹点可以实现对对象的拉伸、移动、旋转、比例缩放、镜像，同时还可以复制。

要激活夹点功能只需先拾取对象（或框选多个对象），再点击一个夹点，被点击的夹点改变颜色，同时提示行出现提示如下：

** 拉伸 **　　；激活了夹点拉伸编辑功能

指定拉伸点或 [基点（B）/ 复制（C）/ 放弃（U）/ 退出（X）]:；选择拉伸编辑操作

在这个提示下连续回车或按空格键，提示依次循环显示：

** 移动 **　　；激活了夹点移动编辑功能

指定移动点或 [基点（B）/ 复制（C）/ 放弃（U）/ 退出（X）]:

** 旋转 **　　；激活了夹点旋转编辑功能

指定旋转角度或 [基点（B）/ 复制（C）/ 放弃（U）/ 参照（R）/ 退出（X）]:

** 比例缩放 **　　；激活了夹点缩放编辑功能

指定比例因子或 [基点（B）/ 复制（C）/ 放弃（U）/ 参照（R）/ 退出（X）]:

** 镜像 **　　；激活了夹点镜像编辑功能

指定第二点或 [基点（B）/ 复制（C）/ 放弃（U）/ 退出（X）]:

通常利用夹点功能进行拉伸、移动操作，例如修改中心线的长度时，点击一个端夹点，按需要的长度移动光标后再点击确定按钮，如图 4.3.16 所示。

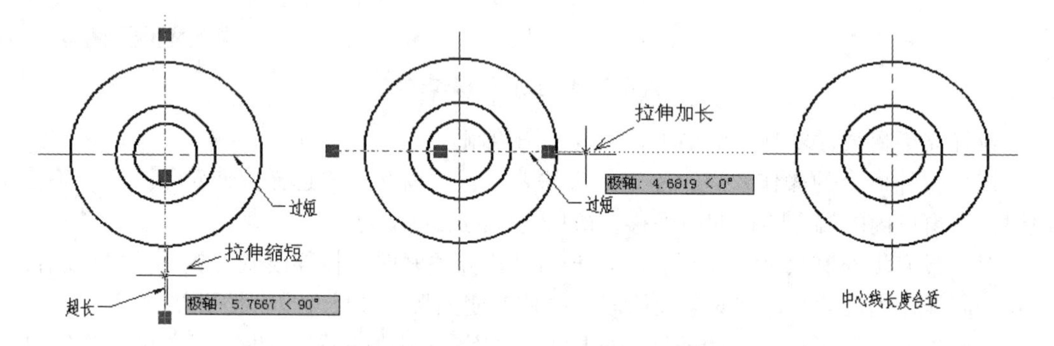

图 4.3.16　使用夹点拉伸、修改线段长度

夹点的移动功能同样很有效。点击一个夹点后按一次空格键，移动光标即可移动对象了，如图 4.3.17（a）所示。如果点击圆心、文字插入夹点，就直接移动对象，如图 4.3.17（b）所示。

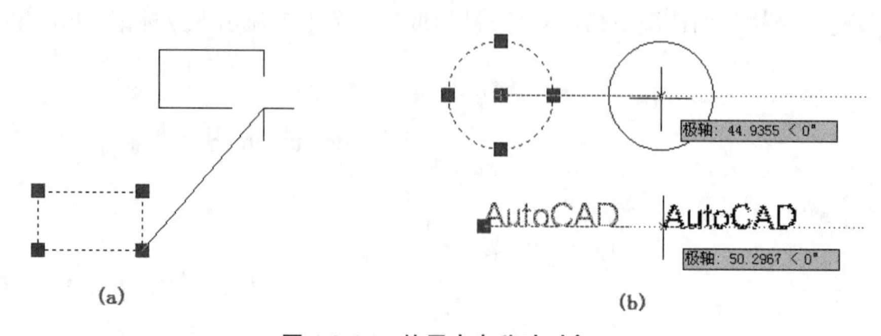

图 4.3.17　使用夹点移动对象

注意：夹点编辑完成后，及时按 Esc 键取消夹点显示。

任务 4.4　边、角、长度的编辑

4.4.1　打断与合并

1. 打断

调用打断命令的方法如下。

- 功能区："默认"选项卡→"修改"面板→"打断"按钮。
- 工具栏："修改"工具栏按钮。
- 命令行：BREAK（BR）。

可以在两点之间打断选定的对象，也可以在一点打断选定的对象。可以打断的对象包括直线、圆、圆弧、多段线、椭圆、样条曲线等。

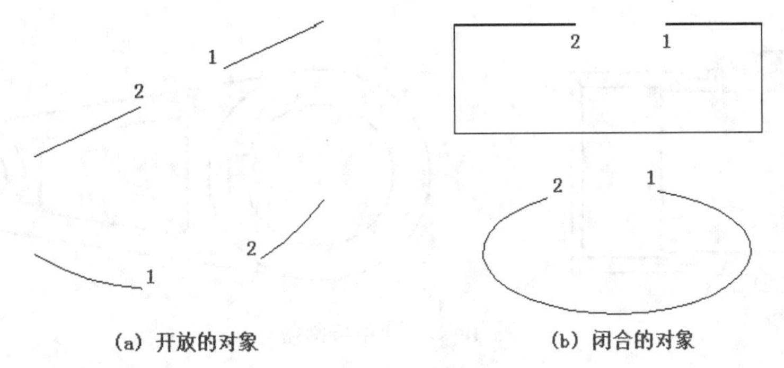

图 4.4.1　打断对象

如图 4.4.1 所示，打断直线、圆弧等非闭合对象，则需任意选择两点；对矩形、椭圆等闭合对象，按逆时针选择打断点。命令行序列如下：

命令 : br BREAK 选择对象 :　　；在点 1 拾取打断对象，拾取点为第一点
指定第二个打断点或 [第一点（F）]:　　；在点 2 附近点击即可（最好用 F3 键关闭对象捕捉）

2. 合并

调用合并命令的方法如下。

- 功能区："默认"选项卡→"修改"面板→"合并"按钮。
- 工具栏："修改"工具栏按钮。
- 命令行：JOIN（J）。

最常用的就是将位于一条直线上且分离的几条线段合并为一条直线，可以合并的对象还有同心、同半径的圆弧等。

合并如图 4.4.2 所示的线段，执行命令如下：

命令 : j JOIN　　；输入命令
选择源对象或要一次合并的多个对象 :　　；点击 1，选择一段执行

选择要合并到源的直线：指定对角点：找到 2 个 ；选择其他分离的线段，如 2、3
选择要合并到源的直线： ；回车结束
已将 2 条直线合并到源 ；圆弧按逆时针方向合并

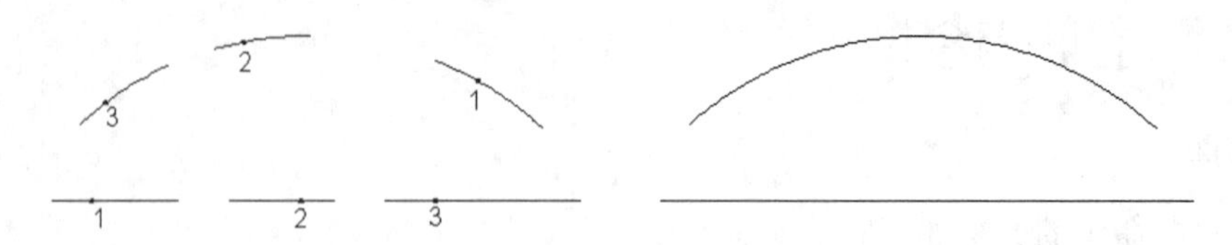

图 4.4.2 合并对象

4.4.2 圆角与倒角

零件上很多地方需要圆角和倒角，如图 4.4.3 所示。这些圆弧和斜线不需用绘制命令完成，利用圆角命令与倒角就可以方便地自动生成。

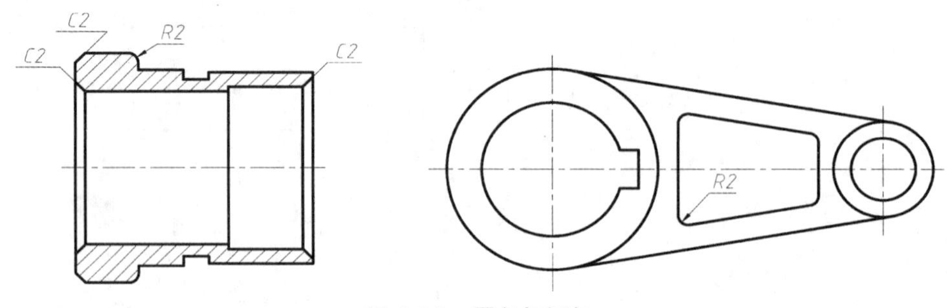

图 4.4.3 圆角与倒角

1. 圆角

圆角就是用一个指定半径的圆弧来光滑地连接两个对象。可以进行圆角操作的对象包括直线、圆、圆弧、椭圆（弧）、多段线等。如果被圆角连接的两对象位于同一图层，则圆角弧线创建于该层，圆角弧线在当前层并具有当前层的颜色、线型和线宽等。

调用圆角命令的方法如下。

- 功能区：“默认”选项卡→“修改”面板→“圆角”按钮。
- 工具栏：“修改”工具栏按钮。
- 命令行：FILLET（F）。

执行圆角命令，命令行序列如下：

命令 :_fillet ；输入命令
当前设置：模式 = 修剪，半径 = 0.0000 ；当前设置信息
选择第一个对象或 [放弃（U）/ 多段线（P）/ 半径（R）/ 修剪（T）/ 多个（M）]:
；选择第一条线
选择第二个对象，或按住 Shift 键选择要应用角点的对象： ；选择第二条线

主要选项含义如下。

“多段线（P）”选项：可以对多段线的顶点出进行圆角处理。

“半径（R）”选项：设定圆角半径大小，默认值是 0。在选择边时按住 Shift 键，可以用 0 值替代当前圆角半径。

“修剪（T）”选项：设置是否将选定的边修剪或延伸到圆角弧线的端点，默认为修剪或延伸，使用 FIILET 命令不会修剪圆。修剪与不修剪圆角的效果见图 4.4.4。

“多个（M）”选项：可以对多个边进行圆角而不退出，默认情况下只圆角一次即退出命令。

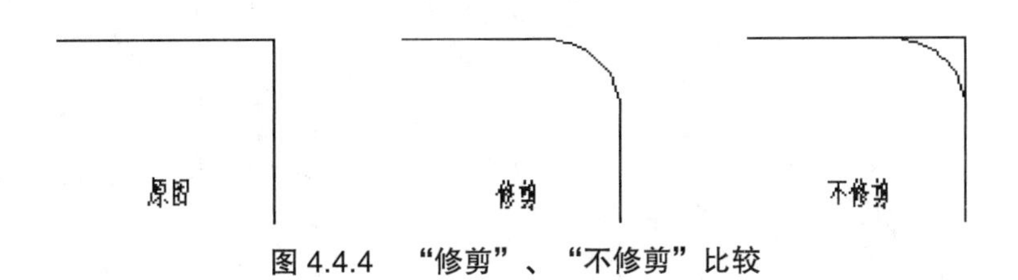

图 4.4.4　“修剪”、“不修剪”比较

示例：如图 4.4.5 所示，参照右图将左图进行圆角，所有圆角为 R2。命令行序列如下：

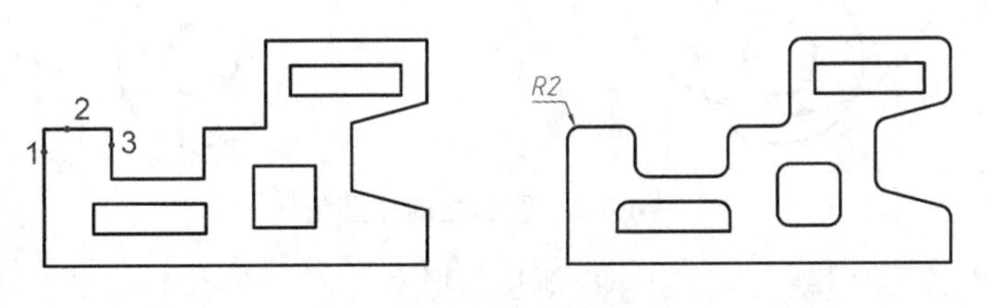

图 4.4.5　圆角

命令 : _fillet　　　　　　　　　　　　　　　　　　　; 点击按钮启动命令

当前设置 : 模式 = 修剪，半径 = 0.0000　　　　　　　; 当前设置

选择第一个对象或 [放弃（U）/ 多段线（P）/ 半径（R）/ 修剪（T）/ 多个（M）]: r

　　　　　　　　　　　　　　　　　　　　　　　　　　; 选择“半径（R）”选项

指定圆角半径 <0.0000>: 2　　　　　　　　　　　　　　; 设置半径为 2

选择第一个对象或 [放弃（U）/ 多段线（P）/ 半径（R）/ 修剪（T）/ 多个（M）]: m

　　　　　　　　　　　　　　　　　　　　　　　　　　; 启用多个圆角方式

选择第一个对象或 [放弃（U）/ 多段线（P）/ 半径（R）/ 修剪（T）/ 多个（M）]:

　　　　　　　　　　　　　　　　　　　　　　　　　　; 选择边 1

选择第二个对象，或按住 Shift 键选择对象以应用角点或 [半径（R）]:

　　　　　　　　　　　　　　　　　　　　　　　　　　; 选择边 2，圆第一个角

选择第一个对象或 [放弃（U）/ 多段线（P）/ 半径（R）/ 修剪（T）/ 多个（M）]:

　　　　　　　　　　　　　　　　　　　　　　　　　　; 选择边 2

选择第二个对象，或按住 Shift 键选择对象以应用角点或 [半径（R）]:

　　　　　　　　　　　　　　　　　　　　　　　　　　; 选择边 3，圆第二个角

……　　　　　　　　　　　　　　　　　　　　　　　　; 依次选择各个角的两边

【例 4–3】圆角命令在圆弧连接中的应用。

用 CIRCLE/T 作圆再修剪是圆弧连接的基本方法。对于外切圆弧（图 4.4.6 所示中的 R35）利用 FILLET/R 绘制是一种便捷方法。

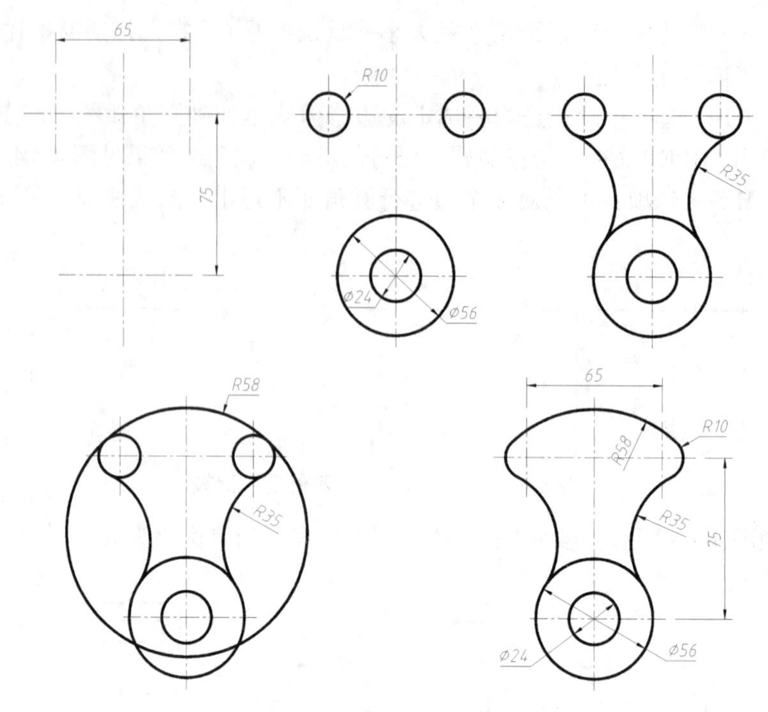

图 4.4.6　圆弧之间作圆角

步骤 1　设置绘图环境：以公制样板新建图形文件，参考图 4.4.7 设置必要图层。

步骤 2　绘制中心线：以“中心线”为当前层，根据尺寸 65、75 绘制定位中心线。

步骤 3　绘制已知圆弧：以“轮廓线”为当前层，作已知圆弧 R10、ø24、ø56。

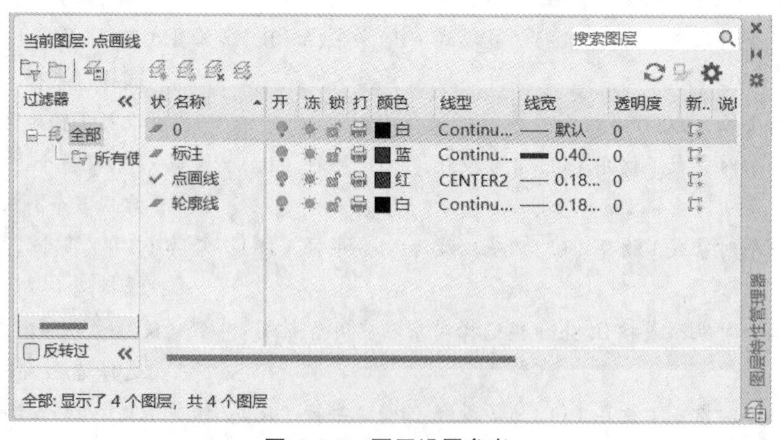

图 4.4.7　图层设置参考

步骤 4　圆角命令作外切圆弧。命令行序列如下：

命令 : f FILLET

当前设置 : 模式 = 修剪，半径 = 0.0000

选择第一个对象或 [放弃（U）/ 多段线（P）/ 半径（R）/ 修剪（T）/ 多个（M）]: r

；选择“半径（R）”选项

指定圆角半径 <0.0000>: 35　　；输入圆角半径

选择第一个对象或 [放弃（U）/ 多段线（P）/ 半径（R）/ 修剪（T）/ 多个（M）]:
　　　　　　　　　　　　　　　　　　　　　　　　　　　　；拾取 R10 圆
选择第二个对象，或按住 Shift 键选择要应用角点的对象：；拾取 ø56 圆，绘制出 R35 圆弧
……　　　　　　　　　　　　　　　　　　　　　　　　　；重复一次作另一边 R35

步骤 5　作内切圆：FILLET/R 只能用于作外切圆弧，不能作内切圆弧，R58 公切圆只能用 CIRCLE/T 绘制。

步骤 6　修剪：选择边界 R10、R58、R35，按需修剪 R10 与 R58 即可。

2. 倒角

将两个不平行的对象用直线相连即为倒角。调用倒角命令的方法如下。

- 功能区：“默认”选项卡→“修改”面板→“倒角”按钮。
- 工具栏：“修改”工具栏按钮。
- 命令行：CHAMFER（CHA）。

执行倒角命令，命令行提示如下：

命令 : cha CHAMFER
（“修剪”模式）当前倒角距离 1 = 0.0000，距离 2 = 0.0000　；当前设置信息
选择第一条直线或 [放弃（U）/ 多段线（P）/ 距离（D）/ 角度（A）/ 修剪（T）/ 方式（E）/ 多个（M）]:

主要选项含义与圆角的类似。

示例：将图 4.4.8 所示左图参照右图进行倒角，所有倒角均为 C2。

命令行序列如下：

命令 : cha CHAMFER
（“修剪”模式）当前倒角距离 1 = 0.0000，距离 2 = 0.0000
选择第一条直线或 [放弃（U）/ 多段线（P）/ 距离（D）/ 角度（A）/ 修剪（T）/ 方式（E）/ 多个（M）]: d
指定第一个倒角距离 <0.0000>:　　　　　　　　　　　　　；设置第一个倒角距离为 2
指定第二个倒角距离 <2.0000>:　　　　　　　　　　　　　；回车。第二个倒角距离为 2
选择第一条直线或
[放弃（U）/ 多段线（P）/ 距离（D）/ 角度（A）/ 修剪（T）/ 方式（E）/ 多个（M）]: m
　　　　　　　　　　　　　　　　　　　　　　　　　　　　；倒多个角
选择第一条直线或
[放弃（U）/ 多段线（P）/ 距离（D）/ 角度（A）/ 修剪（T）/ 方式（E）/ 多个（M）]:
　　　　　　　　　　　　　　　　　　　　　　　　　　　　；选择第 1 边
选择第二条直线，或按住 Shift 键选择要应用角点的直线：；选择第 2 边，倒第一个角
选择第一条直线或
[放弃（U）/ 多段线（P）/ 距离（D）/ 角度（A）/ 修剪（T）/ 方式（E）/ 多个（M）]:
　　　　　　　　　　　　　　　　　　　　　　　　　　　　；选择第 3 边
选择第二条直线，或按住 Shift 键选择要应用角点的直线：；选择第 4 边，倒第二个角
……　　　　　　　　　　　　　　　　　　　　　　　　　；如此反复，完毕后回车结束

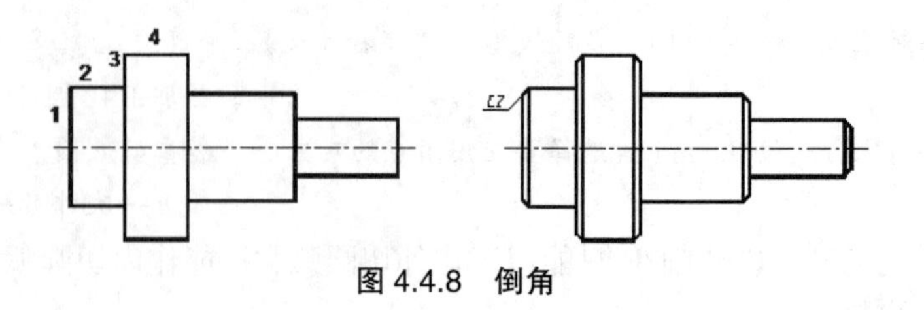

图 4.4.8 倒角

任务 4.5 编辑复杂对象

编辑复杂对象包括多段线的编辑、多线的编辑、图案填充的编辑、分解对象，还有文字的编辑、尺寸标注的编辑、图块、属性的编辑。

4.5.1 编辑多段线

调用编辑多段线命令的方法如下。

- 功能区：“默认”选项卡→“修改”面板→“编辑多段线”按钮。
- 菜单栏：“修改”→“对象”→“多段线”。
- 命令：PEDIT（PE）。

执行编辑多段线命令，命令行序列如下：

命令 : pe PEDIT 选择多段线或 [多条（M）]: ；选择一条多段线

输入选项

[闭合（C）/ 合并（J）/ 宽度（W）/ 编辑顶点（E）/ 拟合（F）/ 样条曲线（S）/ 非曲线化（D）/ 线型生成（L）

/ 反转（R）/ 放弃（U）]:

各选项的功能如下：

“闭合（C）”选项：将多段线首尾连接。

“打开（O）”选项：删除多段线的闭合线段，将闭合的多段线变成开放的。

“合并（J）”选项：将首尾相连的直线、圆弧或多段线合并成一条多段线。这是常用的选项。

“宽度（W）”选项：指定整个多段线的统一宽度。

“编辑顶点（E）”选项：对多段线的各个顶点进行编辑，可以进行插入、删除、改变切线方向、移动等操作。

“拟合（F）”选项：用圆弧来拟合多段线（由圆弧连接每对顶点的平滑曲线），曲线经过多段线的所有顶点。

“样条曲线(S)”选项: 使用多段线的顶点作为近似样条曲线的曲线控制点或控制框架，生成近似的样条曲线。

“非曲线化（D）”选项：删除由拟合或样条曲线插入的其他顶点，并拉直所有多段线线段。

“线型生成（L）”选项：生成经过多段线顶点的连续图案的线型。

【例 4–4】如 4.5.1 所示，画一个五角星，将其编辑为一条多段线，并设置多段线的宽度为 5。

图 4.5.1　编辑多段线

编辑过程如下：

①绘制一个正五边形，用直线将其不相邻顶点两两连接，并修剪为五角星。

②编辑多段线，命令行序列如下：

命令 : pe PEDIT

选择多段线或 [多条（M）]: m　　　　　　　　；选择“多条（M）”选项，选择多条线段

选择对象 : 指定对角点 : 找到 10 个

选择对象 :

是否将直线、圆弧和样条曲线转换为多段线？ [是（Y）/ 否（N）]? <Y>

　　　　　　　　　　　　　　　　　　　　　　；回车将选定线段转换为多段线

输入选项 [闭合（C）/ 打开（O）/ 合并（J）/ 宽度（W）/ 拟合（F）/

样条曲线（S）/ 非曲线化（D）/ 线型生成（L）/ 反转（R）/ 放弃（U）]: J

　　　　　　　　　　　　　　　　　　　　　　；选择“合并（J）”选项

合并类型 = 延伸

输入模糊距离或 [合并类型（J）] <0.0000>:　　　　；回车

多段线已增加 9 条线段

输入选项 [闭合（C）/ 打开（O）/ 合并（J）/ 宽度（W）/ 拟合（F）/

样条曲线（S）/ 非曲线化（D）/ 线型生成（L）/ 反转（R）/ 放弃（U）]: W

　　　　　　　　　　　　　　　　　　　　　　；设置多段线的宽度

指定所有线段的新宽度 : 5　　　　　　　　　　；指定宽度为 5

输入选项 [闭合（C）/ 打开（O）/ 合并（J）/ 宽度（W）/ 拟合（F）/

样条曲线（S）/ 非曲线化（D）/ 线型生成（L）/ 反转（R）/ 放弃（U）]:

　　　　　　　　　　　　　　　　　　　　　　；回车则结束编辑

4.5.2　编辑多线

调用编辑多线命令的方法如下。

- 菜单栏：“修改”→“对象”→“多线”。
- 命令行：MLEDIT。

执行编辑多线命令，弹出“多线编辑工具”对话框，如图 4.5.2 所示。此对话框中包含有 4 列工具，第一列工具用于处理十字相交的多线，第二列工具用于处理 T 形相交的多线，第三列工具用于处理角点连接和顶点的编辑，第 4 列工具用于处理多线的修剪和结合。

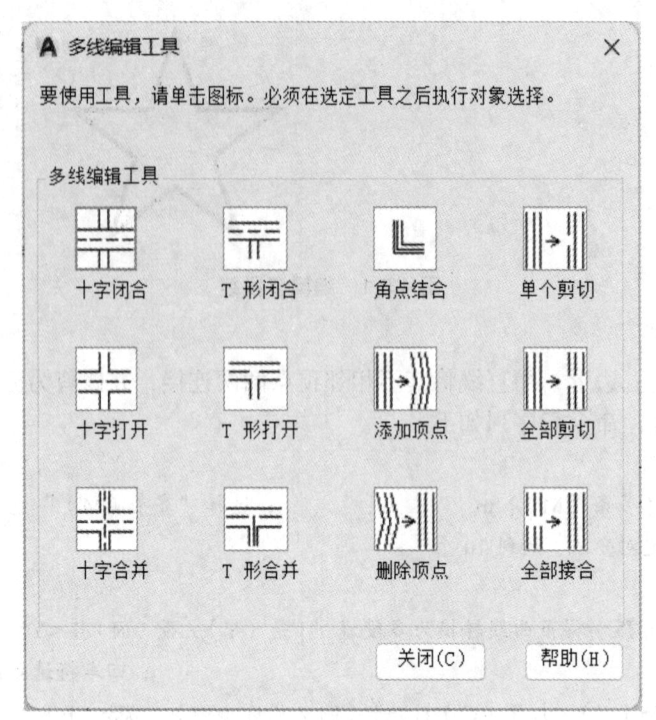

图 4.5.2 多线编辑工具

对图 4.5.3 所示的墙体相交处，编辑过程如下。

启动 MLEDIT，选择“T 形合并”，根据提示行进行操作。命令行序列如下：

命令 : mledit ；弹出“多线编辑工具”，选择“T 形合并”

选择第一条多线 : ；点击 1，选择一条多段线

选择第二条多线 : ；点击 2，选择另一条多段线

选择第一条多线或 [放弃（U）]: ；回车结束命令

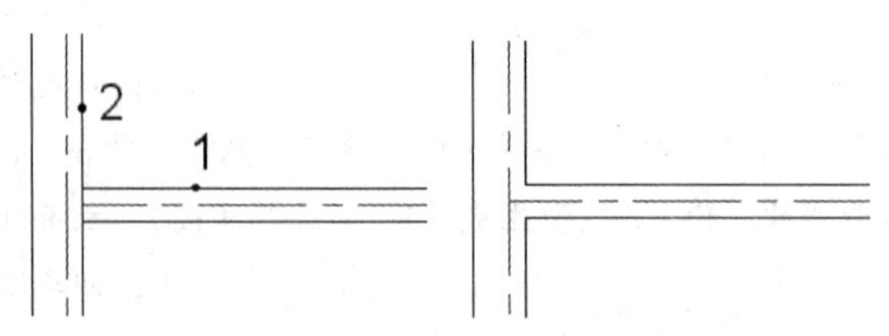

图 4.5.3 多线编辑中选择对象的次序

4.5.3 编辑图案填充

调用编辑图案填充命令的方法如下。

- 功能区：“默认”选项卡→“修改”面板→“编辑图案填充”按钮。
- 菜单栏：“修改”→“对象”→“图案填充”。
- 命令：HATCHEDIT（HE）。

可以更改已完成的图案填充，例如改变“比例”，修改“图案填充原点”“重新创建边界”等。启动编辑图案填充命令，显示如图 4.5.4 所示“图案填充编辑”对话框。该对话框中显

示了被选择填充的相关参数设置，根据需要进行修改。

图 4.5.4　“图案填充编辑”对话框

4.5.4　分解

设计绘图过程中，会生成很多组合对象，例如矩形、正多边形、多段线、圆环、多线、图案填充、尺寸标注、图块等。这些对象通过分解可以分离成各单个组成对象，例如矩形可分解为 4 条直线。

调用分解命令的方法如下。

- 功能区：“默认”选项卡→“修改”面板→“分解”按钮。
- 工具栏：“修改”工具栏按钮。
- 命令行：EXPLODE（X）。

分解命令的操作非常简单：启动命令，选择要分解的对象，回车即完成分解。有时，对象分解后外观上没有变化，例如矩形分解为四条简单的直线段，只有拾取它们才能看出来。

分解命令的命令行序列如下：

命令 :Xexplode

选择对象 :　　　　　　　　　　　　　　；选择对象，回车

组合对象分解后将失去相关特性，例如多段线分解不再具有宽度信息。分解包含属性的块时，属性将显示为创建时设置的属性标记；分解后的尺寸标注与图案填充不能再

随图形的编辑而自动更新等。分解还会增大图形文件的字节数，因此不要轻易使用分解操作。

任务 4.6 修改对象特性

绘制的每个对象都具有特性。某些特性是基本特性，适用于大多数对象，例如图层、颜色、线型和打印样式。有些特性是特定于某个对象的特性，例如圆的特性包括半径和面积、直线的特性包括长度和角度。

对于已创建好的对象，如果要改变其特性，AutoCAD 也提供了方便的修改方法，主要可以使用功能区的“特性”面板、“特性”选项板、“快捷特性”选项板和“特性匹配”命令来修改对象特性。

4.6.1 使用对象特性选项板

1. 使用“快捷特性”选项板

如图 4.6.1（a）所示，当开启“快捷特性”功能选择对象时，AutoCAD 自动弹出“快捷特性”选项板，如图 4.6.1（b）所示。在“快捷特性”选项板上可以直接修改对象颜色、图层、线型等。例如，若将图示“全局宽度”由 0 修改为 2，则矩形的线宽将变为宽度为 2 的粗线。

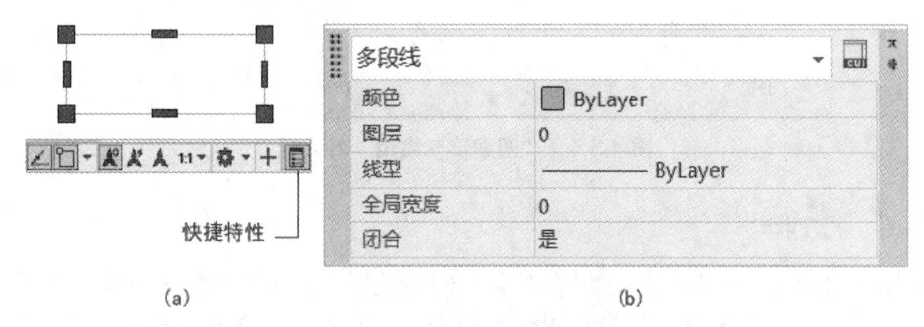

图 4.6.1 “快捷特性”选项板

2. 使用“特性”面板

使用图 4.6.2 所示功能区的“特性”面板可以显示和修改对象颜色、线型和线宽。操作方法是选择对象，在面板中的颜色、线型、线宽下拉列表中选择要更改的特性。

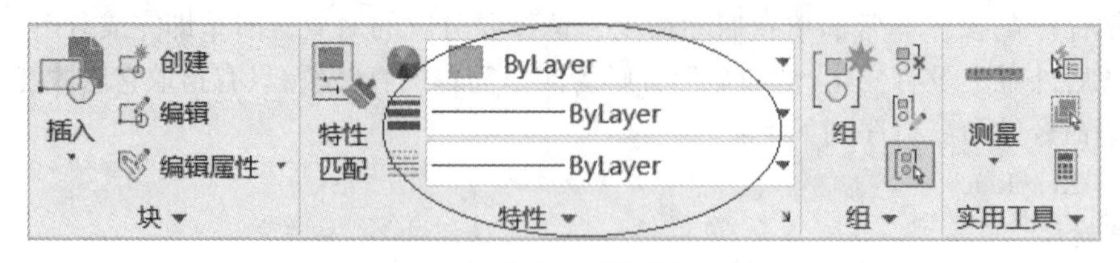

图 4.6.2 功能区“特性”面板

3. 使用“特性”选项板

打开“特性”选项板的方法如下。

- 功能区：“默认”选项卡→“特性”面板右下角的按钮。
- 快捷键：Ctrl+1。

利用图4.6.3所示“特性”选项板可以更加全面地查看和修改对象的特性。

“特性”选项板一般出现的选项组有“基本”“几何图形”“文字”“打印样式”“视图”“其他”等，展开这些选项组就会在其中看到对象的各种特性以表格形式列出。如果要修改某一特性，则单击特性值所在的单元格，会发现单元格中出现了输入提示符或下拉列表等，输入或选择要设定的特性值，再按Esc键取消对象的选中状态，关闭“特性”选项板，就完成了对象特性的修改。

图4.6.3　“特性”选项板

4.6.2　特性匹配

调用特性匹配命令的方法如下。

- 功能区：“默认”选项卡→“特性”面板→“特性匹配”按钮。
- 工具栏：“标准”工具栏按钮。
- 命令行：MATCHPROP（MA）。

执行特性匹配命令，命令行序列如下：

命令:MA MATCHPROP

选择源对象:　　　　　　　　　　　　；选中一个对象，只能单选，选择后不需回车

当前活动设置: 颜色图层线型线型比例线宽透明度厚度

打印样式标注文字图案填充多段线视口表格材质多重引线中心对象

选择目标对象或[设置(S)]:　　　　　　　　；选择目标对象，可以框选

使用特性匹配命令将一个对象（源对象）的特性部分或全部复制到其他对象（目标对象），输入命令时先选择源对象，再选择要修改的目标对象。操作之后源对象的特性不变，目标对象的特性与源对象的特性完全一致或部分一致。

特性匹配是修改对象特性最常用的操作。下面看一个例子：将图4.6.4所示左图修改为右图所示特性。操作如下。

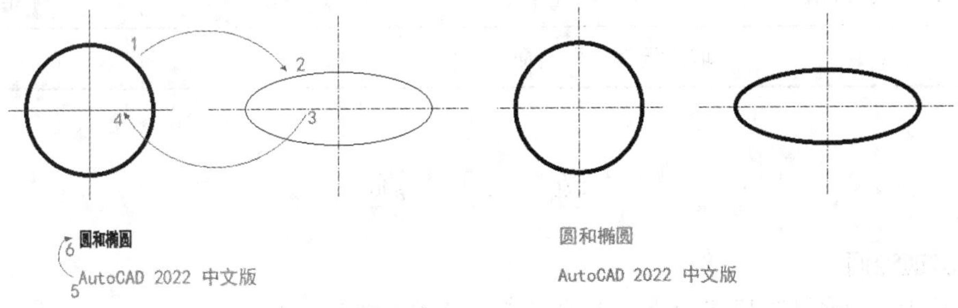

图4.6.4　特性匹配

①调用特性匹配命令，先拾取圆周 1（源对象），再选择椭圆 2（目标对象），椭圆修改为与圆相同特性的图线，回车结束。

②重复调用特性匹配命令，先拾取椭圆中心线 3（源对象），再选择圆的中心线 4（目标对象），圆的中心线修改为与椭圆中心线特性相同的图线，回车结束。

小　结

本项目主要介绍了图形编辑类操作，包括：

（1）对象选择操作式；

（2）复制、偏移、镜像、阵列等复制类的操作；

（3）移动、旋转、对齐、缩放、拉伸等改变图形大小和位置的操作；

（4）修剪、打断、圆角、倒角等对图形形状进行编辑的操作；

（5）利用图元的对象特性进行修改的操作。

这些工具可以帮助我们快速修改、调整、优化图形，提高作图效率和准确性。

项目 4 常用快捷键表

快捷键	命令	快捷键	命令
COPY（CO）	复制	OFFSET（O）	偏移
MIRROR（MI）	镜像	ARRAY（AR）	阵列
MOVE（M）	移动	ROTATE（RO）	旋转
SCALE（SC）	缩放	ALIGN（AL）	对齐
TRIM（TR）	修剪	EXTEND（EX）	延伸
STRETCH（S）	拉伸	BREAK（BR）	打断
JOIN（J）	合并	FILLET（F）	圆角
CHAMFER（CHA）	倒角	PEDIT（PE）	编辑多段线
MLEDIT	编辑多线	HATCHEDIT（HE）	编辑图案填充
EXPLODE（X）	分解	Ctrl+1	使用特性选项板
MATCHPROP（MA）	特性匹配	Ctrl+Z	撤销
Esc	取消选择；取消命令		

练　习　题

一、理论题

1. 下列关于交叉窗口选择所产生的选择集描述正确的是（　）。

A. 仅为窗口内部的对象

B. 仅为与窗口相交的对象（不包括窗口的内部的对象）

C. 同时与窗口四边相交的对象加上窗口内部的对象

D. 与窗口相交的对象加上窗口内的对象

2. 用（COPY）命令复制对象时，不可以（　）。

A. 原地复制对象　　B. 同时复制多个对象

C. 复制对象到其他文件　　D. 一次性把对象复制到多个位置

3. 没有复制功能的命令是（　）。

A. 镜像　　B. 缩放　　C. 旋转　　D. 拉伸

4. 下列对象执行偏移（OFFSET）命令后，大小和形状保持不变的是（　）。

A. 圆　　B. 圆弧　　C. 椭圆　　D. 直线

5. 利用 ARRAY/R 命令创建矩形阵列，若让对象向左上方排列，则需（　）。

A. 行偏移为正，列偏移为正　　B. 行偏移为正，列偏移为负

C. 行偏移为负，列偏移为正　　D. 行偏移为负，列偏移为负

6 用移动（MOVE）命令把一个对象向 X 轴正向移动 10 个单位，向 Y 轴正向移动 6 个单位，下列输入错误的是（　）。

A. 第一点：任意；第二点：#10，6　　B. 第一点：0，0；第二点：10,6

C. 第一点：0<0；第二点：@10,6　　D. 第一点：任意；第二点：@10,6

7. 在 AutoCAD 系统中，不能进行比例缩放的对象是（　）。

A. 文字　　B. 点　　C. 图块　　D. 填充的图案

8. 一组同心圆可由一个已画好的圆用命令（　）来实现。

A.STRETCH（伸展）　　B. MOVE（移动）

C. EXTEND（延伸）　　D. OFFSET（偏移）

9. 在用多线编辑工具时，选择“十字打开”选项，总是切断所选的（　）。

A. 第一条多线　　B. 第二条多线　　C. 任一条多线　　D. 两条多线

10. 用圆角命令进行圆角操作时（　）。

A. 不能对多段线对象进行圆角　　B. 不可以对样条曲线对象进行圆角

C. 不能对文字对象进行圆角　　D. 不能对三维实体对象进行圆角

11.EXPLODE（分解）命令对（　）图形无效。

A. 多段线　　B. 正多边形　　C. 椭圆　　D. 多线

12. 下列命令中属于绘图命令的是（　）。

A. 复制 COPY　　B. 多段线 PLINE

C. 阵列 ARRAY　　D 倒角 CHAMFER

二、实操题

1. 绘制图 4.1 所示柱基础图形。

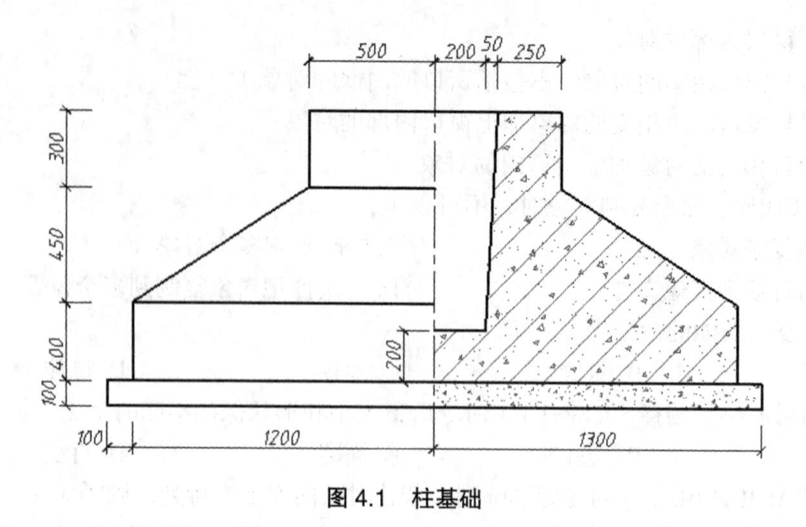

图 4.1 柱基础

2. 绘制图 4.2 所示图形。

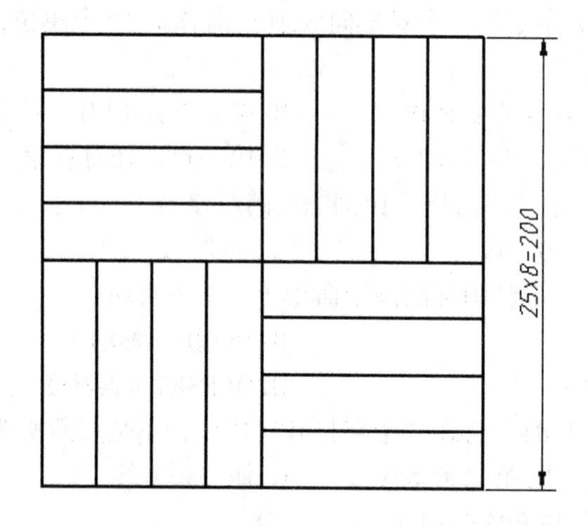

图 4.2 偏移、修剪编辑图形

3. 通过镜像或阵列复制绘制图 4.3 所示图形。

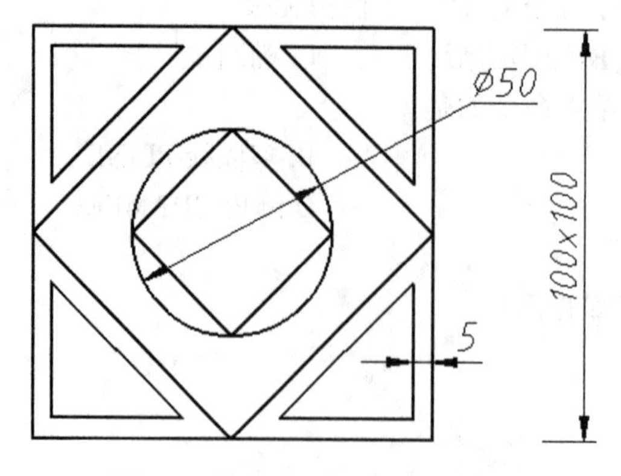

图 4.3 镜像或环形阵列编辑图形

4. 完成图 4.4 左图所示餐桌椅布置图，椅子尺寸见右图。

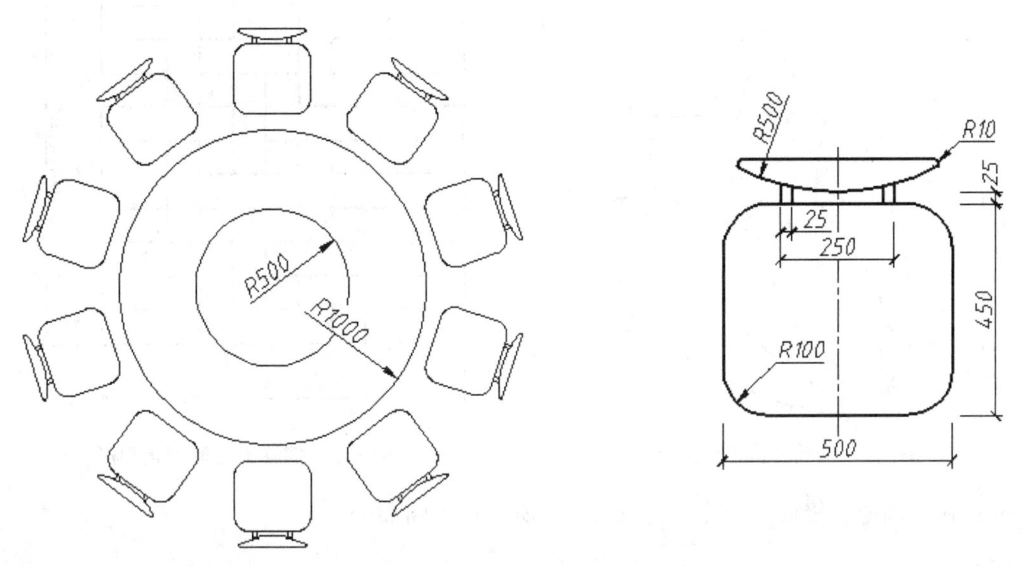

图 4.4　餐桌椅尺寸及布置图

5. 绘制图 4.5 所示楼梯立面。

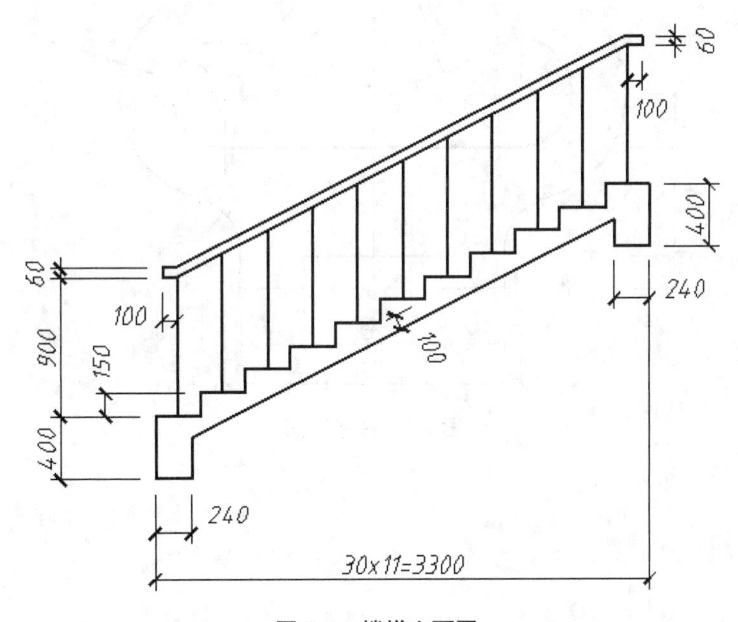

图 4.5　楼梯立面图

6. 通过旋转并复制完成图 4.6 所示图形。

7. 利用 LINE（直线）、OFFSET（偏移）、TRIM（修剪）绘制、编辑图 4.7 所示图形。

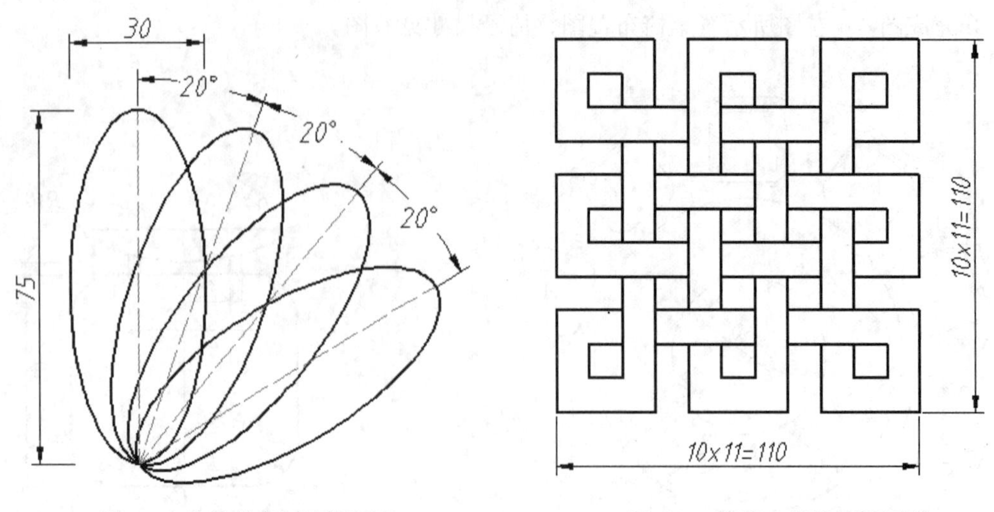

图 4.6 旋转并复制编辑图形

图 4.7 偏移、修剪编辑图形

8. 利用圆角、修剪等命令，完成图 4.8 所示扶手断面图。

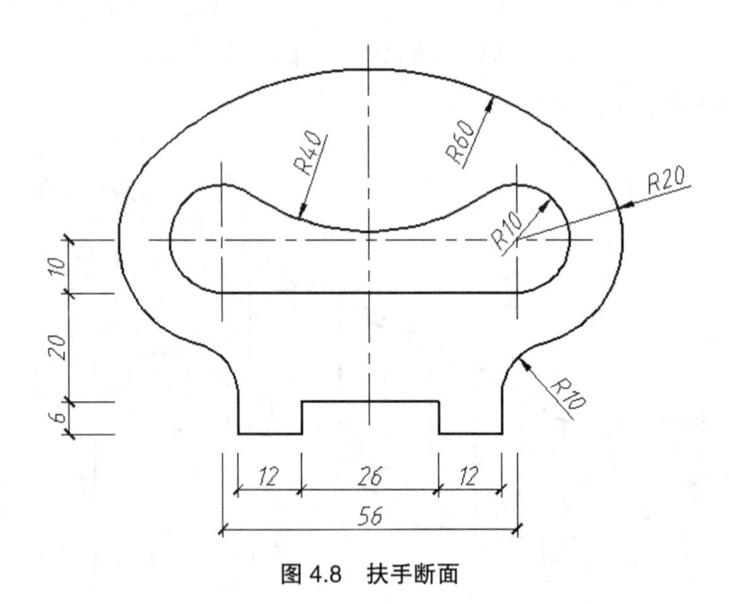

图 4.8 扶手断面

项目5　图纸注释

项目概述

本项目介绍了创建文字样式、尺寸标注样式、表格样式的方法，以及标注文字、尺寸和创建表格的方法。

学习目标

知识目标	能力目标	思政目标
掌握文字样式、尺寸标注样式、表格样式的创建方法。 掌握标注文字、尺寸和创建表格的方法。	能正确、快速地创建文字样式、尺寸标注样式及表格样式。 能正确、快速地标准文字、标注和创建表格。	培养严谨细致、精益求精的工作精神。

任务5.1　标注文字

文字是工程图样中的重要组成部分。创建文字对象的常用命令见“默认”选项卡下的“注释”面板，如图5.1.1所示。更加完整的文字相关命令见“注释”选项卡下的“文字”面板。

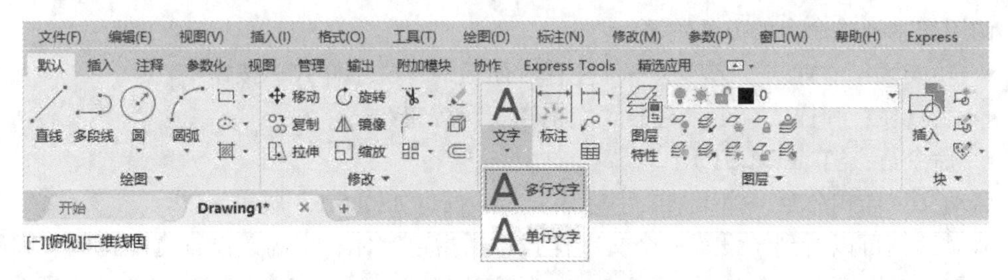

图5.1.1　常用的文字相关命令

5.1.1　设置文字样式

图形中的所有文字都具有与之关联的文字样式。因此，在书写文字之前要先定义文字样式，对每一种字体设置一个文字样式，然后通过改变文字样式来达到改变字体的目的，即字体随样式而变。

1.AutoCAD 字体

在 AutoCAD 中可以使用两种类型的字体，分别为 Windows 自带的 TrueType 字体和

AutoCAD 专用的字体（SHX），这两种字体的比较如图 5.1.2 所示。

12345abcdeABCDE
中文仿宋体
中文宋体

(a) 通用字体

12345gbenor.shx
12345gbeitc.shx
中文工程字体 gbcbig.shx

(b) 专用字体

图 5.1.2　TrueType 字体与 SHX 字体对比

TrueType 字体是 Windows 下各应用软件的通用字体，例如宋体、楷体、黑体、仿宋体等，这些字体文件在 Windows 的 Fonts 目录下。这种字体的优点是字形美观，并且有较多的字体供选择；它最大的缺点是耗计算机资源，比如使用较多 TrueType 字体时，屏幕显示的视图会有"拖不动"的感觉。

SHX 字体是 AutoCAD 的专用字体，它的特点是字形简单，占用计算机系统资源少；其缺点是字形不够美观。在 AutoCAD 中绘制工程施工图时，推荐使用 SHX 字体。而对于视觉效果要求高的图纸，还是采用 TrueType 字体。

SHX 字体文件在 AutoCAD 安装目录的 Fonts 文件夹中，后缀是 shx，例如 txt.shx、gbeitc.shx、gbenor.shx、gbcbig.shx 等。AutoCAD 专门为使用中文的用户提供一种称为"大字体"的 SHX 字体文件，这就是 gbcbig.shx，字形类似于长仿宋体的汉字。所谓大字体是指亚洲语言的字符集，如中文、韩文等。

AutoCAD 除了使用系统提供的 gbcbig.shx 支持汉字以外，还可以使用第三方开发的大字体，比如 hztxt.shx、hzfs.shx 等，要使用这些字体，只要将其拷贝到 AutoCAD 的 Fonts 文件夹即可。

2. 创建文字样式

调用文字样式命令的方法如下。

- 功能区："默认"选项卡→"注释"面板→"文字样式"按钮。
- 工具栏："样式"工具栏→"文字样式"按钮。
- 命令行：STYLE（ST）。

启动文字样式命令，弹出"文字样式"对话框，如图 5.1.3 所示。

从对话框可以看到，设置一个文字样式包括指定字体、字高，设置宽度比例、倾斜角度等效果。系统已有一个名为"Standard"的文字样式，采用字体为"Arial"，这是系统自动创建的默认样式。一般应根据需要创建自己的文字样式。

创建文字样式的步骤如下。

步骤 1　执行文字样式命令，打开"文字样式"对话框。

步骤 2　设置文字样式名称。单击"新建"按钮，弹出"新建文字样式"对话框，图 5.1.4 所示。默认样式名为"样式 1"，推荐将其改写，比如以选择的字体文件名作为样式名，输入样式名后单击"确定"按钮。

步骤 3　选择字体文件。"文字样式"对话框的"字体"选项区用于设置字体和字高。

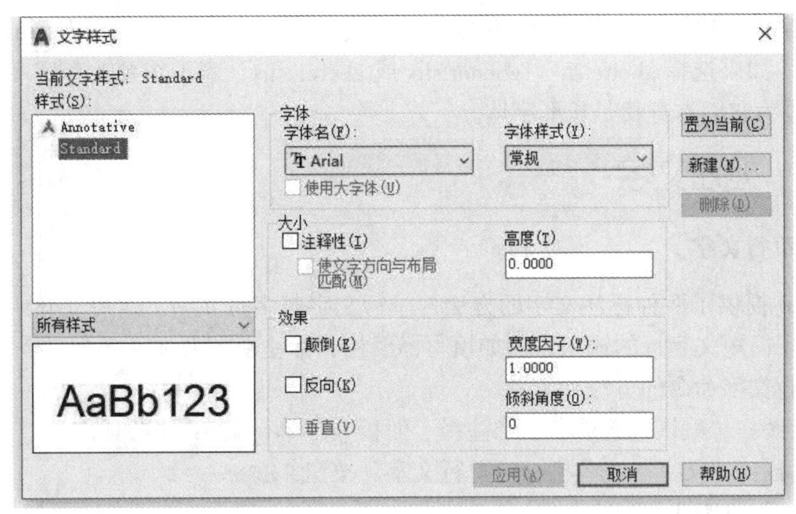

图 5.1.3　“文字样式”对话框

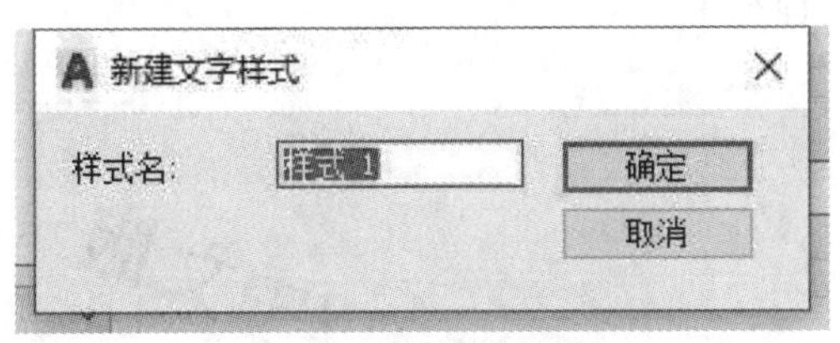

图 5.1.4　命名文字样式

需要支持中文字体时，通过“使用大字体”选项可以切换使用 TrueType 字体还是使用 SHX 字体，如图 5.1.5 所示。两种情况的详细说明如下。

① 使用 TrueType 字体：不要勾选“使用大字体”，在“字体名”下拉列表中可以选择 Windows 的中文字体，例如“仿宋体”或“宋体”汉字。

②使用 SHX 字体：先在“SHX 字体”列表中选择英文字体，再勾选“使用大字体”选项后，在“大字体”列表中选择中文字体。英文字体推荐 gbeitc.shx（斜体）和 gbenor.shx（正体），中文字体选择 gbcbig.shx。单纯的 AutoCAD 系统中只有 gbcbig.shx 这一个文件是简体中文大字体文件，它是符合工程图 GB 的长仿宋体汉字。注意，只有在“字体名”中指定 shx 字体时才激活“使用大字体”选项。

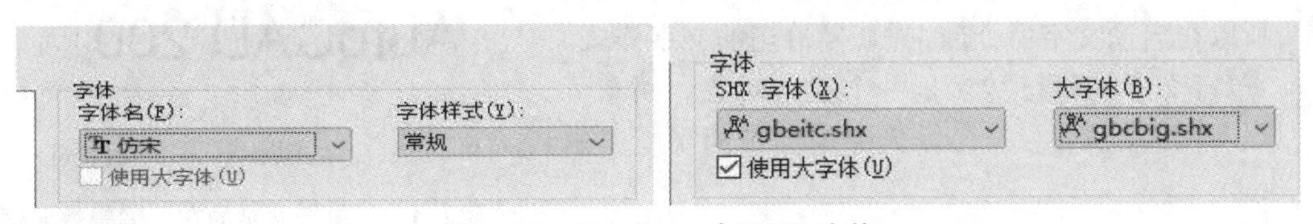

图 5.1.5　TrueType 与 SHX 字体

字体的“高度”默认值为 0。文字高度即字号，如 5 号字，设置高度为 5。通常情况下不宜固定“高度”值，而保持默认值为 0，具体字高在创建文字时指定。

步骤 4　设置文字效果，包括“颠倒”“方向”“垂直”“宽度比例”和“倾斜角度”，这些效果可以在“预览”区查看。有时需要设置宽度比例，其他选项一般不用。宽度比例是文字的宽高比，比如选择字体为“仿宋”，再设置其宽度比例为 0.7，则显示出长仿宋体汉字的效果。如果选择 gbeitc.shx、gbenor.shx 或 gbcbig.shx，就不需要改变宽度比例（默认值是 1），因为它们本身就是长形字体。

5.1.2 标注文字

1. 注写单行文字

AutoCAD 提供了两种标注文字的方法，单行文字与多行文字。这里先介绍单行文字。单行文字用于简短文字行的输入，例如填写标题栏、标注视图名称等。

调用单行文字命令的方法如下。

- 功能区：“默认”选项卡→“注释”面板→“单行文字”按钮。
- 工具栏：“文字”工具栏→“单行文字”按钮。
- 命令行：TEXT（DT）。

默认情况下，执行单行文字命令，指定起点、高度、旋转角度，如图 5.1.6 所示，然后开始输入文字。命令行序列如下：

图 5.1.6 单行文字

命令 : dt TEXT	；输入命令
当前文字样式：Standard 当前文字高度：2.5000	
指定文字的起点或 [对正（J）/ 样式（S）]:	；指定文字的起始点（文字基线的左端点）
指定高度 <2.5000>:	；指定文字的高度
指定文字的旋转角度 <0>:	；指定文字行的角度，0° 表示水平书写

输入文字时命令行没有显示，而是在起点处显示“在位编辑框”，编辑框随着输入展开，如图 5.1.7 所示。输入的文字字体由当前文字样式确定，所以在启动文字命令前，先切换恰当的文字样式。

图 5.1.7 单行文字的在位编辑输入框

单行文字的每行文字是一个独立对象。回车可结束一行并开始下一行，输入完毕回车两次就退出操作。

关于文字高度的两点说明如下。

①文字样式为何不宜固定高度？在设置文字样式时曾经指出，不宜在文字样式中固定文字高度。这是因为一旦文字高度固定，就不会显示“指定高度：”的提示，创建的文字高度即为样式指定的统一高度。如果需要有不同高度的文字，就只能在标注完成之后，再用“特性”选项板修改其高度了。所以，为了灵活地标注出不同高度的文字，样式中最好

不要固定文字高度。

②如何指定合适的文字高度？严格地说，图纸上的文字高度应该符合工程图的国标规定，字号分别为20、14、10、7、5、3.5、2.5（汉字不宜使用2.5号）。表达不同内容采用不同的字号（即字高）。

首先要明确的是，DWG中的文字打印输出到图纸上时，文字高度随打印比例缩放。例如指定了文字高度为10（图形单位），当按1:1（1mm = 1图形单位）出图时，文字打印在图纸上将是10mm高；当按1:2（1mm = 2图形单位）打印时，文字则为5mm高。所以，图形按1:n打印，文字高度缩小为原来的1/n。反过来说，如果不指定文字高度，图形拟定1:n出图时，文字高度应指定为图纸上要求高度的n倍。

2. 注写多行文字

当标注的文字较多且具有段落要求，比如技术要求、施工说明等，使用多行文字较为合适，因为多行文字具有自动换行等排版功能。

调用多行文字命令的方法如下。

- 功能区："默认"工具栏→"注释"面板→"多行文字"按钮。
- 工具栏："绘图"工具栏→"多行文字"按钮。
- 命令行：MTEXT（MT或者T）。

启动多行文字命令，命令行序列如下：

命令：t MTEXT 当前文字样式："Standard" 当前文字高度：2.5 注释性：否
　　　　　　　　　　　　　　　　　　　　；输入命令，系统提示相关信息
指定第一角点：　　　　　　　　　　　　　；指定一个角点
指定对角点或[高度(H)/对正(J)/行距(L)/旋转(R)/样式(S)/宽度(W)]:
　　　　　　　　　　　　　　　　　　　　；指定另一个对角点

在指定第一角点后，用鼠标拉出一个方框（这是要书写文字的区域），拉至适当大小后点击对角点，如图5.1.8所示。

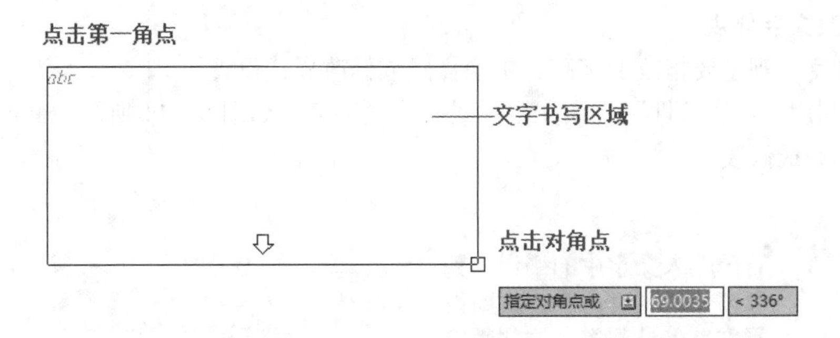

图5.1.8　多行文字书写区域

确定书写区域后，界面切换到"文字编辑器"，如图5.1.9所示。

在文字编辑框输入文字，输入完则毕单击"关闭文字编辑器"或"确定"按钮或直接在编辑框外点击屏幕绘图区任意一点，即退出多行文字编辑器。此时界面如图5.1.10所示。

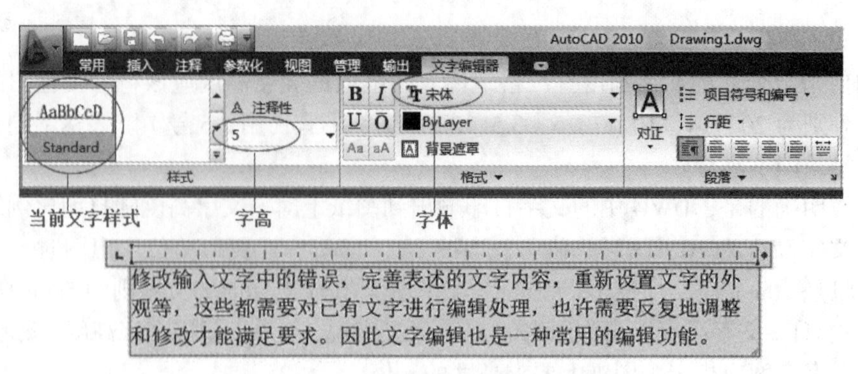

图 5.1.9　功能区“多行文字编辑器”

图 5.1.10　经典界面“多行文字编辑器”

3. 编辑文字

修改输入文字中的错误，完善表述文字内容，重新设置文字的外观等，这些都需要对已有文字进行编辑处理，也许需要反复地调整和修改才能满足要求。因此，文字编辑也是一种常用的编辑功能。

1）修改文字内容

要修改文字内容，最直接的方法是双击文字，随后出现“在位编辑框”，在编辑框外点击屏幕即退出编辑器。

2）修改文字外观

修改文字外观主要指改变字高、更换样式或修改样式设置。

（1）利用“快捷特性”更换文字样式或修改字高，如图 5.1.11 所示。修改后按 Esc 键取消选择，完成修改。

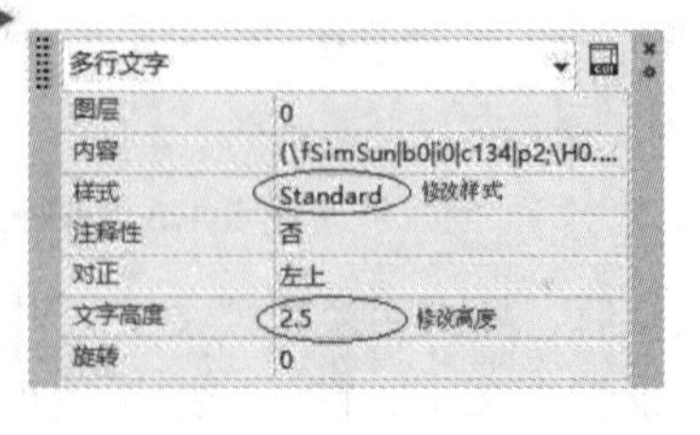

图 5.1.11　用“快捷特性”修改文字的外观

（2）利用“特性”选项板可以修改文字的各种外观特性，例如样式、字高、宽度比例等，如图 5.1.12 所示。在“文字”选项组显示了被选择文字的外观特性值，在要修改的项目名称上点击，其右侧会显示输入框或下拉列表框，从中输入新值或选择需要的选项，再按 Esc 键取消夹点，完成修改操作。

图 5.1.12　用“特性”选项板修改文字的外观

4. 缺少大字体的解决方法

在实际工作中，如果和其他人共享图形，则在打开别人的图形文件时常常遇到缺少字体的情况。在图 5.1.13 所示的“指定字体给样式 HZ”信息框下方还显示“未找到字体：hztxt”，这表明本系统没有该文件中名为 HZ 的样式所设置的 hztxt 字体。

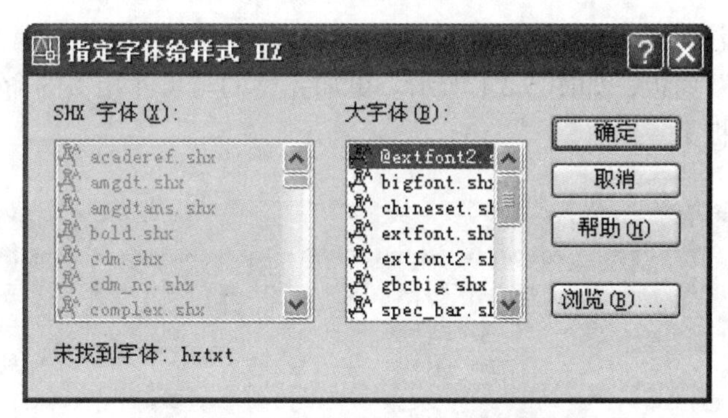

图 5.1.13　缺少字体文件的提示信息

遇到这样的问题时一般采取的方法如下。

1）临时替换

在出现的信息框内选择本系统的大字体替换“未找到字体”，比如选择 gbcbig.shx。

2）修改文字样式的设置

临时替换只是当前有效，以后再次打开文件时还会出现该提示。只有修改原文字样式的设置并保存，才能解决字体问题。打开“文字样式”对话框，在“样式名”选择 HZ，可以看到原设置的字体为 tssdeng2.shx、hztxt.shx，如图 5.1.14 所示。按图 5.1.15 所示进行修改并保存图形文件，下次再打开就不会提示缺少字体了。

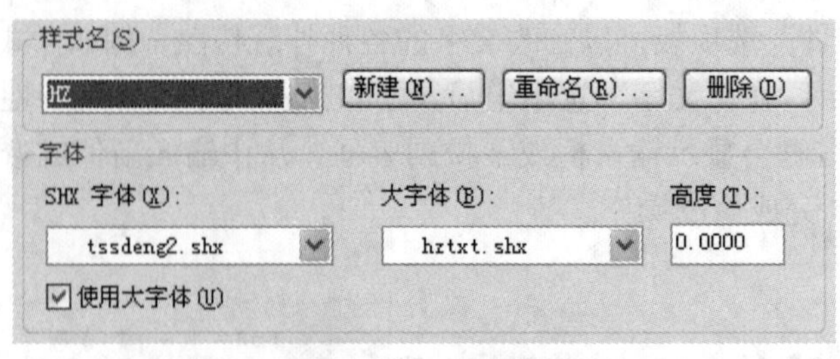

图 5.1.14 原设置

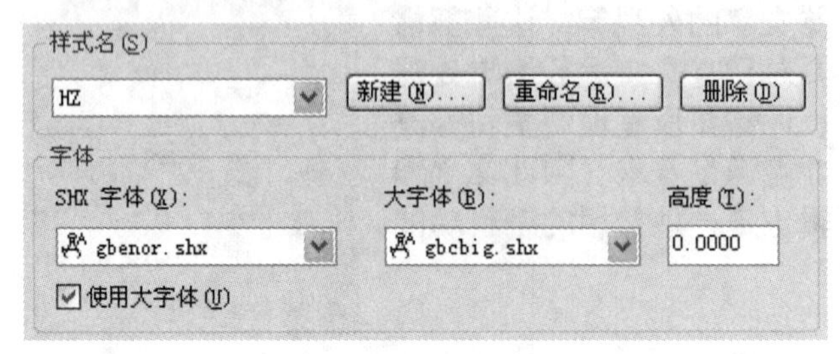

图 5.1.15 更改设置

3）获取相应的字体文件

从相关软件商处可以获得有关字体文件，将其复制到 AutoCAD 的 Fonts 文件夹，这样也从根本上解决了问题。

任务 5.2 标注尺寸

准确的尺寸标注是工程图纸中必不可少的部分。创建尺寸对象的常用命令见“默认”选项卡下的“注释”面板，如图 5.2.1 所示。更加完整的与尺寸相关的命令见“注释”选项卡下的“标注”面板。

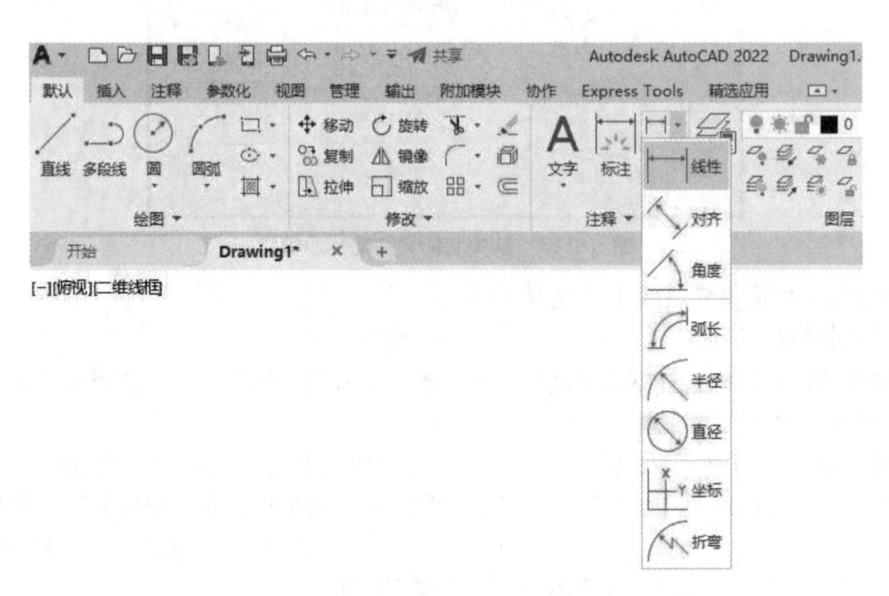

图 5.2.1 Ribbon 界面与尺寸相关的命令

5.2.1　设置尺寸样式

标注样式中定义了标注的外观格式，一种标注样式决定一种外观格式。图 5.2.2 所示标注分别为 ISO-25 与 Standard 两种标注样式的尺寸外观，图 5.2.3 为自定义的符合 GB 的尺寸标注。

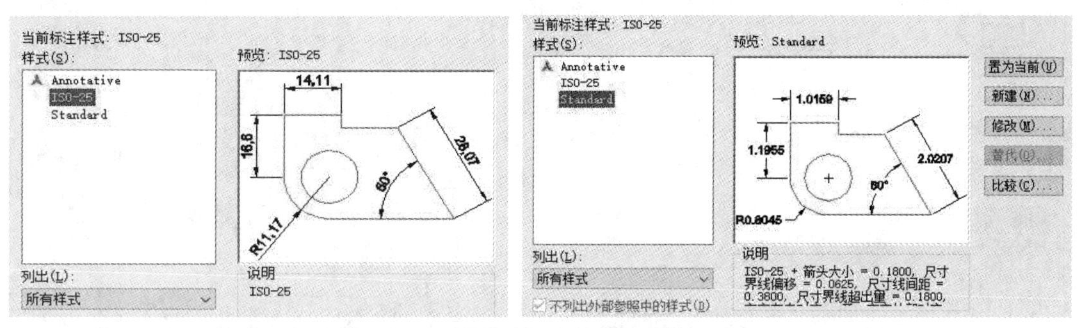

图 5.2.2　用默认标注样式标注的尺寸

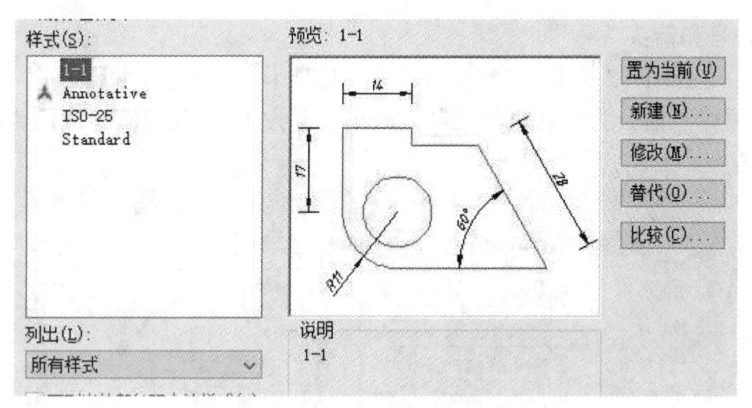

图 5.2.3　用自定义样式标注的尺寸

调用标注样式命令的方法如下。

- 功能区：“默认”选项卡→“注释”面板→“标注样式”按钮。
- 命令行：DIMSTYLE（D）。

下面基于 ISO-25 样式设置符合 GB 的标注样式。

1. 设置主样式

单击启动“标注样式管理器”对话框，如图 5.2.4 所示。

1）命名新样式

选择公制标注样式 ISO-25，点击“新建”按钮，弹出“新建样式”对话框，输入新样式名如 dim，如图 5.2.5 所示。

2）设置尺寸线与尺寸界线

接上操作，点击图 5.2.5 所示对话框中的“继续”按钮，弹出“新建标注样式: dim”对话框，如图 5.2.6 所示。选择“线”选项卡，按图示设置尺寸线与尺寸界线相关参数。尺寸线的“基线间距”修改为 7，尺寸界线的“超出尺寸线”修改为 2，尺寸界线的“起点偏移量”修改为 2，其他保留 ISO-25 的默认设置。

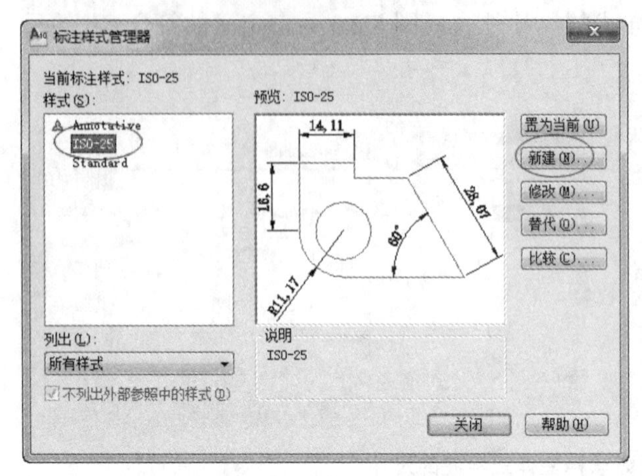

图 5.2.4 “标注样式管理器”对话框

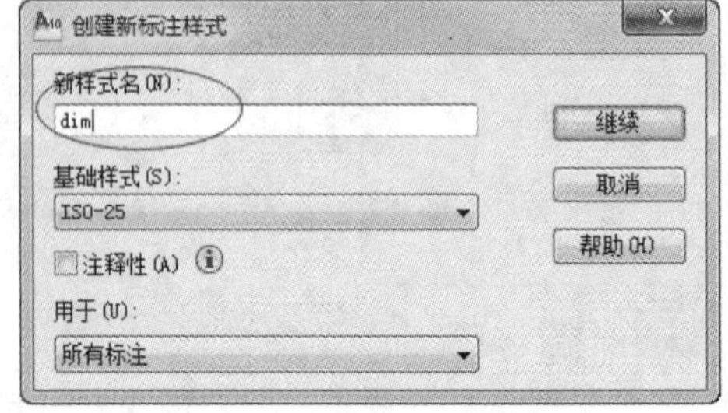

图 5.2.5 输入新样式名

3）设置符号和箭头

接上操作，选择图 5.2.6 所示“符号和箭头”选项卡。对于水工图，可以不作任何修改；对于建筑图，可修改箭头为“建筑标记”，大小设置为 1.5，其他按默认设置。

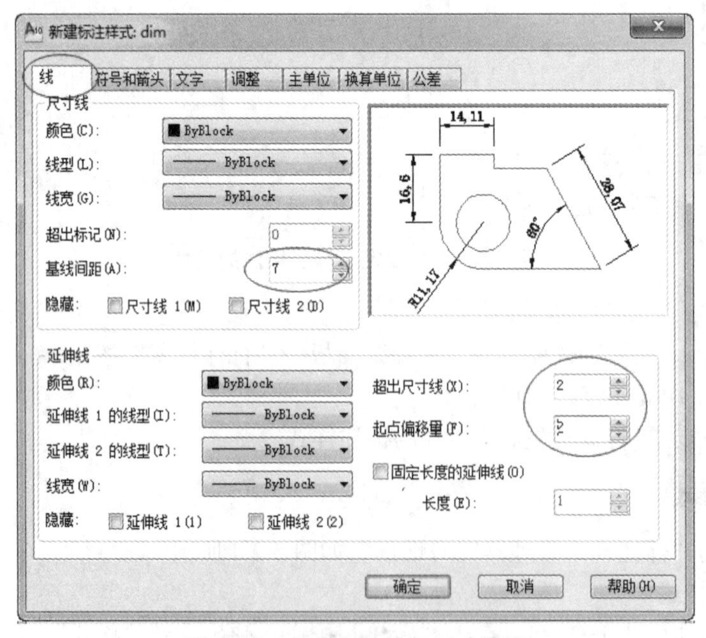

图 5.2.6 设置尺寸线与尺寸界线

4）设置文字

接上操作，单击图 5.2.6 所示“文字”选项卡，选择预先设置的文字样式为“数字字母”（如果没有设置，则点击按钮[...]可以启动“文字样式”对话框进行设置，选择 gbeitc.shx+gbcbig.shx 字体），设置文字高度为 2.5，其他取默认值，如图 5.2.7 所示。

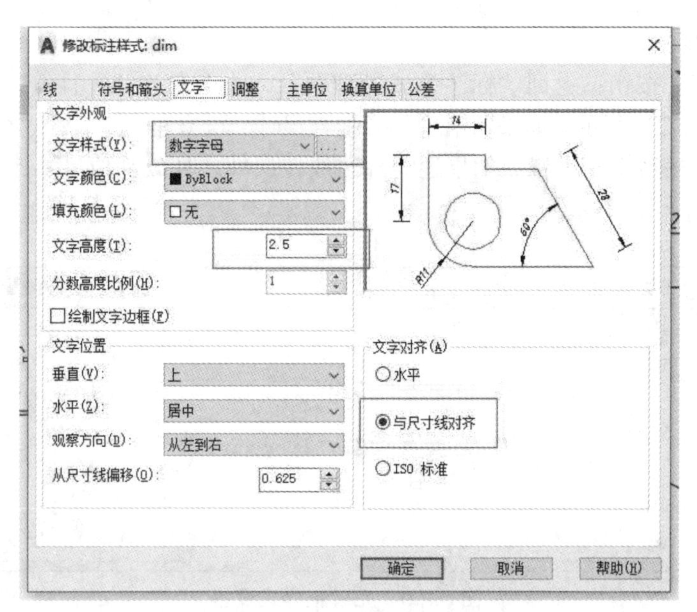

图 5.2.7　设置文字

5）标注特征比例

接上操作，选择图 5.2.7 所示“调整”选项卡，弹出如图 5.2.8 所示对话框。根据不同的标注环境设置标注特征比例，方法如下。

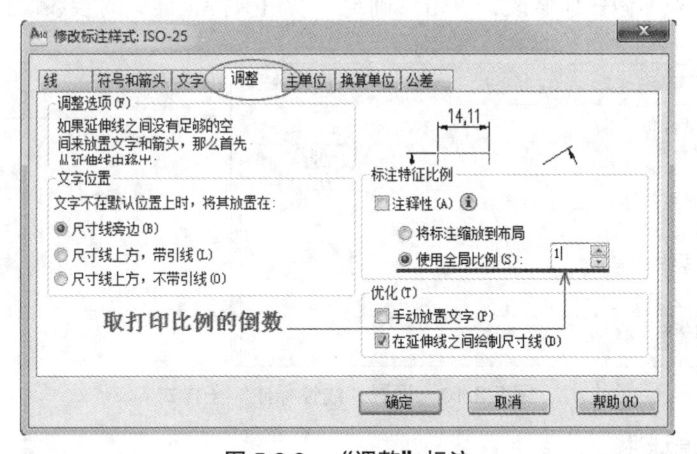

图 5.2.8　“调整”标注

①使用全局比例。在模型空间标注尺寸时，前述标注要素的特征大小会随打印比例变化，如按 1:1 打印时，文字高为 3.5mm，当按 1:100 打印时，文字高度仅为 0.035mm。这时需要将所有特征值按打印比例反比例放大，以保证各要素的打印大小适当。因此全局比例设置为打印比例的倒数，如打印比例为 1:100，则全局比例设为 100。

②将标注缩放到布局。如果在图纸空间标注尺寸，则需选择“将标注缩放到布局”，这时全局比例无效，前述设置的标注要素的特征大小就是打印出来的大小。

③注释性标注。当同一标注需要在不同视口比例的视口中自动显示时，使用“注释性”。勾选“注释性”时，以上两项设置失效。

6）完成主样式设置

单击“确定”按钮，返回“标注样式管理器”，一个名为 dim 且符合 GB 的标注样式设置完成，如图 5.2.9 所示。如果图形中只有线性尺寸，没有角度、直径、半径等需要标注，则点击“确定”按钮完成设置。如果还需标注线性尺寸之外的其他尺寸，则进入下一步，设置其他子样式。

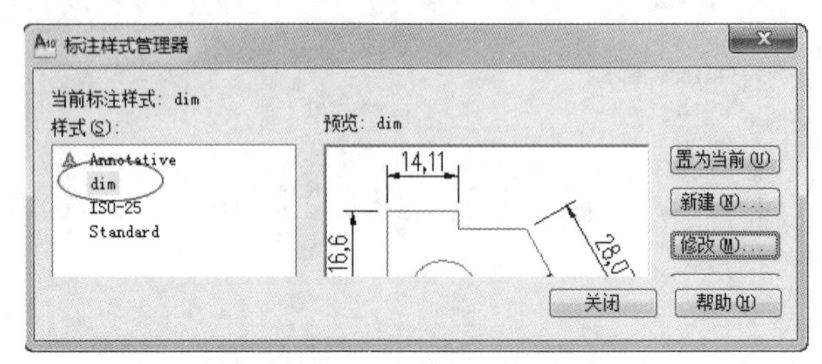

图 5.2.9　完成主样式设置

2. 设置子样式

1）设置线性标注

如图 5.2.10 所示，选择样式 dim，点击“新建”按钮，选择用于“线性标注”选项，点击“继续”按钮，接下来不做任何修改，点击“确定”按钮保持主样式的参数设置即可。

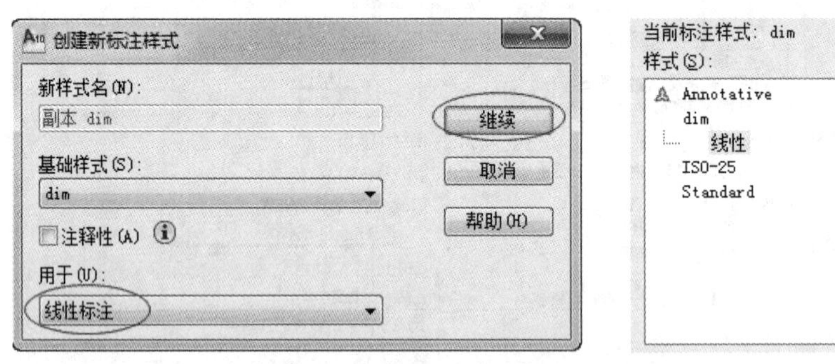

图 5.2.10　设置“线性标注”子样式

2）设置角度标注

接上操作，点击“新建”按钮，设置“角度标注”子样式。如图 5.2.11 所示，在“文字”选项卡选择文字对齐方式为“水平”。

3）设置半径标注

接上操作，点击“新建”按钮，设置“半径标注”子样式。如图 5.2.12 所示，在“文字”选项卡选择文字对齐方式为“ISO 标准”；选择“调整”选项卡，在“调整选项”区选择“文字”，在“优化”区选择“手工放置文字”。

4）设置直径标注

接上操作，点击“新建”按钮，设置“直径标注”子样式。用同“半径标注”的方法进行设置。

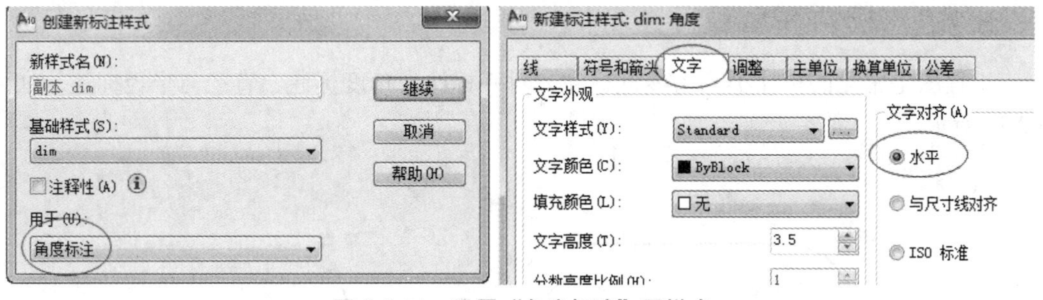

图 5.2.11　设置“角度标注”子样式

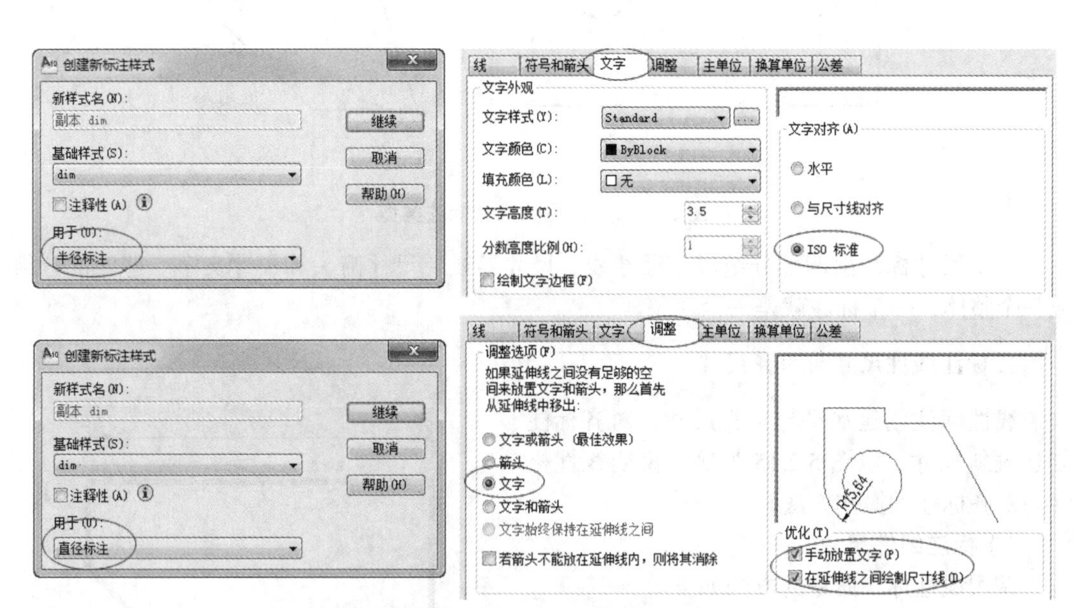

图 5.2.12　设置“半径标注”“直径标注”子样式

5）完成子样式设置

完整的标注样式如图 5.2.13 所示。

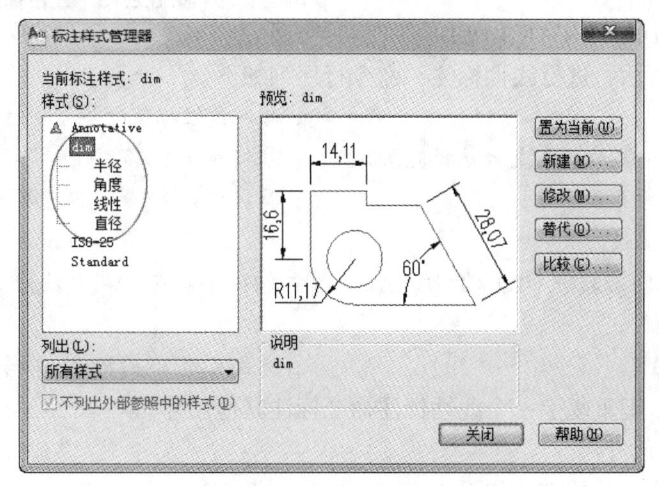

图 5.2.13　完整的标注样式 dim

5.2.2 标注尺寸

工程图上常见的标注类型有线性标注、对齐标注、角度标注、直经与半径标注，如图 5.2.14 所示。

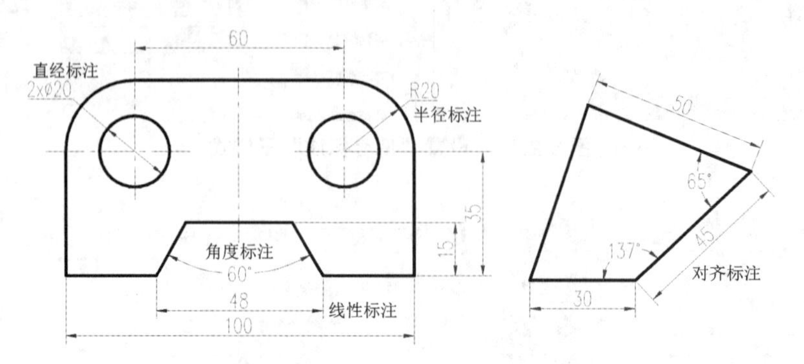

图 5.2.14 常见的尺寸标注类型

一个尺寸标注由四部分组成：尺寸线、尺寸界线、尺寸箭头和尺寸文字。这四部分组成一个整体，一个标注就是一个对象。

1. 标注线性尺寸与对齐尺寸

线性标注创建水平与垂直尺寸，对齐标注创建倾斜尺寸。以图 5.2.15 为例，说明线性标注与对齐标注的操作方法。

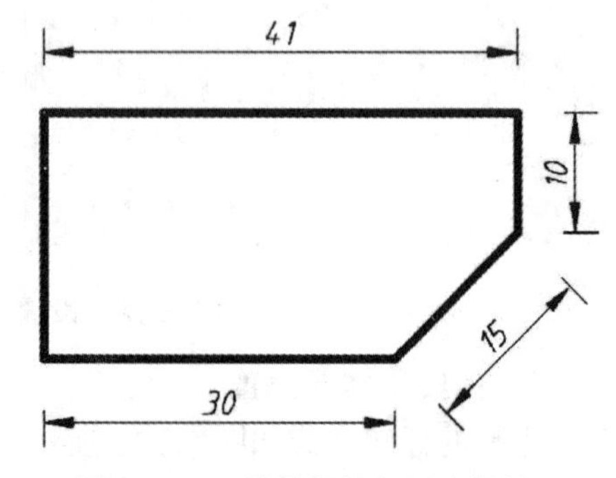

图 5.2.15 线性标注与对齐标注

1）标注线性尺寸

调用线性标注命令的方法如下。

- 功能区："默认"选项卡→"注释"面板→"线性"按钮。
- 工具栏："标注"工具栏→"线性"按钮。
- 命令行：DIMLINEAR（DLI）。

如图 5.2.15 所示，进行线性标注，命令行序列如下。

命令 : _dli ；输入线性标注命令

指定第一条尺寸界线原点或 < 选择对象 >: ；捕捉端点 1（第一尺寸界线的定位点）

指定第二条尺寸界线原点 : ；捕捉端点 2（第二尺寸界线的定位点）

指定尺寸线位置或

[多行文字（M）/ 文字（T）/ 角度（A）/ 水平（H）/ 垂直（V）/ 旋转（R）]:；移动光标，间距适当时单击左键

标注文字 = 30 ；完成尺寸 30 的标注，命令结束

回车或按空格键重复上一个线性标注命令标注其他尺寸。

2）标注对齐尺寸

调用对齐标注命令的方法如下。

- 功能区：“默认”选项卡→“注释”面板→“对齐”按钮。
- 工具栏：“标注”工具栏“对齐”按钮。
- 命令行：DIMALIGNED（DAL）。

如图 5.2.15 所示，进行对齐标注，命令行序列如下。

```
命令 : _dal                                    ; 输入对齐标注命令
指定第一条尺寸界线原点或 < 选择对象 >:          ; 捕捉端点 6
指定第二条尺寸界线原点 :                        ; 捕捉端点 7
指定尺寸线位置或
[ 多行文字（M）/ 文字（T）/ 角度（A）]:
标注文字 = 15                                  ; 移动光标，间距适当时单击左键
```

2. 标注直经与半径尺寸

标注直经和半径时，系统自动加半径符号“R”和直经符号“Φ”。

调用直经标注命令的方法如下。

- 功能区：“默认”选项卡→“注释”面板→“直经”按钮。
- 命令行：DIMDIAMETER（DDI）。

调用半径标注命令的方法如下。

- 功能区：“默认”选项卡→“注释”面板→“半径”按钮。
- 工具栏：“标注”工具栏→“半径”按钮。
- 命令行：DIMRADIUS（DRA）。

输入命令后直接选择圆（弧），再移动光标放置尺寸线与尺寸文字。直径和半径尺寸线应倾斜放置，以避免在接近水平或接近垂直位置放置尺寸线。

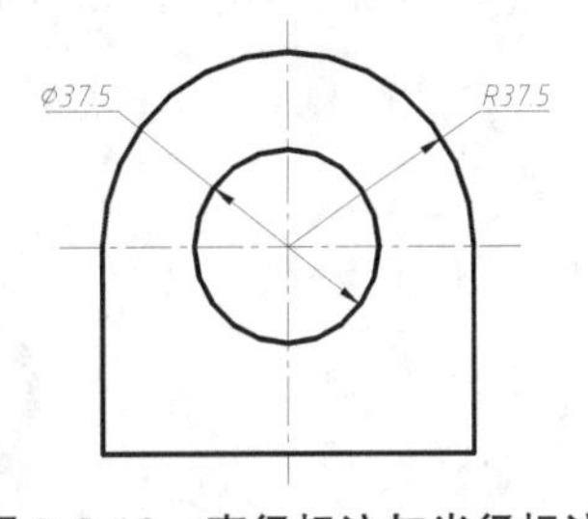

图 5.2.16 直径标注与半径标注

标注图 5.2.16 所示尺寸 R37.5 与 ø37.5，命令行序列如下：

```
命令 : _DRA                                    ; 单击半径标注按钮
选择圆弧或圆 :                                  ; 拾取圆弧
标注文字 = 37.5                                ; 自动测量出半径大小
指定尺寸线位置或 [ 多行文字（M）/ 文字（T）/ 角度（A）]: ; 移动光标在适当位置单击
```

通过以上命令行操作就标注了半圆的半径 R37.5，以下命令操作用于标注圆的直径。

```
命令 : _DDI                                    ; 单击直经标注按钮
选择圆弧或圆 :                                  ; 拾取小圆
标注文字 = 37.5                                ; 自动测量出直径大小
指定尺寸线位置或 [ 多行文字（M）/ 文字（T）/ 角度（A）]: ; 移动光标在适当位置单击
```

3. 标注角度尺寸

调用角度标注命令的方法如下。

- 功能区：“默认”选项卡→“注释”面板→“角度”按钮。

- 工具栏："标注"工具栏→"标注"按钮。
- 命令行：DIMANGULAG（DAN）。

下面以图 5.2.17 为例说明角度的标注方法。

命令：_DAN ；执行角度标注命令
选择圆弧、圆、直线或 <指定顶点>: ；拾取直线 1
选择第二条直线： ；拾取直线 2
指定标注弧线位置或 [多行文字（M）/ 文字（T）/ 角度（A）]:
；移动光标至适当位置点击
标注文字 = 135 ；可以放置 4 个角度中的任一个

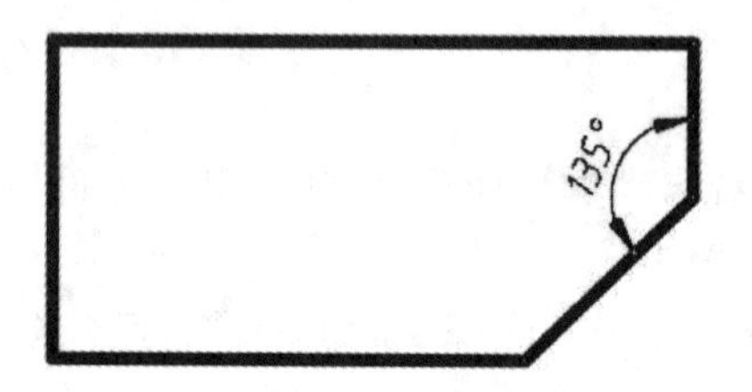

图 5.2.17 角度标注

【例 5–1】标注图 5.2.18 的尺寸，并修改小尺寸的外观。

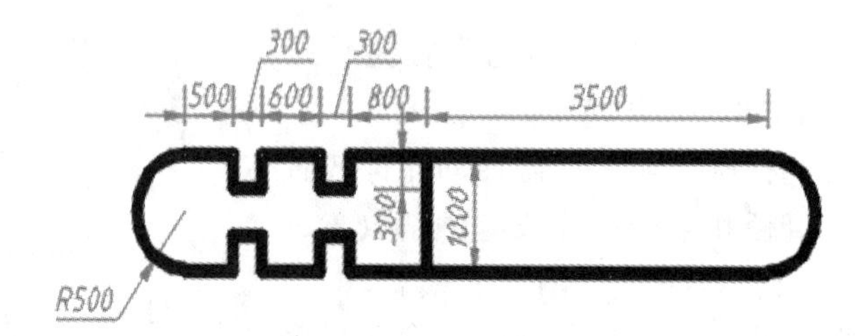

图 5.2.18 例 5.1 图

步骤 1 打开"小尺寸标注 .dwg"文件。

步骤 2 参考图 5.2.19 添加"尺寸文字"图层并设置为当前层。

当前图层: 文字尺寸 搜索图层

名称	状..	开	冻结	锁...	颜色	线型	线宽	透明度	打..	新..	说明
0					白	Continu...	—— 默认	0			
Defpoints					白	Continu...	—— 默认	0			
粗实线					白	Continu...	0.70...	0			
点划线					洋红	CENTER2	—— 0.18...	0			
剖面线					蓝	Continu...	—— 0.18...	0			
文字尺寸	✓				绿	Continu...	—— 0.18...	0			
细实线					白	Continu...	—— 0.18...	0			
虚线					青	ACAD_I...	0.35...	0			
中实线					202	Continu...	0.35...	0			

图 5.2.19 添加尺寸图层

步骤 3 设置文字样式为“数字与字母”，如图 5.2.20 所示。

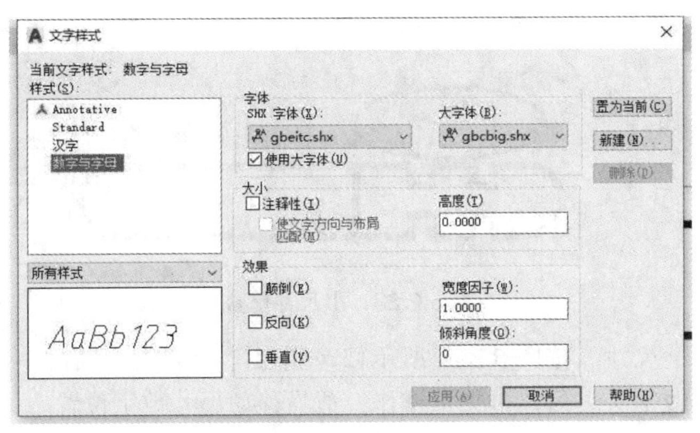

图 5.2.20 设置文字样式

步骤 4 设置标注样式，其操作过程如图 5.2.21 与图 5.2.22 所示。

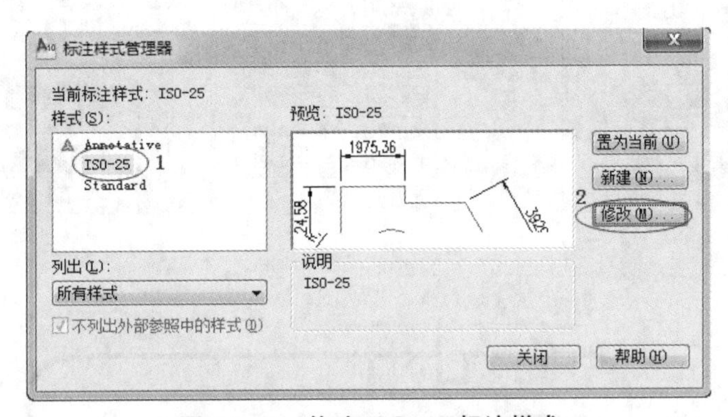

图 5.2.21 修改 ISO-25 标注样式

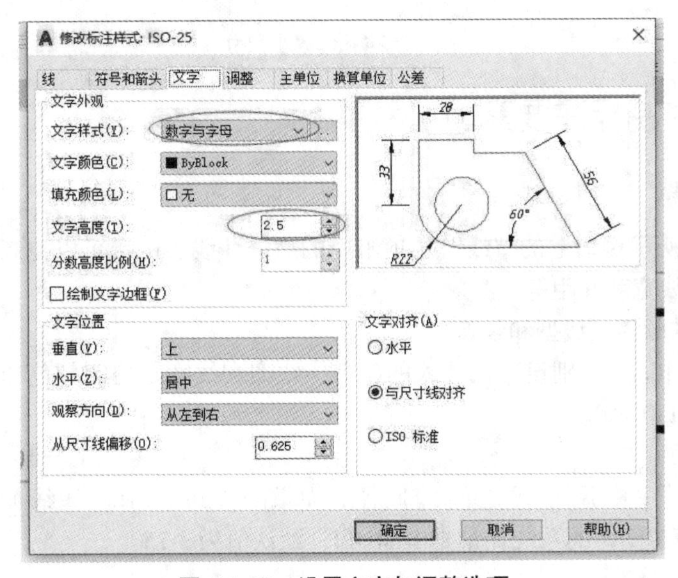

图 5.2.22 设置文字与调整选项

步骤 5　标注尺寸。正常标注尺寸后，小尺寸处的尺寸箭头可能出现重叠现象，如图 5.2.23 所示。

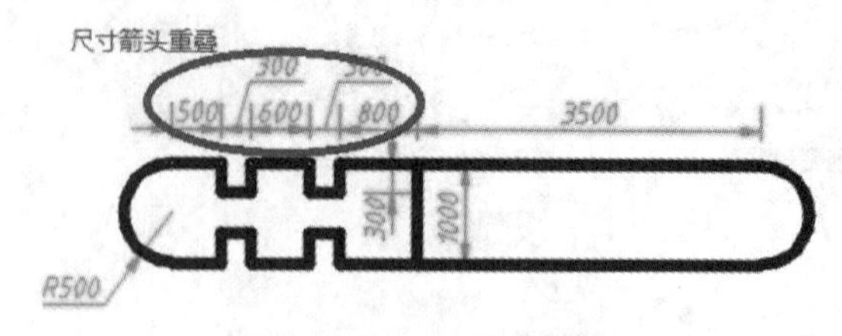

图 5.2.23　小尺寸重叠

步骤 6　修改小尺寸。按图 5.2.24 所示修改小尺寸的箭头，保留一侧为箭头，另一侧改为“小点”。修改箭头之后，再夹点操作，适当移动尺寸数字位置。

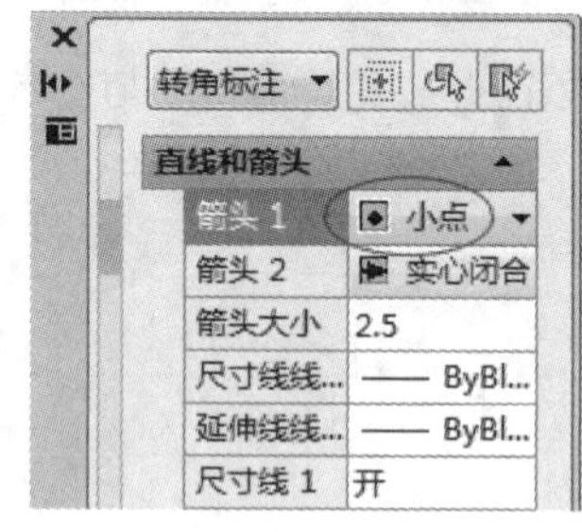

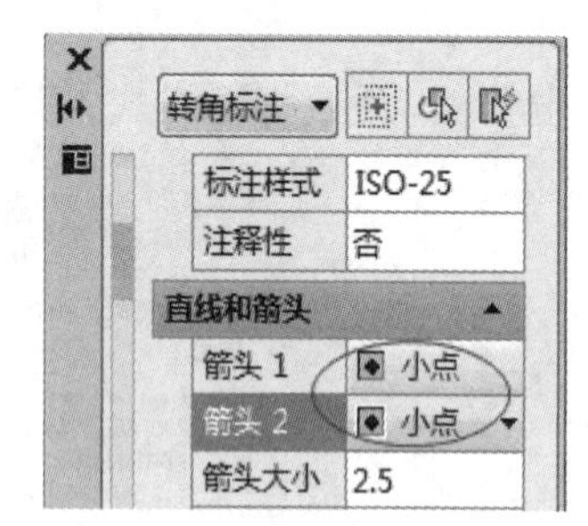

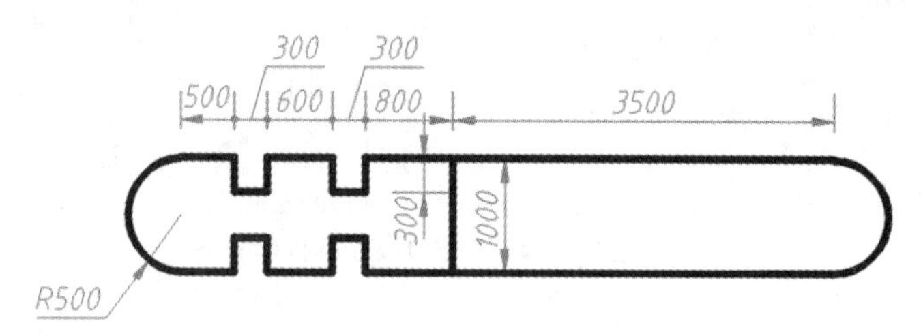

图 5.2.24　修改小尺寸

5.2.3　控制标注要素

1. 控制尺寸线

在图 5.2.25 所示对话框的“线”选项卡中的“尺寸线”区域可以控制尺寸线特性，包括颜色、线型、线宽和间距等。

1）尺寸线的颜色、线型和线宽

一般选择 ByBlock 分别设置尺寸线的颜色、线型和线宽。控制颜色和线宽的系统变量是 DIMCLRD、DIMLWD。

2）基线间距

控制基线标注中尺寸线之间的间距，如图 5.2.26 所示。基线间距可以取值为 7~10mm。控制基线间距的系统变量是 DIMDLI，默认值为 3.75。

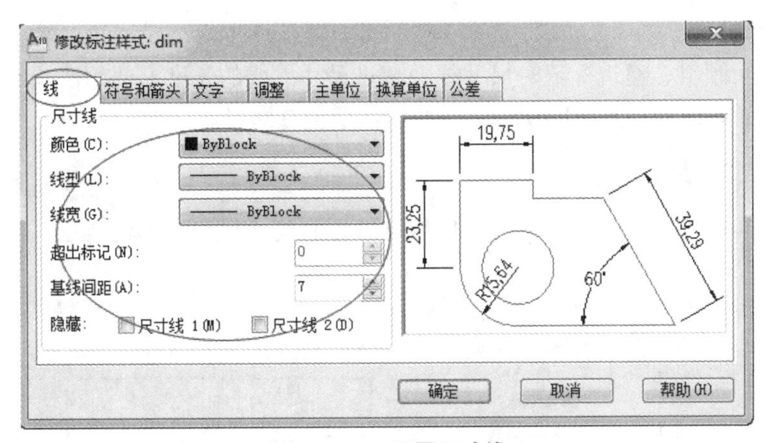

图 5.2.25 设置尺寸线

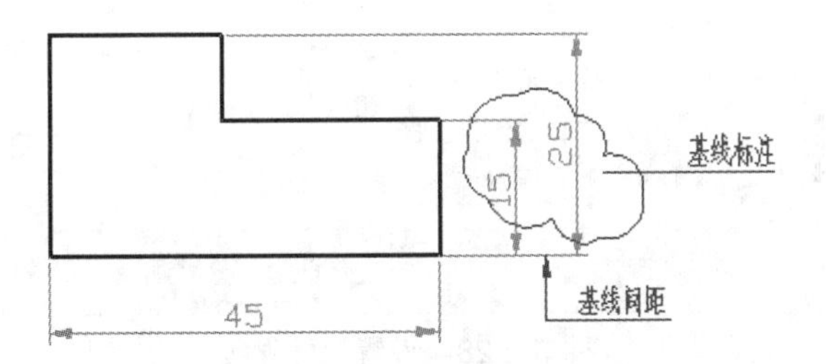

图 5.2.26 基线间距

3）隐藏尺寸线

在剖视图的尺寸标注中，有时只需要显示一侧的尺寸线、尺寸界线和标注箭头，这时可以使用隐藏尺寸线的功能。图 5.2.27 是应用隐藏功能的实例。

隐藏第一、第二尺寸线的系统变量为 DIMSD1、DIMSD2。

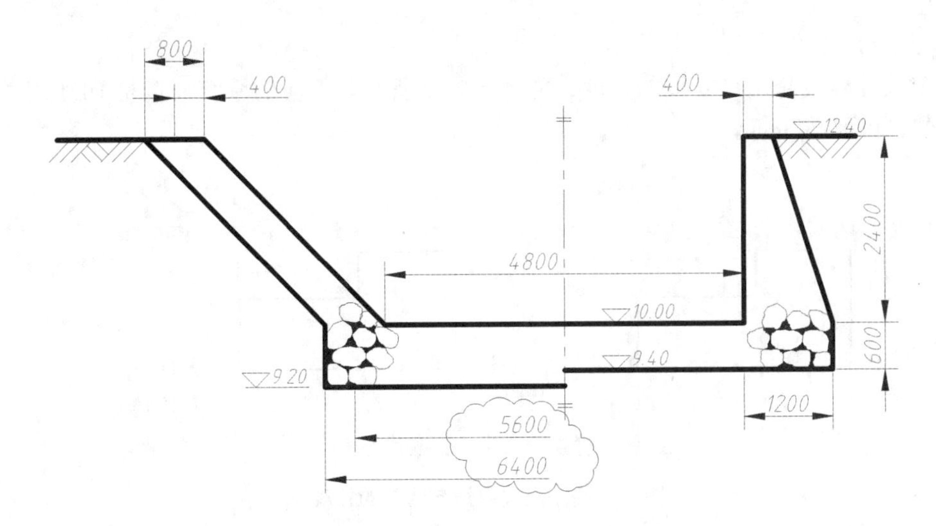

图 5.2.27 隐藏尺寸线等实例

4）超出标记

当箭头使用倾斜、建筑标记时尺寸线会超过尺寸界线的长度；使用箭头时该项不可选。控制超出标记的系统变量是 DIMDLE，一般取默认值 0 即可。

2. 控制尺寸界线

如图 5.2.28 所示，在“尺寸界线”区域可以控制尺寸界线的外观。

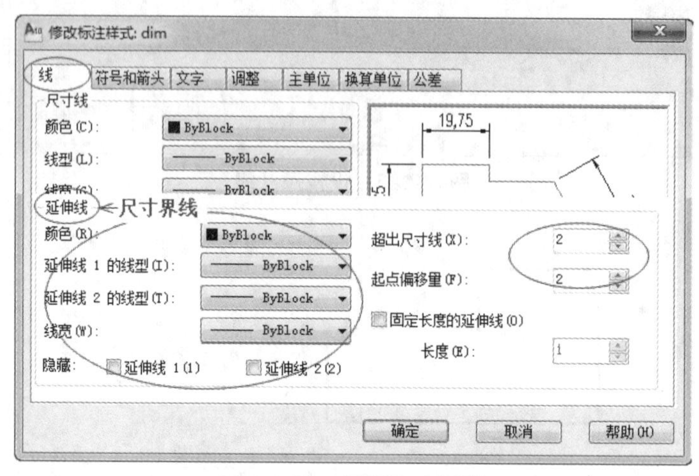

图 5.2.28 设置尺寸界线

1）尺寸界线的颜色、线型和线宽

一般选择 ByBlock 分别设置尺寸界线的颜色、线型和线宽。控制颜色和线宽的系统变量是 DIMCLRE、DIMLWE。

2）隐藏尺寸界线，

与隐藏尺寸线的意义相同。隐藏第一、第二尺寸界线的系统变量为 DIMSE1、DIMSE2。

3）超出尺寸线

指定尺寸界线超出尺寸线的长度，如图 5.2.29 所示。相应的系统变量是 DIMEXE，默认值 1.25，可取 2~3mm。

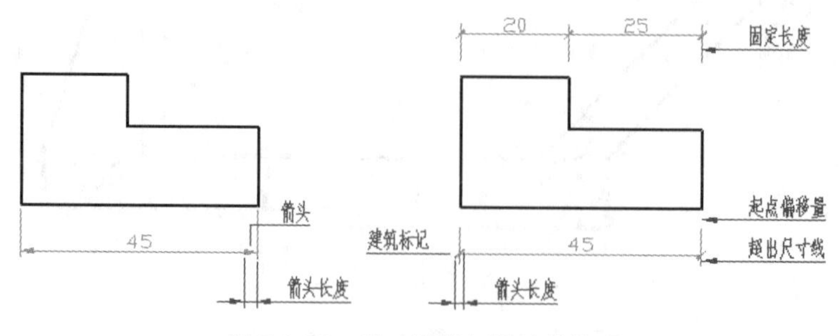

图 5.2.29 尺寸界线与箭头的外观

4）起点偏移量

设置标注时拾取点（标注原点）到尺寸界线端点的距离，如图 5.2.29 所示。控制起点偏移量的系统变量是 DIMEXO，默认值为 0.625。对于水工图、建筑图，不小于 2mm。

5）固定长度的尺寸界线

设置尺寸界线从尺寸线开始到尺寸界线端点的总长度，此设置没有系统变量。建筑图常用此设置，如图 5.2.30 所示。

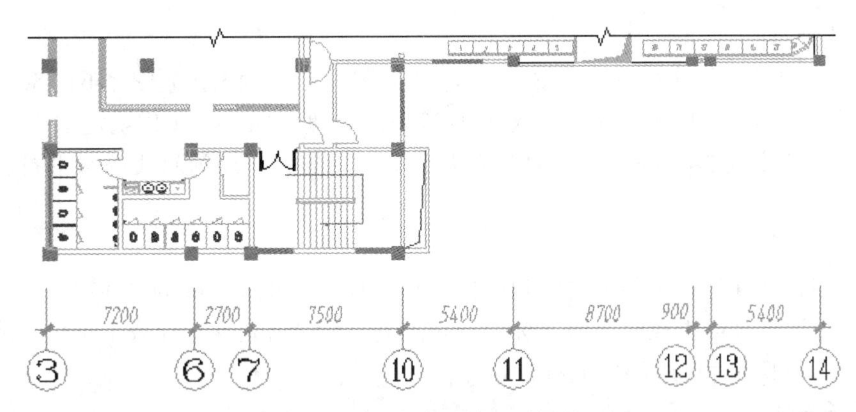

图 5.2.30　固定长度的尺寸界线实例

3. 控制标注箭头

“符号和箭头”选项卡除了可以用于设置箭头的外观之外，还可以设置圆心标记、弧长符号和折弯半径标注的格式和位置，如图 5.2.31 所示。

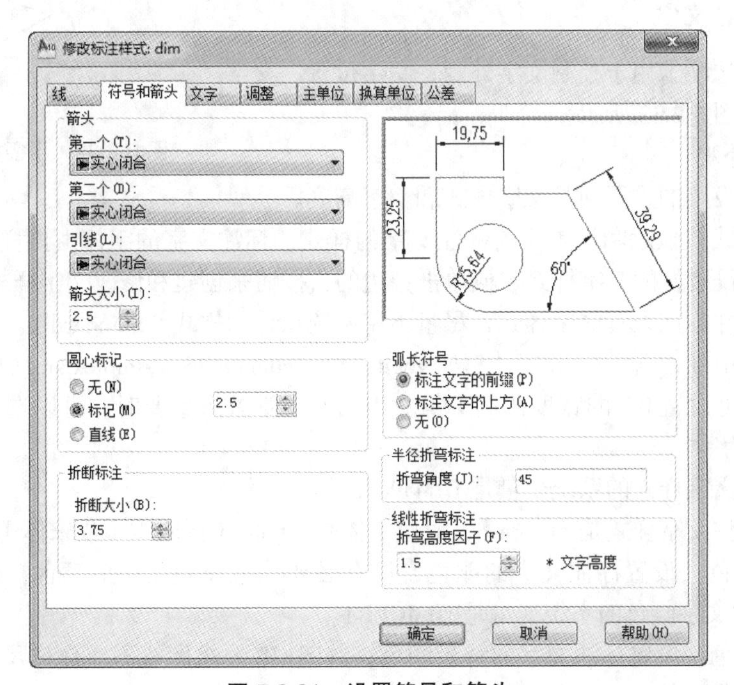

图 5.2.31　设置符号和箭头

1）箭头

用于设置箭头的大小和形状，有多种形状的箭头供选择，水工图中常用箭头，建筑图中常用建筑标记。箭头和建筑标记的外观如图 5.2.29 所示。一个尺寸的两个箭头可以分别控制，其系统变量为 DIMBLK1 和 DIMBLK2。还可以使用自定义的箭头。

2）引线

用于设置快速引线的箭头形式，控制变量为 DIMLDRBLK。引线的箭头也可以在快速引线的命令选项中设置。

3）箭头大小

用于显示和设置箭头的大小，该值的定义见图 5.2.29。控制箭头大小的系统变量为 DIMASZ，其默认值为 1.25。箭头的大小即箭头的长度，按制图 GB 规定取 2~3mm，建筑标记斜线的长度为 2~3mm，可以取箭头大小（这时的大小即为斜线的水平投影长度）≈ 1.5mm。

4）圆心标记

用于控制直径标注和半径标注的圆心标记和中心线的外观。AutoCAD 规定，只有在圆（弧）之外标注直径或半径时才做此标记。我国制图标准规定，直径或半径尺寸线通过圆心画出，所以一般不考虑圆心标记。

5）弧长符号

用于控制弧长标注中圆弧符号的位置，可以放置于数值前或上方。

6）折弯角度

用于大半径圆弧采用折弯标注时确定转折的角度，如图 5.2.32 所示，默认值为 90°。

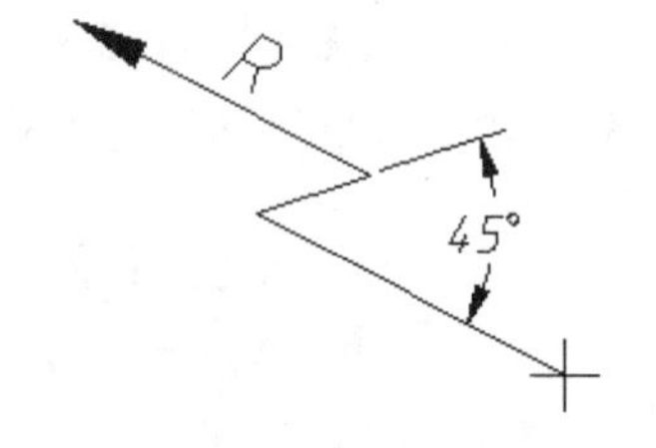

图 5.2.32　半径标注的折弯角度

4. 控制标注文字

“文字”选项卡用于控制文字外观、文字位置、文字对齐方式，如图 5.2.33 所示。

1）文字外观

文字外观设置的重要项是文字样式和文字高度。

①文字样式：显示和设置当前标注文字的样式，标注文字的字体由该样式确定。从列表中选择预先设置好的文字样式，或单击旁边的按钮来创建和修改文字样式。

应该为尺寸标注设置文字样式，尽量不用系统默认的样式“Standard”。工程施工生产用的正式图纸中推荐选择 SHX 字体，如 gbeitc.shx、gbenor.shx、simplex.shx（除 GB 字体外，其他 shx 字体可设置 0.7 的宽度比例）等。当图面视觉效果重要时，可以选择 TTF 字体作为标注尺寸的字体。

控制标注文字样式的系统变量是 DIMTXSTY。

默认的标注文字样式是 Standard，对应字体是 txt.shx（低版本）或宋体（高版本）。

②文字颜色：设置标注文字的颜色，没有必要特意设置文字的颜色，通常取默认值 ByBlock。控制文字颜色的系统变量是 DIMCLRT。

③填充颜色：设置标注文字的背景颜色。制图 GB 要求图线不应穿过尺寸文字，不可避免时选择“背景”作为填充颜色可以起断开图线的作用，如图 5.2.34 右图所示。只有个别标注有这样的要求时，不必在样式中设置，只进行特性修改即可。

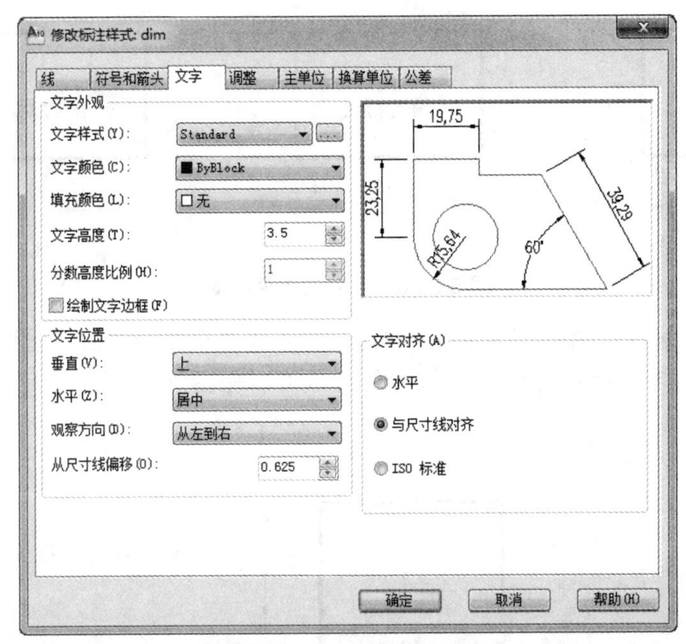

图 5.2.33　设置标注文字

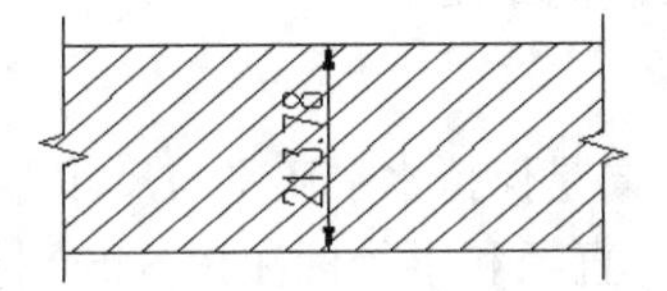

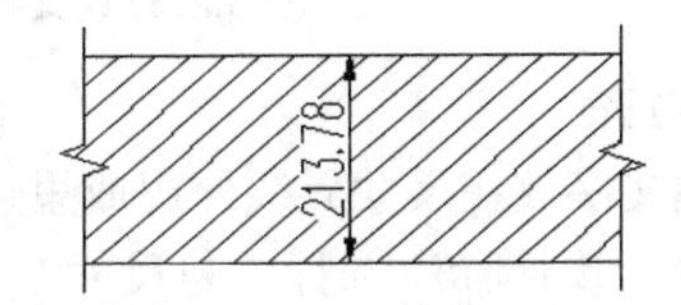

图 5.2.34　填充背景颜色

④文字高度：设置标注文字的高度，在输入框输入需要的高度即可。在“文字样式”中文字高度应设置默认值为 0，否则这里输入的高度无效。控制文字高度的系统变量是 DIMTXT，默认值为 2.5。尺寸标注文字的高度取 2.5 ~ 3.5mm。

⑤绘制文字边框：一般不加标注文字边框。

2）文字位置

①垂直：相对于尺寸线的垂直位置，有上方、置中、外部等几种选择，如图 5.2.35 所示。按制图 GB 的规定，通常取上方。相应的系统变量是 DIMTAD。

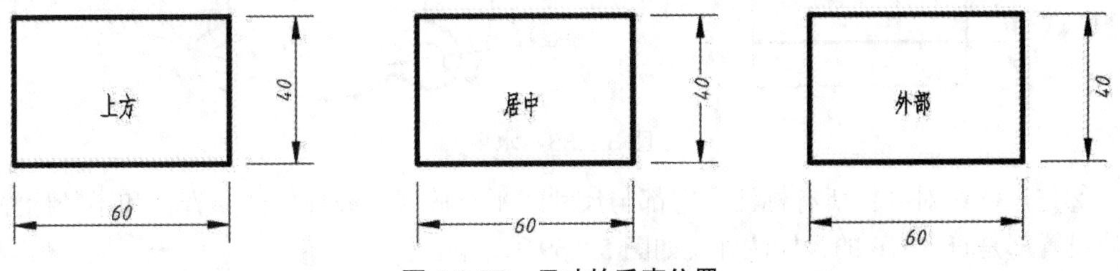

图 5.2.35　尺寸的垂直位置

②水平：相对于尺寸线的水平位置，有置中、第一条尺寸界线、第一条尺寸界线上方等几种选择，如图 5.2.36 所示。通常选择置中。系统变量为 DIMJUST。

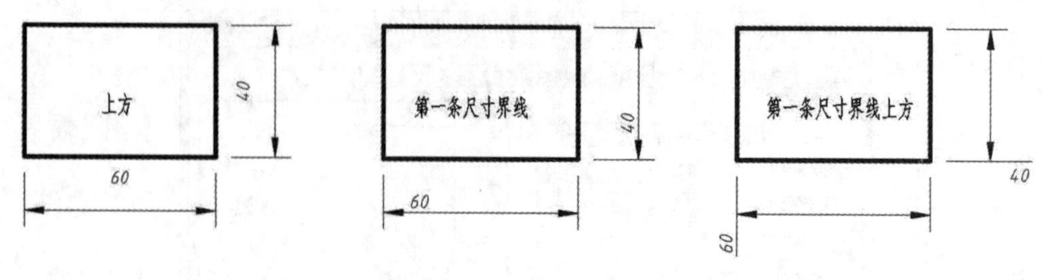

图 5.2.36 尺寸的水平位置

③从尺寸线偏移：通常用来设置文字与尺寸线之间的间距，如图 5.2.37 所示。默认值为 0.625（如果文字加外框，该值为负），可以保留默认值。其对应的系统变量是 DIMGAP。

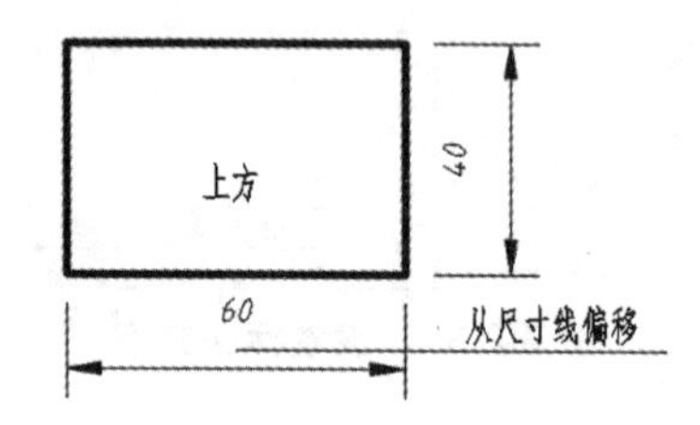

图 5.2.37 文字从尺寸线偏移的距离

3）文字对齐

控制标注文字放在尺寸界线外边或里边时的方向是保持水平还是与尺寸界线平行。

推荐设置：线性标注选择“与尺寸线对齐”，直经和半径标注按“ISO 标准”，角度标注以“水平”方式对齐。

DIMTIH 和 DIMTOH 系统变量用于控制文字对齐方式。

①水平：所有标注文字都水平放置。角度标注推荐选择此项设置，因为 GB 规定角度值一律水平书写，如图 5.2.38 所示。

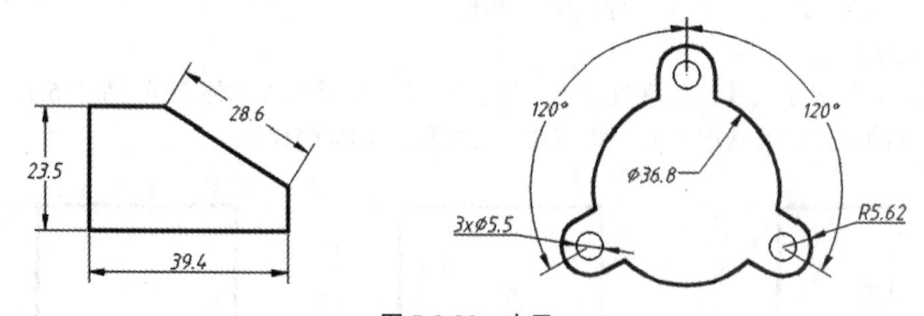

图 5.2.38 水平

②与尺寸线对齐：所有标注文字都与尺寸线平行放置，线性标注、直径和半径标注按此项设置都是符合 GB 的，标注外观如图 5.2.39 所示。

③ ISO 标准：当文字在尺寸界线内时，文字与尺寸线对齐。当文字在尺寸界线外时，文字水平排列。直径与半径的标注通常选择此项设置，这样可以使直径或半径尺寸线水平转折后标注文字，标注外观如图 5.2.40 所示。

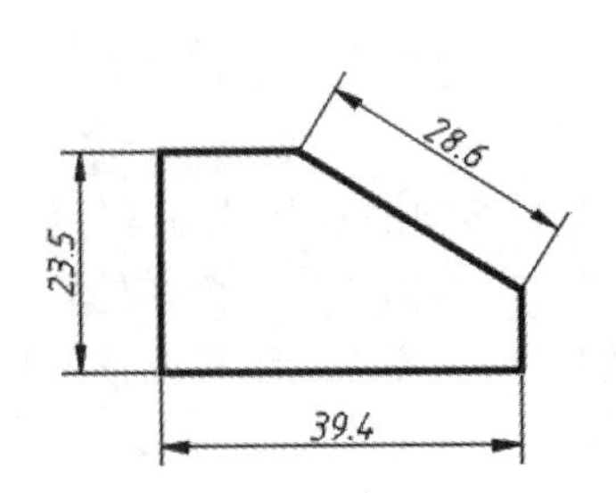

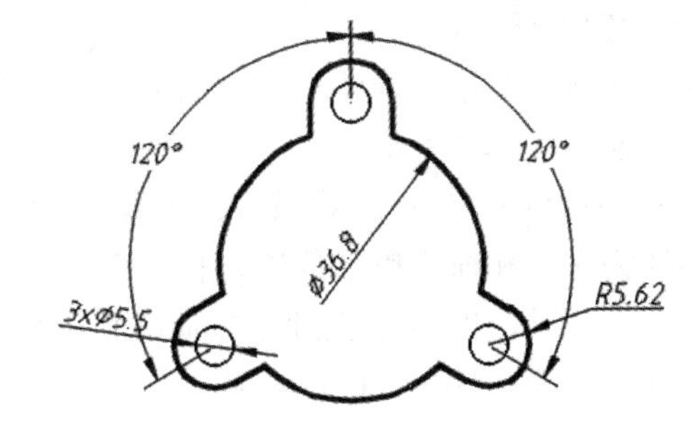

图 5.2.39　与尺寸线对齐

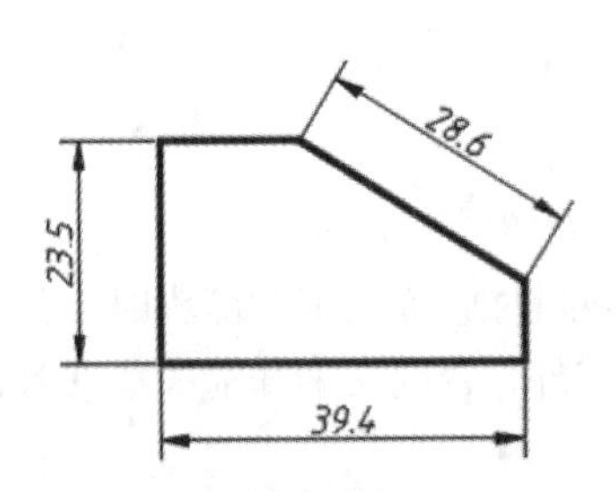

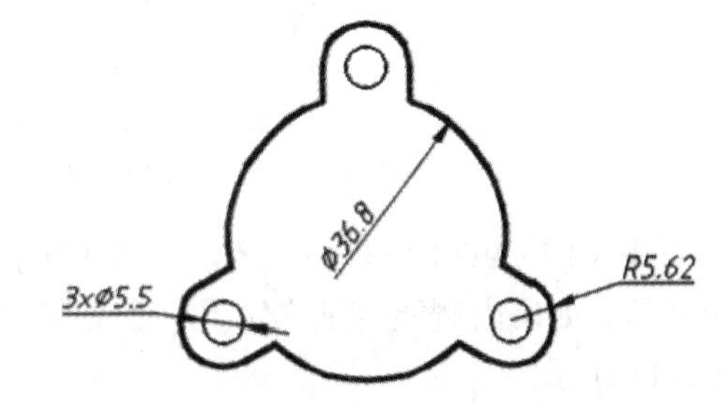

图 5.2.40　ISO 标准

5. 调整标注要素

对于小尺寸、直径和半径尺寸，完全靠上述方法来控制标注要素是难以满足要求的，这时需要进行适当的调整，以满足不同排列的要求。如图 5.2.41 所示“调整”选项卡用于辅助调整标注文字、箭头、引线和尺寸线的放置，以及控制标注特征比例。

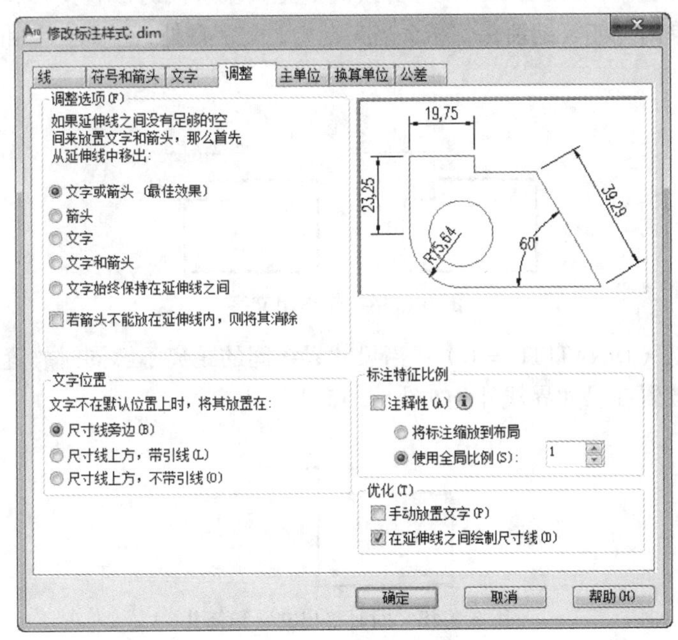

图 5.2.41　调整标注要素

1）调整选项

调整选项主要用于调整小尺寸的文字与箭头的放置位置，也配合调整直径与半径的标注要素。各选项的功能如下。

①文字或箭头（最佳效果）：当尺寸界线间的距离不够同时放置文字和箭头时，AutoCAD 将文字和箭头单独放置，移动较合适的一个（即一个在内侧，一个在外侧）；单独放置也不够时，再将文字和箭头都放置在尺寸界线外侧。图 5.2.42 所示是调整的默认选择项，对应的变量 DINATFIT ＝ 3。

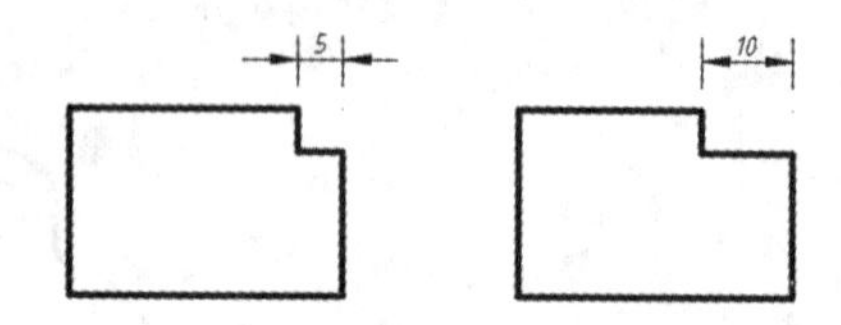

图 5.2.42　文字和箭头按“最佳效果”自动调整

②箭头（DINATFIT ＝ 1）：当尺寸界线间的距离不够同时放置文字和箭头时，先将箭头移至外侧，如果内侧能容纳文字，那么文字在内，箭头在外，否则文字和箭头都在外侧，如图 5.2.43 所示。

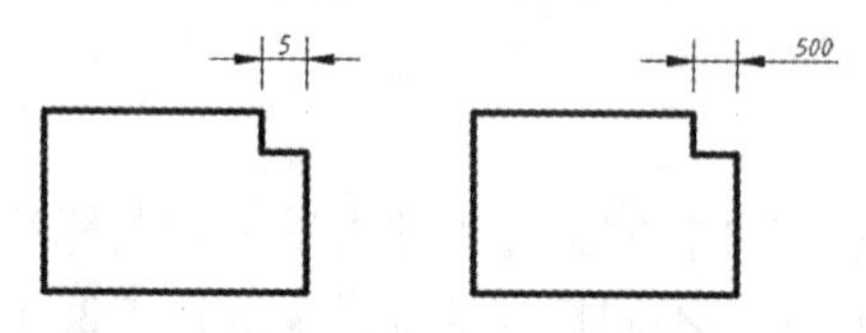

图 5.2.43　先移出箭头

③文字（DINATFIT ＝ 2）：当尺寸界线间的距离不够同时放置文字和箭头时，先将文字移至外侧，如果内侧能容纳箭头，那么箭头在内，文字在外，否则文字和箭头都在外侧，如图 5.2.44 所示。

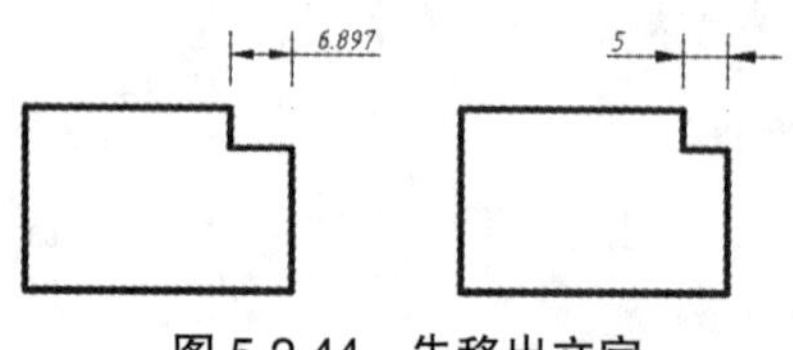

图 5.2.44　先移出文字

④文字和箭头（DINATFIT ＝ 0）：当尺寸界线间的距离不够同时放置文字和箭头时，将文字和箭头都放置在尺寸界线外，如图 5.2.45 所示。。

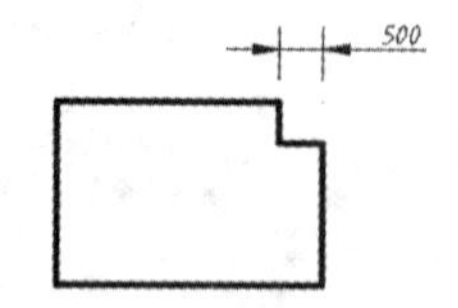

图 5.2.45　同时移出文字和箭头

⑤文字始终保持在尺寸界线之间：无论尺寸界线间距离有多大，始终将文字放在尺寸

界线之间，如图 5.2.46 所示。对应系统变量为 DIMTIX。

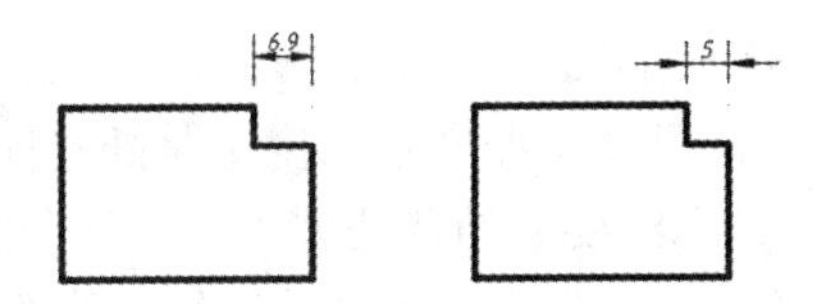

图 5.2.46　文字始终保持在尺寸界线之间

⑥若不能放在尺寸界线内，则消除箭头：如果文字标注在尺寸界线内侧，而内侧没有足够的空间绘制箭头，则隐藏箭头，如图 5.2.47 所示。对应系统变量为 DIMSOXD。

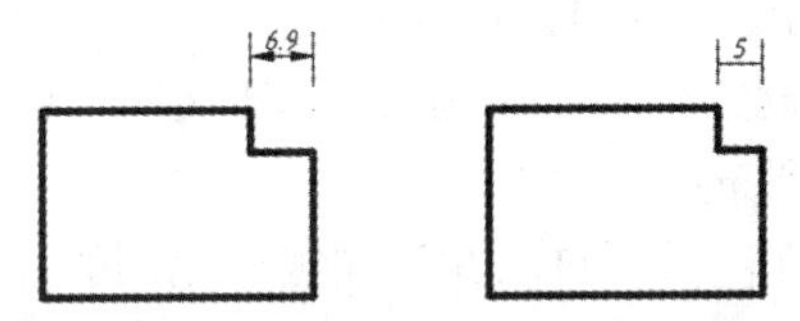

图 5.2.47　内侧空间不够时隐藏箭头

2）文字位置

设置文字从默认位置（由“文字”选项卡定义的文字位置）移开时的移动规则。有 3 种移动规则，对应的外观格式如图 5.2.48 所示。对应系统变量为 DIMTMOVE。

①尺寸线旁边（DIMTMOVE = 0）。移动标注文字时，文字放置在尺寸线一侧，且尺寸线和标注文字一起移动。

②尺寸线上方，带引线（DIMTMOVE = 1）：在移动标注文字时，尺寸线不动，但添加一条引线。

③尺寸线上方，不带引线（DIMTMOVE = 2）：在移动标注文字时，尺寸线不动，不添加引线。

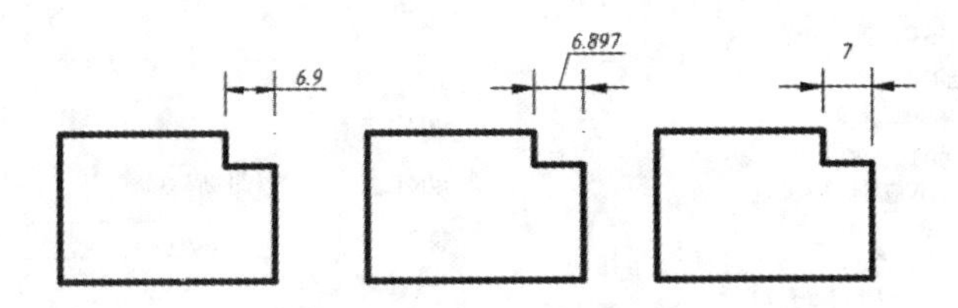

图 5.2.48　文字位置调整

移动规则适用于两种情况：小尺寸的文字位置由系统自动调整移开时；编辑标注（如夹点操作）手工移动文字时。

3）优化

用于放置标注文字的其他选项。

①手动放置文字：忽略所有水平对正设置，包括“文字”选项卡下“文字位置”中的水平对正设置，及“文字始终在尺寸界线之间”的调整设置，实际放置位置由鼠标指定。直径与半径的标注以选择此项为宜，线性标注时不必选择此项。对应的系统变量为 DIMUPT。

②在尺寸界线之间绘制尺寸线：选择此项表示在尺寸界线之间始终绘制尺寸线，这是

公制环境的默认设置，也是符合 GB 的设置。对应的系统变量为 DIMTOFL。

4）标注特征比例

设置全局标注比例值或图纸空间比例。

①使用全局比例。由于特征尺寸（如文字高度）是随打印比例缩放的，这意味着这些设置只有在图纸按 1:1 打印时，标注要素的特征大小才是符合标准的。如果图纸按 1:n 来打印，就应该将各特征值放大 n 倍。为了省去一个个手工缩放修改的麻烦，AutoCAD 提供了“使用全局比例”这个选项来设置一个比例因子，将该比例因子作用于所有标注特征值，即将各特征的设置值乘以该比例因子作为新的特征大小。全局比例的取值为打印比例的倒数，即按 1:n 打印的图形，则设置全局比例为 n。

标注特征比例对应的系统变量是 DIMSCALE。

②将标注缩放到布局。设置全局比例是为了在模型空间标注尺寸，如果在图纸空间标注，应该选择“将标注缩放到布局”选项。

③注释性标注。当同一标注需要自动在不同视口比例的视口中显示时，使用“注释性”选项。

6. 设置标注的单位格式和精度

“主单位”选项卡用于设置标注的单位格式与精度，如图 5.2.49 所示。

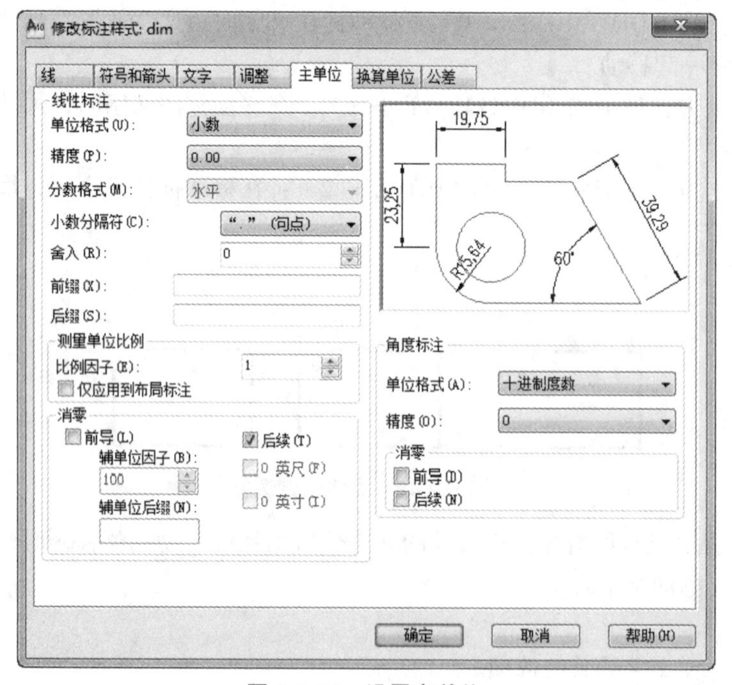

图 5.2.49 设置主单位

1）线性标注

设置主标注单位的格式和精度。

①单位格式：设置除角度之外的所有标注类型的当前单位格式，有科学、小数、工程、建筑、分数、Windows 桌面等 6 种格式。GB 图纸选择“小数”格式。

对应的系统变量是 DIMLUNIT。

②精度：显示和设置标注文字中的小数位数。默认为 2 位小数。

这里的单位格式及精度与“单位（UNITS）”命令设置的无关，UNITS 命令用于控制绘图与查询时的显示格式与精度。

③舍入：设置标注（精度标注除外）测量值的舍入规则。如果输入 0.25，则所有标注距离都以 0.25 为单位进行舍入。如果输入 1.0，则所有标注距离都将舍入为最接近的整数。一般保持默认值为 0。

④前缀与后缀：可以输入文字或使用控制代码显示特殊符号。例如，输入 %%c 显示直径符号。一般不设置前缀、后缀。

2）测量单位比例

①比例因子：设置线性标注测量值的比例因子。标注时系统测量到的值就是绘图时实际输入的值，比例因子的默认值为 1，这时标注的值与测量值相等。如果输入比例因子为 10，则绘图时输入的 1 单位标注为 10 单位。建议一般不要更改此值，绘图时按真实尺寸 1:1 输入，标注的即为实际大小。对应的系统变量是 DIMLFAC。

②仅应用到布局标注：仅将测量单位比例因子应用于布局视口中创建的标注。

3）消零

控制不输出前导零和后续零以及零英尺和零英寸部分。一般设置为消除后续 0，即小数点后面的 0 不显示。

4）角度标注

①单位格式：设置角度单位格式。根据需要在十进制度数、度 / 分 / 秒、百分度、弧度等 4 种格式中选择，对应的系统变量是 DIMAUNIT。

②精度：设置角度标注的小数位数。

③消零：控制前导零和后续零的显示。

任务 5.3　创建表格

表格是 AutoCAD 2005 开始推出的功能。水工图中的钢筋表、建筑图中的门窗表都可以创建成为一个表格对象。

创建表格对象时，首先创建一个空表格，然后在表格的单元中添加内容。

5.3.1　设置表格样式

调用创建表格样式命令的方法有如下几种。

- 功能区：“默认”选项卡→“注释”面板→“表格样式”按钮。
- 工具栏：“样式”工具栏→“表格样式”按钮。
- 命令行：TABLESTYLE（TS）。

表格的外观由表格样式控制。用户可以使用默认表格样式 Standard，也可以创建自己的表格样式。这里创建一个如图 5.3.1 所示门窗表的表格样式，过程如下。

①按下表设置 3 个文字样式。

样式名	字体名	效果	说明
gbhzf	tjtxt.shx + gbhzfs.shx	宽度比例 0.7，其余默认	表格数据字体
Standard	宋体	宽度比例 0.7，其余默认	表头文字
Heiti	黑体	宽度比例 0.7，其余默认	标题文字

门窗表				
编号	尺寸（宽×高）	数量	图集与型号	备注
M1	1000×2100	32	98ZJ681 GJM101-1021	高级实木门

20 12 10x10

15 50 15 80 50

图 5.3.1 门窗表

②启动“表格样式”命令，弹出“表格样式”对话框，如图 5.3.2 所示。样式列表下已有一个名为 Standard 的样式，这就是系统默认的表格样式。单击“新建”按钮，弹出“创建新的表格样式”对话框，在对话框“新样式名”输入框中输入“Window”。

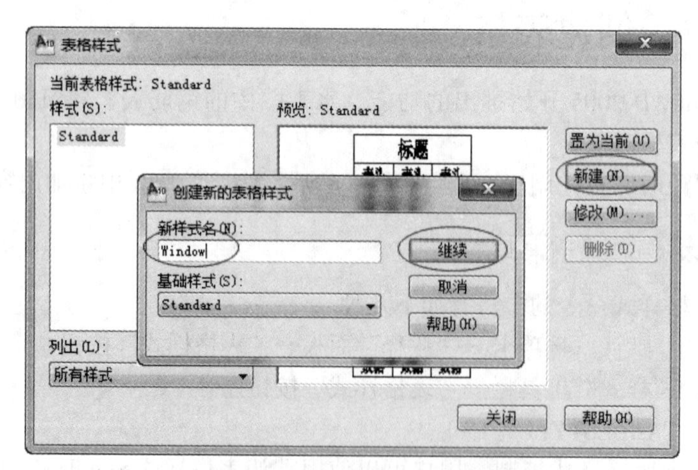

图 5.3.2 “表格样式”对话框

③设置数据单元样式。单击“继续”按钮，弹出“新建表格样式：Window”，在“单元样式”选项先选择“数据”，分别设置“常规”“文字”“边框”特性，如图 5.3.3 所示。这里说明一下表格边框线宽的设置，整个表格的外框线宽设为 0.35mm，内框线宽设为

0.18mm。设置方法：先选择线宽，再点击相应的按钮。

图 5.3.3　设置数据单元样式

④设置表头单元样式。选择“表头”选项，分别设置“常规”“文字”“边框”特性，仍然设置外边框线宽 0.35mm，内边框线宽 0.18mm，如图 5.3.4 所示。

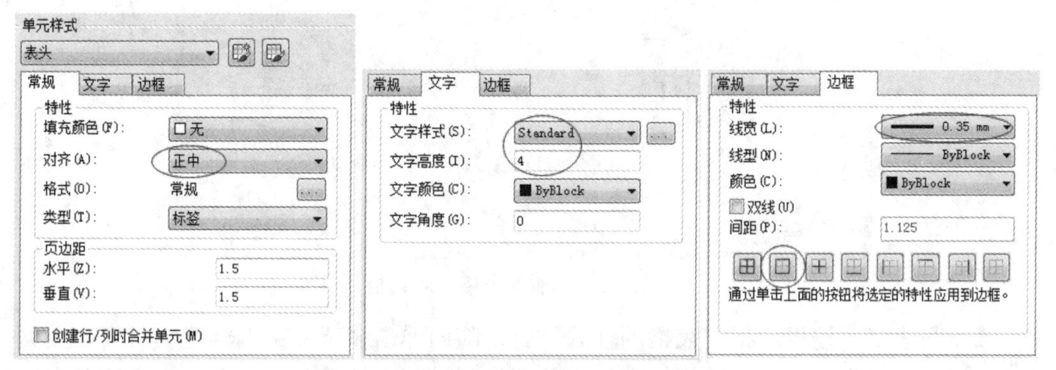

图 5.3.4　设置表头单元样式

⑤设置标题单元样式。单击“标题”选项卡，分别设置“常规”“文字”“边框”特性，下边框线宽 0.35mm（注意，先点击“无边框”以取消默认的边框线），如图 5.3.5 所示。

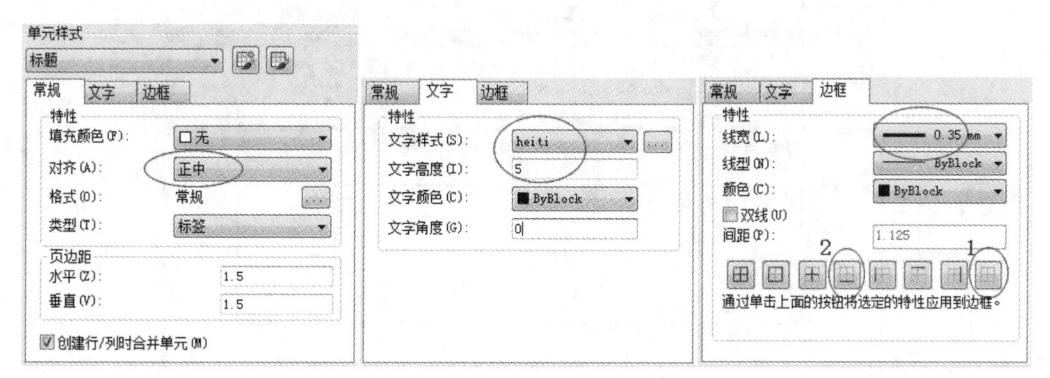

图 5.3.5　设置标题单元样式

⑥完成设置。单击“确定”按钮，返回“表格样式”对话框，样式列表内出现一个名为“Window”的样式。新建样式即为当前样式，单击“关闭”按钮退出对话框。

5.3.2 创建表格

调用表格命令的方法如下。

- 功能区："默认"选项卡→"注释"面板→"表格"按钮。
- 工具栏："绘图"工具栏→"表格"按钮。
- 命令行：TABLE（TB）。

创建表格对象时，首先创建一个空表格，然后在表格的单元中添加内容，操作如下。

①设置表格基本参数。启动表格命令，弹出"插入表格"对话框，如图 5.3.6 所示。设置 5 列 10 行，行高、列宽先取默认值，待编辑时修改确定。

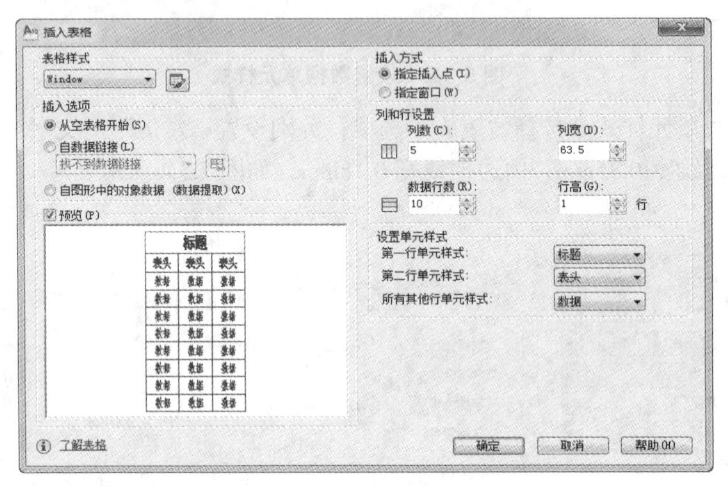

图 5.3.6 "插入表格"对话框

②填写表格。按提示指定表格的插入位置，随即弹出多行文字编辑器填写表格数据，自动按标题、表头、单元格数据的次序进行。填写过程中按 Tab 键或方向键切换单元格，如果退出了编辑器，则双击单元格即可。图 5.3.7 所示是 Ribbon 界面填写的表格，图 5.3.8 所示是经典界面的操作。

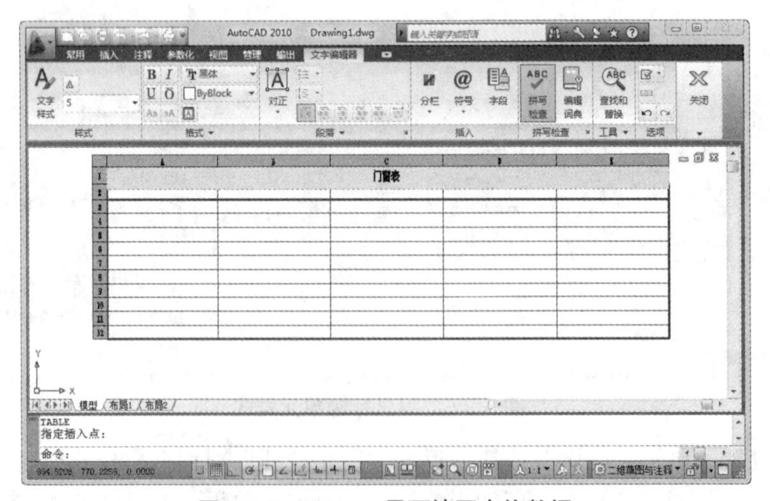

图 5.3.7 Ribbon 界面填写表格数据

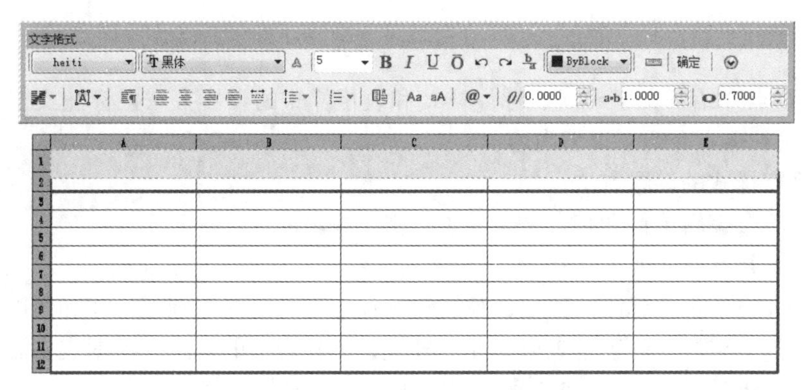

图 5.3.8　经典界面填写表格数据

③修改行高和列宽。选择一个单元格（在单元格单击鼠标），如“编号”单元格，按 Ctrl+1 组合键打开“特性”选项板，在“单元”选项组按需要修改“宽度”和“高度”值。宽度确定该单元格所在列的列宽，高度确定该单元格所在行的行高，如图 5.3.9 所示。

图 5.3.9　修改单元格宽度和高度

按要求的尺寸修改所有列宽与行高，完成后的结果如图 5.3.10 所示。

门窗表				
编号	尺寸（宽×高）	数量	图集与型号	备注
M1	1000×2100	32	98ZJ681 GJM101-1021	高级实木门

图 5.3.10　创建完成的门窗表

单元格可以框选，这样可以一次修改多个单元格尺寸。单击单元格，右击鼠标弹出快捷菜单，可选择更多编辑功能，比如合并单元格、删除、插入行和列等。

小　结

本项目重点介绍了文字样式、标注样式和表格样式的设置方法，标注文字、尺寸和创建表格的方法，重点介绍了以下内容：

（1）文字样式的设置方法；

（2）注写、编辑单行和多行文字并进行文字编辑的方法；

（3）设置尺寸样式的方法；

（4）快速进行尺寸标注的方法，如线性标注、对齐标注、圆弧标注和角度标注等；

（5）通过表格样式设置各表格单元的外观，创建合适的样式，根据表格需要正确创建表格样式，快速编辑表格行高和列宽，设置合适的边框线。

项目 5 常用快捷键表

快捷键	命令	快捷键	命令
ST	文字样式	DT	单行文字
MT/T	多行文字	D	标注样式
DLI	线性标注	DAL	对齐标注
DDI	直径标注	DRA	半径标注
DAN	角度标注	TS	表格样式
TB	表格		

练　习　题

一、理论题

1. 要在文本字符串中插入直径符号，应输入（　）。

A.%%d　　B.%%c　　C.%%p　　D.%%a

2. 在 AutoCAD 中用文字命令输入 ± 的控制符号是（　）。

A.%%D　　B.%%U　　C.%%C　　D.%%P

3. 打开图形文件，发现文字成了问号（？）或其他乱码，这是（　）的问题。

A. 文件损坏　　B. 系统中毒　　C. 文字样式　　D.AutoCAD 版本

4. AutoCAD 自带的字体文件的扩展名是（　）。

A.shx　　B.lin　　C.pat　　D.scr

5. 若要将图形中的所有尺寸都标注为原有尺寸数值的 2 倍，应设定（　）。

A. 文字高度　　B. 使用全局比例　　C. 测量单位比例　　D. 换算单位

6. 文字样式中高度设置为 0（零），输入多行文字时，其高度值为（　）。

A.0　　B.3.5　　C.5　　D. 随用户设置

7. 多行文本分解后是（　）。

A. 单行文本　　B. 多行文本　　C. 多个文字　　D. 不可分解

8. 修改多行文字高度，不可以（　　）。

A. 在“特性”窗口中修改　　B. 使用编辑文字（DDEDIT）命令修改

C. 双击文本后进行修改　　D. 使用文字样式（ST）命令修改

9.（　　）命令用于创建平行于所选对象或平行于两尺寸界线源点连线的直线型尺寸。

A. 对齐标注　　B. 快速标注　　C. 连续标注　　D. 线性标注

10. 多行文本的命令是（　　）。

A.Wblock　　B. Dtext　　C. M text　　D. W text

二、实操题

1. 按制图标准设置两种文字样式。

“汉字”文字样式：仿宋体；宽度比例因子：0.7。

“数字和字母”文字样式：gbeitc.shx+gbcbig.shx；宽度比例因子：1。

2. 按要求设置尺寸标注样式，参数如下：

文字高度为 2.5mm，箭头大小为 2.5mm，文字样式为“数字和字母”样式；

尺寸界线起点偏移量为 2.5mm，尺寸界线超出尺寸线为 2.5mm，基线间距为 7mm。

3. 绘制 A4 图框，标题栏如图 5.1 所示。在该图框内，绘制图 5.2、图 5.3 并进行标注。

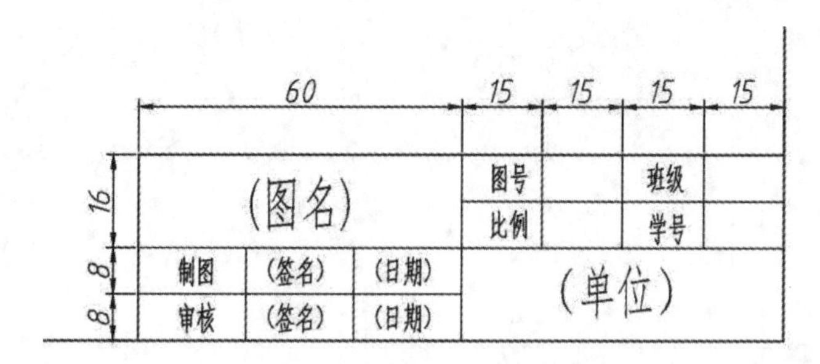

图 5.1

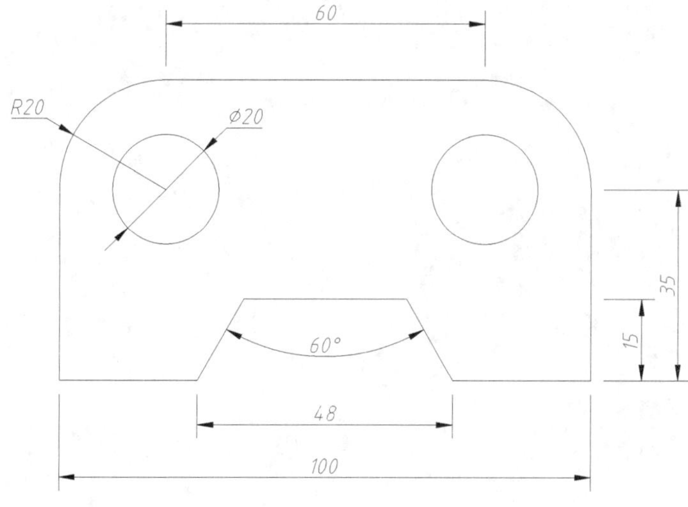

图 5.2　比例 1:1

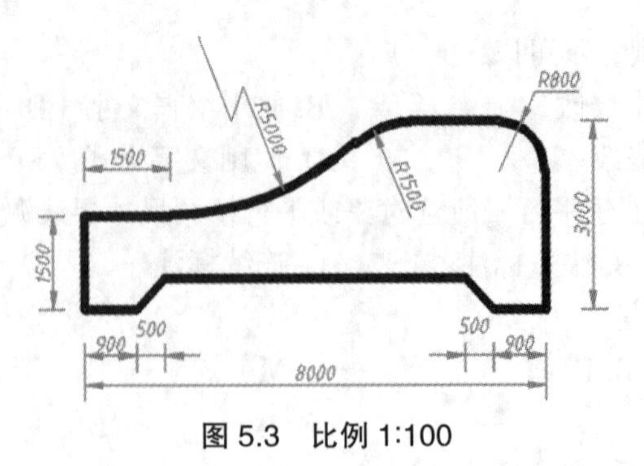

图 5.3 比例 1:100

项目 6　图块注释

项目概述

本项目包含普通块的创建、插入、编辑与属性块的定义和编辑两个任务。

学习目标

知识目标	能力目标	思政目标
掌握普通块和属性块的创建和使用方法。	能正确、快速地创建和使用普通块和属性块。	培养学生积极主动思考问题并探索解决问题的良好习惯。

任务 6.1　创建块

在设计绘图过程中，往往要重复使用某些图形对象，例如图框、某些材料符号、水工图中一些平面图例、建筑图的门窗、家具等。AutoCAD 可以将经常使用的图形对象定义为一个整体，组成一个对象，这就是块。在需要的时候插入这些块，设计者大大提高了工作效率。

在图 6.1.1 所示中，有很多个电排站图例符号，一个一个地绘制显然是不可取的，最好的方法就是定义电排站符号图块，在需要的地方插入即可。

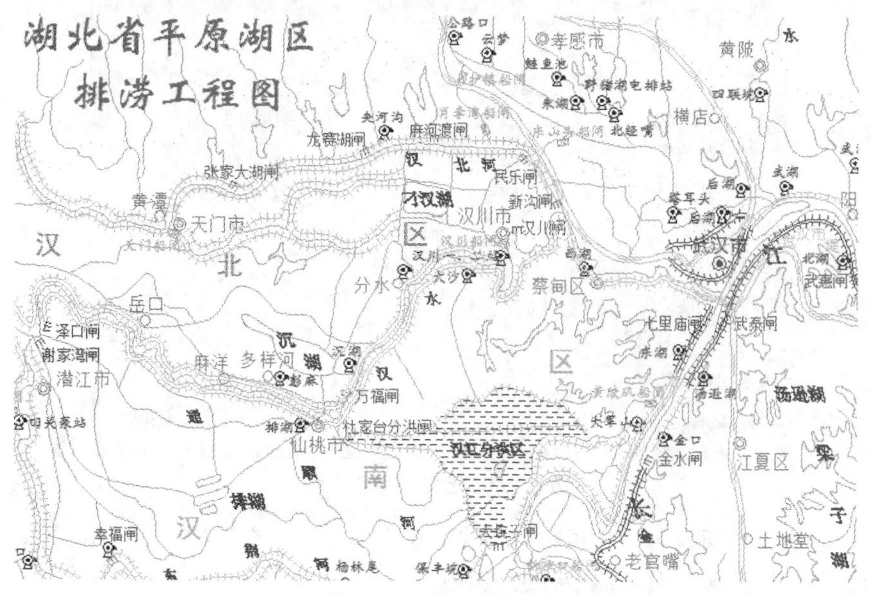

图 6.1.1　块应用实例

先绘制好需要的图形，再定义块。调用“创建块”命令的方法如下：

- 功能区：“常用”选项卡→“块”面板→“创建”按钮；
- 工具栏：“绘图”工具栏→“创建块”按钮；
- 命令行：BLOCK（B）。

6.1.1 在图形文件中创建块

打开“blkdef.dwg”文件，如图 6.1.2 所示。图形中已经绘制好一盆绿叶植物，现将其定义为块。操作如下。

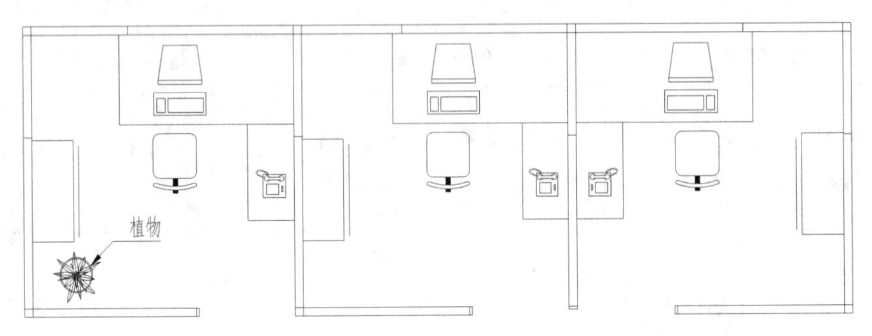

图 6.1.2 工作区平面图

命令：_block	；点击输入命令，弹出“块定义”对话框，见图 6.1.3
	；在名称输入框输入名称“植物”
选择对象：指定对角点：找到 101 个	；单击“选择对象”按钮，框选植物所有图线
选择对象：	；回车结束选择，返回对话框
指定插入基点：	；单击“拾取点”按钮，拾取花盆中心作为基点

图 6.1.3 定义“植物”块

单击“确定”按钮，名为“植物”的块创建完毕，保存文件“图 6-1.dwg”。

下面说明“块定义”对话框中各选项的意义。

“名称”输入及列表框：为要定义的图块输入一个名称，如果已定义过块，则单击下拉按钮可展开已定义块的列表。

“基点”：通过“拾取点”来获取其坐标，默认坐标为“原点”。基点是插入该块时的定位参考点，因此要考虑以后的定位方便和准确来指定基点，一般可以使用捕捉拾取一个块图形中的特征点。

“对象”选项区的“选择对象”用于选择块所要包含的对象，这些对象被定义成块之后，有三种处理方式：保留、转换为块和删除。默认情况为“转换为块”，即将块的原对象直接转换为块；“保留”表示在定义块以后，原对象没有变化，保留原处；“删除”则表示在定义块以后删除原对象。

“设置”选项区通常按默认设置，即块单位为“毫米”。块单位确定了在通过设计中心或工具选项板将块拖放到图形时块的单位。

“方式”区的“允许分解”是指块插入图形后能否进行分解操作，如果此处不勾选，则块插入之后是不能被分解的。

6.1.2　创建块库

为了使用方便，可以把同类型的块集中在一个图形文件中，这个文件称为块库。可见，块库是存储在单个图形文件中的块定义的集合。创建一个图 6.1.4 所示水工图常用图例的块库，方法如下。

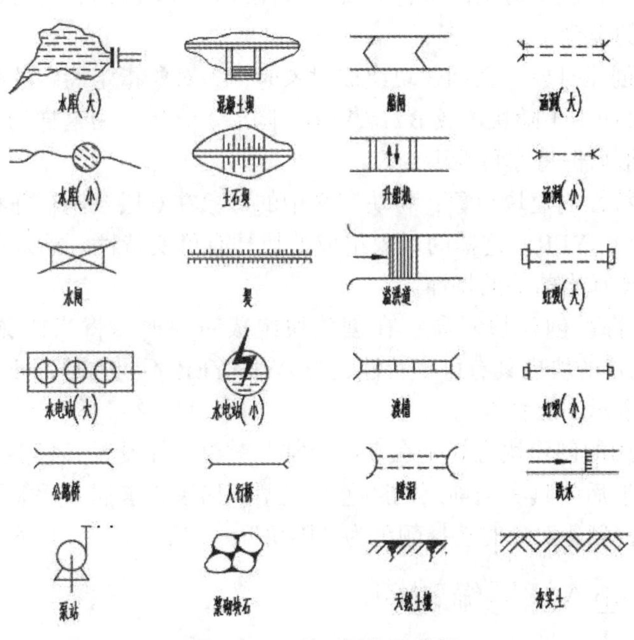

图 6.1.4　水工图常用图例

①绘制图形。通常在 0 层按默认特性绘制图形，对于符号类图块，按其在图纸上打印的大小来绘制。对于实物类对象，如家具、洁具，应按其实际尺寸 1:1 绘制。图 6.1.4 所示符号图形摘自《水利水电工程制图标准》SL73—95。

②创建块。使用 BLOCK 命令定义一个个独立的块，图 6.1.5 所示是创建“水库（大）”块的操作。重复此操作，定义完成所有符号块。

③保存文件“块库 _ 图例 .dwg”。

图 6.1.5　创建“水库（大）”图例块

6.1.3　控制块中对象的颜色和线型

块插入到图形中，块中对象的颜色和线型特性可以是固定的，也可以是可变的，这取决于创建块对象时的设置。

①以固定特性创建对象。在创建块组成对象时，为对象指定固定的颜色、线型和线宽特性，不使用 BYBLOCK（随块）或 BYLAYER（随层）设置。由这样的对象组成的块具有固定特性，插入图形后保持原特性不变。

②以“随层”特性创建块对象：将块定义中的对象在 0 层绘制，并将对象的颜色、线型和线宽设置为 BYLAYER。这样的对象组成的块具有可变特性。插入图形后，块中对象都位于当前层，且继承当前层的特性。

③以“随块”特性创建块对象：在创建块组成对象时，将当前颜色或线型设置为 BYBLOCK，这时创建的块也具有可变特性，与 BYLAYER 不同的是，插入块之后先继承当前特性设置，然后继承图层特性。

一种简单而常用的创建块方式是在 0 层绘制各对象，并设置其特性为“随层”，这样创建的块在插入图形后将具有当前层的颜色和线型。如果要求插入后能够指定为当前层颜色以外的其他颜色，创建对象时选择颜色为“随块”。

任务 6.2　插入块与编辑块

上一节定义好的块如何使用呢？下面介绍两种方法：使用插入命令和使用“设计中心”。插入命令仅限于在当前图形中操作，使用“设计中心”可以将其他图形文件中的块插入当前图形。

6.2.1　使用“插入块”命令插入块

调用“插入块”命令的方法如下：

- 功能区：“常用”选项卡→“块”面板→“插入”按钮。
- 工具栏：“绘图”工具栏→“插入”按钮。
- 命令行：INSERT（I）。

打开上节保存的“图 6-1.dwg”文件，参照图 6.2.1 完成插入块的操作。

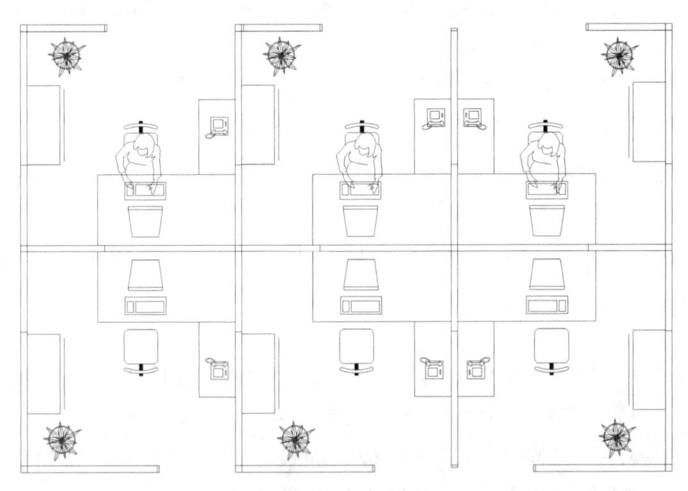

图 6.2.1　插入块

切换“其他”层为当前层，启动插入命令，插入“植物”块的操作如下：

命令 : _insert　　；单击按钮，弹出插入块对话框，如图 6.2.2 所示

　　　　　　　　　；展开图块名称下拉列表，从中选择“植物”

　　　　　　　　　；其他按默认设置，单击“确定”按钮

指定插入点或 [基点（B）/ 比例（S）/X/Y/Z/ 旋转（R）/ 预览比例（PS）/PX/PY/PZ/ 预览旋转（PR）]:　　；移动鼠标在适当位置点击

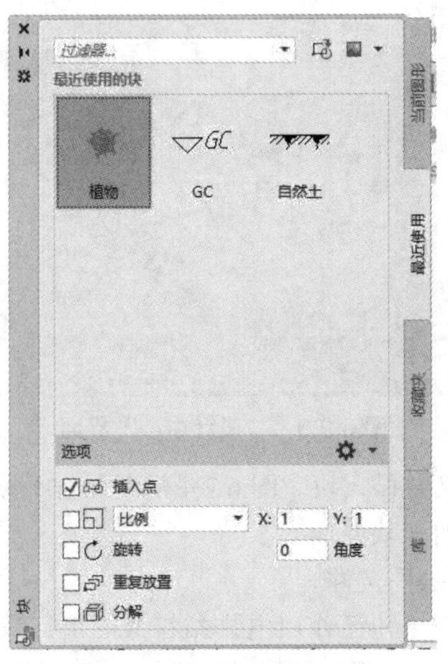

图 6.2.2　插入块对话框

“插入”对话框中各选项的意义如下。

“名称”下拉列表中是当前图形中已定义的块，从中选择想要插入的块。AutoCAD 允许直接将图形文件作为块插入到当前图形中。单击“浏览”按钮，通过“选择文件”对话框找到已保存的图形文件。

“插入点”：块的定位点，创建块时的“基点”将与这里指定的“插入点”重合。默认方式为勾选“在屏幕上指定”，即插入时由光标来拾取插入点。

“比例”：指定块的缩放比例，可以统一指定或分别指定长宽高各方向的比例。对于实物对象的块，由于创建时按真实尺寸 1:1 绘制，因此插入缩放比例时应选择 1（默认值）；对于符号类图块，按物理图纸打印尺寸绘制时，缩放比例为打印比例的倒数。

“旋转”：用于确定插入块的方位。

“分解”复选框：选中之后，图块插入后其组成对象是被分解的，不推荐这样做。

6.2.2 使用“设计中心”插入块

使用 INSERT 命令只能插入当前图形中的块，使用“设计中心”才可以将其他图形中的块插入当前图形。调用“设计中心”的方法如下：

- 功能区：“视图”选项卡→“选项板”面板→“设计中心”按钮；
- 工具栏：“标准”工具栏→“设计中心”按钮；
- 快捷键：Ctrl+2（DC）。

“设计中心”界面有两个窗口，如图 6.2.3 所示。左侧窗口显示文件夹及文件的树状图，右侧为内容窗口。在左侧窗口选择一个项目，该项目下的内容即在右侧窗口显示出来。

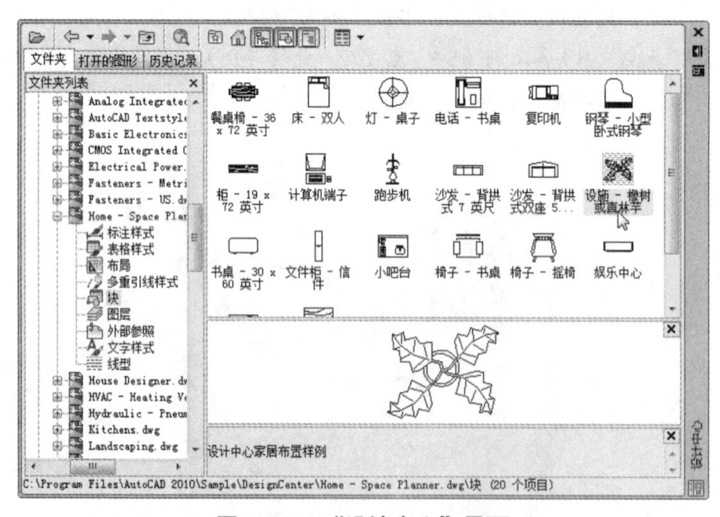

图 6.2.3 “设计中心”界面

【例 6–1】在图形中定义并插入块。图 6.2.4 是湖北省平原湖区排涝工程图的某局部区域，在此图形中创建电排站符号块并插入。

步骤 1 打开“例 6–1.dwg”文件。

步骤 2 定义块。图形右上角已作出电排站符号图形，只要定义为块就可以了。启动创建块命令，打开“块定义”对话框，如图 6.2.5 所示，输入块名“beng”、选择块对象（符号图形）、拾取基点，单击“确定”按钮完成块定义。

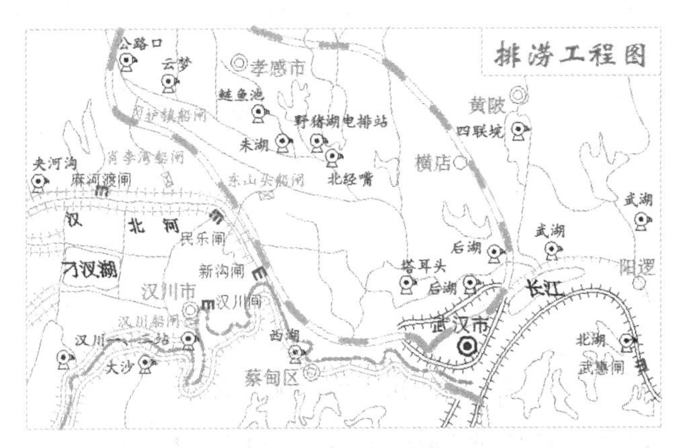

图 6.2.4　某排涝工程图

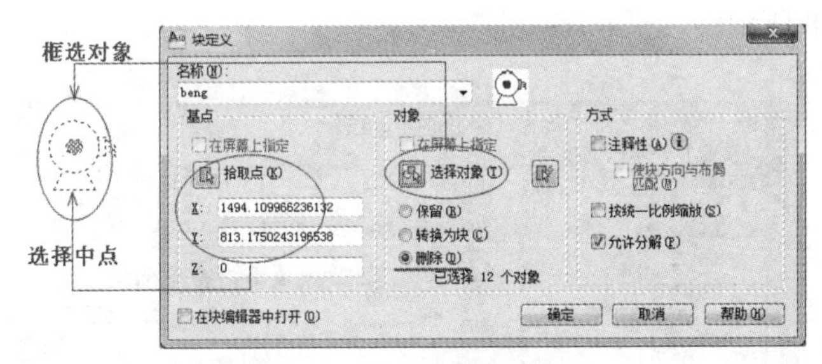

图 6.2.5　定义电排站符号块

步骤 3　启动插入命令，显示“插入块”对话框。按图 6.2.6 所示设置，点击“确定”按钮，移动鼠标在屏幕上指定块插入点。重复插入命令，完成所有符号的插入。各电排站的位置参考图 6.2.4。

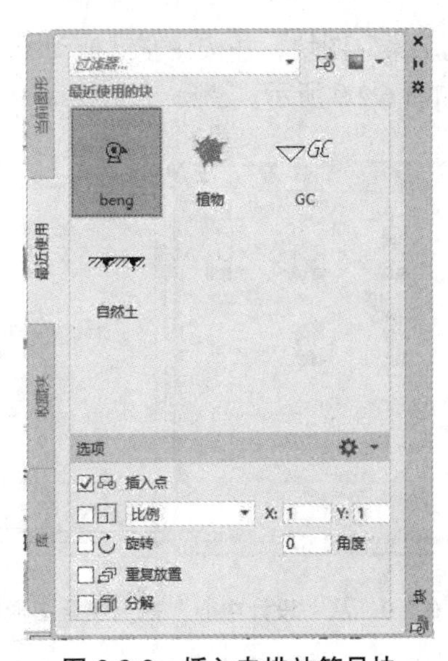

图 6.2.6　插入电排站符号块

【例 6–2】利用“设计中心”插入块。

步骤 1　打开“图 6–1.dwg”“例 6–1.dwg”两个文件，当前图形窗口如图 6.2.7（a）所示。

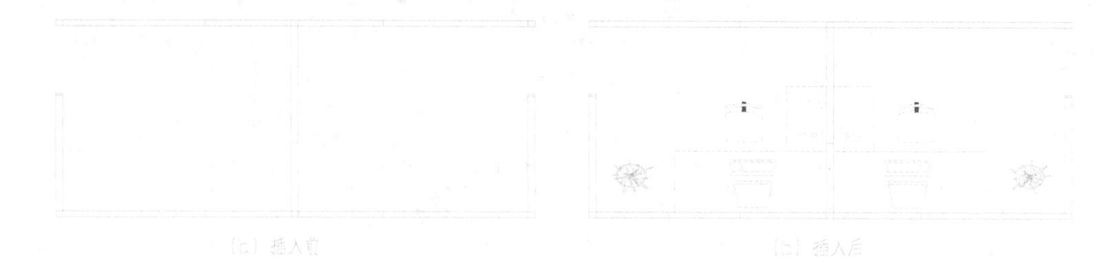

图 6.2.7　用“设计中心”插入块

步骤 2　按 Ctrl+2 组合键打开“设计中心”，单击“打开的图形”选项卡，展开“图 6–1.dwg”的项目树状图，选择“块”，这时在内容窗口显示出图形中的所有块的名称及预览图形，如图 6.2.8 所示。

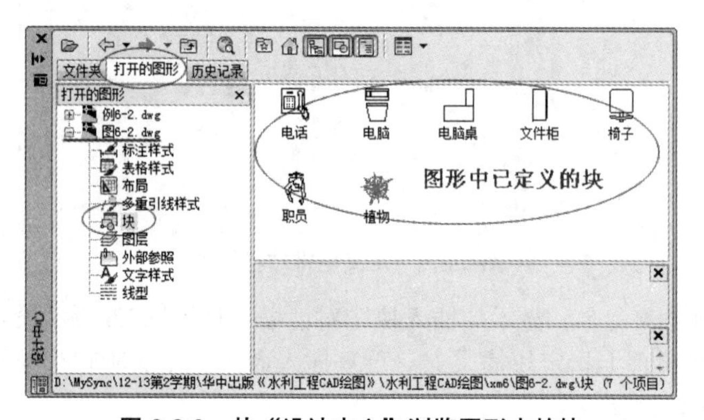

图 6.2.8　从“设计中心”浏览图形中的块

步骤 3　用鼠标拾取“电脑桌”图块，并按住左键拖动图块至图形中后放开左键，“电脑桌”图块即插入图形中，如图 6.2.9 所示。

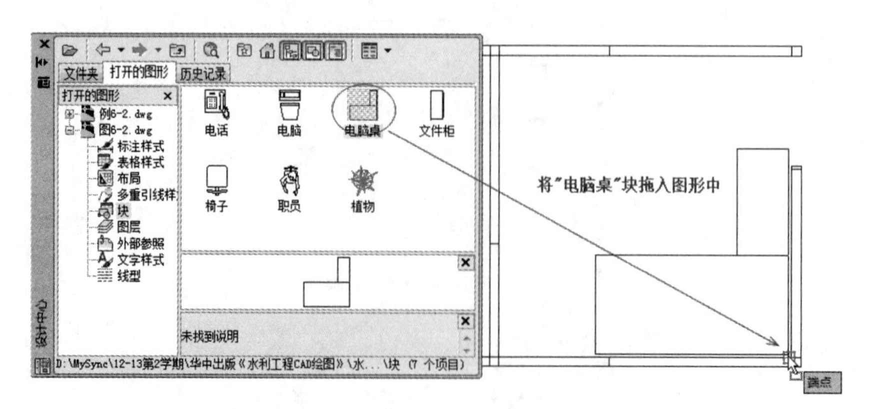

图 6.2.9　从“设计中心”拖入块至图形中

步骤 4　重复拖放操作，直至插入所需的全部图块。如果拖入的块图形的位置和方向与要求不符，则可以利用夹点操作适当移动或旋转块图形。完成后的图形如图 6.2.7（b）所示。

利用“设计中心”插入块，这种可视化的拖放使得操作更加直观和便捷。如果需要指定块的插入比例，则可以右击要插入的块，在快捷菜单中选择“插入块”，显示“插入”对话框，就可以和使用“插入”命令时同样的操作了。另外，通过“设计中心”也可以浏览到没有打开的文件，从中调用所需要的块插入当前图形中。具体操作请看下例。

【例 6-3】利用“设计中心”插入“块库 _ 图例 .dwg”中的材料图例。

步骤 1　打开“例 6-3.dwg”文件，如图 6.2.10（a）所示。

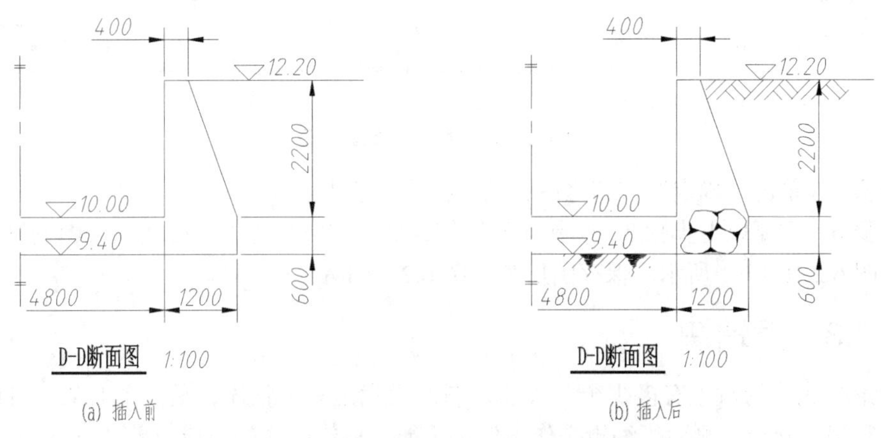

图 6.2.10　“设计中心”插入自定义材料图例

步骤 2　按 Ctrl+2 组合键打开“设计中心”，单击“文件夹”选项卡，浏览上节创建的“块库 _ 图例 .dwg”文件，选择“块”，则“设计中心”右侧内容窗口出现该文件中定义的图例符号块，如图 6.2.11 所示。

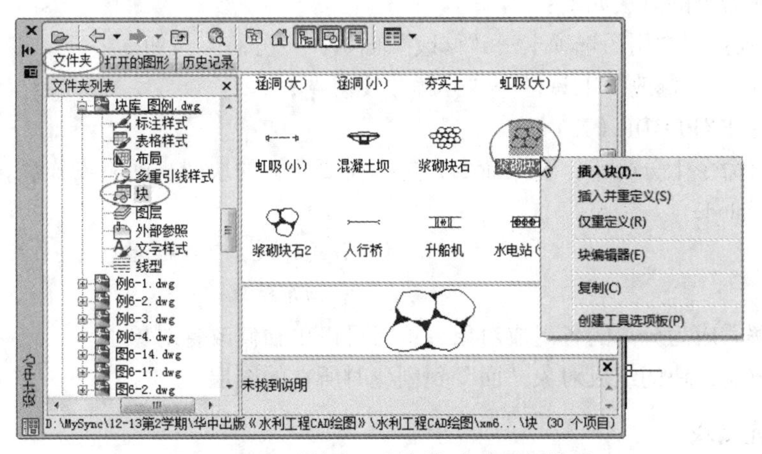

图 6.2.11　“块库 _ 图例”中的图例符号

步骤 3　选择“浆砌块石”图块，右击显示快捷菜单，选择“插入块”，显示“插入”对话框，插入比例不变，如图 6.2.12 所示。

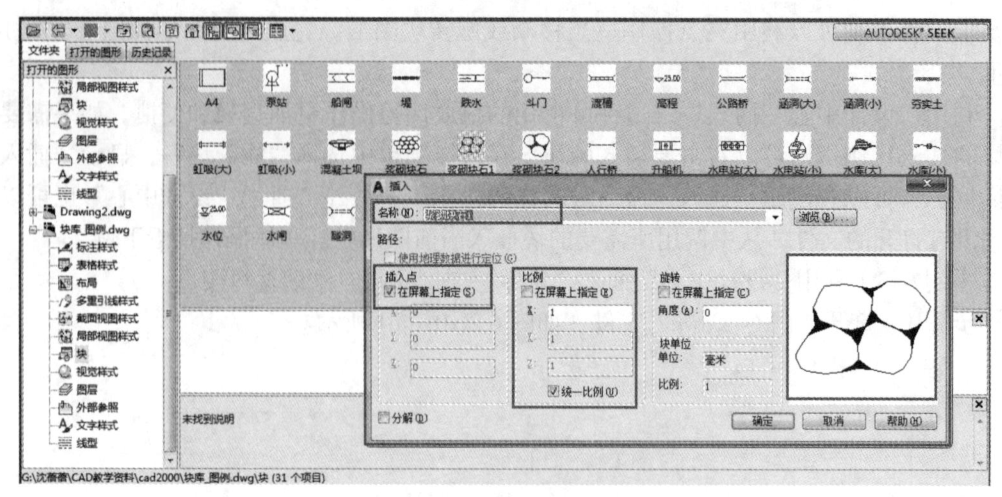

图 6.2.12　插入“浆砌块石”

步骤 4　单击“确定”按钮之后移动鼠标确定插入点。

步骤 5　重复以上步骤 3、步骤 4 的操作，插入“自然土”“夯实土”图例符号，最后结果如图 6.2.10（b）所示。保存图形为“图 6.2.10.dwg”。

6.2.3　编辑块

无论组成块的对象有多少个，块插入图形后就是一个整体，是一个对象。可以对块进行整体复制、旋转、删除等编辑操作，但是不能直接修改块的组成对象。

1. 分解块

块分解命令的功能是将块由一个整体分离成为各自独立的组成对象，非特别需要一般不要分解块。分解块的主要目的是为了修改块的组成对象，修改之后可以重新创建块。

调用分解命令的方法如下：

- 功能区：“常用”选项卡→“修改”面板→“分解”按钮；
- 工具栏：“修改”工具栏→“分解”按钮；
- 命令：EXPLODE（X）。

操作分解命令十分简单：输入命令，选择需要分解的块回车即完成分解。

命令 : _explode
选择对象 :　　　　　　　　　　　　　　；选择块，可以框选
选择对象 :　　　　　　　　　　　　　　；回车结束

块被分解后成为分离的各组成对象，这时可以单独修改各对象了。

块被分解后，块的组成对象“回”到创建时所在的图层。

2. 重新定义块

要注意的是，分解并修改块只是修改了显示的图形，并没有修改该块的定义，如果再次插入这个块，它依旧是原来的样子。要想修改块定义，就应该在分解并修改块后，以原块名重新定义块。

3. 编辑块

可以直接对块的组成对象进行编辑并重新定义块，比以上“分解再重定义”的方法更加方便。调用块编辑命令的方法如下：

- 功能区：“插入”选项卡→“块”面板→“块编辑器”；
- 工具栏：“标准”工具栏→“块编辑”按钮；
- 命令行：BEDIT（BE）。

【例 6–4】编辑上例中的“浆砌块石”图块。

步骤 1　打开“图 6.2.10.dwg”，双击（这是快速启动编辑命令的一种方法）图块“浆砌块石”，显示“编辑块定义”对话框如图 6.2.13 所示，单击“确定”按钮。

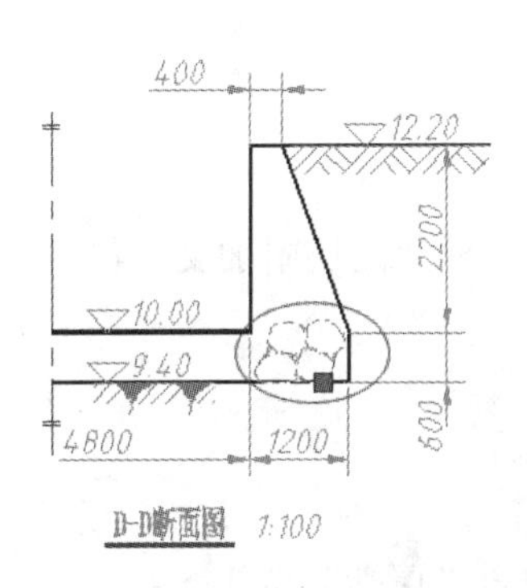

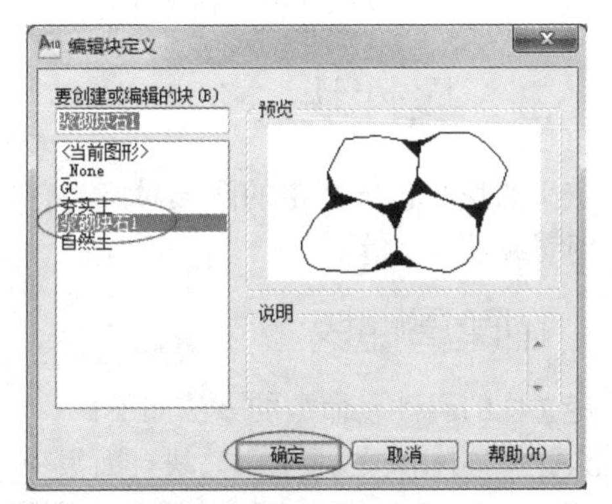

图 6.2.13　编辑“浆砌块石”图块

步骤 2　单击“确定”按钮之后显示“块编辑器”对话框，如图 6.2.14 所示。此时，“浆砌块石”符号的组成对象是“分离”的，按需要进行修改。

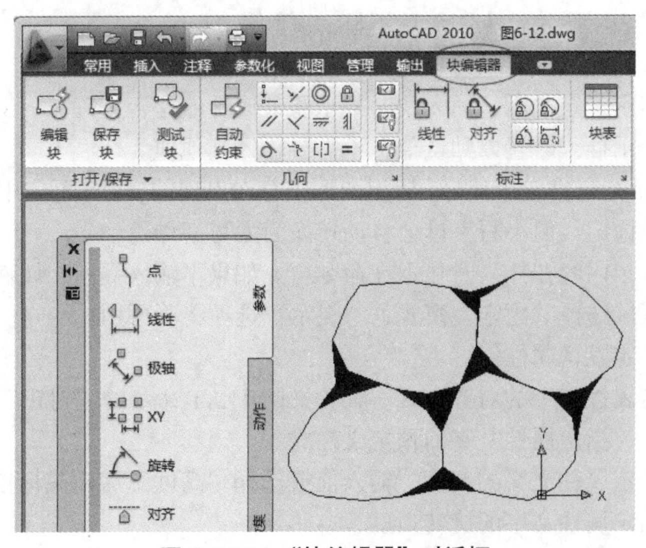

图 6.2.14　“块编辑器”对话框

步骤 3　修改之后点击“关闭块编辑器”，显示如图 6.2.15 所示警告框，点击“将更改保存到浆砌块石 1”，完成修改。

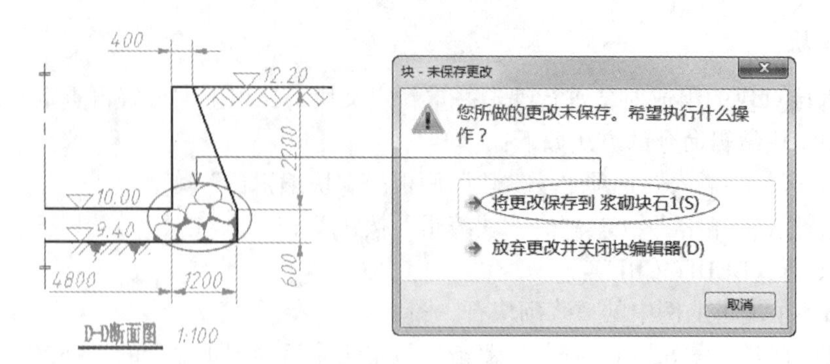

图 6.2.15 修改完毕

步骤 4 完成修改，保存文件“图 6.2.15.dwg”。

任务 6.3 属性块

上一节定义的块只包含固定的图形对象。有时需要向图块附加文字信息，比如标高的高程数值、钢筋编号数字等。

6.3.1 创建属性块

调用“定义块的属性”命令的方法如下：

- 功能区：“常用”选项卡→“块”面板→“定义属性”按钮；
- 菜单栏：“绘图”→“块”→“定义属性”；
- 命令：ATTDEF（ATT）。

执行 ATTDEF 命令，系统弹出“属性定义”对话框，如图 6.3.1 所示。对话框各选项的含义如下。

“不可见”：表示图块插入图形后不显示属性。

“固定”：表示此属性已预先设定，并且不能更改。

“验证”：表示选定之后，插入块时提示验证属性值是否正确。

“预设”：表示插入时置以默认值，不需要输入其他值。

“标记”：表示给属性一个代号，标识图形中每次出现的属性。可使用任何字符组合（空格除外）输入属性标记，但小写字母会自动转换为大写字母。

“提示”：表示内容在插入时显示在命令行。如果不输入提示，属性标记将用作提示。如果在“模式”区域选择“固定”模式，“提示”选项将不可用。

“默认”：指定默认属性值。

“对正”指定属性文字的对齐方式，其含义同 TEXT 命令的“对正”选项含义。

“文字样式”：指定属性文字的预定义样式。

“高度”：指定属性文字的高度，输入值或选择“高度”后用鼠标指定。

“旋转”：指定属性文字的旋转角度。

【例 6–5】定义并插入标高（高程）属性块。

在上例完成的图形中，有 3 处高程标注：9.40m、10.00m 和 12.20m。下面在此图形中定义标高属性块后插入。

步骤 1　打开“图 6–20.dwg”文件。以 0 层为当前层绘制标高符号：45° 的等腰三角形，如图 6.3.1（a）所示。

步骤 2　定义属性。激活属性定义命令，显示“属性定义”对话框，参照图 6.3.1 设置后点击“确定”按钮，移动鼠标至标高符号右下角点击，两者的相对位置请参照图 6.3.1（b）设置。

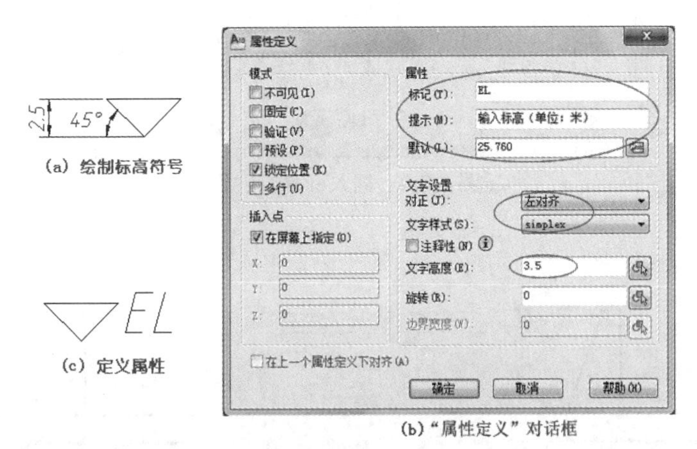

(a) 绘制标高符号

(c) 定义属性

(b)“属性定义”对话框

图 6.3.1　定义标高块的属性

步骤 3　创建块。激活创建块命令，显示“块定义”对话框，参照图 6.3.2 操作，点击“确定”按钮完成标高属性块的定义。

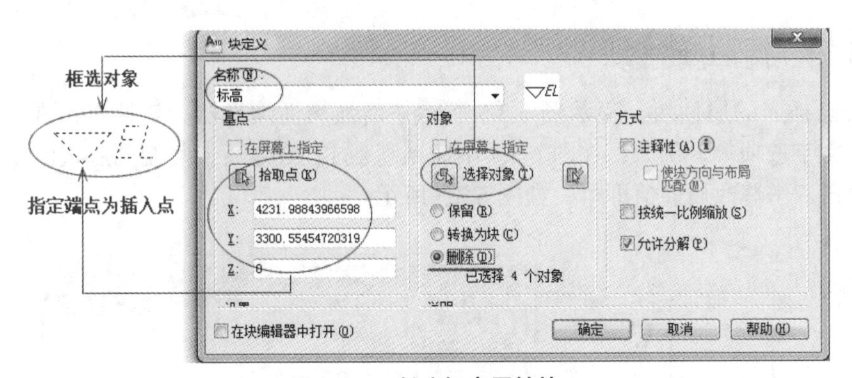

图 6.3.2　创建标高属性块

步骤 4　插入标高。激活插入命令，显示“插入”对话框，如图 6.3.3 所示。参照该对话框操作后点击“确定”按钮。

命令行序列如下：

命令：INSERT

指定插入点或 [基点（B）/ 比例（S）/ 旋转（R）]:

；移动光标至需要插入的位置，见图 6.3.4（a）

输入属性值

输入标高（单位：米）<25.760>: 12.20　　；键盘输入该点高程 12.20，见图 6.3.4（b）

步骤 5　插入其他标高。重复步骤 5，分别插入 9.40 和 10.00 高程，完成图形。

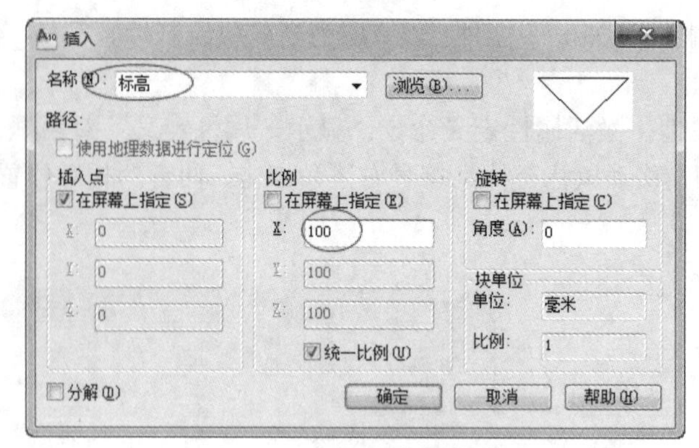

图 6.3.3 插入标高属性块

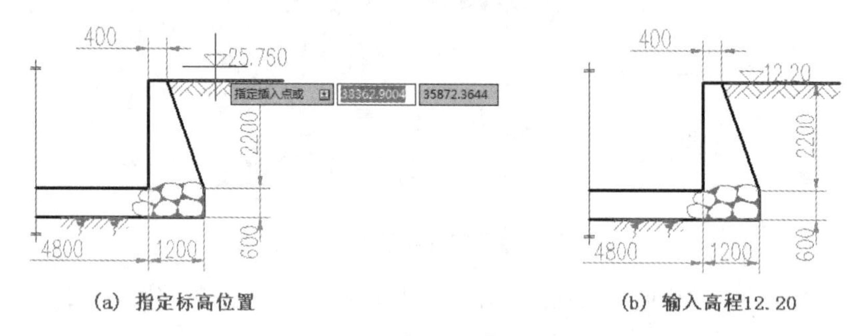

图 6.3.4 插入标高 12.20

6.3.2 编辑属性块

双击已插入的属性块，显示图 6.3.5 所示“增强属性编辑器”对话框，在此可以修改属性值、文字选项等。例如，在图 6.3.4 中插入高程 12.20 之后，复制到底板的 10.00、9.40 标高处，再双击修改属性值即可，如图 6.3.5 所示。

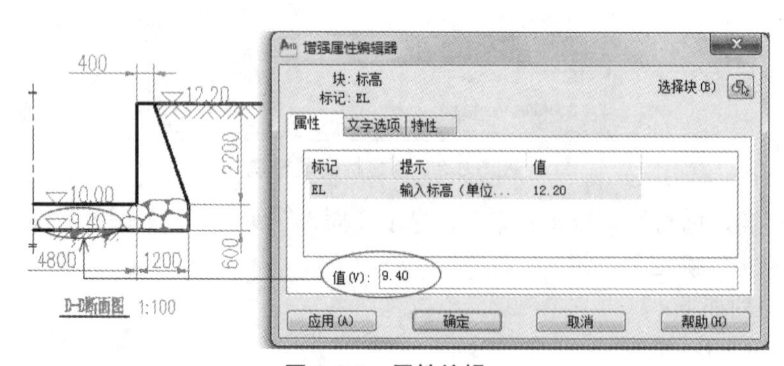

图 6.3.5 属性编辑

小　结

本项目重点介绍了普通块和属性块的创建方法，重点介绍了以下几点：

（1）块的应用，块的优点，块的创建方法与使用方法；

（2）创建自己的块库文件，以及在图形文件中灵活使用块的方法；
（3）块属性的作用和定义块属性的方法；
（4）属性块的创建方法；
（5）编辑属性块的方法。

项目6常用快捷键表

快捷键	命令	快捷键	命令
B	创建块	I	插入快
X	分解	BE	编辑块
ATT	定义属性	DC（Ctrl+2）	设计中心

思　考　题

一、理论题

1. 一个块是（　）。
A. 可插入到图形中的矩形图案
B. 由 AutoCAD 创建的单一对象
C. 一个或多个对象作为单一对象存储，便于日后的检索和插入
D. 以上都不是
2. 一个块最多可被插入到图形中（　）。
A.1 次　B.50 次　C.100 次　D. 没有限制
3. 用于定义外部图块的命令是（　）。
A.Block　B. WBlock　C. Explode　D.Attdef
4. 在定义块属性时，要使属性为定值，可选择（　）模式。
A. 不可见　B. 固定　C. 验证　D. 预置
5. 在创建块时，块定义对话框中必须确定的要素为（　）。
A. 块名、基点、对象　B. 块名、基点、属性
C. 基点、对象、属性　D. 块名、基点、对象、属性
6. 将图块插入到当前图形时，可以对块（　）。
A. 画图形　B. 改变比例　C. 定义属性　D. 改变尺寸
7. 用于将图块插入到当前图形的命令是（　）。
A.Block　B. WBlock　C. Insert　D.Attde
8. 用(　)命令可以创建图块，且只能在当前图形文件中调用，而不能在其他图形中调用。
A.Block　B.Wblock　C.Explode　D.Mblock
9. 有关块属性定义正确的是（　）。
A. 块必须定义属性　B. 一个块中最多只能定义一个属性
C. 多个块可以共用一个属性　D. 一个块中可以定义多个属性

10.WBLOCK 命令可用来创建一个新块，这个新块可以用于（　）。

A. 当前图形中　　　　B. 一个已有的图形

C. 任何图形中　　　　D. 一个被保存的图形

二、练习题

1. 创建图 6.1，分别定义为块。

图 6.1

2. 先完成图 6.2 的绘制，再插入上题中定义的块，完成图 6.3 的绘制。

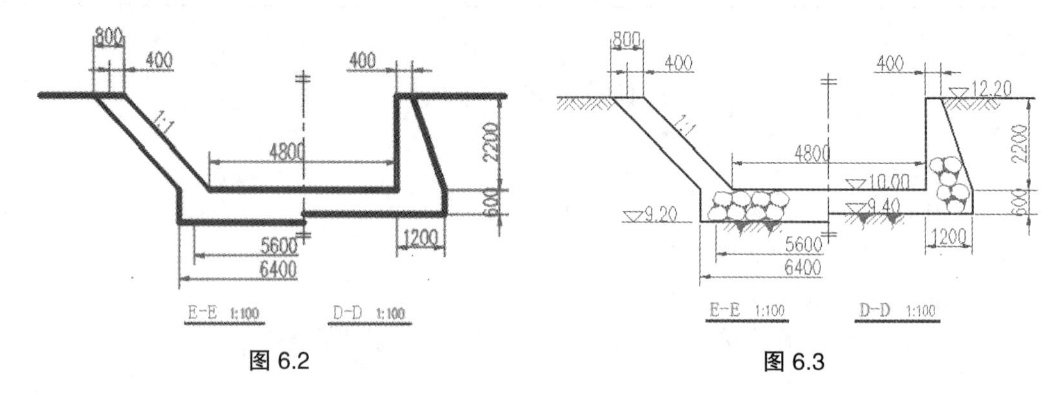

图 6.2　　　　图 6.3

3. 按照以下步骤完成图 6.4 的绘制。

（1）先绘制 A4 图框和标题栏，将其定义为块；

（2）绘制球场平面图，将其定义为块，编辑"（图名）"为"球场平面图"，"单位"修改为校名。

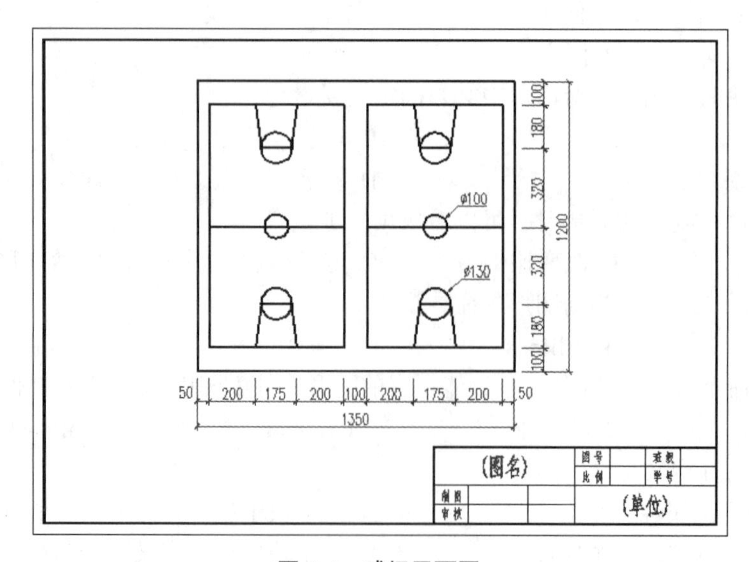

图 6.4　球场平面图

项目7 绘制专业图

项目概述

本项目介绍了绘制水利工程图和建筑工程图的一般步骤和方法。讲解了绘图环境设置。创建与使用样板文件的操作步骤，以及绘图单位和绘图比例、图形比例与打印比例的设置。

学习目标

知识目标	能力目标	思政目标
理解绘图环境的概念及样板文件的作用，掌握设置专业样板文件的方法；理解绘图单位和绘图比例、图形比例与打印比例的概念；理解建筑平、立、剖面图的形成原理，了解建筑平、立、剖面图的绘图过程。	能够设置绘图环境，创建与使用样板文件；掌握水工建筑物结构图的绘制过程和方法；能创建标高和轴号属性块并用它们进行标注，能绘制简单房屋的平、立、剖面图并正确标注尺寸。	培养严谨细致、精益求精的工作精神，形成良好的工作作风，引导学生养生正确的思维习惯和大局观。

任务7.1 设置绘图环境

7.1.1 设置水工图绘图环境

1. 图幅

以公制样板“acadiso.dwt”为基础新建图形，图形界限为A3（420×297）。由于默认情况下绘图界限检查是关闭的，并不限制将图线绘制到图形界限之外，因此在AutoCAD中绘图不受图形大小的限制。通常采用1:1的比例绘图，出图时选择合适打印比例打印成标准图幅。

2. 单位

AutoCAD的绘图单位本身是无量纲的，设计者在绘图时可以将单位视为绘制图形的实际单位。按图形尺寸1:1绘图时，尺寸单位就是绘图单位。水工图采用的绘图单位有毫米、厘米、米等。

3. 图层

水工图通常考虑线型、文字、尺寸、填充（材料图例）等常用图层，如图7.1.1所示。

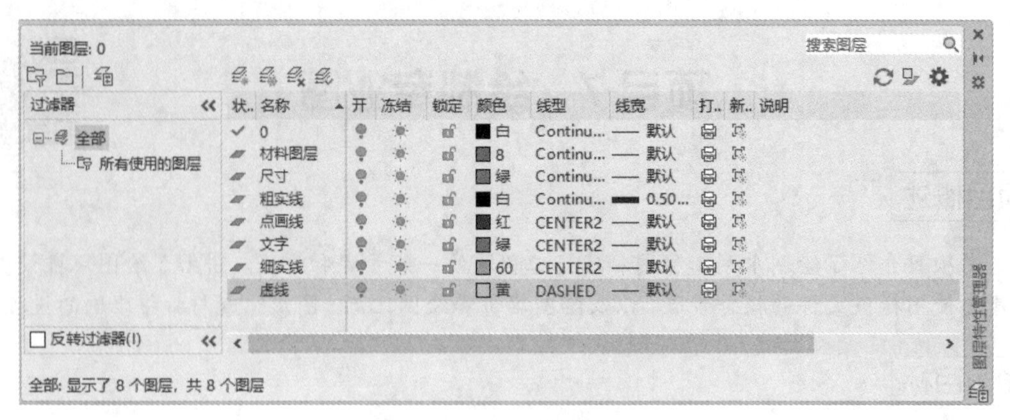

图 7.1.1　水工图常用图层

4. 文字样式

参照表 7.1.1 设置两个文字样式。

表 7.1.1　水工图文字样式设置

样式名	字体名	效果	说明
gbeitc	gbeitc.shx + gbcbig.shx	默认	用于尺寸标注与小号汉字标注
simsun	宋体	宽度比例 0.7，其余默认	图名、标题栏等

5. 标注样式

基于样式“ISO-25”新建名为“dim”的样式（见图 7.1.2），设置如下。

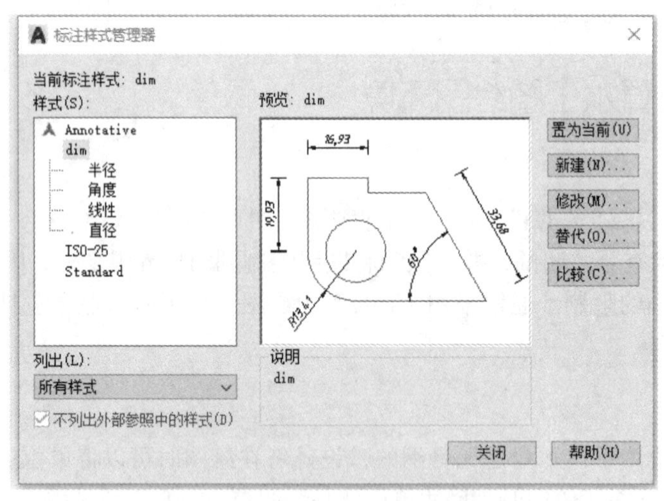

图 7.1.2　设置水工图标注样式

①公共参数：尺寸线“基线间距”取值 7，“文字样式”选择“gbeitc”，“文字高度”取值 3.5。

②“线性”子样式：按公共参数取值，不做修改。

③“角度”子样式：“文字对齐”选择“水平”。

④“半径”子样式：“文字对齐”选择“ISO 标准”；“调整选项”选择“文字”，“优化”选择“手动放置文字”。

⑤“直径”子样式：“文字对齐”选择“ISO 标准”；“调整选项”选择“文字”，“优化”选择“手动放置文字”。

⑥其他未提及的均为默认设置，完成设置后，置“dim”为当前样式，如图 7.1.2 所示。

6. 常用块

样板文件也可以包含常用块，如图 7.1.3 所示。

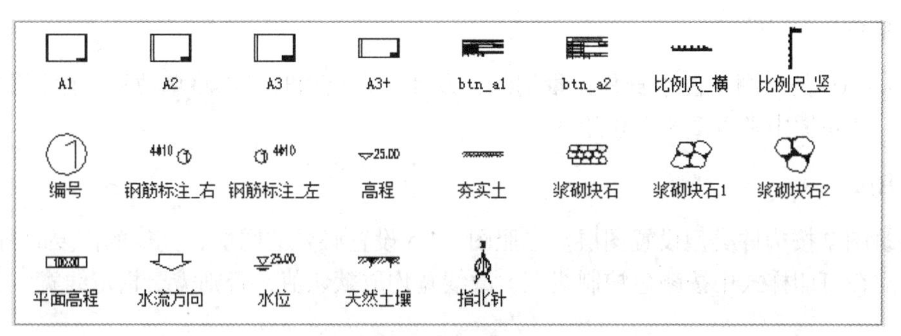

图 7.1.3　创建常用块

7. 创建布局

图 7.1.4 所示为已创建好的 A1、A2、A3 布局。

图 7.1.4　创建布局

8. 保存绘图环境

完成以上设置就可以开始绘图了。也可以保存以上设置为样板文件“水工图 .dwt”备用。

7.1.2 设置建筑图绘图环境

1. 图幅

以公制样板“acadiso.dwt”为基础新建图形，图形界限为 A3（420 × 297）。由于默认情况下绘图界限检查是关闭的，并不限制将图线绘制到图形界限之外，因此在 AutoCAD 中绘图不受图形大小的限制。通常采用 1:1 的比例绘图，出图时选择合适打印比例打印成标准图幅。

2. 单位

AutoCAD 的绘图单位本身是无量纲的，设计者在绘图时可以将单位视为绘制图形的实际单位，建筑图中常以毫米单位绘图。

3. 图层

建筑图常按构件类型设置图层。参照图 7.1.5 设置必要的图层，其他的需要时再添加。这里考虑在打印样式中按颜色控制线宽，故线宽均取默认值，否则需要指定线宽。

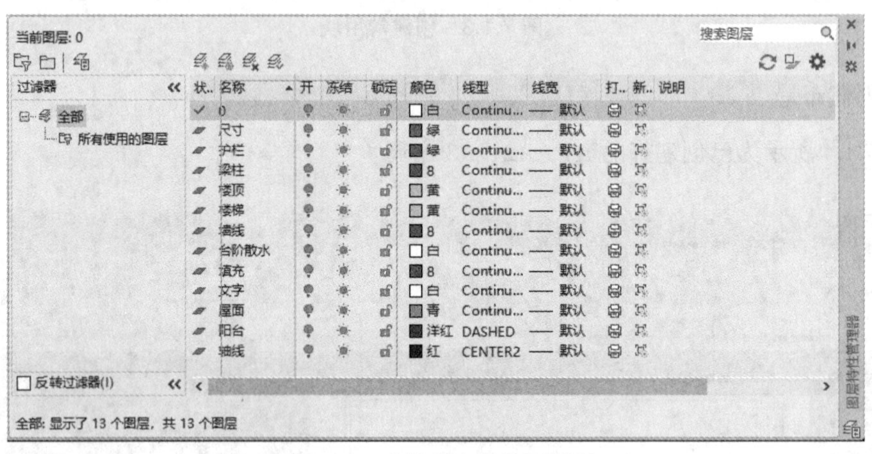

图 7.1.5 建筑图中的常用图层

4. 文字样式

参照表 7.1.2 设置三个文字样式文件。

表 7.1.2 建筑图中文字样式的设置

样式名	字体名	效果	说明
gbeitc	gbeitc.shx + gbcbig.shx	默认	用于尺寸标注与小号汉字标注
complex	complex.shx	默认	轴号与门窗名称等
simsun	宋体	宽度比例 0.7，其余默认	图名、标题栏等

5. 标注样式

基于样式“ISO-25”新建名为“dim”的样式，设置如下：

①公共参数：尺寸线的“基线间距”取值 7，尺寸界线的“超出尺寸线”取值 2；文字外观下的“文字样式”选择“gbeitc”，“文字高度”取值 3.5。

②“线性”子样式：选择“固定长度的尺寸界线”，“长度”取值 15；箭头选择“建筑标记”，“箭头大小”取值 1.5。

③“角度”子样式：“文字对齐”选择“水平”。

④“半径”子样式：“文字对齐”选择“ISO 标准”；“调整选项”选择“文字”，“优化”选择“手动放置文字”。

⑤“直径”子样式：“文字对齐”选择“ISO 标准”；“调整选项”选择“文字”，“优化”选择“手动放置文字”。

其他未提及的均为默认设置。完成设置后，置“dim”为当前样式，如 7.1.6 所示。

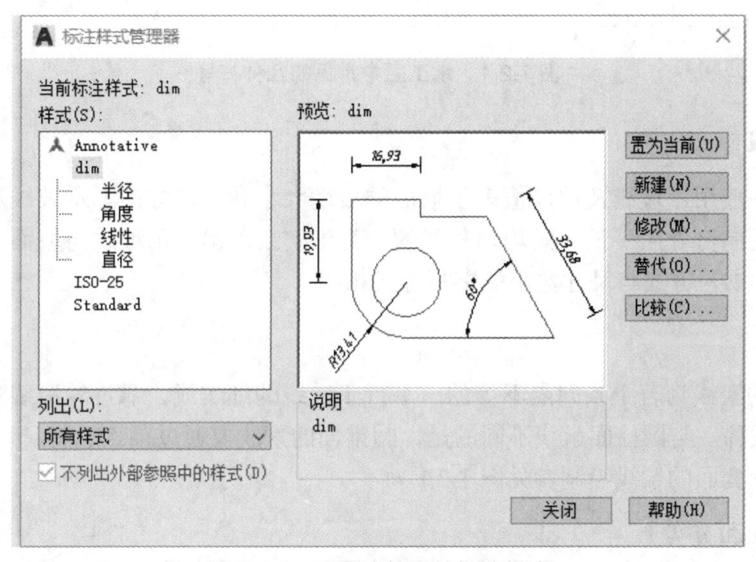

图 7.1.6　设置建筑图的标注样式

6. 保存绘图环境

完成以上设置后就可以开始绘图了。也可以将这些设置保存为样板文件“建筑样板.dwt”备用。

任务 7.2　绘制水利工程图

7.2.1　水工图中常见的符号

在水工图中，除各种建筑材料符号外，还有坡面的示坡线、圆柱面和圆锥面的素线、扭面和渐变面的素线、高程符号等。

在图 7.2.1 中，有钢筋混凝土、浆砌块石、天然土、夯实土材料符号；有坡面的示坡线、圆柱面和圆锥面的素线等。其中钢筋混凝土可以由图案（ANSI31+AR-CONC）填充而得，其他都需要自己绘制。

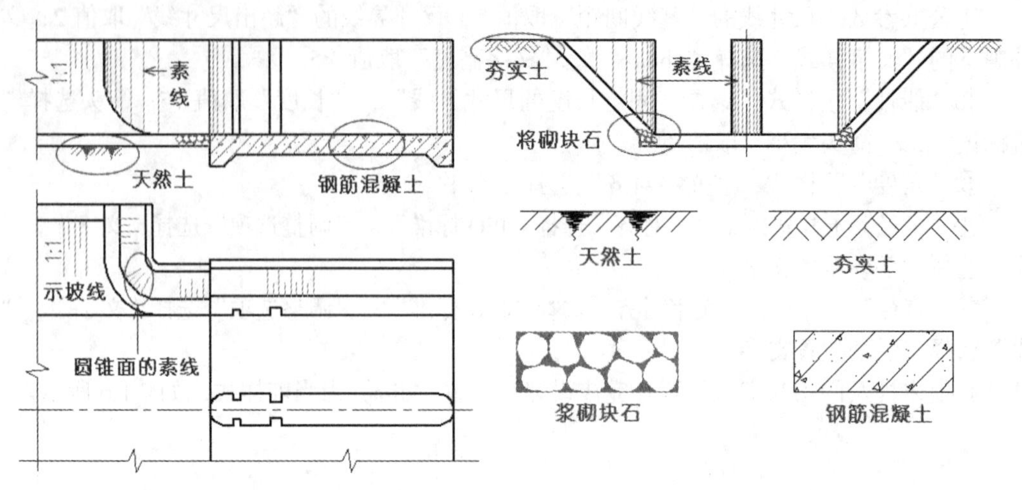

图 7.2.1 水工图中常见的几种符号

1. 示坡线

工程上一般用示坡线及坡度值表示坡面的坡度大小和下坡方向。示坡线从坡面上比较高的轮廓线处向低处用一长一短均匀相间的一组细实线画出，示坡线与坡面上的等高线垂直，坡度值的书写方式与尺寸数字的书写方式相同。

2. 素线

圆柱面的素线为若干条间隔不等的、平行于轴线的细实线，靠近轮廓线处的线密，靠近轴线处的线稀。与圆柱面素线不同的是，圆锥面的素线要通过顶点绘制。

扭面和渐变面的素线绘制参见图 7.2.1。

3. 天然土和夯实土

天然土用 45° 的斜细实线表示，每组 3 条，且两组斜线间加绘较密集的折线。

4. 浆砌块石

用多段线绘制若干不规则的多边形线框，间隙中用 SOLID 图案填充，简单的可以绘制椭圆代替石块。

5. 高程

高程或称为标高，由高程符号和高程数字组成。在立面图和铅垂方向的剖视图、剖面图中，高程符号用直角等腰三角形表示，用细实线绘制，高度约为字高的 2/3。例如字高 3.5mm，那么三角形高 2.5mm 左右。平面图中高程符号是细实线矩形框，高程数字写在其中。水面高程即水位在三角形下画三条渐短的细实线，如图 7.2.2 所示。

要注意的是，以上各种符号大小和素线、示坡线的间距应按打印比例的反比例放大。

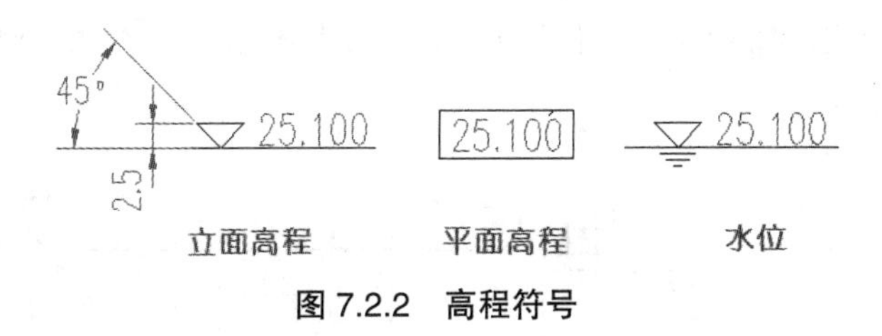

图 7.2.2　高程符号

7.2.2　水工图中常见的曲面

在水利工程中，很多地方用到输水隧洞。隧洞剖面一般是圆形的，但其出口处为了安装闸门，需要做成矩形剖面。为使水流平顺，在矩形剖面和圆形剖面之间需要渐变段过渡，渐变段内表面即为渐变面。

扭面也是一种渐变面。渠道的剖面为梯形，水工建筑物的过水断面为矩形，为了使水流平顺，两者之间常以一光滑曲面过渡，这个曲面就是扭面。

图 7.2.3 所示为管道出口与渠道之间的渐变段和扭面段的结构。

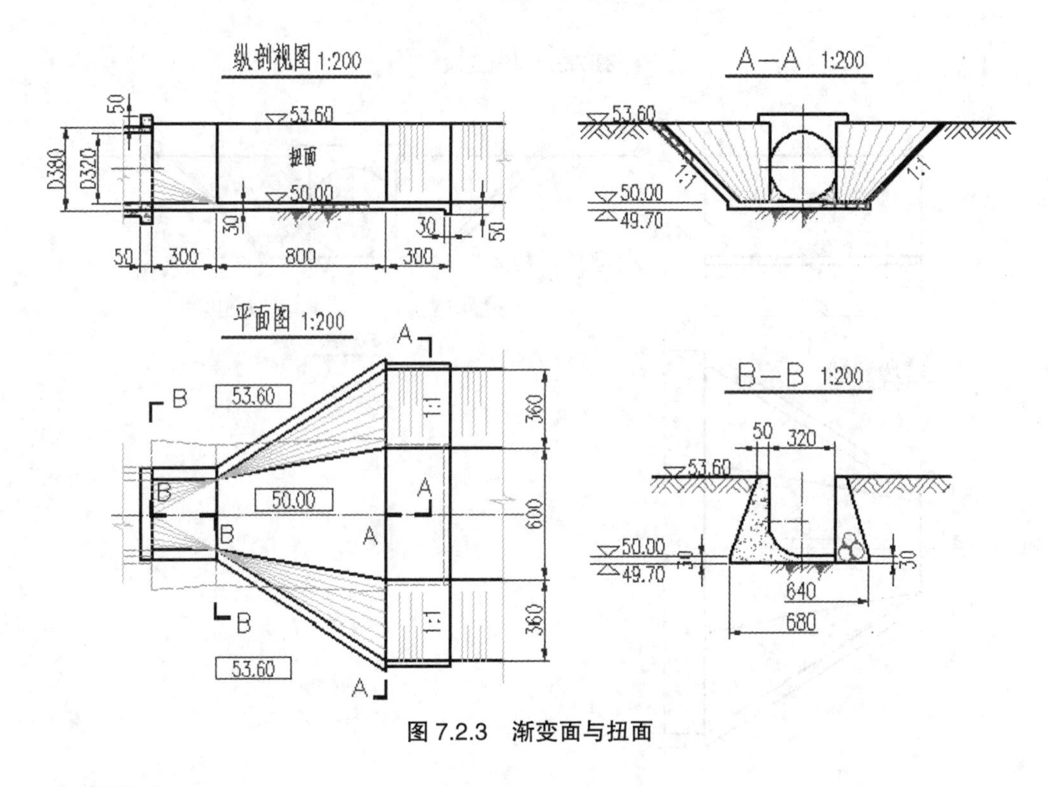

图 7.2.3　渐变面与扭面

1. 渐变面

渐变面是有三角形平面和斜椭圆锥面相切组合而成的，锥面部分绘制素线，如图 7.2.4 所示。

2. 扭面

扭面是直母线沿二交叉直线移动并始终平行于导平面而形成的。直母线为水平线或侧平线，导平面是水平面或侧平面。扭面的水平投影上绘制水平素线，侧面投影上绘制侧平素线，如图 7.2.5 所示。

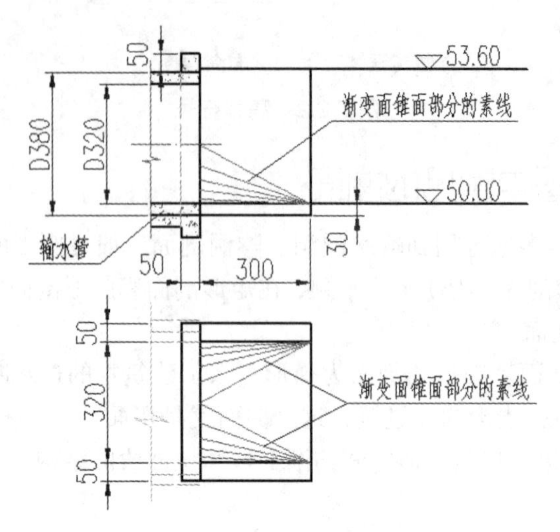

图 7.2.4　渐变段

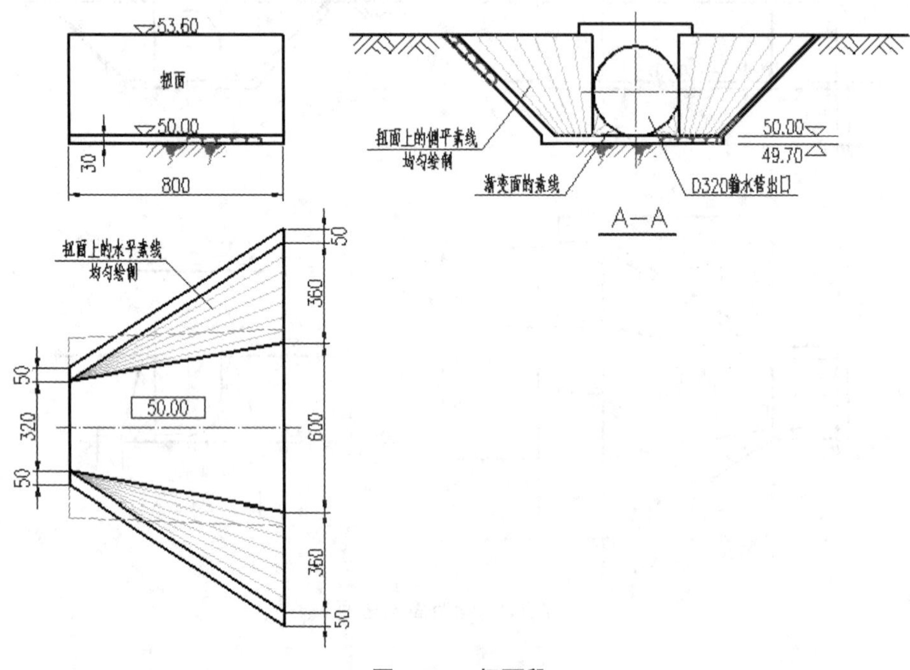

图 7.2.5　扭面段

7.2.3　绘制钢筋图

1. 钢筋图的画法

钢筋图主要表达构件中钢筋的位置、规格、形状和数量。钢筋图中构件的外形用细实线表示，钢筋用粗实线表示，钢筋的截面用小黑点表示。

I 级钢筋外形为光圆，钢筋两端加工成弯钩，如图 7.2.6（a）所示。用 PLINE 命令绘制弯钩的命令行序列如下：

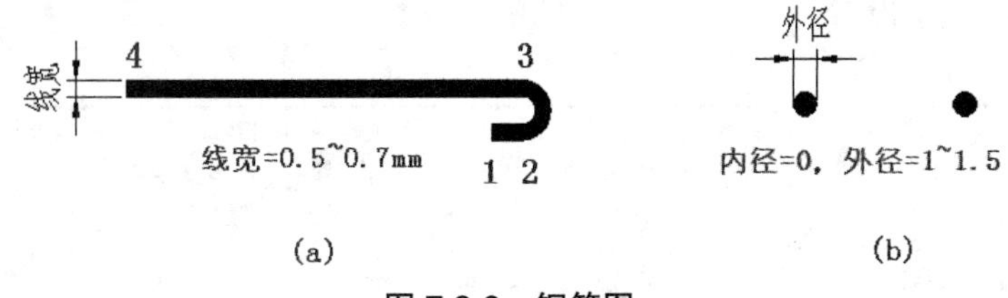

图 7.2.6　钢筋图

命令 : PLINE

指定起点 :　　　　　　　　　　　　　　　　；指定点 1

当前线宽为 0.0000

指定下一个点或 [圆弧（A）/ 半宽（H）/ 长度（L）/ 放弃（U）/ 宽度（W）]: w

　　　　　　　　　　　　　　　　　　　　　；选择“宽度（W）”设置线宽

指定起点宽度 <0.0000>:　　　　　　　　　　；指定起点宽（考虑比例放大）

指定端点宽度 <0.0000>:　　　　　　　　　　；回车，端点与起点同宽

指定下一个点或 [圆弧（A）/ 半宽（H）/ 长度（L）/ 放弃（U）/ 宽度（W）]:

　　　　　　　　　　　　　　　　　　　　　；指定点 2

指定下一点或 [圆弧（A）/ 闭合（C）/ 半宽（H）/ 长度（L）/ 放弃（U）/ 宽度（W）]: a

　　　　　　　　　　　　　　　　　　　　　；选择“圆弧（A）”选项

指定圆弧的端点或

[角度（A）/ 圆心（CE）/ 闭合（CL）/ 方向（D）/ 半宽（H）/ 直线（L）/ 半径（R）/ 第二个点（S）/ 放弃（U）/

宽度（W）]:　　　　　　　　　　　　　　　；指定点 3

指定圆弧的端点或

[角度（A）/ 圆心（CE）/ 闭合（CL）/ 方向（D）/ 半宽（H）/ 直线（L）/ 半径（R）/ 第二个点（S）/ 放弃（U）/

宽度（W）]: •　　　　　　　　　　　　　　；选择“直线（L）”选项

指定下一点或 [圆弧（A）/ 闭合（C）/ 半宽（H）/ 长度（L）/ 放弃（U）/ 宽度（W）]:

　　　　　　　　　　　　　　　　　　　　　；指定点 4

……

剖面图中，钢筋截面用 DONUT 命令绘制，内径为 0 即成黑点，如图 7.2.6（b）所示。命令行序列如下：

命令 : DONUT

指定圆环的内径 <0.5000>: 0　　　　　　　　；内径为 0

指定圆环的外径 <1.0000>:　　　　　　　　　；指定外径

指定圆环的中心点或 < 退出 >:　　　　　　　　；指定中心点绘制黑点

……

无论实际钢筋直径尺寸多大，粗实线线宽和小黑点外径不变，但线宽和外径应按打印比例的反比例放大。

2. 设置绘图环境

①图层按图 7.2.7 设置。

图 7.2.7　钢筋图图层设置

②文字样式的设置要考虑钢筋直径符号的标注。表 7.2.1 所示中“simpl1.shx”字体考虑了钢筋符号的标注。

表 7.2.1　钢筋图文字样式

样式名	字体名	效果	说明
gbeitc	gbeitc.shx + gbcbig.shx	默认	用于尺寸标注与小号汉字标注
simpl1	simpl1.shx	默认	用于钢筋符号标注
simsun	宋体	宽度比例 0.7，其余默认	图名、标题栏等

为了正确显示钢筋直径符号，要选择合适的字体文件，且不同字体对应不同的符号转换码。例如，II 级钢筋符号的表示使用 simpl1.shx 字体文件输入“%%132”，如图 7.2.8 所示。

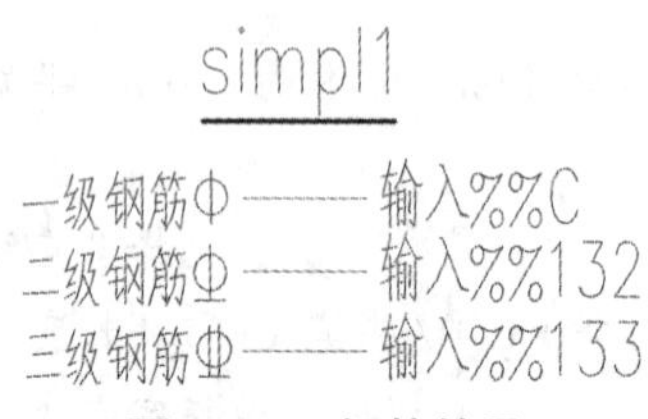

图 7.2.8　钢筋符号

③尺寸样式按前述方法进行设置，如果没有直径、半径、角度的标注，就只需设置主样式。

3. 钢筋编号与尺寸标注

钢筋编号的小圆圈直径为 5~6mm，引出线和圆圈都用细实线绘制。钢筋标注的字体、字号可以与尺寸标注的字体和字高一致。

【例 7–1】绘制图 7.2.9 所示梁的钢筋图。

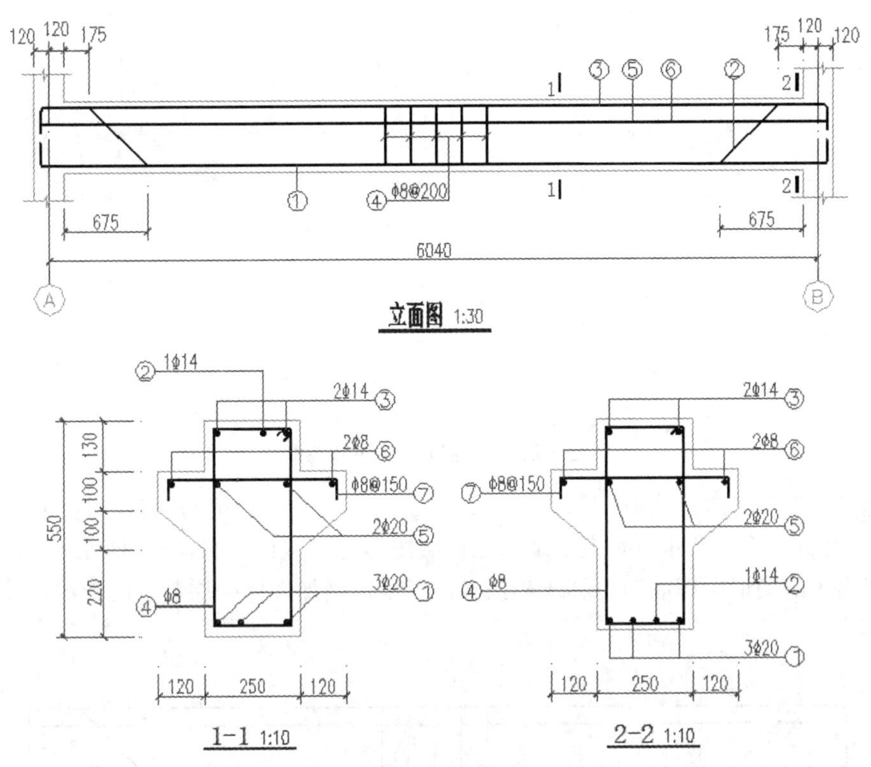

图 7.2.9　梁的钢筋图

步骤 1　设置图层、文字样式与尺寸样式。尺寸样式按不同图形比例设置两个，如图 7.2.10 所示，分别用于标注 1:30 的立面图和 1:10 的剖面图。

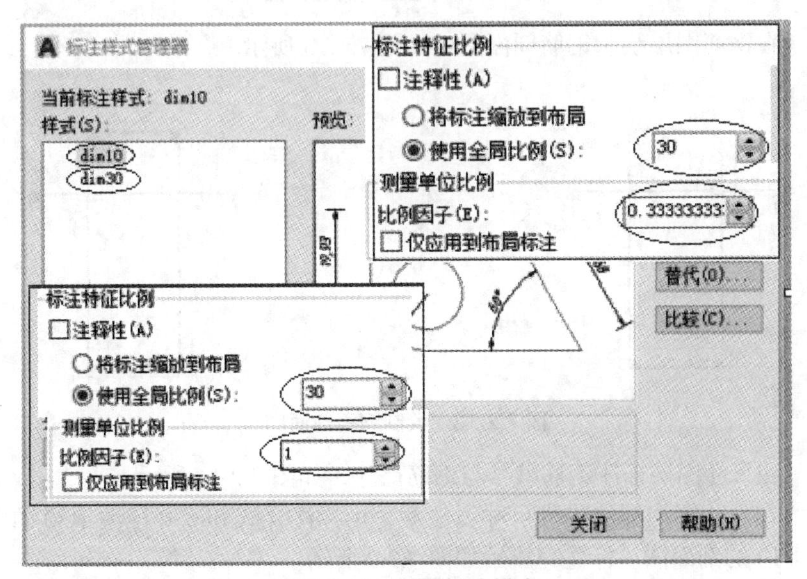

图 7.2.10　设置标注样式

步骤 2　在细实线图层绘制构件外形轮廓（见图 7.2.11）。先按比例 1:1 绘制各视图，完成后将剖面图放大 3 倍，以便按立面图的 1:30 打印出 1:10 的剖面图。

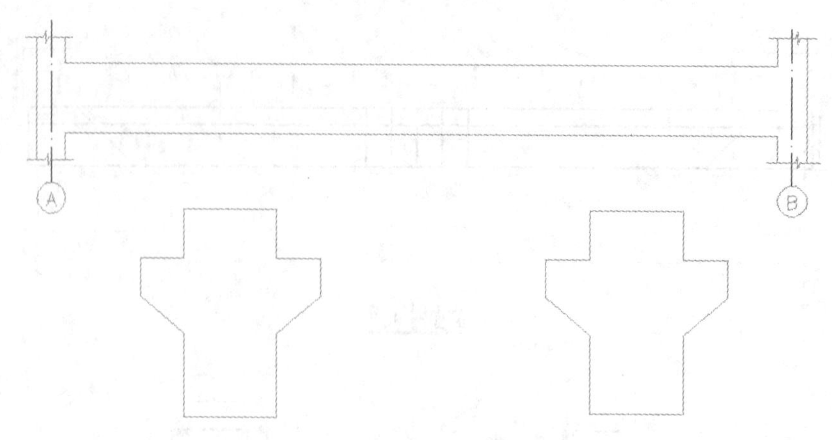

图 7.2.11 绘制构件外形轮廓

步骤 3 在钢筋图层绘制钢筋立面图，如图 7.2.12 所示。钢筋图没有弯钩时也可以用 LINE 命令绘制，长度尺寸不必太精确，保护层按 20mm 左右考虑。当图形比例较小时，为防止打印出来的图形中钢筋与轮廓线相接触，可以适当加大保护层绘制图形。

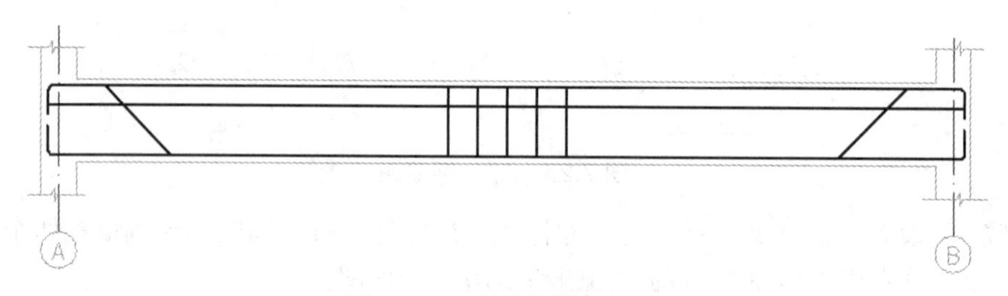

图 7.2.12 绘制钢筋立面图

步骤 4 在钢筋图层绘制钢筋剖面图，如图 7.2.13 所示。

图 7.2.13 绘制钢筋剖面图

步骤 5 在尺寸图层标注钢筋编号与钢筋尺寸，如图 7.2.14 所示。

步骤 6 在尺寸图层标注构件尺寸。注意，用标注样式 dim30 标注 1:30 的立面图，用 dim10 标注 1:10 的剖面图。标注完成后如图 7.2.9 所示。

步骤 7 制作钢筋表，如图 7.2.15 所示。

步骤 8 插入图框并保存图形。

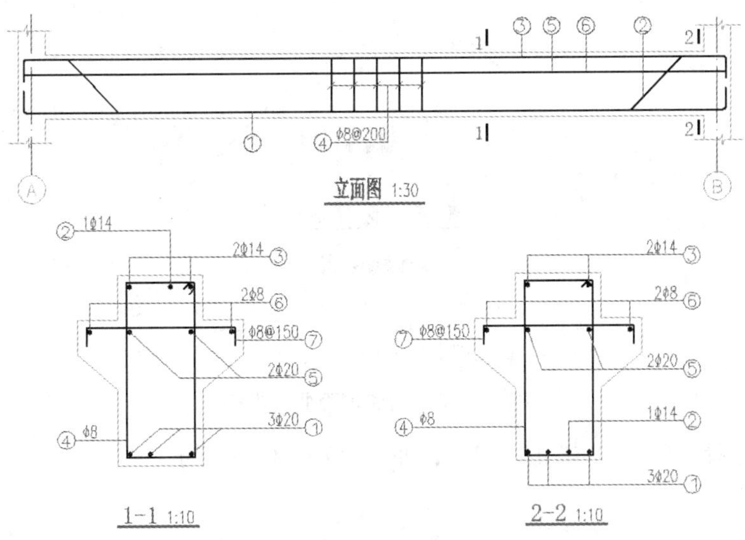

图 7.2.14　标注钢筋编号和尺寸

钢筋表					
编号	直径	型式	单根长（mm）	根数	总长（m）
1	20	210 6230 210	6650	3	19.950
2	14	390 735 735 390 210 4450 210	7120	1	7.120
3	14	210 6320 210	6650	2	13.300
4	10	525 225	1512	36	54.432
5	10	6230	6230	2	12.460
6	8	6230	6230	2	12.460
7	8	50 440 50	540	40	21.600

说明：
1.保护层厚度25mm。
2.弯起钢筋的角度45°。

图 7.2.15　编制钢筋表

7.2.4　绘制溢流坝横剖视图

1. 绘制溢流坝面

溢流坝面为非圆曲线，其尺寸标注一般以“曲线坐标”列表表示，如图 7.2.16 所示。绘制过程如下。

1）设置坐标系

步骤 1　移动坐标系原点，如图 7.2.17（a）所示。

命令 : UCS　　　　　　　　　　　　　　　　；输入命令

当前 UCS 名称 : *世界*

指定 UCS 的原点或

[面（F）/ 命名（NA）/ 对象（OB）/ 上一个（P）/ 视图（V）/ 世界（W）/X/Y/Z/Z 轴（ZA）] < 世界 >: m　　　　；移动 UCS

指定新原点或 [Z 向深度（Z）] <0,0,0>:　　　　；捕捉原点 O

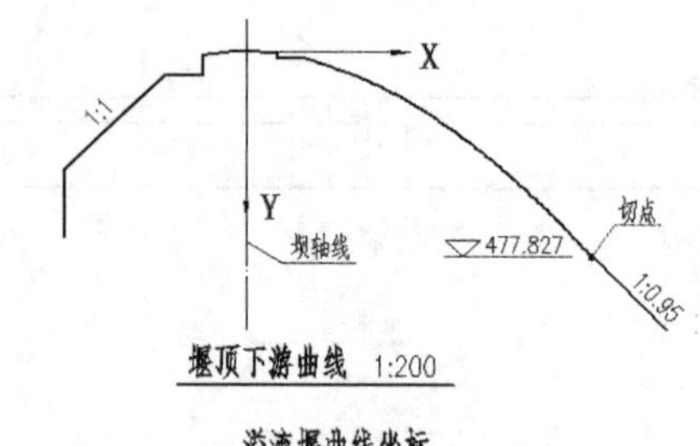

溢流堰曲线坐标

X(m)	2.673	3.888	5.655	7.041	8.226	9.280	10.242	11.132	11.2975(切点)
Y(m)	0.500	1.000	2.000	3.000	4.000	5.000	6.000	7.000	7.173(切点)

图 7.2.16　溢流坝面曲线坐标

步骤 2　选择 UCS 使 Y 轴正向向下，如图 7.2.17（b）所示。

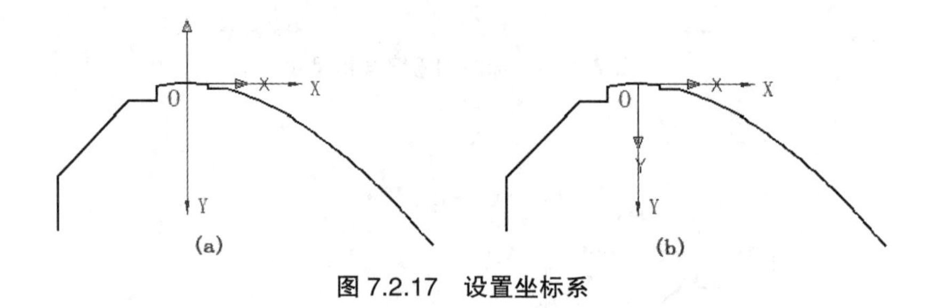

图 7.2.17　设置坐标系

2）定坐标点并绘制曲线

步骤 1　按曲线坐标表，用 POINT 命令绘制点（先用—PTYPE 命令设置点样式），如图 7.2.18（a）所示。

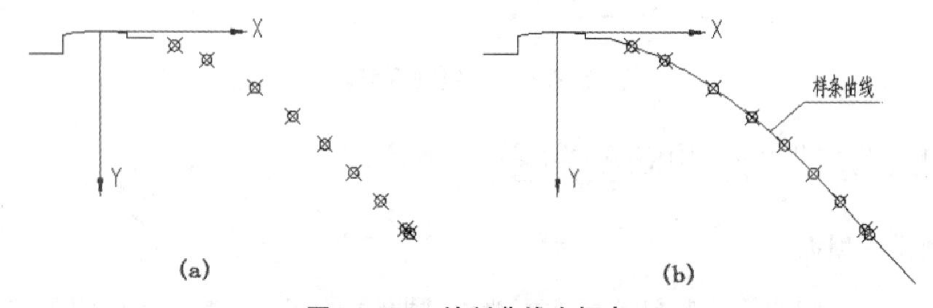

图 7.2.18　绘制曲线坐标点

步骤 2　用 SPLINE 命令依次捕捉各点绘制样条曲线，结果如图 7.2.18（b）所示。

2. 绘制溢流坝横剖视图

绘制图 7.2.19 所示溢流坝的横剖视图。

步骤 1　根据高程绘制高度方向的主要定位线，如图 7.2.20（a）所示；根据长度尺寸绘制左右主要轮廓线，如图 7.2.20（b）所示。

步骤 2　绘制溢流面曲线。顶部细部轮廓尺寸如图 7.2.21（a）所示；样条曲线的绘制如图 7.2.21（b）所示。在提示“指定起点切向：”时捕捉点 1，在提示“指定端点切向：”时捕捉点 2。

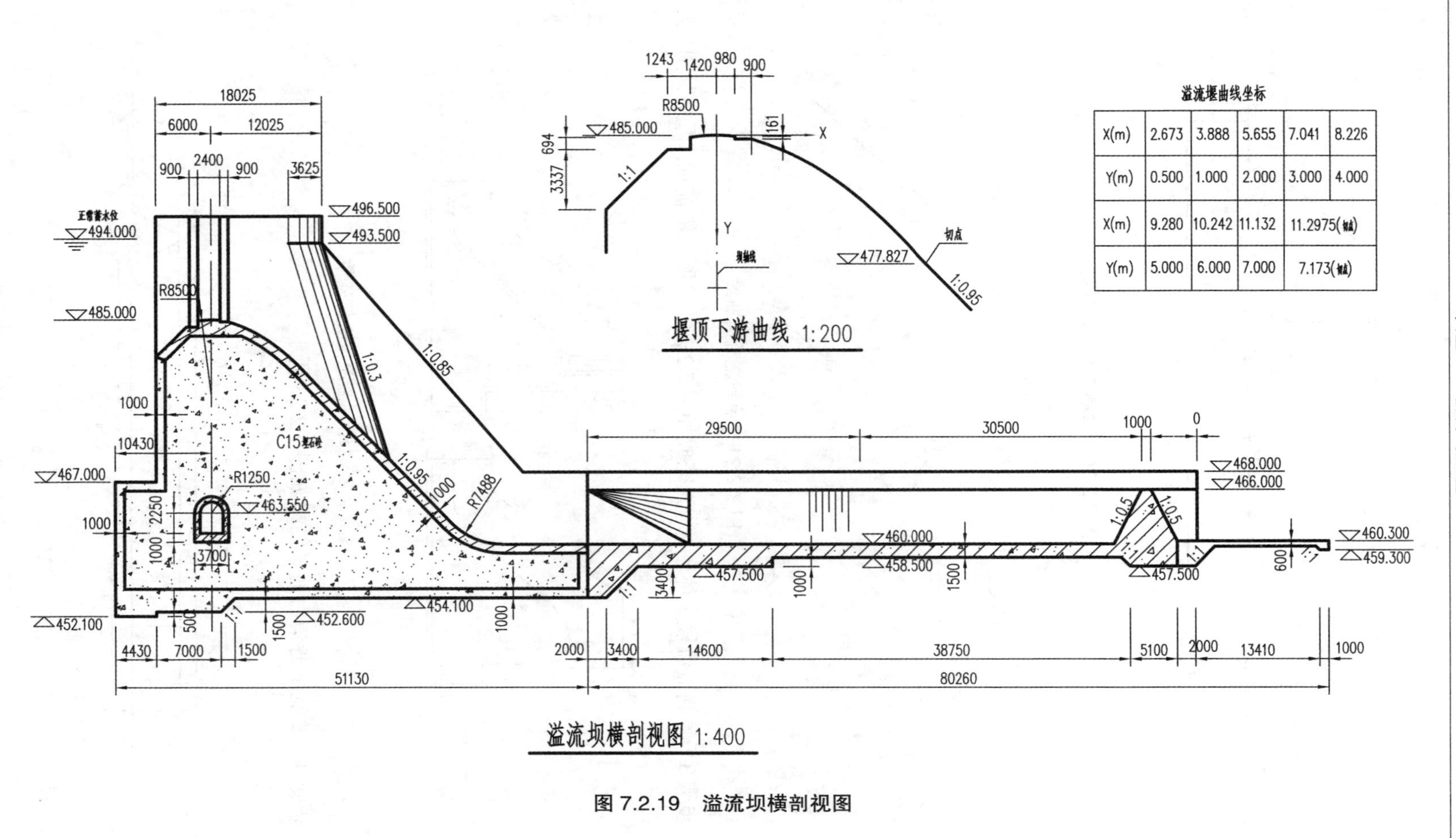

X(m)	2.673	3.888	5.655	7.041	8.226
Y(m)	0.500	1.000	2.000	3.000	4.000
X(m)	9.280	10.242	11.132	11.2975(切点)	
Y(m)	5.000	6.000	7.000	7.173(切点)	

图 7.2.19　溢流坝横剖视图

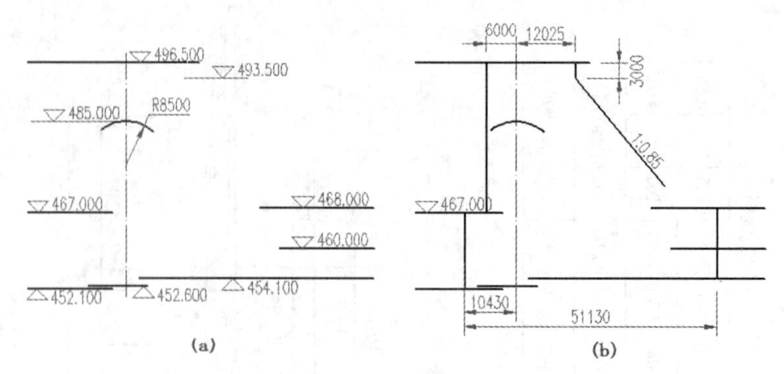

图 7.2.20 绘制主要定位轮廓

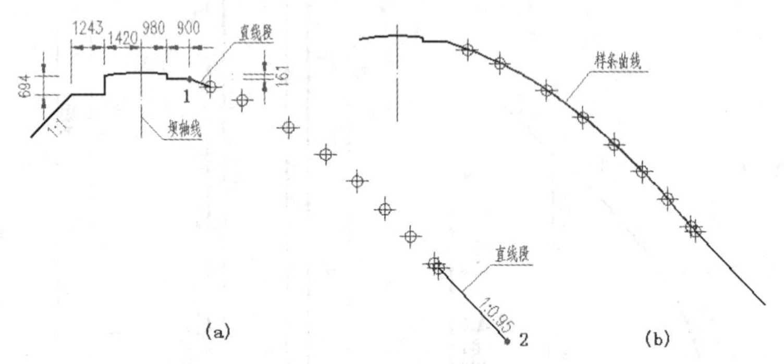

图 7.2.21 绘制溢流面曲线

步骤 3 绘制溢流段主体轮廓。先完成如图 7.2.22(a)所示溢流面；再绘制图 7.2.22(b)。

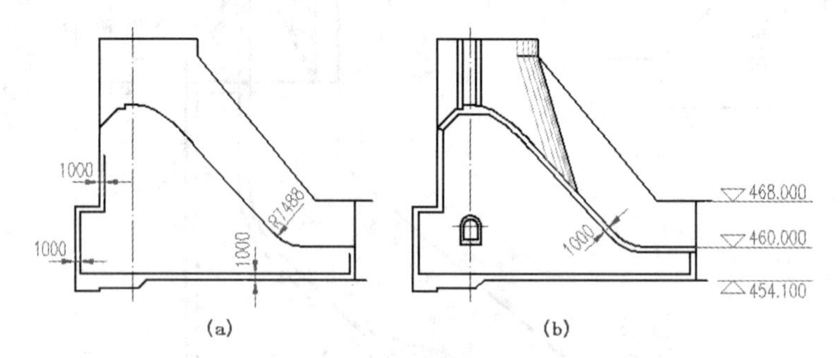

图 7.2.22 绘制溢流段主体轮廓

步骤 4 绘制下游消力池，结果如图 7.2.23 所示。

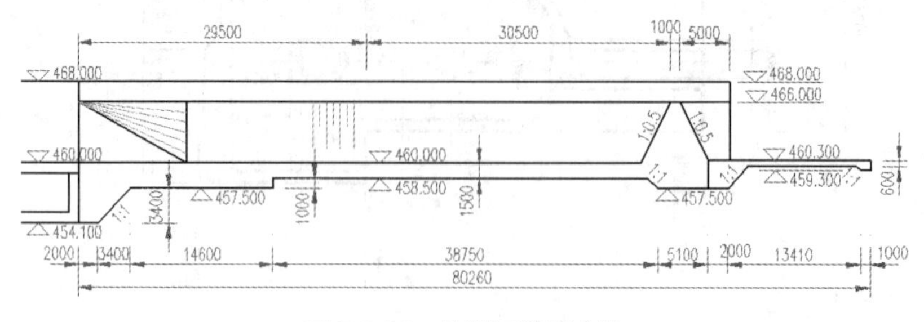

图 7.2.23 绘制下游消力池

步骤 5　绘制完成后的图形如图 7.2.20 所示。

最后填充材料符号、标注尺寸、插入图框，直到完成全图。

7.2.5　水闸设计图

水闸由上游连接段、闸室、下游连接段组成。绘图过程按组成部分先绘制主要结构、后次要结构、再细部结构进行，也就是按先整体后局部再细部的过程进行。各视图应结合起来按投影关系绘制，而不是独立地逐个完成各视图。

绘制图 7.2.24 所示水闸设计图。

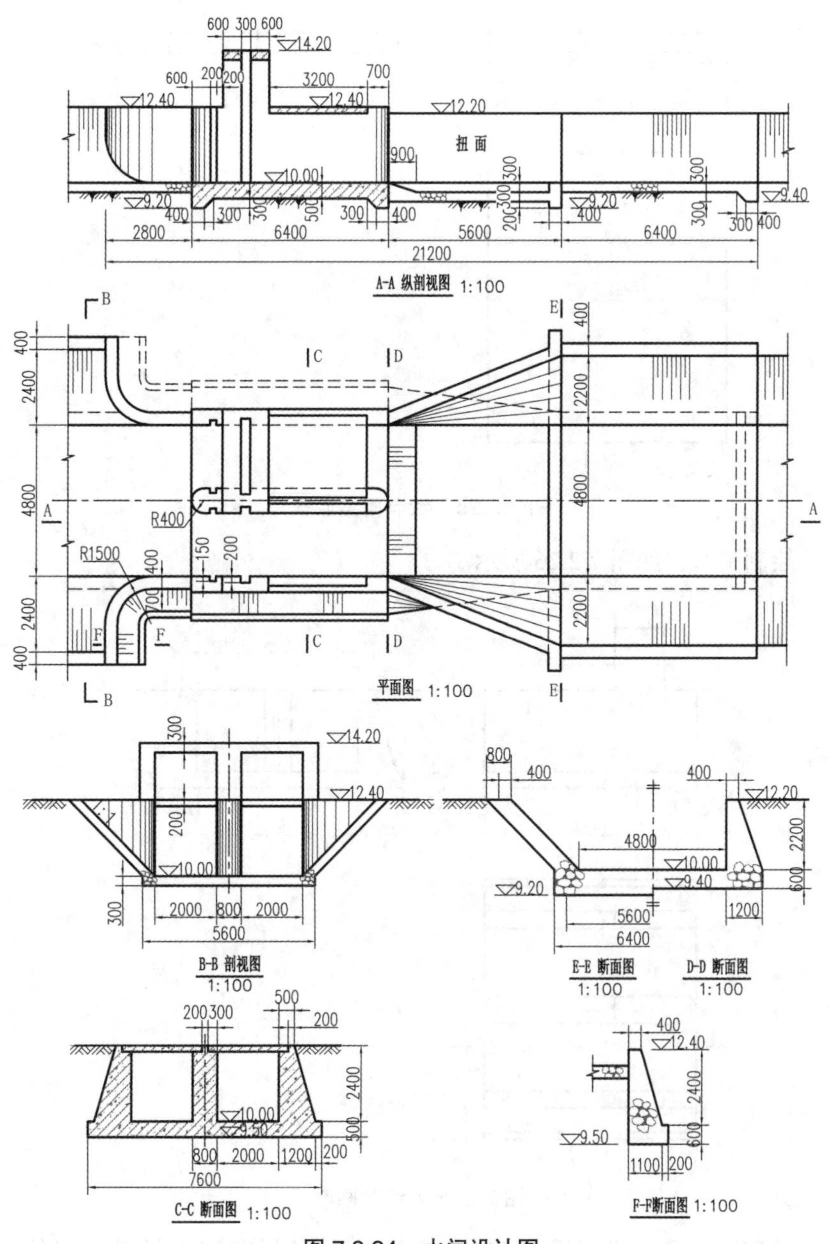

图 7.2.24　水闸设计图

1. 设置绘图环境

以前述“水工图 .dwt”开始新图，或按前述方法设置图层、文字样式、尺寸标注样式等。本设计图各视图均为 1:100 的比例，且尺寸单位为毫米，适合采用毫米单位按 1:1 绘图。根据图形的尺寸，选择 A3 图幅按 1:100 打印。

2. 绘制闸室部分

步骤 1 绘制闸室底板，如图 7.2.25 所示。

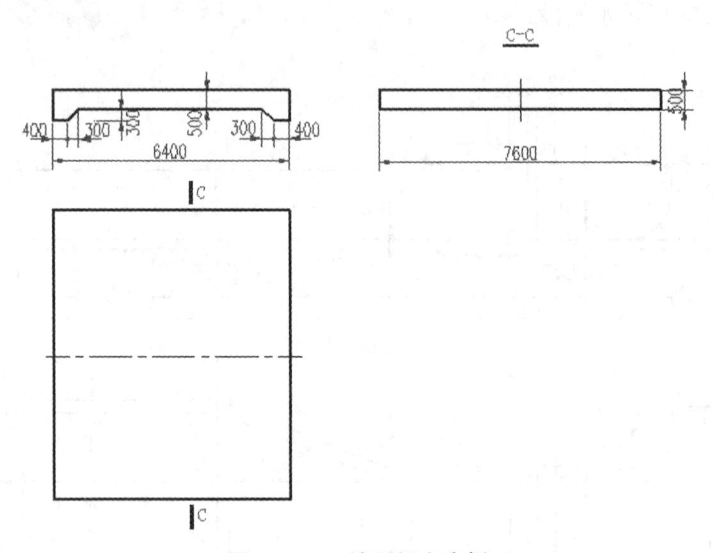

图 7.2.25 绘制闸室底板

步骤 2 绘制闸墩，如图 7.2.26 所示。

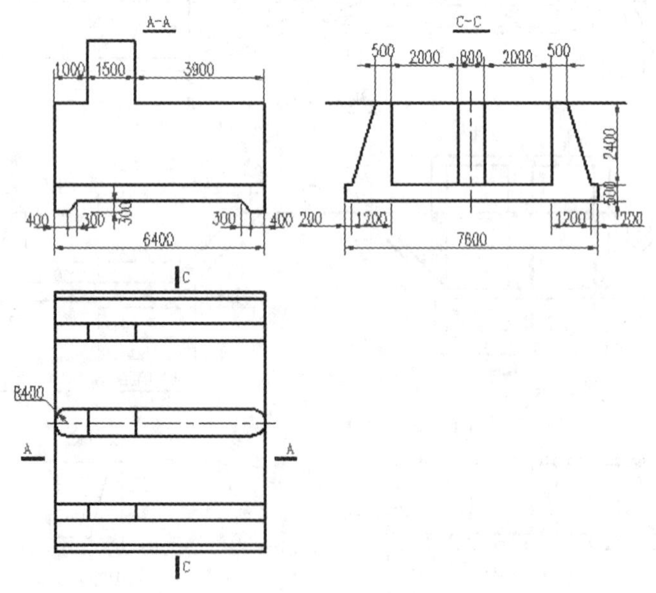

图 7.2.26 绘制闸墩

步骤 3 绘制闸门槽、交通桥和工作桥。绘制平面图前先去掉下边一半的回填土、拆卸桥面板，所以下边闸墩和底板画实线，而上边一半中闸墩和底板的投影被遮挡，画虚线，如图 7.2.27 所示。

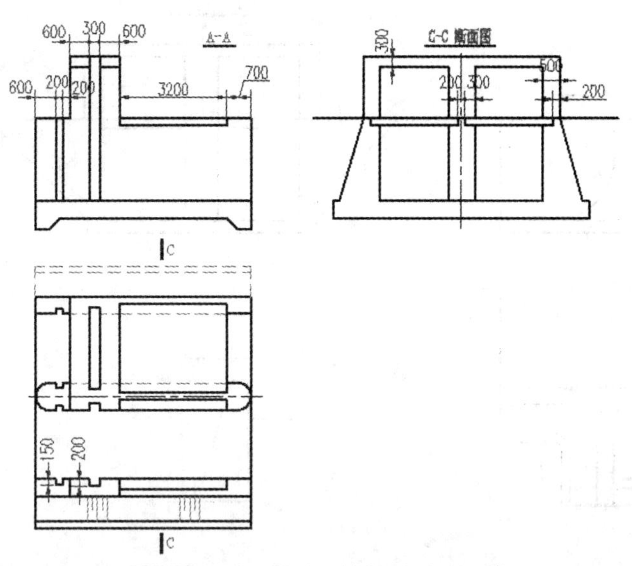

图 7.2.27　绘制门槽、工作桥和交通桥

3. 绘制上游连接段

步骤 1　绘制上游连接段主要注意圆弧翼墙的绘制。坡度为 1:1 的平面翼墙的圆柱面交线为椭圆，由于平面倾斜 45°，所以其交线的投影为圆弧（否则为椭圆弧），作图方法如图 7.2.28 所示。

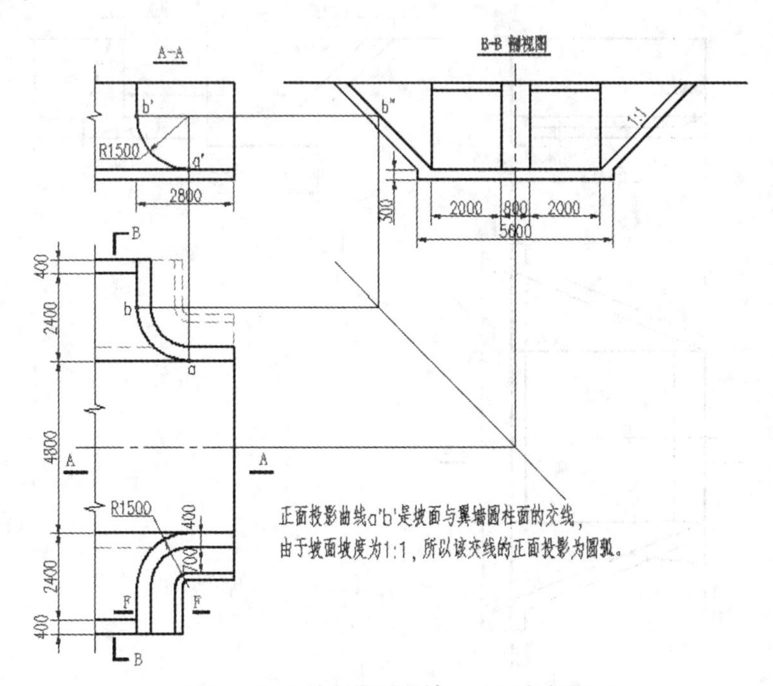

图 7.2.28　绘制圆弧翼墙、B–B 剖视图

步骤 2 绘制翼墙的 F-F 断面图，在 B-B 剖视图上添加交通桥，如图 7.2.29 所示。

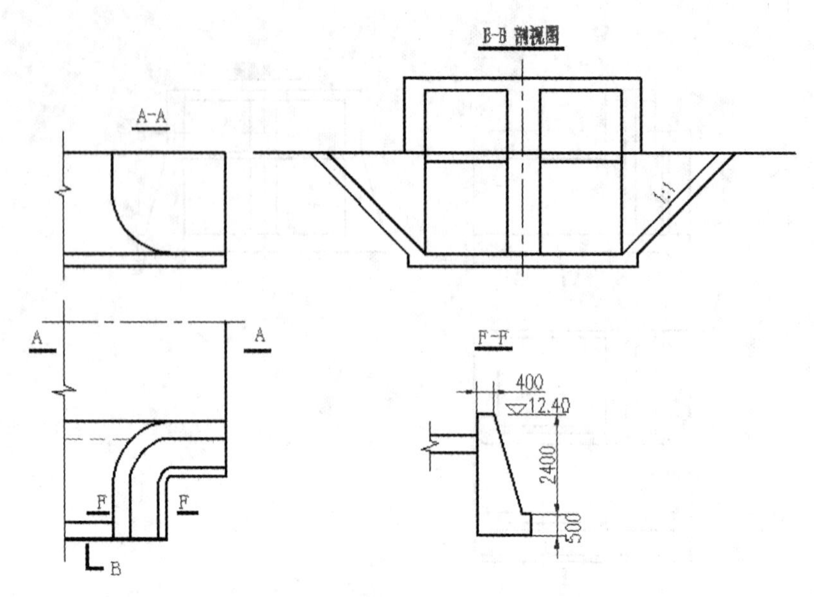

图 7.2.29 绘制工作桥、F-F 断面图

4. 绘制下游连接段

步骤 1 绘制扭面消力池段，如图 7.2.30 所示。

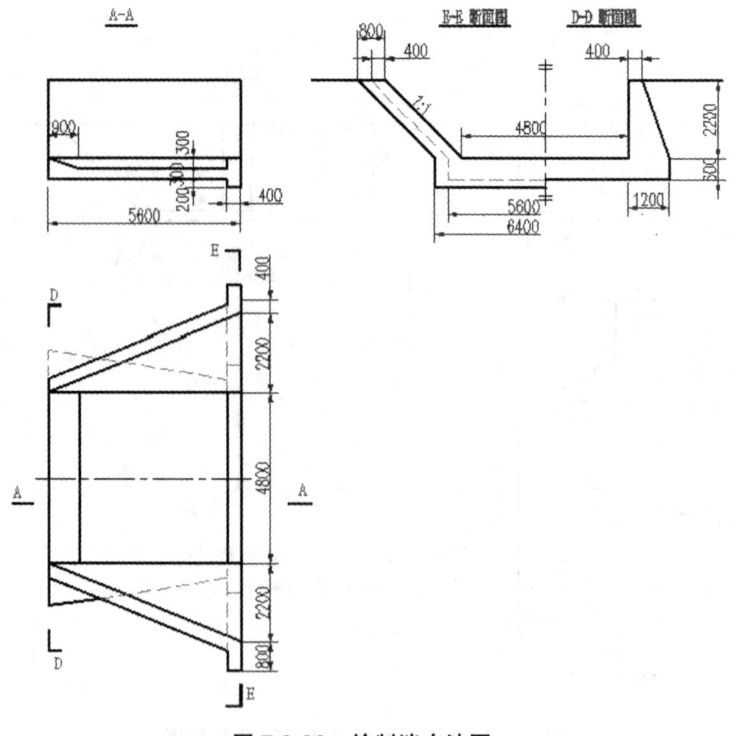

图 7.2.30 绘制消力池图

步骤 2　绘制下游护坡段，如图 7.2.31 所示。

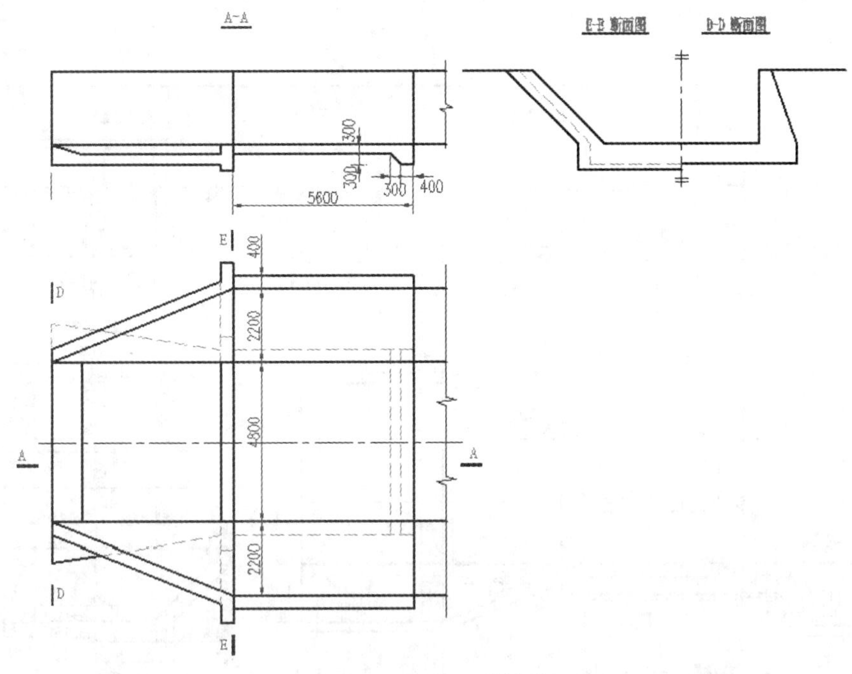

图 7.2.31　添加下游护坡图

5. 绘制材料图例等符号、标注图形

步骤 1　绘制示坡线、素线、材料图例。

材料图例通过填充和块插入完成，钢筋混凝土材料由“ANSI31”与“AR-CONC”图案组成，“夯实土”与“自然土”由自定义块插入完成或临时绘制。

示坡线间距约 200（按 1:100 打印之后约 2mm）。圆柱面的素线间距不等，靠近轴线处的较稀，靠近轮廓线处的较密。扭面上的素线呈放射状，分散的一端为等间距，如图 7.2.32 所示。

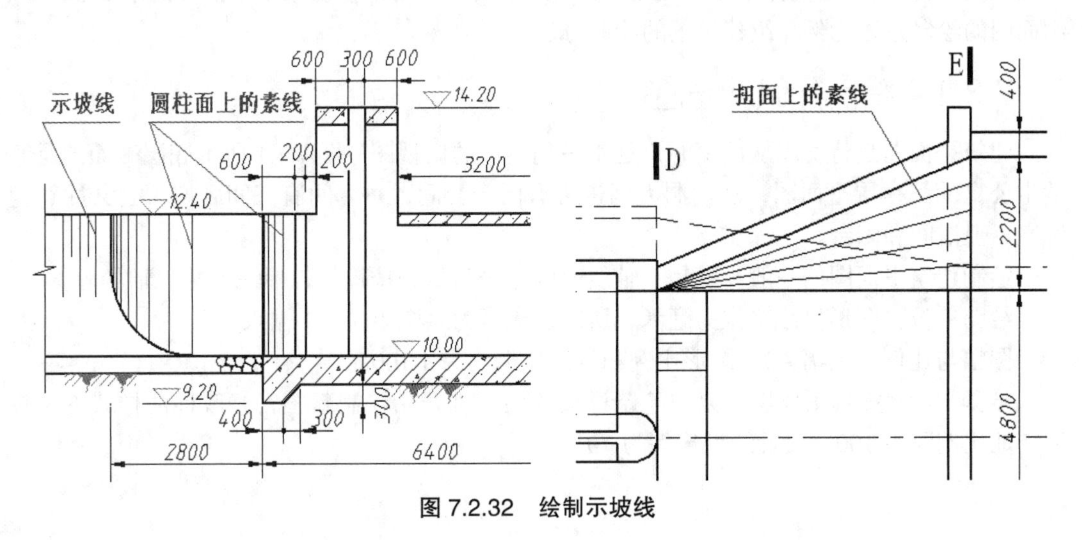

图 7.2.32　绘制示坡线

步骤 2 标注。考虑在模型空间标注，包括尺寸标注、剖切标注、确定图名等。

步骤 3 插入 A3 图框、保存图形。打印预览如图 7.2.33 所示。

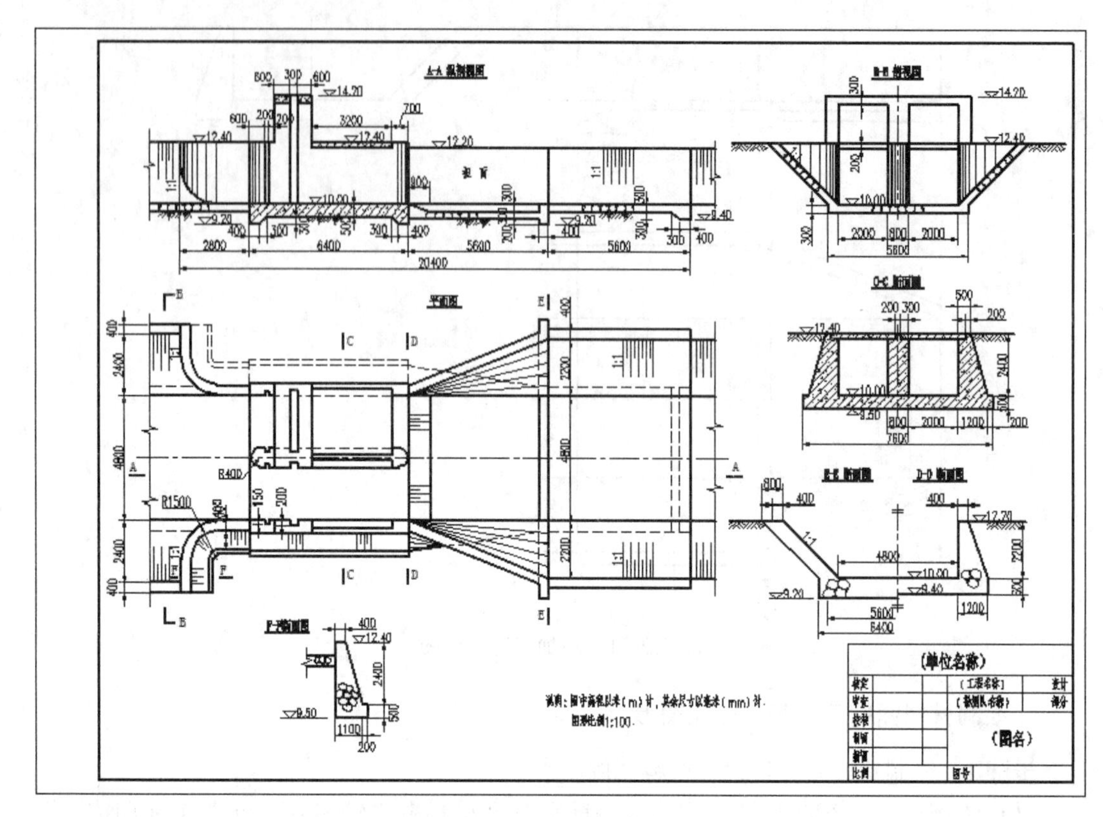

图 7.2.33 打印预览结果

任务 7.3 绘制建筑施工图

建筑平面、立体、剖面图是房屋施工中最基本的图样，本节以某学生公寓的平面、立体、剖面图的绘制过程为例介绍建筑图的绘制方法。

7.3.1 绘制建筑平面图

建筑平面图是将房屋从门窗洞口处水平剖切后的俯视图。图 7.3.1 所示底层平面图是某学生公寓的第一层平面图，从门洞大门进去有两个套间，每套间有三间卧室、公共厅、盥洗室、卫浴间和阳台。

绘制建筑平面图的一般步骤是：轴线→墙体→门窗→楼梯等，标注尺寸、轴号等。

绘图单位：图形尺寸单位为毫米，所以以毫米为绘图单位 1:1 输入。

图幅与比例：图幅 A3，图形比例和打印比例均为 1:100。

步骤 1 设置绘图环境。以“建筑样板”为基础开始绘制新图，修改标注样式的“标注特征比例”为 100，设置线型比例为 70。

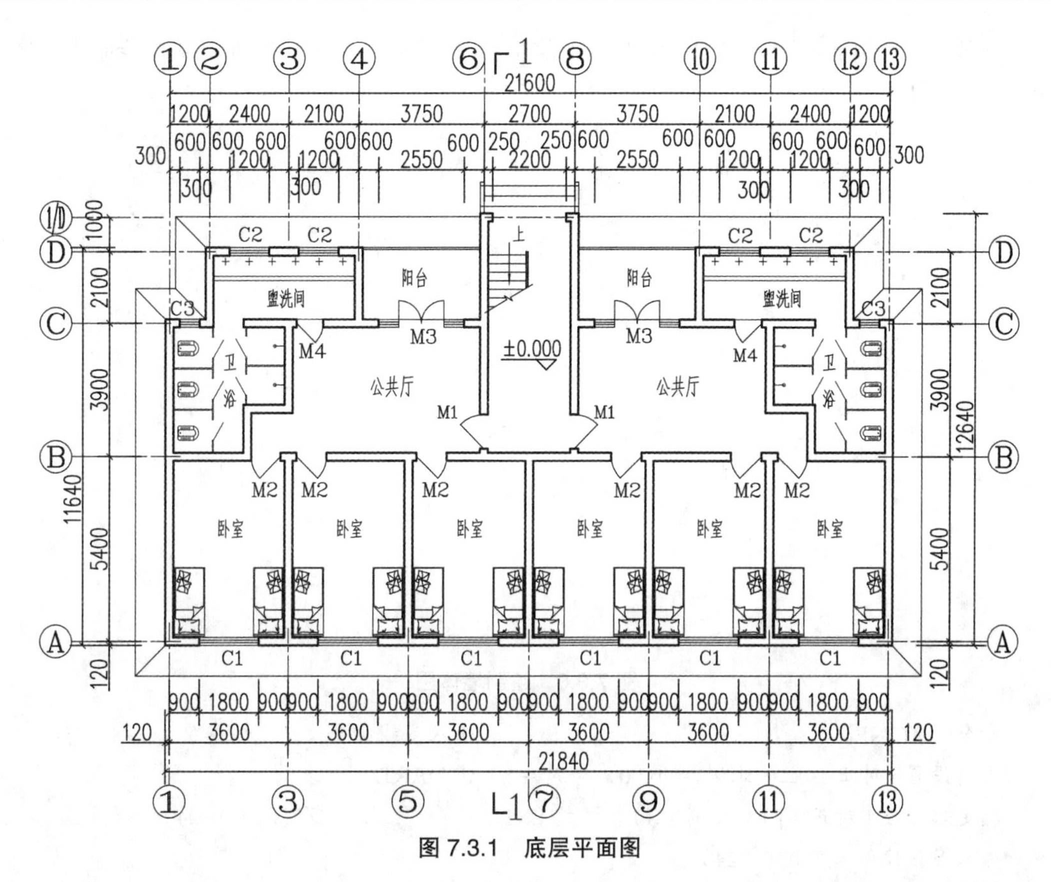

图 7.3.1　底层平面图

步骤 2　绘制轴线。由于布局对称，故可以只绘制一半图形。以“轴线”为当前层，先用直线命令分别绘制一条水平轴线和一条垂直轴线，再通过“偏移”得到其他轴线，如图 7.3.2 左图所示。参考底层平面图的房间布置整理轴线，如图 7.3.2 右图所示。

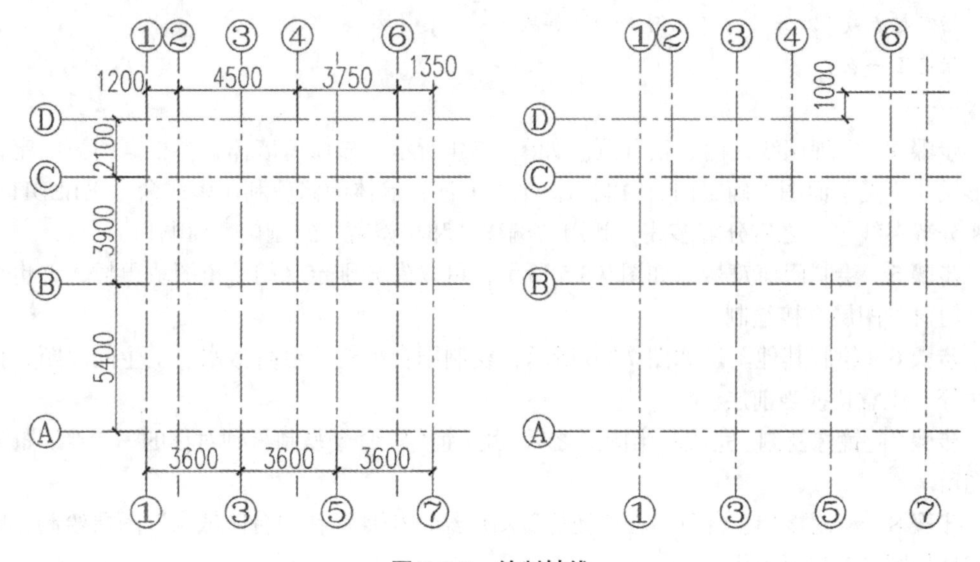

图 7.3.2　绘制轴线

步骤 3　绘制墙体图。以“墙线”为当前层，参考图 7.3.3 先绘制外墙图再绘制内墙图。命令序列如下：

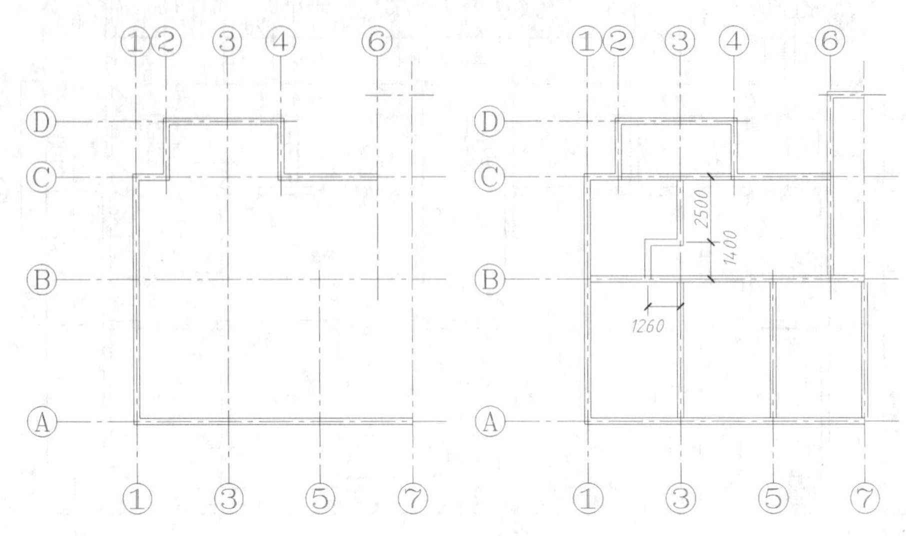

图 7.3.3　绘制墙体图

命令 : MLINE　　　　　　　　　　　　　　　　; 输入多线命令

当前设置 : 对正 = 上，比例 = 20.00，样式 = STANDARD

指定起点或 [对正（J）/ 比例（S）/ 样式（ST）]: s　; 设置多线比例为 240（绘制 24 墙）

输入多线比例 <20.00>: 240

当前设置 : 对正 = 上，比例 = 240.00，样式 = STANDARD

指定起点或 [对正（J）/ 比例（S）/ 样式（ST）]: j　; 设置对正方式为“无（Z）”偏移

输入对正类型 [上（T）/ 无（Z）/ 下（B）] < 上 >: z

当前设置 : 对正 = 无，比例 = 240.00，样式 = STANDARD

指定起点或 [对正（J）/ 比例（S）/ 样式（ST）]:

指定下一点 :

……

步骤 4　整理墙线，门、窗开洞。如图 7.3.4 所示，先修剪墙体，再根据门窗的定位与定形尺寸（见平面图）确定门、窗洞口。推荐方法：墙体的修剪利用多线命令 MLEDIT（先不要分解多线），之后分解多线，利用“偏移”和“修剪”绘制门、窗洞口。

步骤 5　绘制门窗符号。如图 7.3.5 所示，可以先分别定义门、窗图块再插入，也可以在“门窗”图层直接绘制。

步骤 6　绘制其他图。如图 7.3.6 所示，绘制阳台护栏、台阶散水、卫生间隔断、插入图块等。注意切换当前层。

步骤 7　镜像复制。完成一半图形之后，用“镜像”命令复制得到对称的另一半，如 7.3.7 左图所示。

步骤 8　绘制楼梯、台阶。在“楼梯”图层绘制楼梯，在“台阶散水”图层绘制台阶，完成后如图 7.3.7 右图所示。

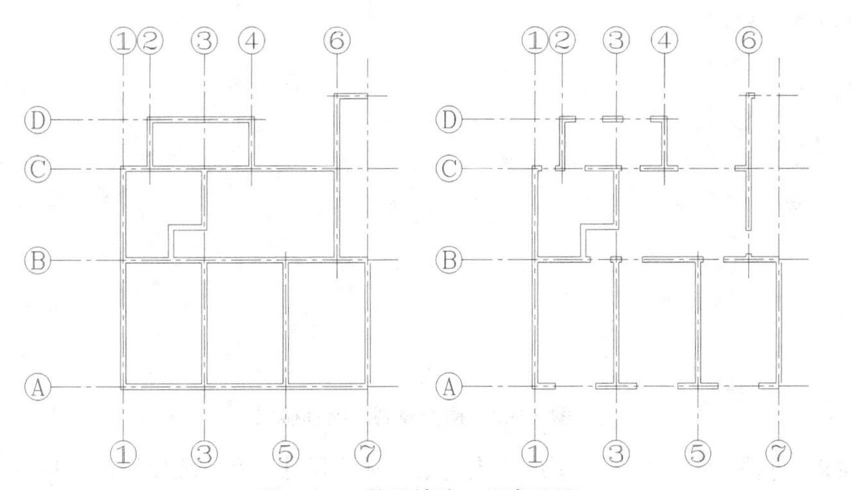

图 7.3.4　整理墙线、门窗开洞

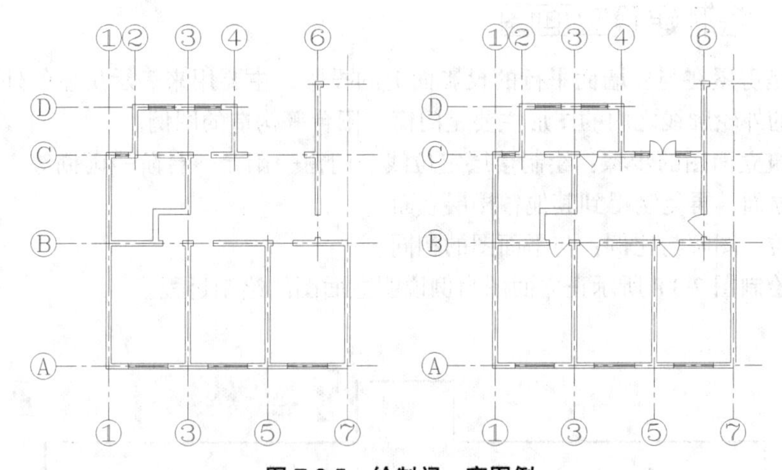

图 7.3.5　绘制门、窗图例

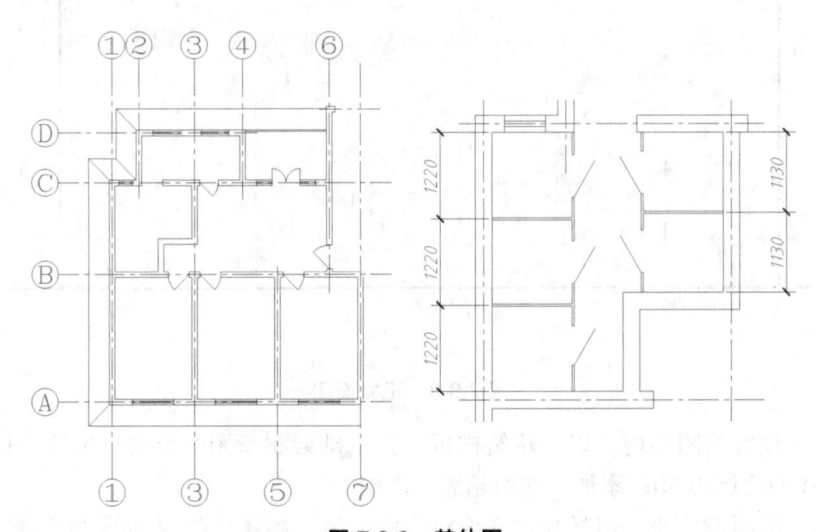

图 7.3.6　其他图

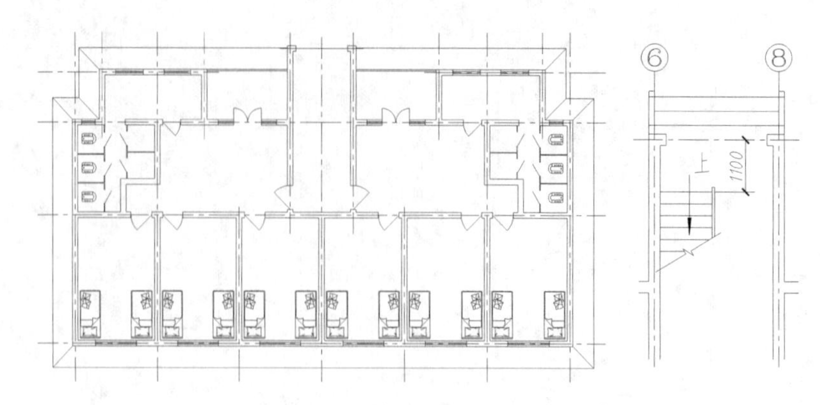

图 7.3.7 镜像复制、绘制楼梯

步骤 9 标注。以“尺寸”图层为当前层，标注尺寸，在“文字”图层标注图名等。

步骤 10 完成图形绘制，保存文件。

7.3.2 绘制建筑立面图

立面图是房屋在与外墙面平行的投影面上的投影，主要用来表示房屋的外部造型和装饰。立面图的外轮廓线之内的图形主要是门窗、阳台等构造的图例。

绘制建筑立面图的步骤：绘制楼层定位线→门窗→阳台→台阶→雨棚等，一般可以先绘制一层的立面，再复制得到其他各楼层立面。

绘图单位、图幅与比例：与平面图的相同。

下面以绘制图 7.3.8 所示正立面图为例说明立面图的绘制过程。

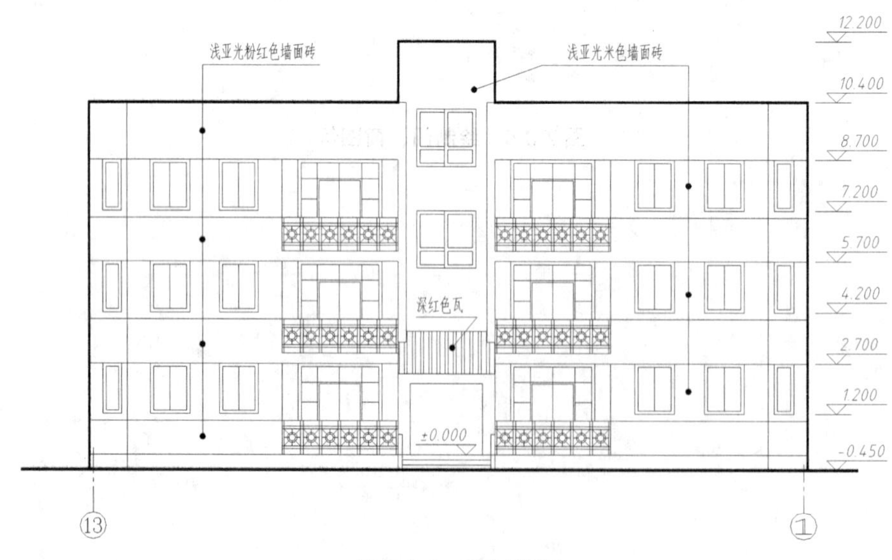

图 7.3.8 正立面图

步骤 1 设置绘图环境。以“建筑样板”为基础绘制新图，修改“标注特征比例”为 100；设置线型比例为 70；添加“立面轮廓”图层。

步骤 2 绘制定位线，包括与该立面对应的轴线、各楼层的层面线以及室外地面线，如图 7.3.9 所示。画出定位线是为了确定立面图上的门窗、阳台等的位置。

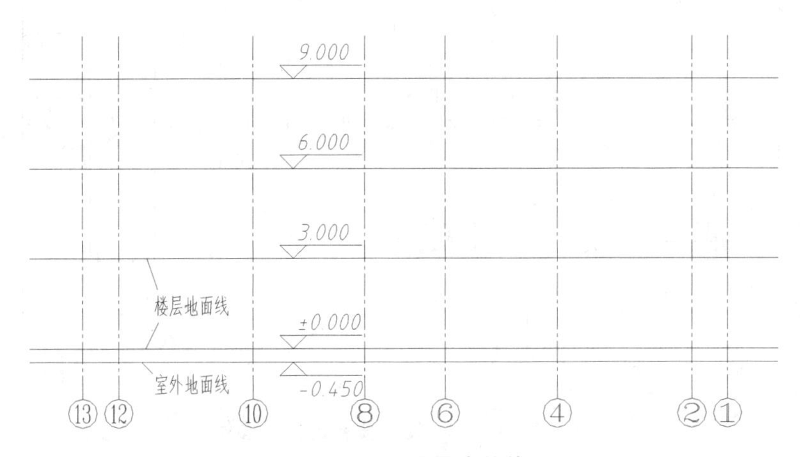

图 7.3.9　立面图定位线

步骤 3　绘制立面图的主要轮廓。以“立面轮廓”为当前层绘制外轮廓及其他可见轮廓线，外轮廓画粗实线，其他轮廓为中等粗实线。可以将外轮廓线用多段线绘制，设置宽度为 70（按 1:100 打印出来为 0.7mm）；地面线在“台阶散水”图层绘制，可以用宽度为 90 的多段线表示，如图 7.3.10 所示。

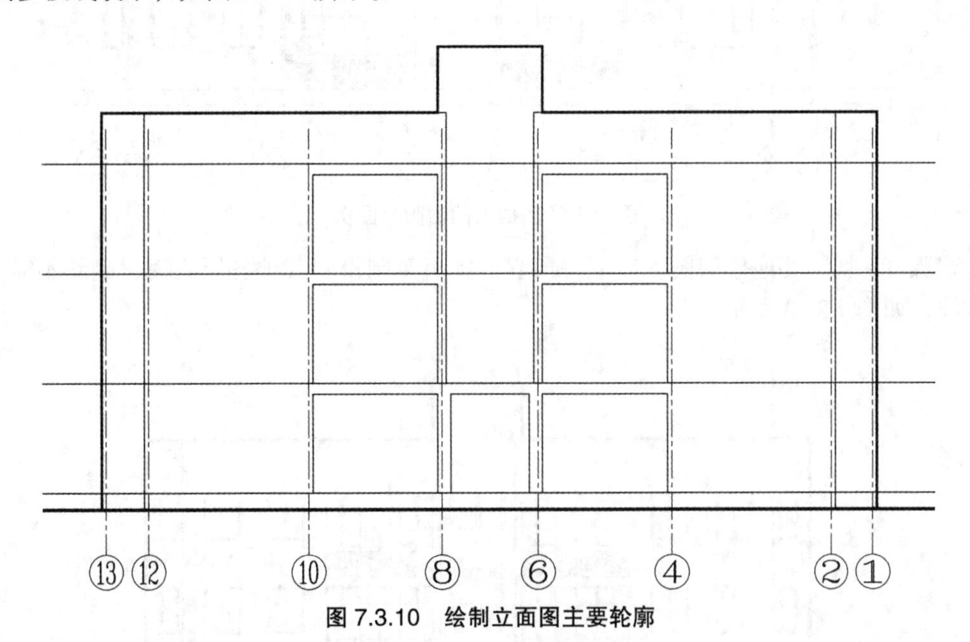

图 7.3.10　绘制立面图主要轮廓

步骤 4　创建门窗、阳台立面图例块。门、窗、阳台的立面图例一般以块的形式插入，按图 7.3.11 所示尺寸绘制门、窗、阳台护栏图例并创建块备用。

注：图块图形在“0”层绘制，特性选择“随层”。

步骤 5　插入门、窗、阳台的立面图例。分别以“门窗”、“阳台”为当前层，使用 INSET（插入）命令插入已创建的门、窗、阳台护栏图块，参照平面图的尺寸标注确定门窗的立面位置，如图 7.3.12 所示。

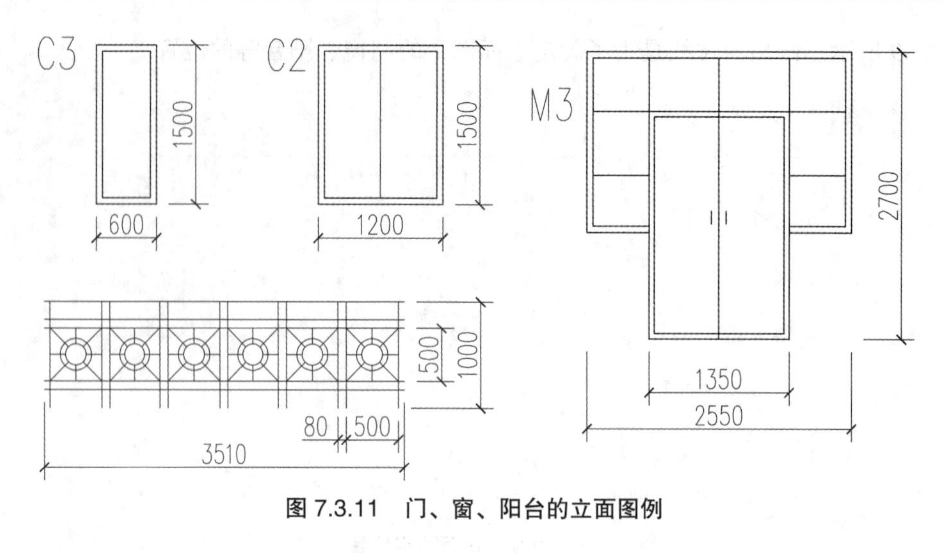

图 7.3.11 门、窗、阳台的立面图例

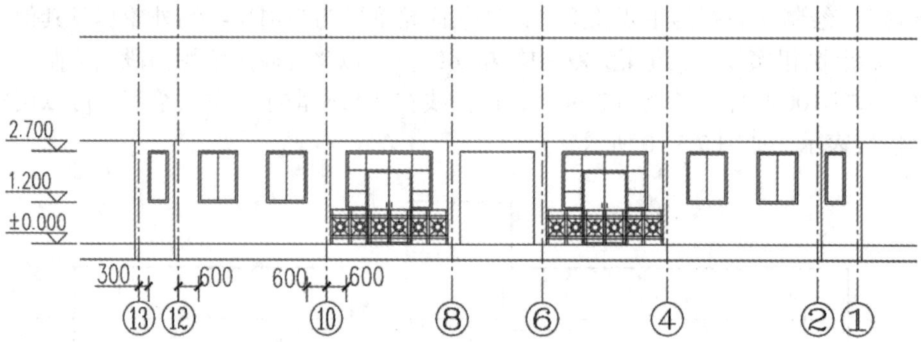

图 7.3.12 插入门窗阳台图例

步骤 6 复制其他楼层图。完成一层立面图后复制得到其他各层立面，删除不需要的定位线，如图 7.3.13 所示。

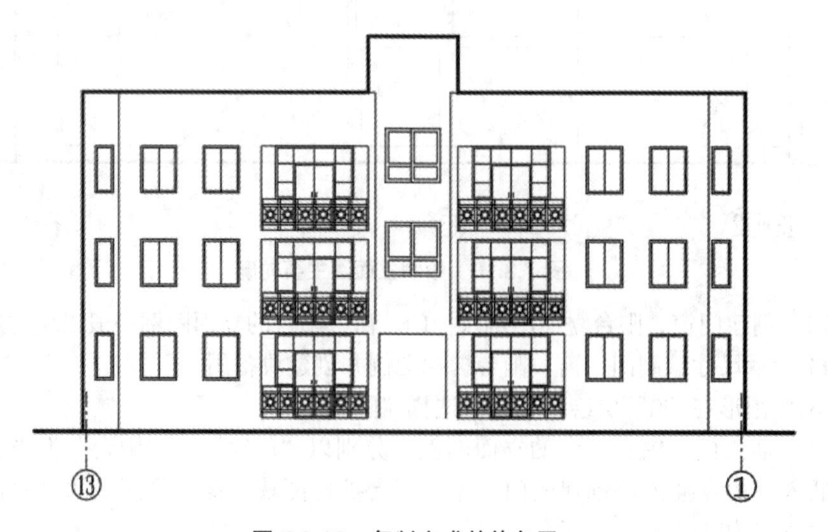

图 7.3.13 复制完成其他各层

步骤7　绘制雨棚、台阶立面图。以“屋面”为当前层绘制雨棚立面图，以“台阶散水”为当前层绘制台阶立面图，如图7.3.14所示。

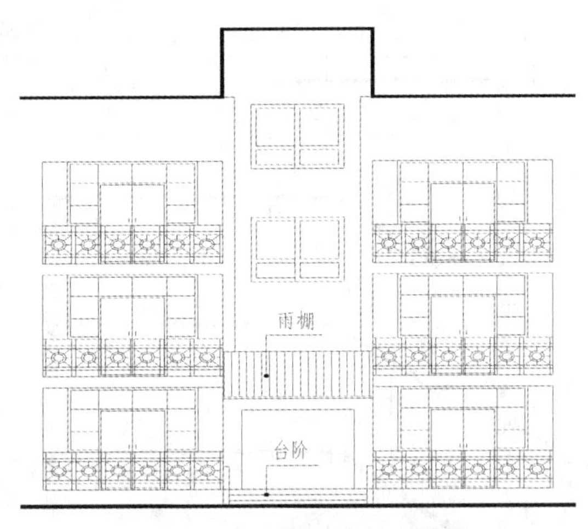

图7.3.14　雨棚、台阶立面图

步骤8　绘制引条线。在“立面轮廓”图层绘制装饰引条线，如图7.3.15所示。

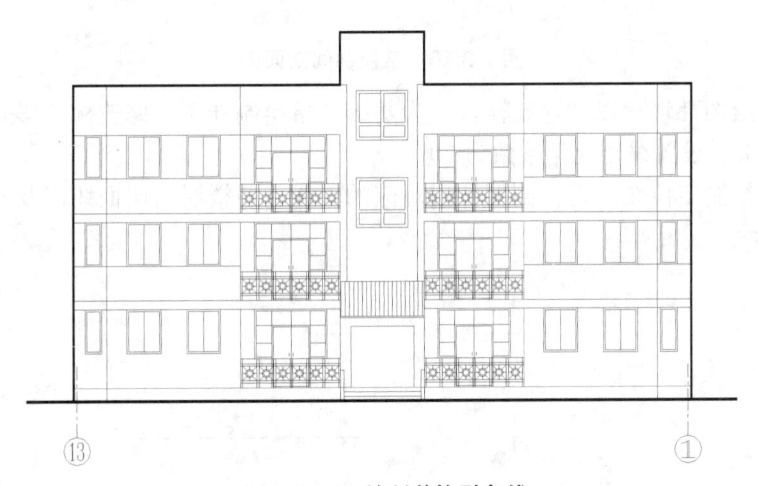

图7.3.15　绘制装饰引条线

步骤9　标注。标注立面装饰说明、标高等，完成图形绘制。

7.3.3　绘制建筑剖面图

建筑剖面图是房屋的垂直剖视图，主要用来表示房屋内部的分层、结构形式、构造方式、材料、做法、各部位间的联系及其高度等情况。图7.3.16是学生公寓的楼梯间剖面图，剖切位置见底层平面图。建筑剖面图与建筑平面图、建筑立面图互相配合，表示房屋的全局。所以绘图时需要结合平面图与立面图才能确定某些结构的形状和尺寸。

绘制建筑剖面图的步骤是：绘制定位线、墙体、楼面板、梁柱、门窗、楼梯等，一般可以先绘制一层的剖面，再复制得到其他各楼层剖面。

绘图单位、图幅与比例：与平面图相同。

下面以绘制图 7.3.16 所示剖面图为例说明剖面图的绘制步骤。

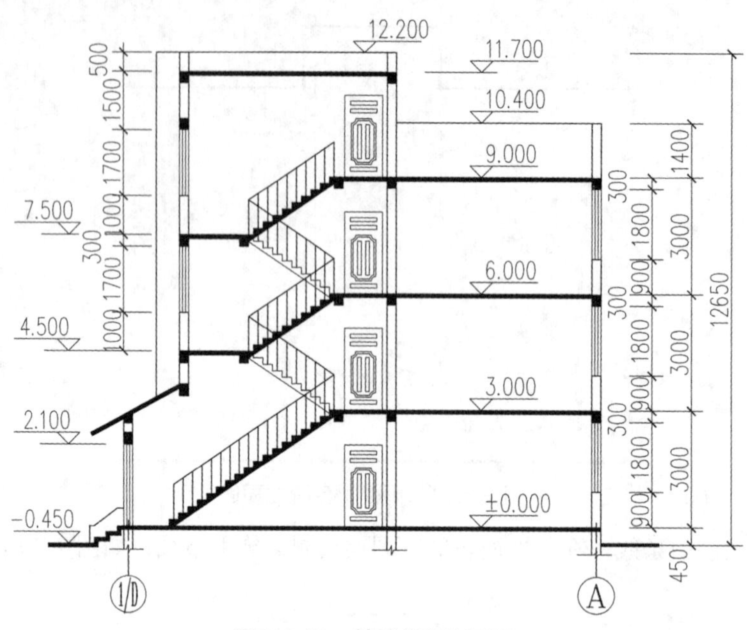

图 7.3.16　某楼梯间剖面图

步骤 1　绘图环境。以“建筑样板”为基础开始绘制新图，修改标注样式的“标注特征比例”为 100；设置线型比例系数为 70。

步骤 2　绘制定位线。与该剖切位置对应的轴线、各楼层的层面线以及室外地面线，如图 7.3.17 所示。

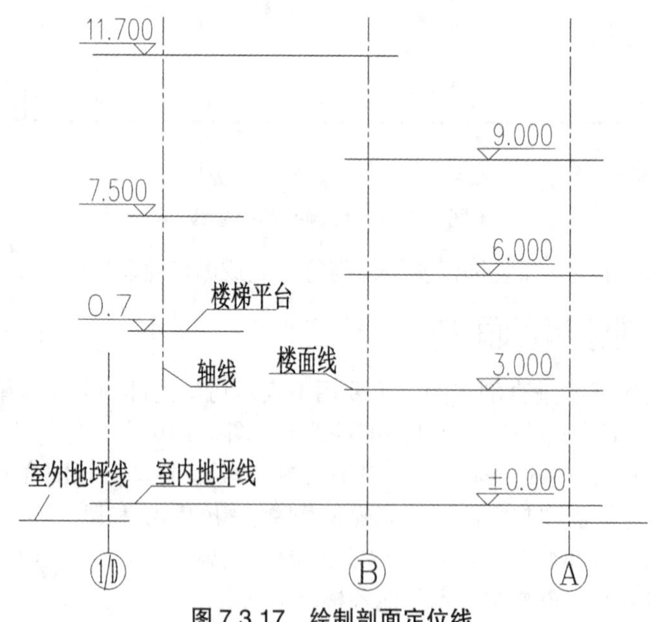

图 7.3.17　绘制剖面定位线

步骤 3　绘制墙体、楼板等剖面图。在“墙线”图层绘制剖切到的墙体；在“楼面”图层绘制楼板（100 厚）、楼梯休息平台；在“屋面”图层绘制雨棚等，如图 7.3.18 所示。

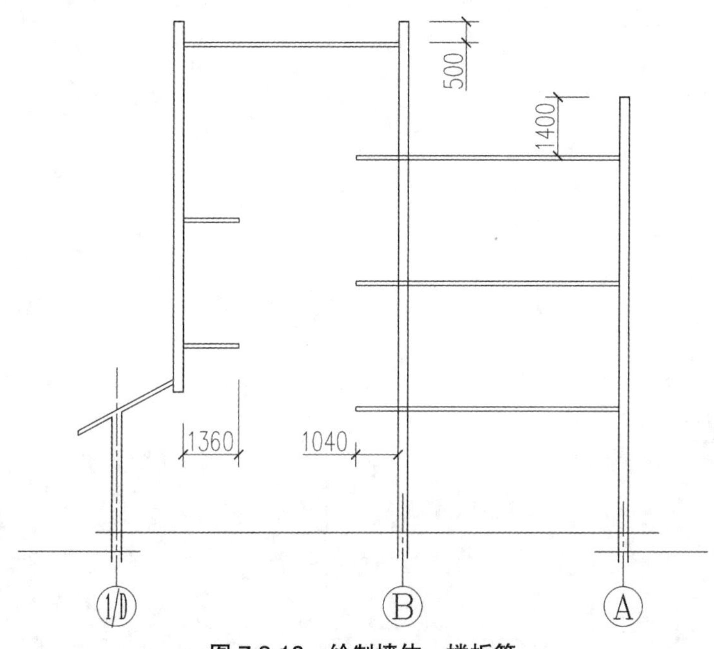

图 7.3.18　绘制墙体、楼板等

步骤 4　绘制楼梯剖面图。参照图 7.3.19 所示踏步尺寸绘制。

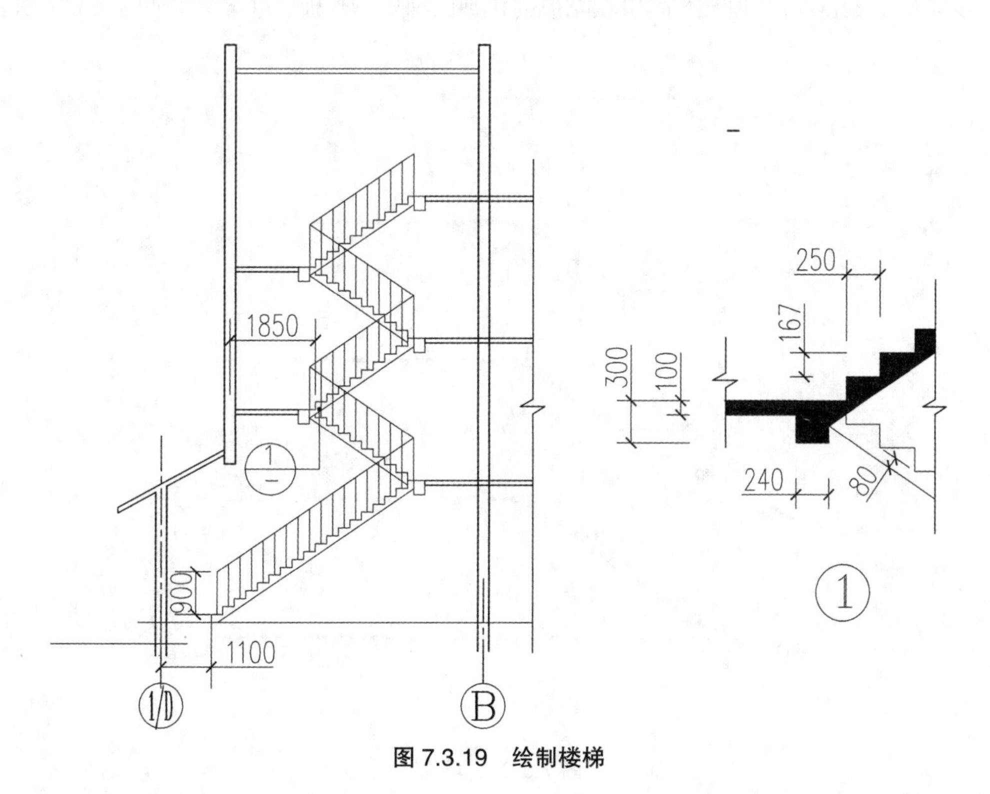

图 7.3.19　绘制楼梯

步骤 5　绘制门窗剖面图。在“门窗”图层插入块或直接绘制，包括剖切到的门窗图例以及未剖切的剖面图例，如图 7.3.20 所示。

图 7.3.20　门窗剖面图

步骤 6　填充。在“填充”图层填充被剖切到的梯段、楼板、过梁等，如图 7.3.21 所示。

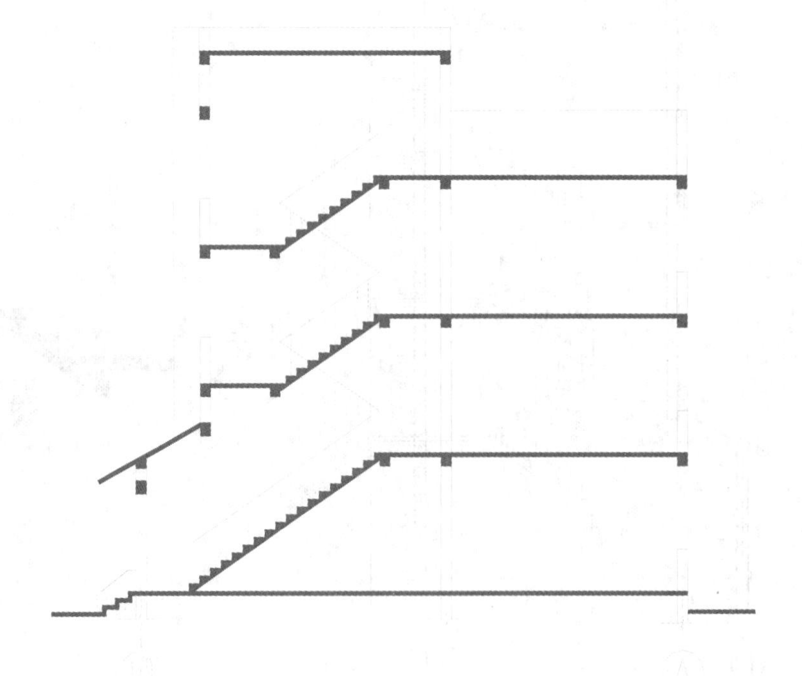

图 7.3.21　填充

步骤 7　标注。在“尺寸”层标注尺寸等。

步骤 8　保存图形文件。

小　　结

本项目重点介绍了绘图环境的设置、绘制水利工程图及建筑施工图的方法和步骤，具体有以下几点：

（1）介绍了绘图环境的概念及样板文件的作用，以及设置专业样板文件的方法。

（2）根据相关专业特点设置绘图环境，并创建与使用样板文件。

（3）理解绘图单位和绘图比例、图形比例与打印比例的概念，介绍了按图形尺寸单位 1:1 的比例绘图的方法。

（4）介绍了绘制水工图中常用材料图例、曲面素线、钢筋图、水工建筑物结构图的绘制过程和方法，以及正确、快速标注图形尺寸、文字等的方法。

（5）介绍了建筑平面、立面、剖面图的形成原理及其绘图过程。

（6）介绍了创建标高和轴号属性块并进行标注，能绘制简单房屋的平、立、剖面图并正确标注尺寸。

项目 7 常用快捷键表

快捷键	命令
LAYER/LA	图层管理器
STYLE/ST	文字样式
DIMSTYLE/DIMS	标注样式管理器
BLOCK/B	创建块

练　习　题

一、理论题

1. 下列关于绘图环境的描述错误的是（　　）。

A.AutoCAD 的绘图单位本身是无量纲的

B. 通常采用 1:1 的比例绘图，出图时选择合适打印比例打印成标准图幅

C. 水工图通常考虑线型、文字、尺寸、填充（材料图例）等设置常用图层

D. 建筑图通常考虑线型、文字、尺寸、填充（材料图例）等设置常用图层

2. 在水工图中，除各种建筑材料符号外，还有坡面的（　　）、圆柱面和圆锥面的（　　）、扭面和渐变面的（　　）、高程符号等。

3. 示坡线从坡面上比较（　　）的轮廓线处向（　　）处，用一长一短均匀相间的一组（　　）画出，示坡线与坡面上的等高线垂直，坡度值的书写方式与尺寸数字的书写方式相同。

4. 圆柱面的素线为若干条间隔不等的、平行于轴线的细实线，靠近轮廓线处（　　），

靠近轴线处（ ）。

5. 渠道的剖面为梯形，水工建筑物的过水断面为矩形，为了使水流平顺，两者之间常以一光滑曲面过渡，这个曲面就是（ ）。

6. 钢筋图主要表达构件中钢筋的位置、规格、形状和数量。钢筋图中构件的外形用（ ）表示，钢筋用（ ）表示，钢筋的截面用（ ）表示。

7. 建筑平面图是将房屋从（ ）水平剖切后的俯视图。

8. 立面图是房屋在与外墙面（ ）的投影面上的投影，主要用来表示房屋的外部造型和装饰。立面图的外轮廓线之内的图形主要是门窗、阳台等构造的（ ）。

二、实操题

1. 根据给定的溢流坝剖面曲线外形坐标完成如图 7.1 所示溢流面大样图。

溢流坝剖面曲线外型坐标表

X	0	200	400	600	800	1000	1200	1400	1600	1800	2000	R1	R2	R3
Y	0	20	70	150	250	380	530	700	900	1110	1350	700	280	56
计算公式: $Y=0.7(X/1.4)^{1.85}$														

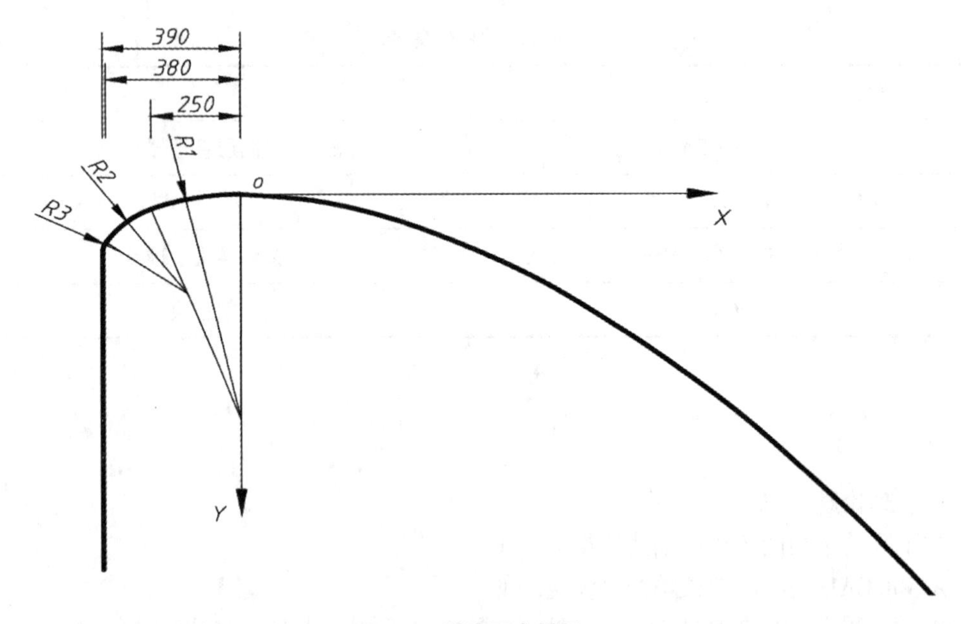

图 7.1　溢流面大样图

2. 绘制渠道图，如图 7.2 所示。

3. 绘制闸室结构图，如图 7.3 所示。

4. 绘制房屋平面图，如图 7.4 所示。

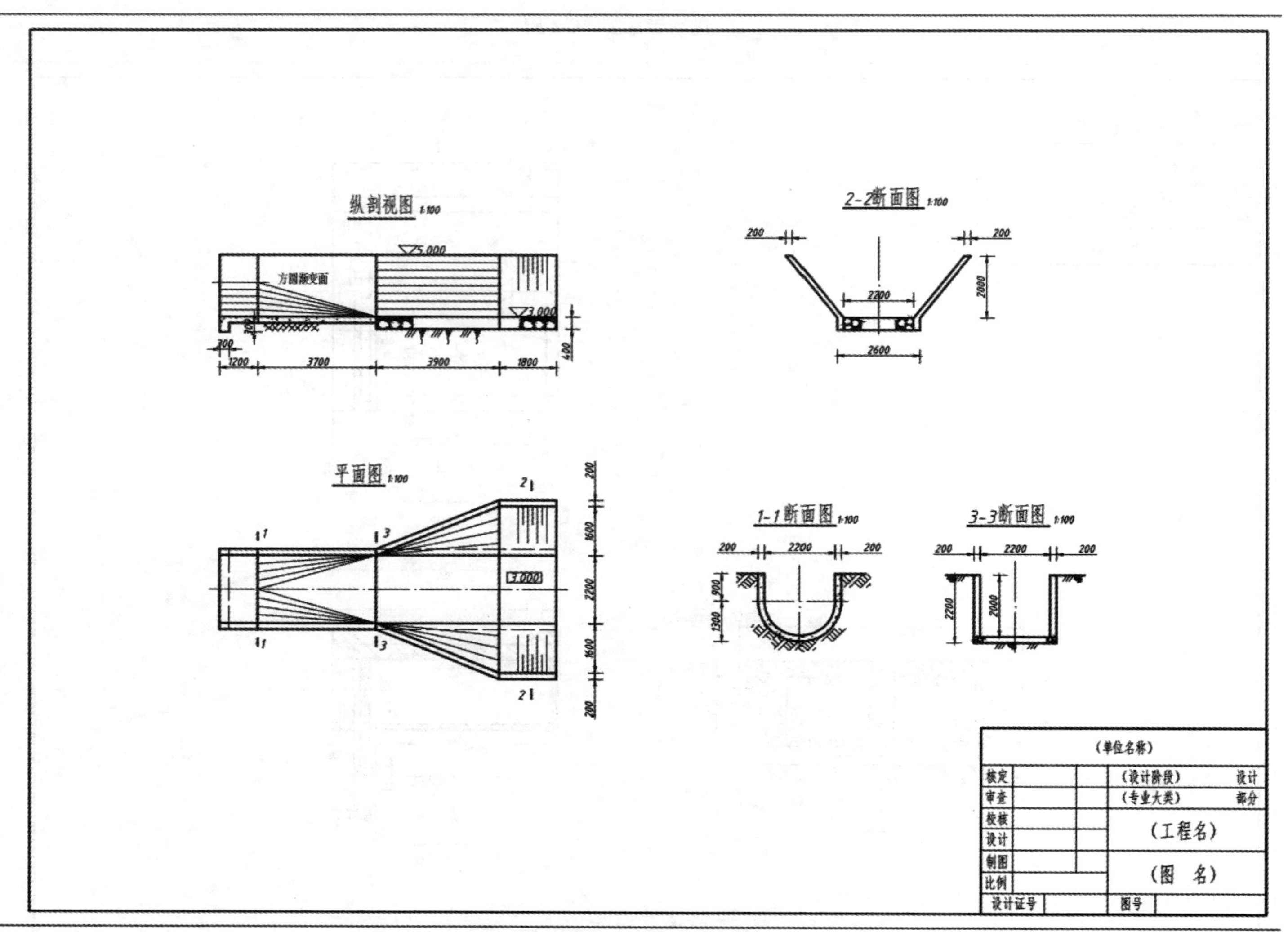
纵剖视图 1:100
方圆渐变面
5.000
3.000
300
1200
3700
3900
1800
400
平面图 1:100
3.000
200
1600
2200
1600
200
2-2断面图 1:100
200
200
2200
2000
2600
1-1断面图 1:100
200
2200
200
900
1300
3-3断面图 1:100
200
2200
200
2200
2000
(单位名称)
核定
审查
校核
设计
制图
比例
设计证号
(设计阶段)
设计
(专业大类)
部分
(工程名)
(图 名)
图号

图 7.2　渠道图

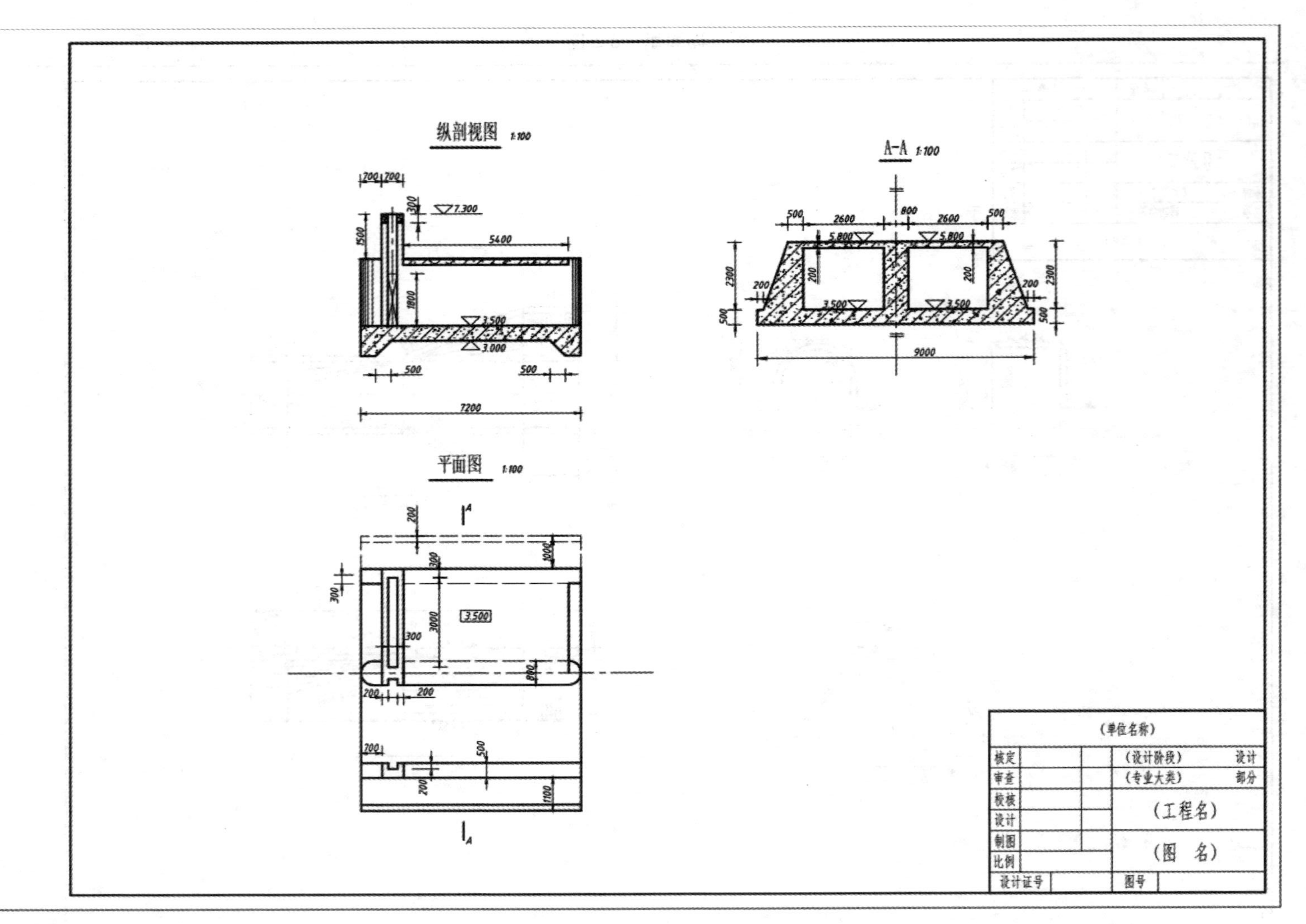
纵剖视图 1:100
A-A 1:100
平面图 1:100
7.300
5400
1800
3.500
3.000
7200
5.800
2600
800
9000
3.500
(单位名称)
核定
审查
校核
设计
制图
比例
设计证号
(设计阶段) 设计
(专业大类) 部分
(工程名)
(图 名)
图号

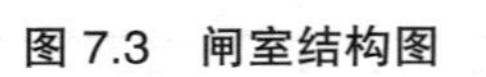
图 7.3　闸室结构图

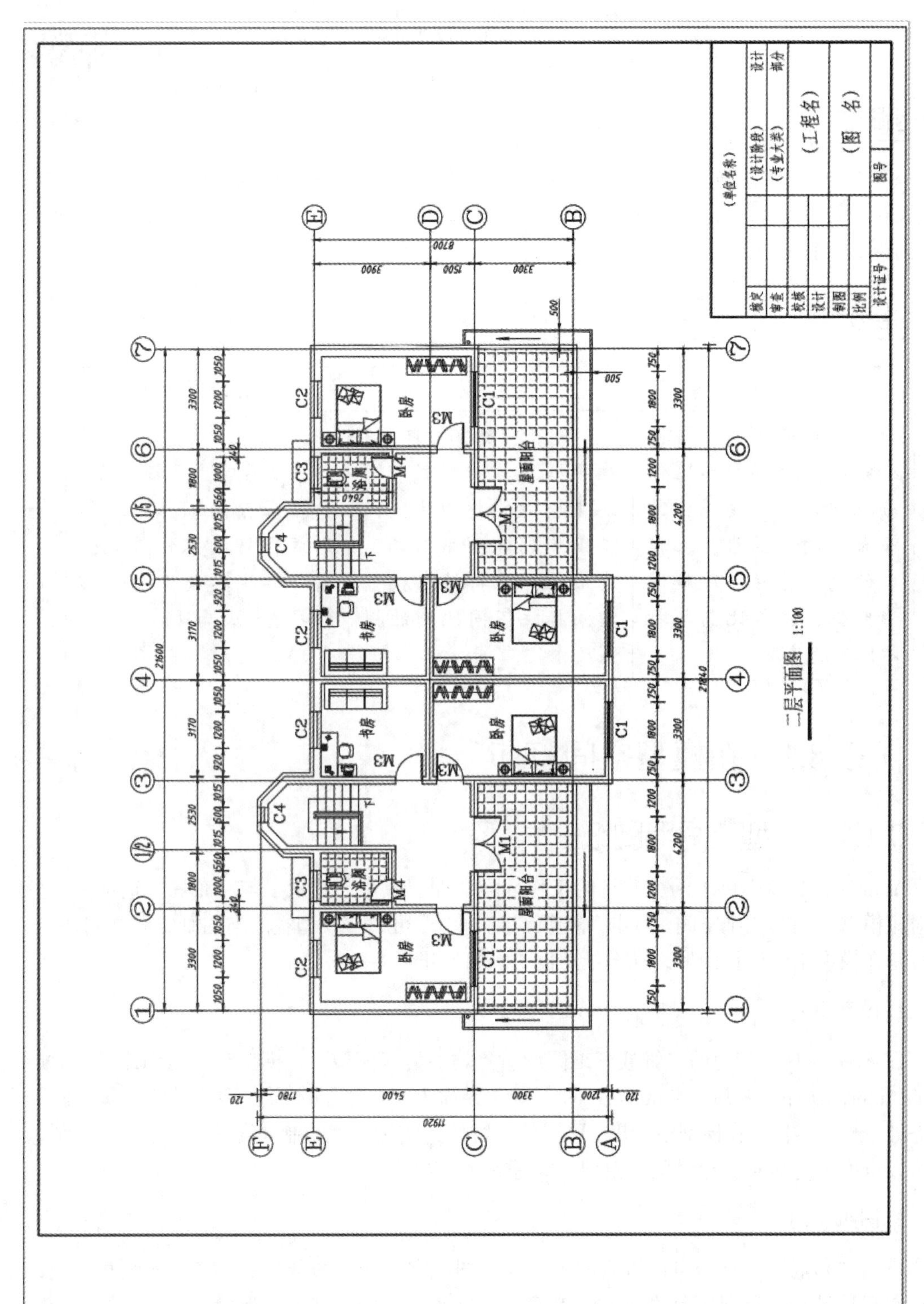
二层平面图 1:100
卧房
书房
浴厕
屋面阳台
C1
C2
C3
C4
M1
M3
M4
21600
21840
11920
8700
（单位名称）
（设计阶段）
（专业大类）
（工程名）
（图 名）
设计
部分
核定
审查
校核
设计
制图
比例
设计证号
图号

图 7.4　房屋建筑图

项目 8　图纸布局与打印

项目概述

本项目介绍了图纸布局与打印的基本知识，模型空间打印和图纸空间打印的操作步骤。掌握创建图纸布局的方法，能正确设置视口比例、设置注释性文字样式与标注样式、在图纸空间和模型空间标注文字和尺寸。

学习目标

知识目标	能力目标	思政目标
了解模型空间与图纸空间，理解图形比例与打印比例的关系；掌握布局的页面设置、视口的创建方法，理解图形比例、视口比例与打印比例的关系。	能正确选择打印机、打印纸及打印样式表，设置合适的打印比例；能正确创建图纸布局，利用注释性特性在模型空间标注不同比例的视图尺寸。	培养学生严谨细致、精益求精的工作精神，形成良好的工作作风；引导学生养成正确的思维习惯和大局观。

任务 8.1　在模型空间打印

8.1.1　模型空间与图纸空间

AutoCAD 窗口提供了两个并行的工作环境，即“模型”选项卡与“布局”选项卡，分别对应模型空间与图纸空间。点击“模型”与“布局”可以在模型空间与图纸空间之间切换。通常是在模型空间设计图形，在图纸空间进行打印准备。

1. 模型空间

在 AutoCAD 中创建的二维或三维图形对象均称为“模型”，模型空间是创建模型时所处的 AutoCAD 环境。启动 AutoCAD 时，默认界面上“模型”选项卡已被激活，所以默认状态处于模型空间。在模型空间里，可以按照物体的实际尺寸绘制、编辑二维或三维图形，还可以全方位地显示图形对象。模型空间是一个三维环境。

2. 图纸空间

点击“布局”选项卡可以进入图纸空间。图纸空间的“图纸”与真实的图纸相对应，图纸空间是设置、管理视图的 AutoCAD 环境。在模型空间创建好图形后，进入图纸空间规划视图的位置与大小，还可以对视图进行文字或尺寸标注。模型空间中的三维对象在图纸空间是用二维平面上的投影来表示的，它是一个二维环境。

图 8.1.1 所示是三维图形的模型空间与图纸空间界面对比；图 8.1.2 所示是二维图形的模型空间与图纸空间界面对比。

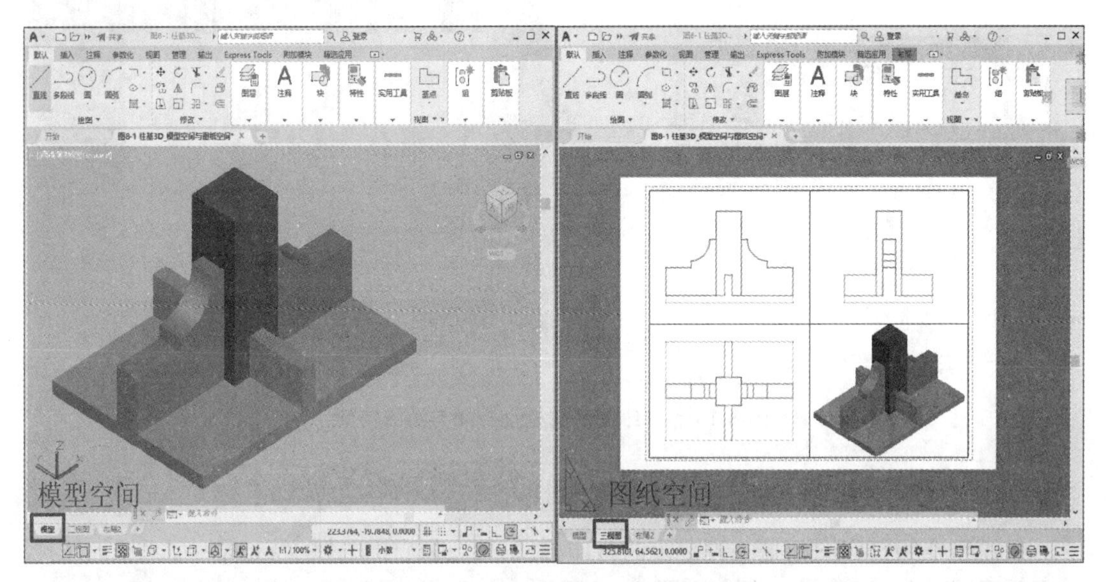

图 8.1.1　三维图形的模型空间与图纸空间

3. 布局

“布局”对应图纸空间。布局代表打印的页面，一个布局就是一张图纸。在布局上可以创建和定位视口，对要打印的图形进行“排版”，文字和尺寸标注也可以在布局上进行。一个图形文件只有一个模型空间，而布局可以有多个。默认的有“布局 1”和“布局 2”，还可以创建新的布局，也可以删除布局，但至少保留一个。布局标签也可以改名，如图 8.1.1 所示中将“布局 1”改为“三视图”，图 8.1.2 所示中将“布局 1”改名为“1–1 剖面”并删除了“布局 2”。

4. 视口

“视口”是布局上的一个矩形或任意多边形区域，视口中显示模型空间的图形。一个布局可以包含一个或多个视口，每个视口可以显示不同方向、不同区域和不同比例的图形。

图 8.1.1 所示的布局“三视图”上有 4 个视口，分别显示 4 个不同观察方向的视图：主视图、俯视图、左视图和轴测图。

图 8.1.2 所示的布局“1–1 剖面”上有 3 个视口，左边视口显示 1–1 剖面图，视口比例为 1:100；右上方视口显示老虎窗的平、立面图，视口比例为 1:50；右下方视口显示详图，视口比例为 1:20。

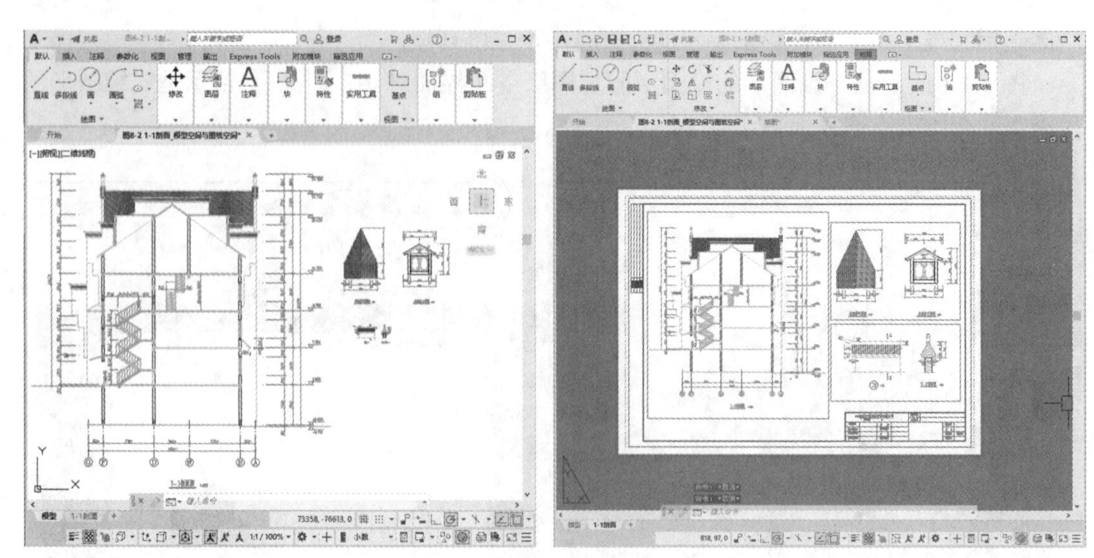

图 8.1.2 二维图形的模型空间与图纸空间

8.1.2 在模型空间打印图纸

在模型空间打印图纸是一种传统的打印方式，这种打印方式的特点是一张图纸上的各视图采用同一个打印比例。例如，图 8.1.3 所示三个视图都按 1:30 打印。

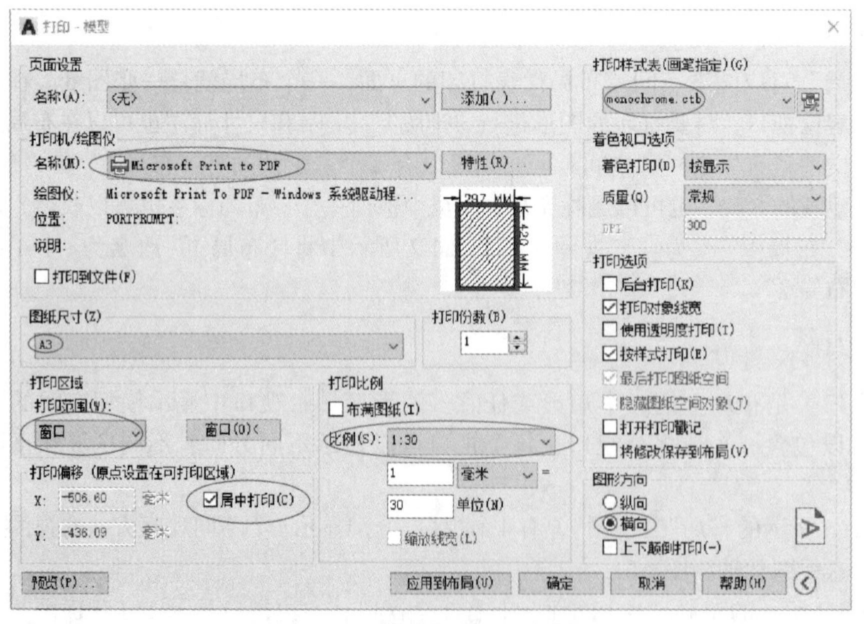

图 8.1.3 模型空间打印对话框

调用打印命令的方法如下：

- 单击快速访问工具栏右端的“打印”命令按钮；
- 命令：PLOT。

输入打印命令，启动“打印 - 模型”对话框。打印设置要点说明如下。

①选择打印机。

②选择图纸尺寸，如A3图幅。

③设置打印比例。

④选择打印样式表，如黑白打印样式 monochrome.ctb。

⑤在“打印区域”下的“打印范围”选择“窗口”，选择打印图形的范围。

⑥预览打印效果，单击按“确定”按钮打印图纸。

当一张图纸上只有一个视图或各视图具有同一个比例时，在模型空间可完整地创建图形与注释（文字与尺寸），并且直接在模型空间进行打印，而不必使用布局。

【例8-1】在模型空间打印钢筋图。

步骤1　打开文件“钢筋图_模型空间打印.dwg”。

步骤2　启动打印命令，参考图8.1.3进行打印设置。

①打印机：选择 Microsoft Print to PDF，打印成PDF文件。

②图纸尺寸：选择自定义图纸“A3（420×297毫米）”。

③打印比例：选择1:30。

④打印样式选择 monochrome.ctb，打印成黑白图纸。

⑤打印范围：在选择窗口捕捉图框对角点。

步骤3　打印预览如图8.1.4所示。如果对结果满意，就单击“确定”按钮，保存为PDF文件。如果要打印成图纸，就选择其他纸质打印机或绘图仪。

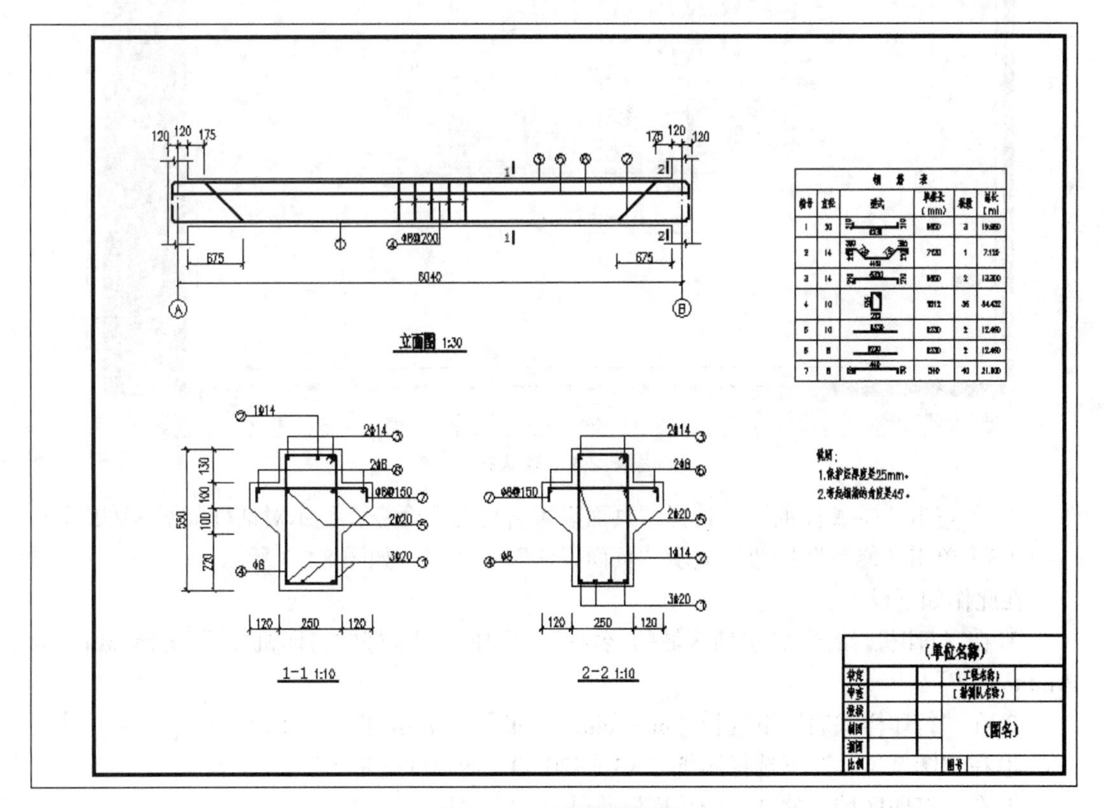

图8.1.4　打印预览结果

任务 8.2 在图纸空间打印

8.2.1 创建布局

为了在图纸空间打印图纸，首先要创建布局。现以房屋“G-A 立面图”为例说明布局的创建步骤，操作如下。

（1）打开“G-A 立面图 .dwg”图形文件，用鼠标单击“布局 1”，系统自动生成默认页面、单一视口的布局；用鼠标右击“布局 1”，选择“重命名”，改名为“G-A 立面”，如图 8.2.1 所示。

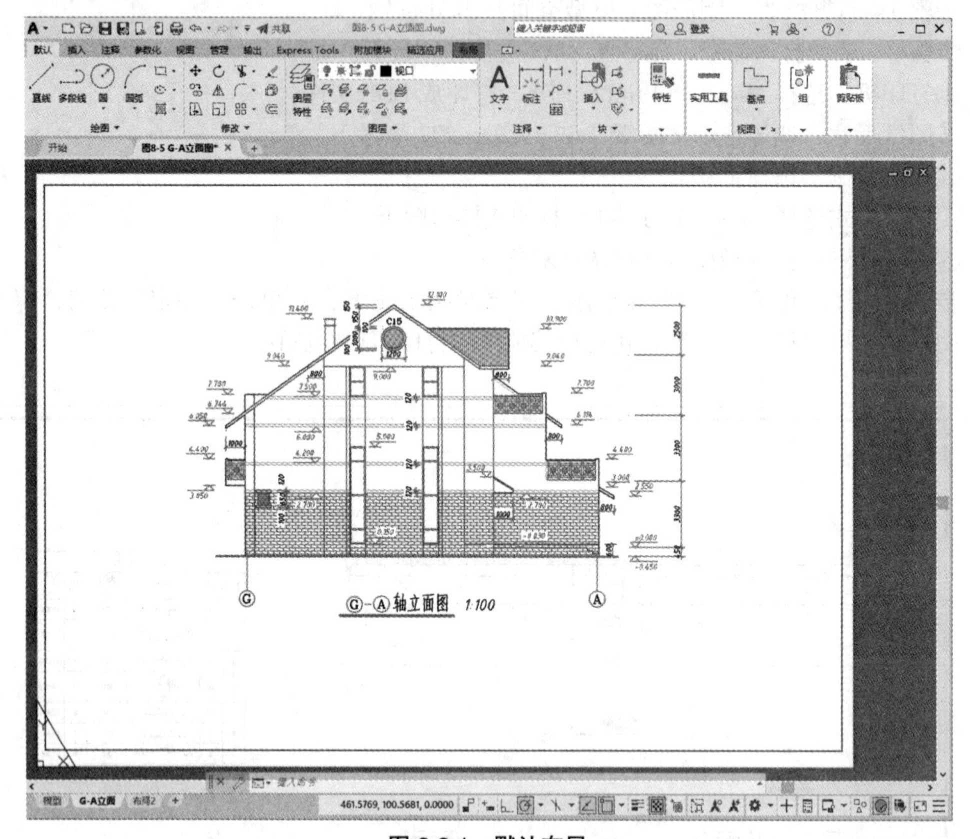

图 8.2.1 默认布局

（2）右击“G-A 立面”，选择“页面设置管理器”命令，显示对话框如图 8.2.2 所示。

（3）单击“修改”按钮，显示“页面设置”对话框，如图 8.2.3 所示。

在此作如下设置。

① 在“打印机/绘图仪”选项区域的“名称”中选择已配置好的打印机，此处选择“Microsoft Print to PDF”。

② 在“打印样式表”下选择“monochrome.ctb”，表示打印黑白工程图。

③ 在“图纸尺寸”下选择图纸“A3（420.00 × 297.00 毫米）”。

④ 在“打印区域”的“打印范围”下选择“布局”。

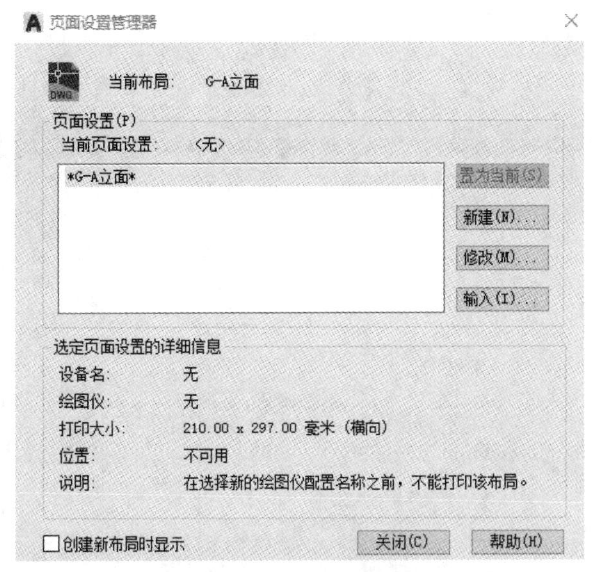

图 8.2.2 页面设置管理器

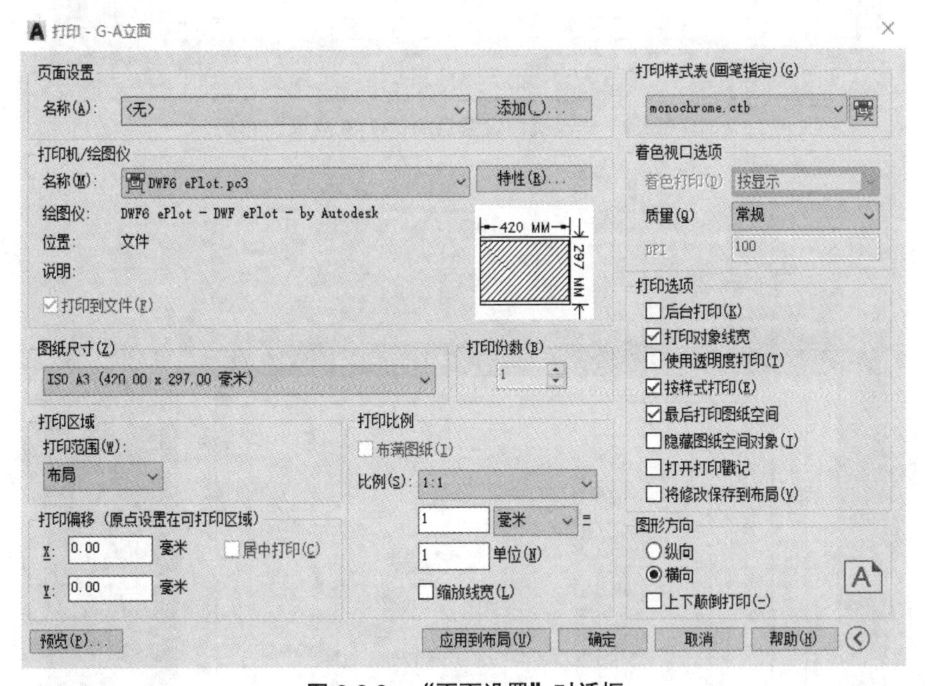

图 8.2.3 “页面设置”对话框

⑤“打印比例”选择 1:1。

⑥“图形方向”选择“横向”。

⑦单击“确定”按钮，关闭“页面设置”对话框；单击“关闭”按钮，关闭“页面设置管理器”对话框。图 8.2.4 所示是修改页面设置后的“G-A 立面”布局。

⑧插入 A3 图框，调整视口位置和大小，指定视口比例为 1:100，结果如图 8.2.5 所示。视口的相关操作详见下一模块。

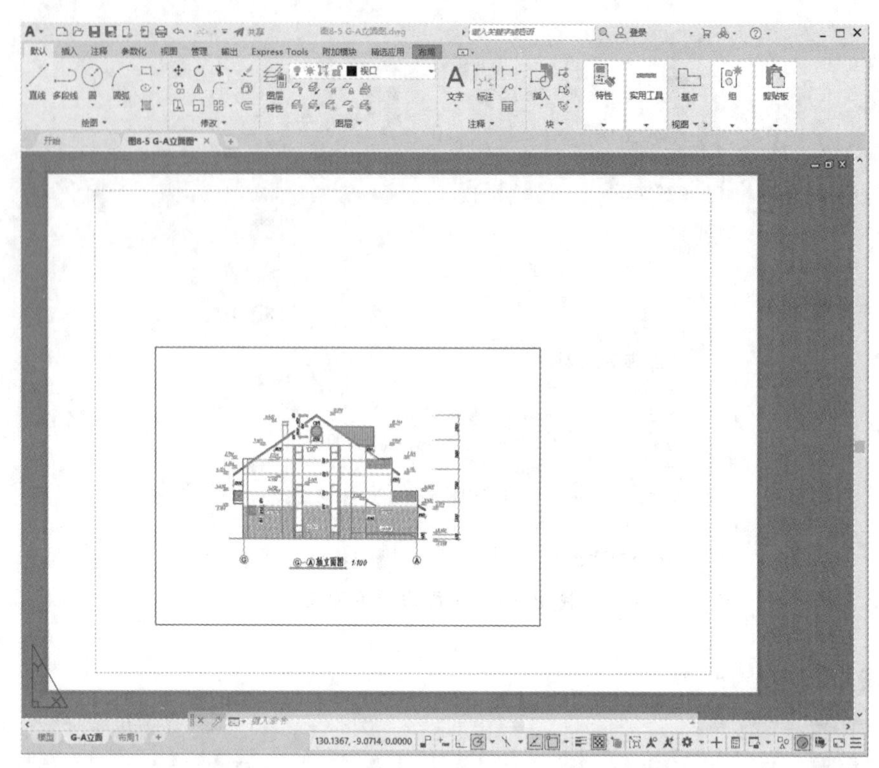

图 8.2.4　修改页面设置后的“G–A 立面”布局

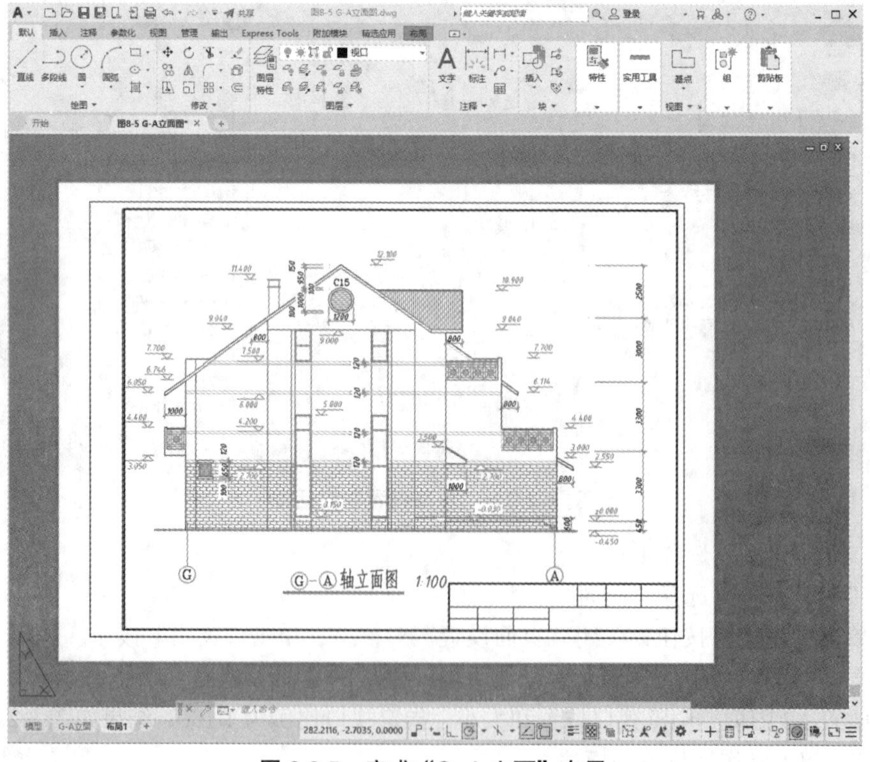

图 8.2.5　完成“G–A 立面”布局

8.2.2 创建视口

1. 新建视口

在创建布局时，系统自动创建了单一视口。实际应用中，视口的个数、大小和形状应根据需要而定。

执行“视口”命令的方法如下：

- 菜单：“视图”→“视口”下相应的菜单项；
- 功能区：“视图”→“视口”→“新建”；
- 命令：VPORTS，MVIEW（MV）。

下面介绍具有两个不同比例视图的布局视口创建方法。

打开“创建视口 .dwg”文件（已按上个模块的方法创建了布局“1–7 立面”，删除了默认视口并插入了图框）。

由于此图有两个不同比例的视图，即 1:100 的立面图和 1:20 的详图，故需要建立两个视口，分别显示 1:100 的立面图与 1:20 的详图。

（1）新建视口图层并置为当前层。

（2）启动“视口”命令。命令行序列如下：

命令 : mv MVIEW

指定视口的角点或 [开（ON）/ 关（OFF）/ 布满（F）/ 着色打印（S）/ 锁定（L）/ 对象（O）/ 多边形（P）/ 恢复（R）/ 图层（LA）/2/3/4] < 布满 >:

；指定“视口 1”左下角点，大致位置即可

指定对角点 : ；指定“视口 1”右上角点

一个视口出现在布局上，同时视口中显示模型空间的图形。重复执行“视口”命令建立另一个视口：

命令 : MVIEW

指定视口的角点或 [开（ON）/ 关（OFF）/ 布满（F）/ 着色打印（S）/ 锁定（L）/ 对象（O）/ 多边形（P）/ 恢复（R）/ 图层（LA）/2/3/4] < 布满 >:

；指定“视口 2”左下角点，大致位置即可

指定对角点 : ；指定“视口 2”右上角点

初步建立的视口如图 8.2.6 所示。

2. 设置视口比例

（1）如图 8.2.7 所示，选择“视口 1”，在“视口”快捷特性的“标准比例”栏选择 1:100；或者选择视口之后在状态栏的“视口比例”列表中选择一个比例。视口比例就是该视图的打印比例。

（2）如有必要，在视口内双击进入模型空间，平移视图至适当位置；之后在视口外空白处双击，返回图纸空间。

（3）同上操作，设置“视口 2”的视口比例为 1:20，并平移详图在“视口 2”中显示。

（4）确定视图位置与视口比例之后应锁定视口，以免误操作。操作方法：选择视口，在“视口”快捷特性中选择“显示锁定”，再选择“是”，如图 8.2.8 所示。

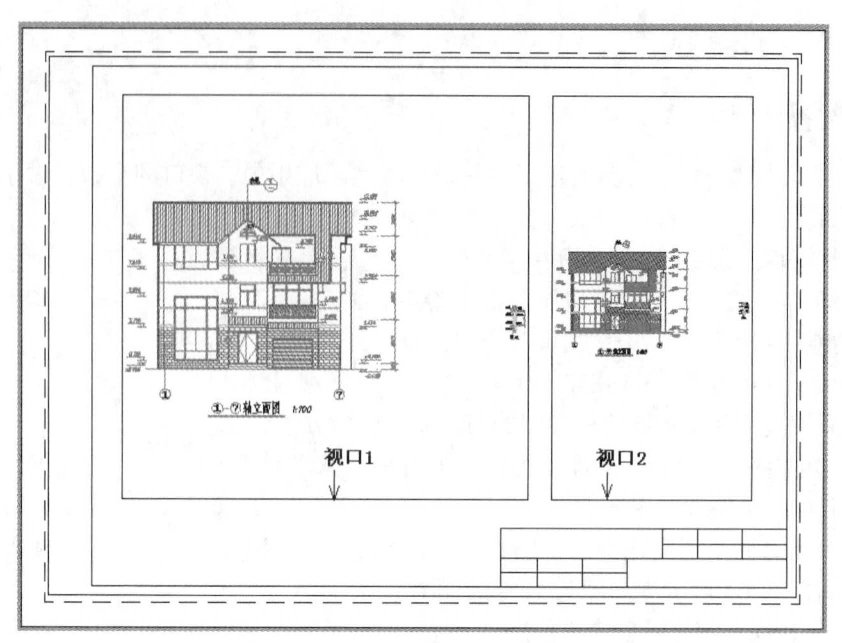

图 8.2.6　新建的两个矩形视口

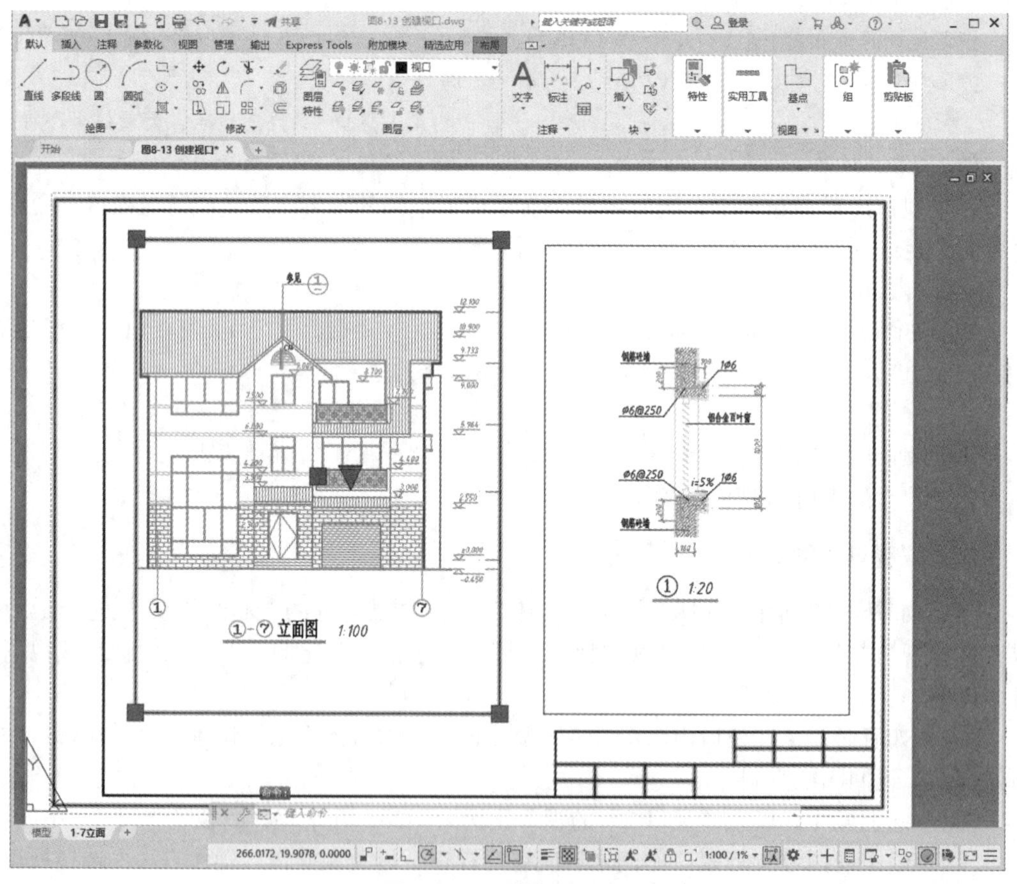

图 8.2.7　设置视口比例

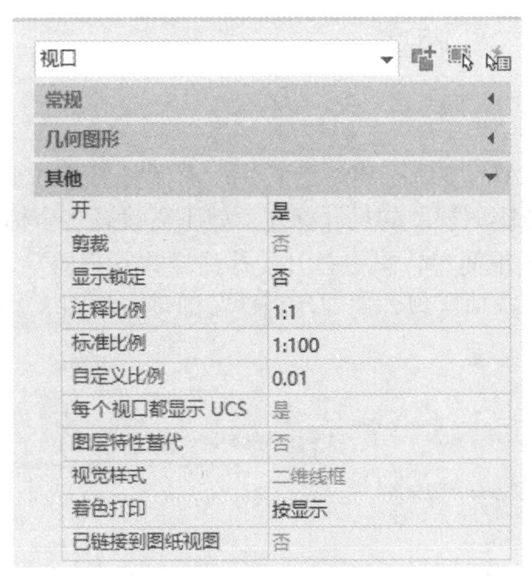

图 8.2.8　锁定视口

（5）关闭视口图层，最后结果如图 8.2.9 所示。

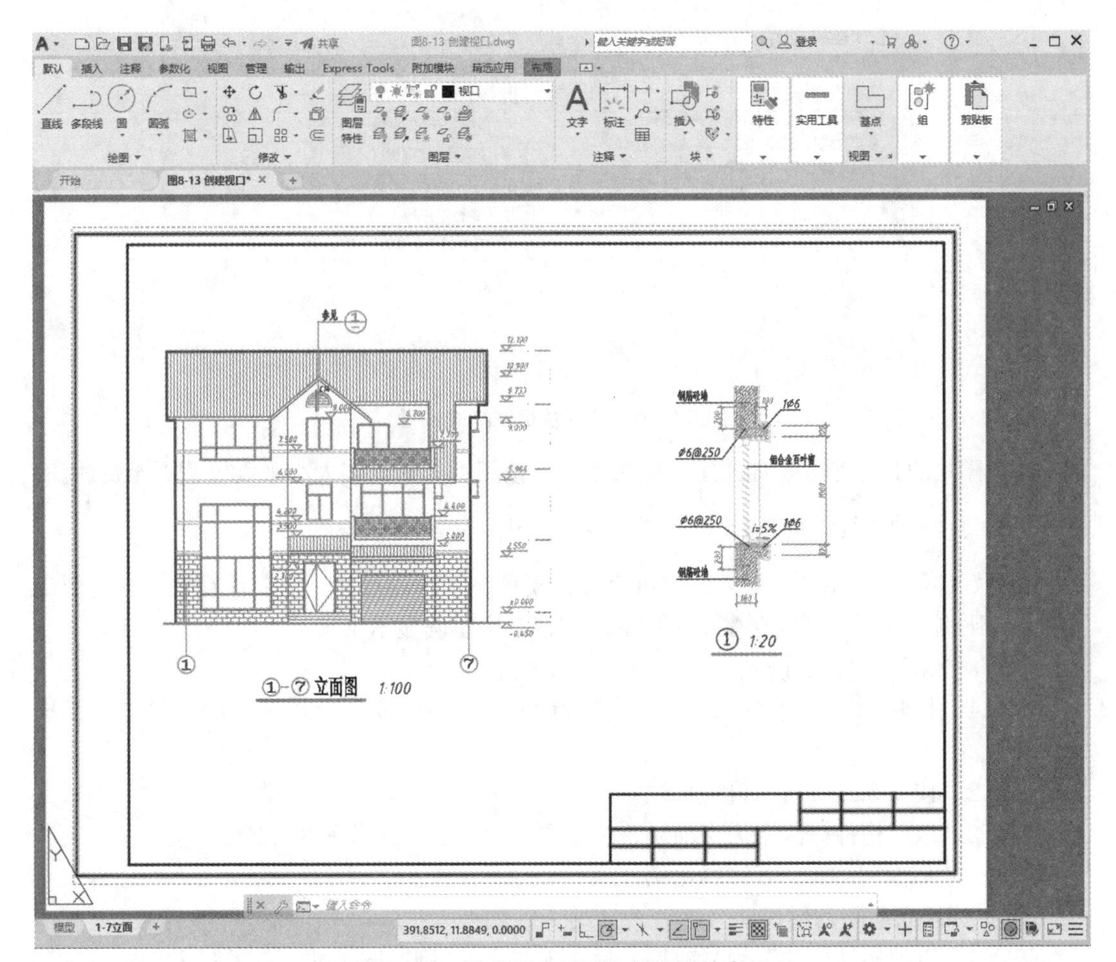

图 8.2.9　具有两个不同比例视图的布局

8.2.3 注释性尺寸标注

1. 注释性标注样式

注释性特性是 AutoCAD 2008 推出的新功能。有了注释性（必须配合布局视口使用）标注样式，对于多个不同比例视图的尺寸标注，就不需设置多个标注样式了。

设置注释性标注样式很简单，只要打开“标注样式管理器”对话框，在“调整”选项卡下的“标注特征比例”选项区域勾选“注释性”即可，如图 8.2.10 所示。

图 8.2.10　注释性标注样式设置

标注样式的其他参数（如文字、箭头等）均按图纸上的真实大小来设置，不再赘述。

2. 利用注释性标注为不同比例的视图标注尺寸

设置好注释性标注样式之后，就可直接在模型空间标注尺寸。只要注释比例和需要出图的视口比例一致，就可以在多个不同的比例视口中正确显示出来。

【例 8-2】注释性尺寸标注。

步骤 1　打开文件“钢筋图 ,dwg”。按设计要求，立面按 1:30 出图，1–1、2–2 断面按 1:10 出图。

步骤 2　按图 8.2.11 所示设置标注样式。

步骤 3　以“构件标注”为当前层，标注立面图尺寸，参考图 8.2.12 。

（1）从状态栏选择 1:30 注释比例。

（2）标注立面图的形尺寸。

步骤 4　以“构件标注”为当前层，标注 1–1、2–2 剖面图尺寸，参考图 8.2.13。

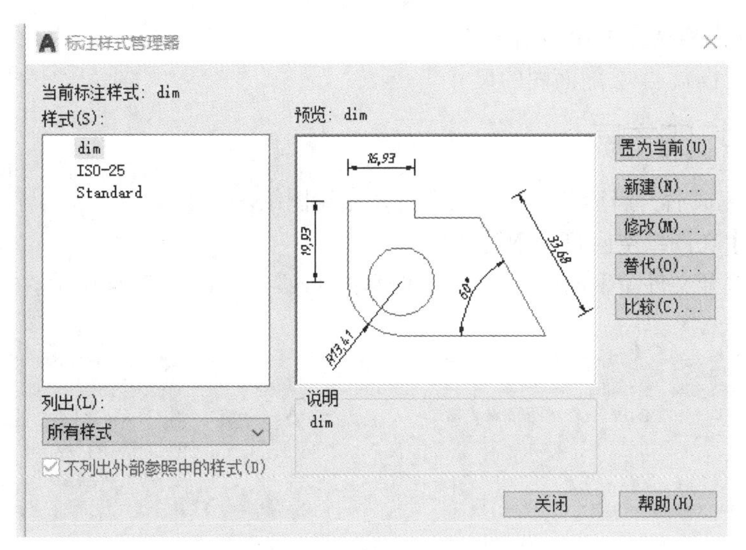

图 8.2.11　注释性标注的样式

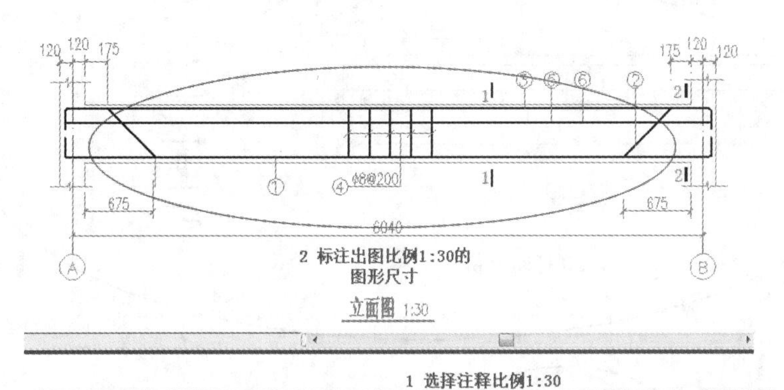

图 8.2.12　注释性尺寸标注的立面图

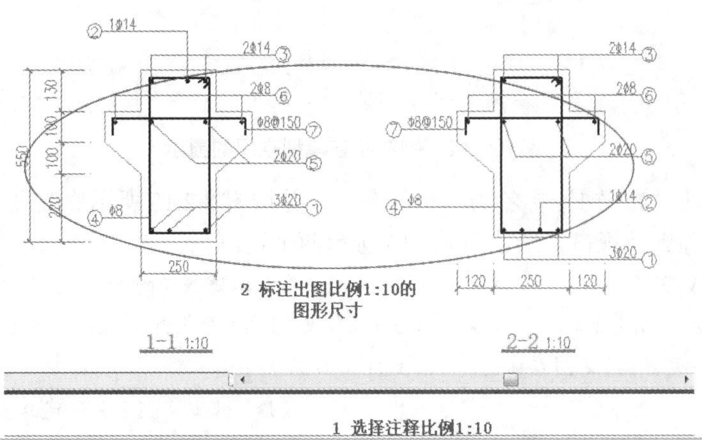

图 8.2.13　注释性尺寸标注的剖面图

（1）从状态栏选择 1:10 注释比例。

（2）标注 1–1、2–2 剖面图的尺寸。

8.2.4 打印布局

图纸布局完成后，启动“打印”命令打印布局图纸。

【例 8–3】在图纸空间打印钢筋图。

步骤 1 打开文件“钢筋图 _ 图纸空间打印 .dwg”，如图 8.2.14 所示。

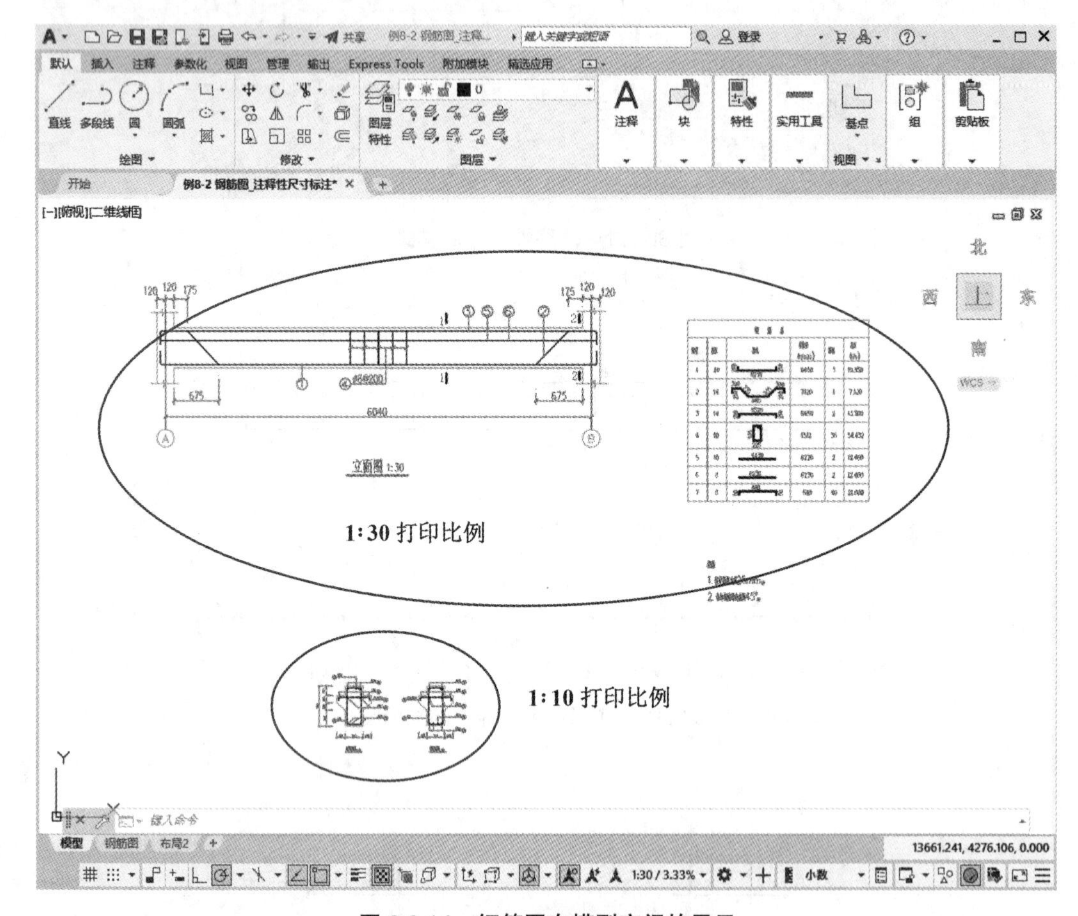

图 8.2.14 钢筋图在模型空间的显示

步骤 2 修改“布局 1”标签为“钢筋图”，并按图 8.2.15 所示修改页面设置。

步骤 3 删除默认视口，新建图 8.2.16 所示两个视口。

命令 : mv MVIEW ；输入新建视口命令

指定视口的角点或 [开（ON）/ 关（OFF）/ 布满（F）/ 着色打印（S）/ 锁定（L）/ 对象（O）/ 多边形（P）/ 恢复（R）/ 图层（LA）/2/3/4] < 布满 >: p

；选择“多边形（P）”建立多边形视口

指定起点 : ；指定点 1

指定下一个点或 [圆弧（A）/ 长度（L）/ 放弃（U）]: ；指定点 2

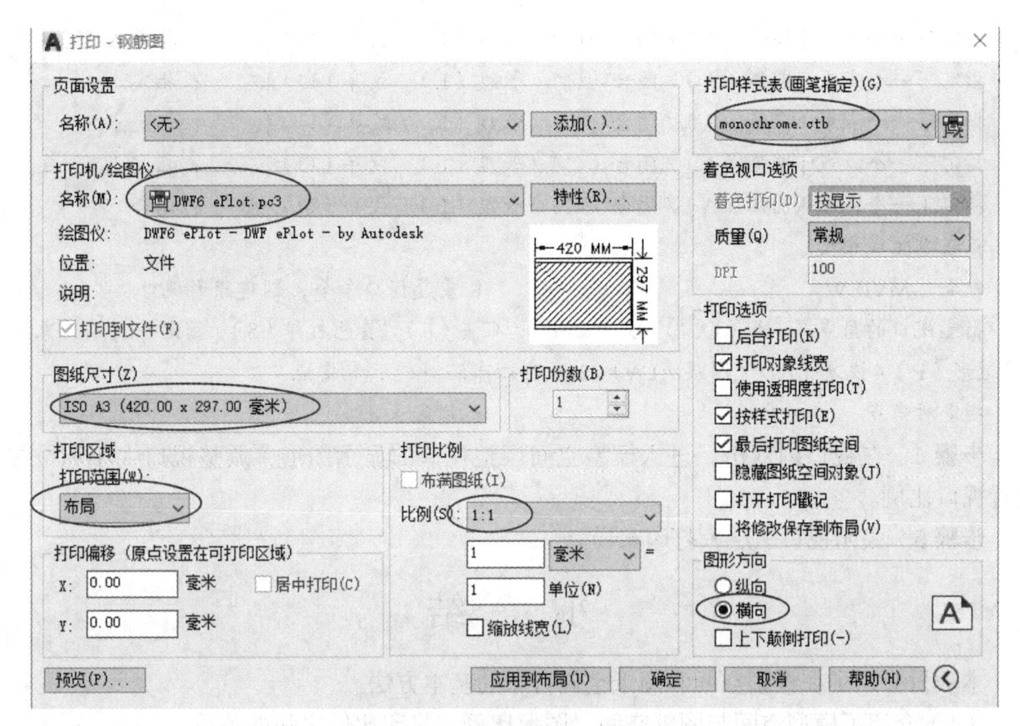

图 8.2.15　修改钢筋图页面设置

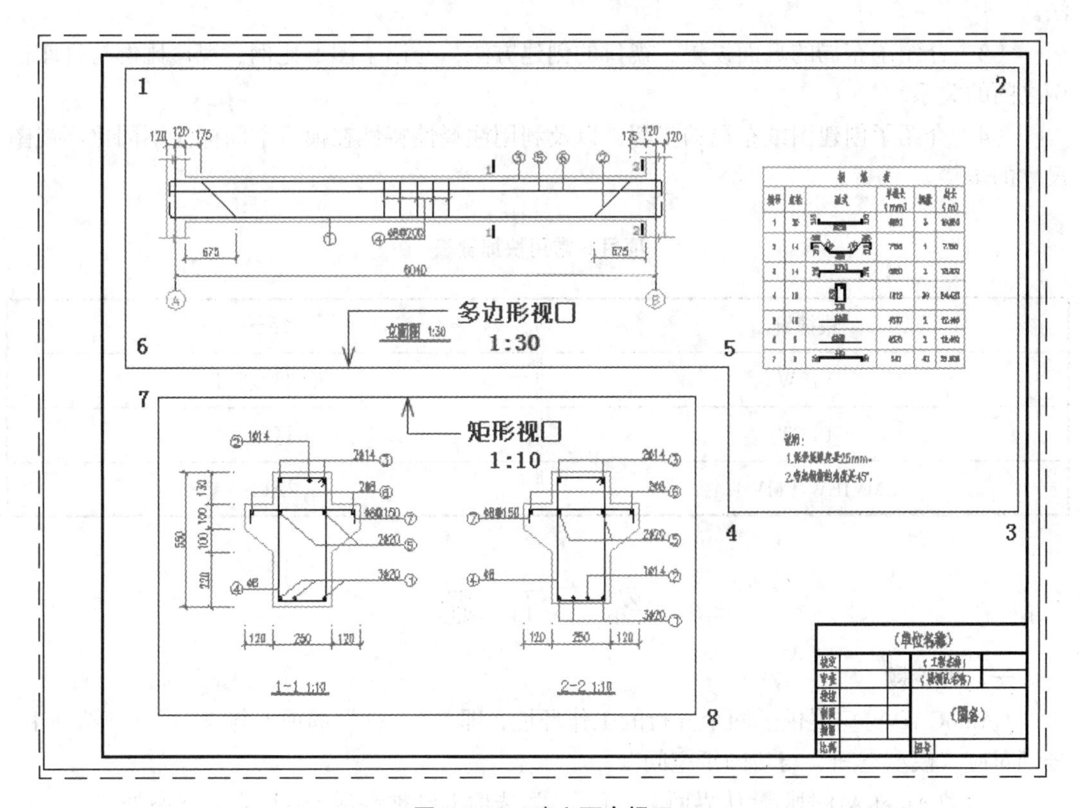

图 8.2.16　建立两个视口

指定下一个点或 [圆弧（A）/ 闭合（C）/ 长度（L）/ 放弃（U）]:　　；指定点 3

指定下一个点或 [圆弧（A）/ 闭合（C）/ 长度（L）/ 放弃（U）]:　　；指定点 4

指定下一个点或 [圆弧（A）/ 闭合（C）/ 长度（L）/ 放弃（U）]:　　；指定点 5

指定下一个点或 [圆弧（A）/ 闭合（C）/ 长度（L）/ 放弃（U）]:　　；指定点 6

指定下一个点或 [圆弧（A）/ 闭合（C）/ 长度（L）/ 放弃（U）]: c　；闭合

正在重生成模型。

命令：MVIEW　　；重复视口命令，创建矩形视口

指定视口的角点或 [开（ON）/ 关（OFF）/ 布满（F）/ 着色打印（S）/ 锁定（L）/ 对象（O）/ 多边形（P）/ 恢复（R）/ 图层（LA）/2/3/4] < 布满 >:　；指定点 7

指定对角点：　　；指定点 8

步骤 4　在视口内双击，进入模型空间调整视口的显示图形，调整视口大小和位置，设置视口比例。

步骤 5　关闭视口图层，打印布局。

小　结

本项目介绍了在模型空间和图纸空间打印的基本方法。

（1）介绍了模型空间与图纸空间、图形比例与打印比例之间的关系。

（2）介绍了选择打印机、打印纸及打印样式表的方法，以及设置正确的打印比例的方法。

（3）介绍了布局的页面设置、视口的创建方法，介绍了图形比例、视口比例与打印比例之间的关系。

（4）介绍了创建图纸布局的步骤，以及利用注释性特性在模型空间标注不同比例视图尺寸的步骤。

项目 8 常用快捷键表

快捷键	命令
VIEW	视图管理器
PLOT	打印
MVIEW（MV）	视口

练　习　题

一、理论题

1.AutoCAD 窗口提供了两个并行的工作环境，即“（　）”选项卡与“（　）”选项卡，分别对应“模型空间”与“图纸空间”。

2. 启动 AutoCAD 时，默认界面上“（　）”选项卡已被激活，所以默认状态处于（　）。

3. 下列说法中错误的是（　）。

A. 布局代表打印的页面，一个布局就是一张图纸

B. 一个图形文件，模型空间只有一个，而布局可以有多个

C. 在模型空间创建好图形后，进入图纸空间规划视图的位置与大小，不可以对视图进行文字或尺寸标注

D. 一个布局可以包含一个或多个视口，每个视口可以显示不同方向、不同区域和不同比例的图形

4. 为了在图纸空间打印图纸，首先要创建（　）。

5. 在“打印样式表”下选择（　）样式表打印成黑白工程图。

A.monochrome.ctb　B.acad.ctb　C.Fill Patterns.ctb　D.Grayscale.ctb

6. 有了（　）标注样式，对于多个不同比例视图的尺寸标注，就不需设置多个标注样式了。

7. 在创建布局时，系统自动创建了单一视口。一个布局中视口的个数（　）。

A. 只能有 1 个　B. 根据需要而定　C. 只能有 2 个　D. 由系统自动生成

8.“视口”命令的快捷键是（　）。

A.VIEW　B.PLOT　C.MVIEW　D.MV

二、实操题

1. 分别在模型空间与图纸空间打印图 7.2 所示图形。

2. 分别在模型空间与图纸空间打印图 7.3 所示图形。

项目 9　认识、创建、编辑三维实体

项目概述

本项目介绍了三维绘图的基本知识，详细讲解了三维建模命令和绘制水利工程三维模型图的操作步骤，要求理解和掌握三维绘图必要的环境设置方法，初步学会和掌握三维建模命令的操作过程，以及应用 AutoCAD 制作简单水利工程模型的一般步骤和方法。

学习目标

知识目标	能力目标	思政目标
掌握基本三维实体创建、拉伸和旋转的方法，掌握三维实体的对齐和剖切编辑以及布尔运算的相关知识。	能绘制由基本体组合的三维实体；能对三维实体进行修改、编辑、渲染，熟练绘制水闸等水利工程图。	培养严谨细致，精益求精的工作精神，形成良好的工作作风，养成正确的思维习惯和大局观。

任务 9.1　认识三维建模

三维建模常用的软件有 AutoCAD、3DSMAX 等，其中 AutoCAD 以其简易、精确和便于二次开发而占据建模的主流。由于 AutoCAD 与 3DSMAX 同为 AutoDesk 公司的产品，故在文件的传递方面也非常方便，3DSMAX 可直接导入 AutoCAD 的 DWG 格式文件。如果我们对 AutoCAD 已经十分熟悉，那么利用它进行建模的难度也较小。

9.1.1　认识坐标系统

1. 世界坐标系和用户坐标系

AutoCAD 初始设置的坐标系为世界坐标系（World Coordinate System，简称 WCS）。坐标系原点位于屏幕左下角，固定不变。二维设计一般使用世界坐标系，主要在 Z 坐标为 0 的 XY 平面上进行。

三维建模时，我们经常需要改变坐标系的原点和坐标轴的方向，以适应绘图需要。这种自定义的坐标系称为用户坐标系（User Coordinate System，简称 UCS）。在 AutoCAD 三维建模中，主要使用的是用户坐标系。

2. 创建用户坐标系

AutoCAD 通常是在基于当前坐标系的 XY 平面上进行绘图的，这个 XY 平面称为工作平面或构造平面。三维建模时，需要在不同的平面上绘图，因此要把当前的 XY 平面变换到需要绘图的平面上去。例如，要想在长方体前表面上画圆，就需要将当前的 XY 平面变换到前表面上去，如图 9.1.1 所示。

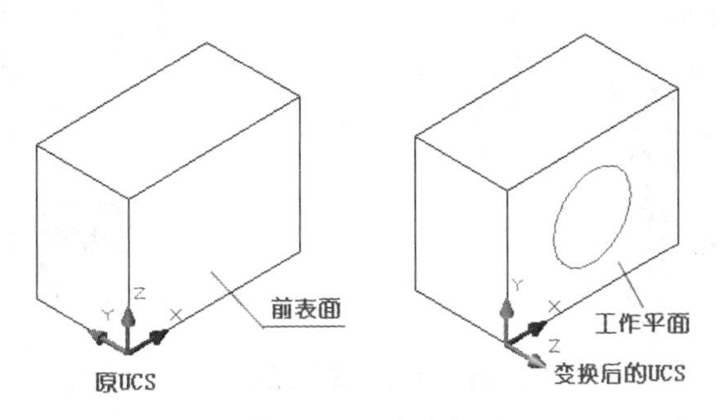

图 9.1.1 用户坐标系

创建用户坐标系的方法如下。

• 功能区：在“视图”选项卡空白处单击右键，在弹出的快捷菜单中点击“面板”右侧黑色三角形，再点击“坐标”，打开“坐标”面板，如图 9.1.2 所示。

• 在经典界面下使用“工具”选项卡→“工具栏”面板→“AutoCAD”面板→“UCS”命令，打开图 9.1.3 所示工具栏。

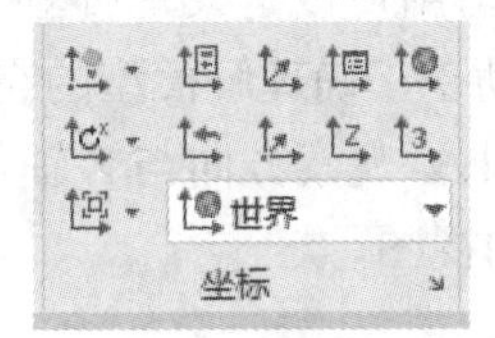

图 9.1.2 “视图”选项卡的“坐标”面板

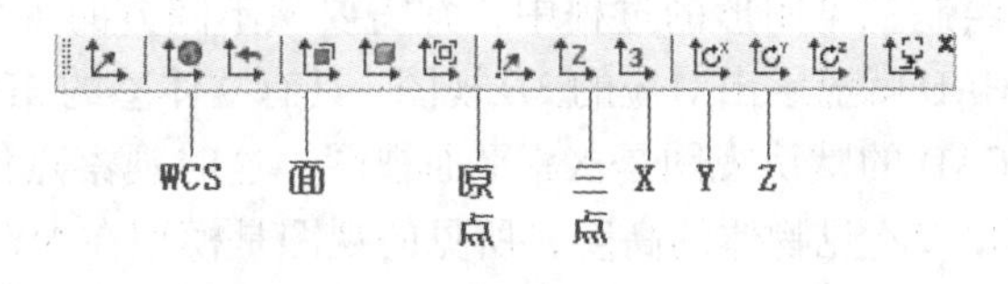

图 9.1.3 经典界面的 UCS 工具栏

几个主要的命令按钮功能介绍如下：

WCS：将当前用户坐标系设置为世界坐标系。

面 UCS：将选定的实体平面作为 UCS 的 XY 平面。

原点：通过移动原点来定义新的 UCS。

三点：使用三个点定义新的 UCS。

X：绕 X 轴旋转 UCS。

Y：绕 Y 轴旋转 UCS。

Z：绕 Z 轴旋转 UCS。

3. 动态 UCS

使用动态 UCS 功能，可以在创建对象时使 UCS 的 XY 平面自动与实体模型上的平面临时对齐。动态 UCS 功能可用图 9.1.4 所示开关控制。

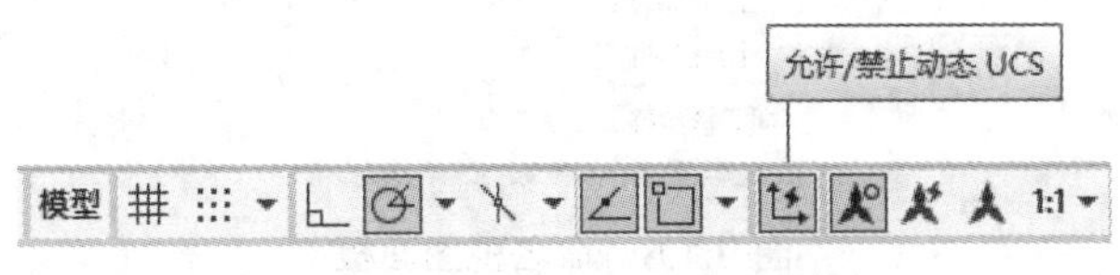

图 9.1.4 动态 UCS 开关控制

4. 右手定则

在 UCS 设置过程中，常常用图 9.1.5 所示右手定则确定 Z 轴的正向及绕某轴旋转时的正旋转方向。判断方法如下：

图 9.1.5　右手定则

Z 轴正向：拇指指向 X 轴的正方向，伸出食指和中指，食指指向 Y 轴的正方向，中指所指示的方向即是 Z 轴的正方向。

正旋转方向：要确定某个轴的正旋转方向，则用右手的大拇指指向该轴的正方向并弯曲其他四个手指，右手四指所指示的方向即是轴的正旋转方向。

9.1.2　三维观察

绘制三维图形的过程中，常需要从不同方向观察图形。当用户设定某个查看方向后，AutoCAD 就显示出对应的 3D 视图，具有立体感的 3D 图将有助于正确理解模型的空间结构。AutoCAD 的默认视图是 XY 平面视图，这时观察点位于 Z 轴上，观察方向与 Z 轴重合，因而用户看不见物体的高度，所见的视图是模型在 XY 平面内的视图。

1. 轴测观察

AutoCAD 预设了 6 种基本视图和 4 种轴测视图，选择“视图”选项卡，显示命名视图面板，如图 9.1.6 所示。系统的默认视图设置为“俯视”，当需要观察模型的轴测视图时，可以从视图列表中选择“东南等轴测”或“西南等轴测”来观察模型。

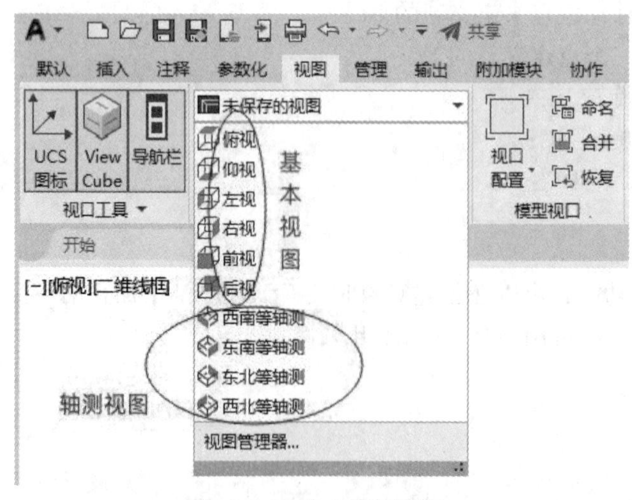

图 9.1.6　命名视图面板

在 AutoCAD 经典界面下使用图 9.1.6 所示“视图”工具栏来观察视图（见图 9.1.7）。

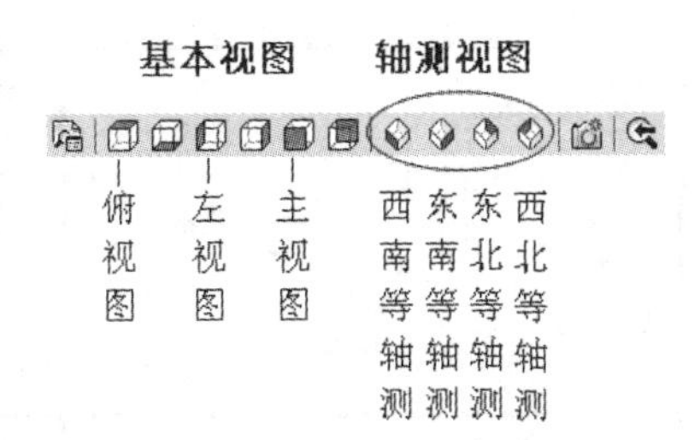

图 9.1.7 经典界面的“视图”工具栏

图 9.1.8 是长方体的俯视图和西南等轴测视图。

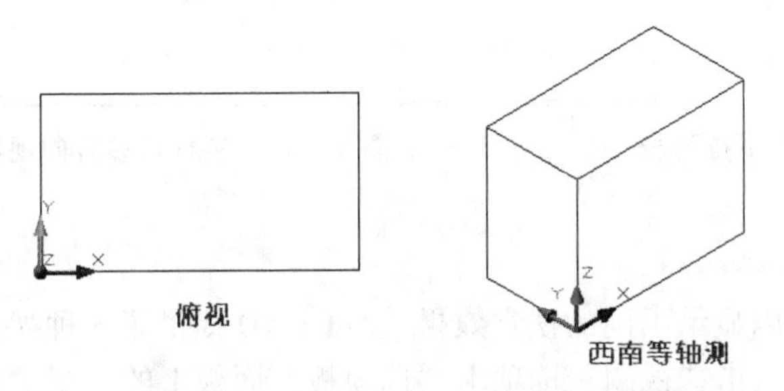

图 9.1.8 长方体的“俯视”图与“西南等轴测”视图

2. 动态观察

点击图 9.1.9 所示功能区“视图”选项卡下的“导航栏”面板，在绘图区右侧可以看到动态观察按钮，用于动态、交互式、直观地观察三维模型。

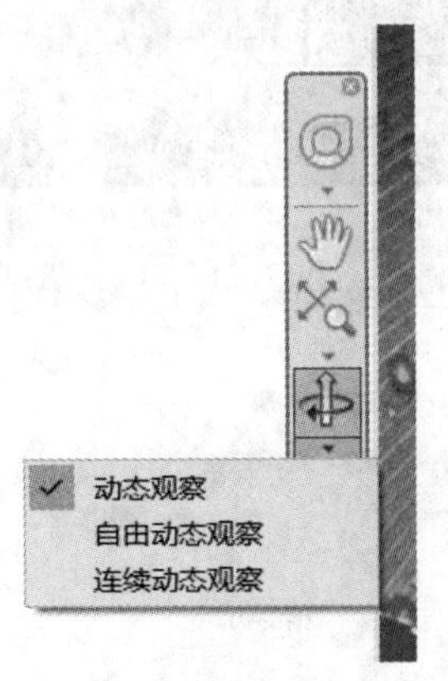

图 9.1.9 “视图”选项卡的“导航”面板

3. 多视口观察

点击“视图”选项卡“模型视口”面板上的“视口配置”按钮，可以看到如图 9.1.10 所示下拉列表，从中设置需要的视口。启动 AutoCAD 时，系统默认的绘图区域是一个单一视口。图 9.1.11 所示是一个多视口视图的例子。

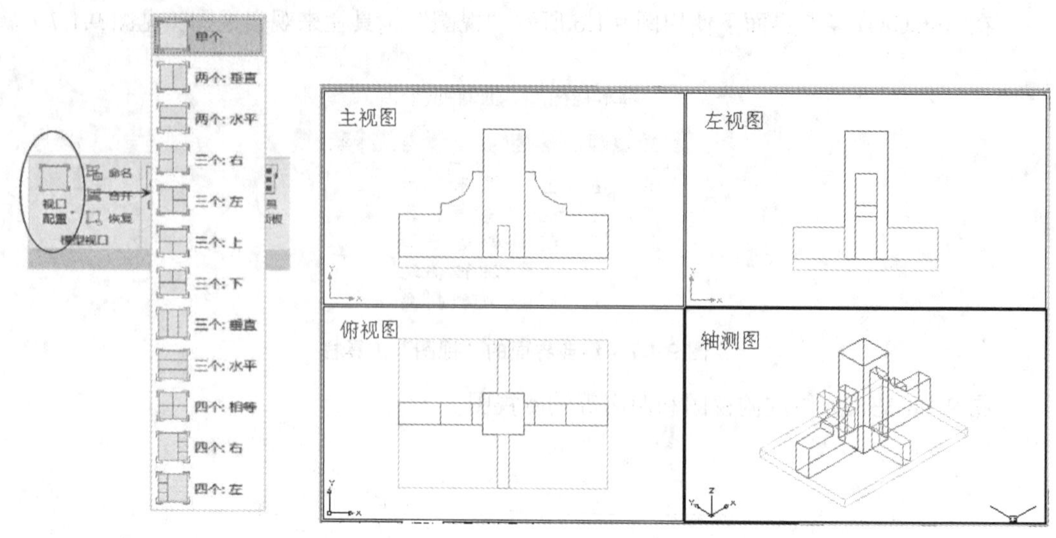

图 9.1.10　“视口配置”下拉列表　　　　图 9.1.11　多视口多方向观察

4. 视觉样式

通过三维模型可以显示不同的视觉效果。AutoCAD 提供了 5 种视觉样式，默认视觉样式为“二维线框”。点击“视图”选项卡“选项板”面板上的“视觉样式”，可打开视觉样式管理器，如图 9.1.12 所示。

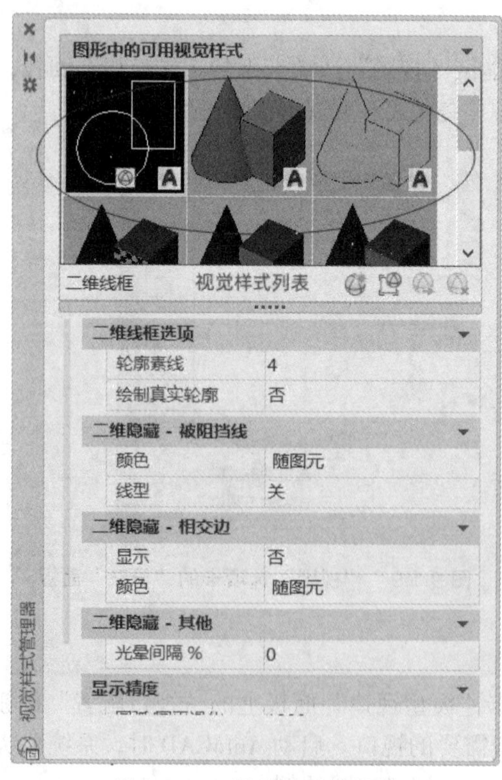

图 9.1.12　视觉样式管理器

AutoCAD经典界面的“视觉样式”工具栏如图9.1.13所示。在低版本中称为视觉样式“着色”。

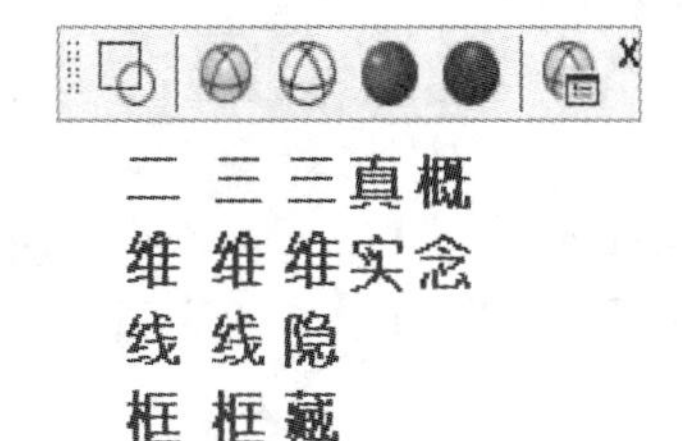

图9.1.13　“视觉样式”工具栏

9.1.3　设置工作平面

进行三维建模一般是先绘制平面轮廓，再构造三维实体。前面提到，AutoCAD通常是在工作平面上绘图的，因此进行三维建模过程中必须先确定工作平面。

有三个特殊方位的工作平面，如同投影制图中的投影面：正面、水平面、侧面，如图9.1.14所示。很多时候需要在正面、水平面或侧面上绘图，这是三个最常用的工作平面。

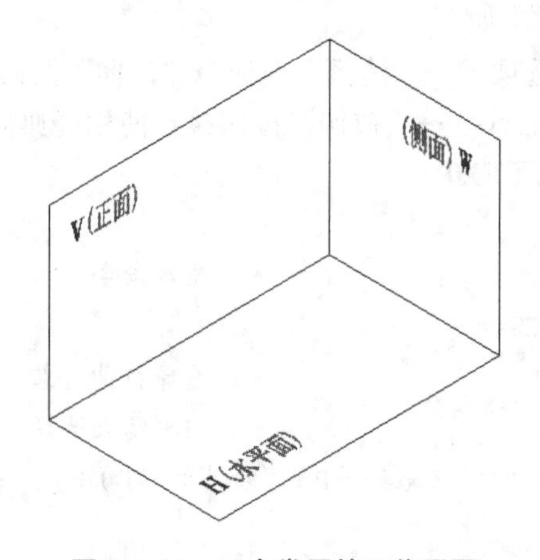

图9.1.14　三个常用的工作平面

设置工作平面为水平面、正面、侧面有两种方法。

1. 通过旋转UCS设置工作平面

水平面：水平面是AutoCAD默认的工作平面，WCS的XY平面就是水平面。

正面：绕WCS的X轴旋转90°，正面就成为工作平面。

侧面：绕WCS的X轴旋转90°，再绕Y轴旋转–90°，侧面就成为工作平面。

参见图9.1.15。

2. 通过视图变换设置工作平面

变换基本视图方向时，当前UCS会随着变换，也就是说，当前的视图平面与UCS的XY平面平行。因此，可以通过视图变换来设置工作平面。

通过前视图设置绘图平面为正面。

通过俯视图设置绘图平面为水平面。

通过左视图设置绘图平面为侧面。

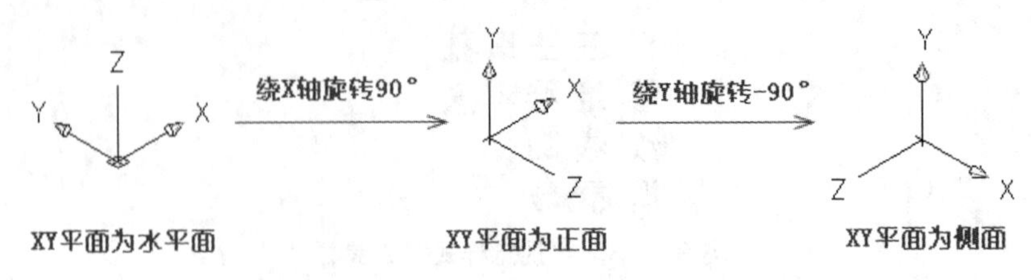

图 9.1.15　三个常用的 UCS 工作界面

任务 9.2　创建三维实体

9.2.1　用拉伸命令创建三维实体

AutoCAD 可以将一个封闭的多段线（或面域）图形作为截面，通过拉伸命令创建成三维实体。调用拉伸命令的方法如下。

- 功能区："常用"选项卡→"建模"面板→"拉伸"按钮（使用三维建模界面）。
- 工具栏："建模"工具栏→"拉伸"按钮（使用经典界面）。
- 命令行：EXTRUDE（EXT）。

命令行序列如下：

```
命令 : EXTRUDE                                  ; 输入命令
当前线框密度 : ISOLINES=4
选择要拉伸的对象 : 找到 1 个                       ; 选择拉伸对象
选择要拉伸的对象 :                                ; 回车结束选择
指定拉伸的高度或 [ 方向（D）/ 路径（P）/ 倾斜角（T）]:   ; 指定拉伸高度或输入选项
```

1. 拉伸高度

指定拉伸高度时，输入正值，将沿对象所在坐标系的 Z 轴正方向拉伸对象；如果输入负值，将沿对象所在坐标系的 Z 轴负方向拉伸对象。

默认情况下，将沿对象的法线方向拉伸平面对象。平面对象在水平面上时，拉伸高度是上下方向；平面对象在正面时，拉伸高度是前后方向；平面对象在侧面时，拉伸高度是左右方向，如图 9.2.1 所示。

2. 倾斜角

拉伸时的倾斜角度为正角度，表示从基准对象逐渐变细地拉伸；为负角度则表示从基准对象逐渐变粗地拉伸，如图 9.2.2 所示。默认角度为 0°，表示在与二维对象所在平面垂直的方向上进行拉伸。

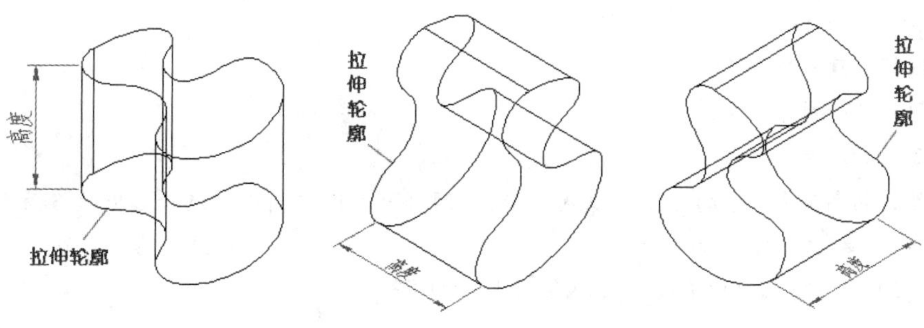

图 9.2.1 拉伸高度

命令：EXTRUDE

当前线框密度：ISOLINES=4

选择要拉伸的对象：找到 1 个

选择要拉伸的对象：

指定拉伸的高度或 [方向（D）/ 路径（P）/ 倾斜角（T）]: t　　；选择选项“倾斜角（T）”

指定拉伸的倾斜角度：　　；输入角度

指定拉伸的高度或 [方向（D）/ 路径（P）/ 倾斜角（T）]:　　；输入高度

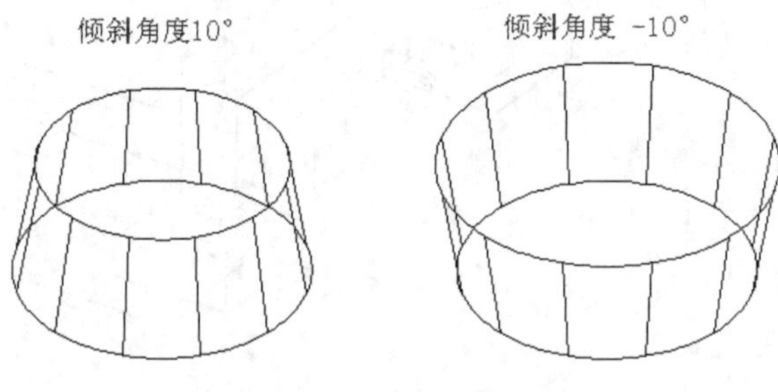

图 9.2.2 拉伸的倾斜角

3. 拉伸路径

拉伸路径可以是直线、圆、圆弧、椭圆、椭圆弧、多段线或样条曲线，如图 9.2.3 所示。路径既不能与轮廓共面，也不能是具有高曲率的区域。

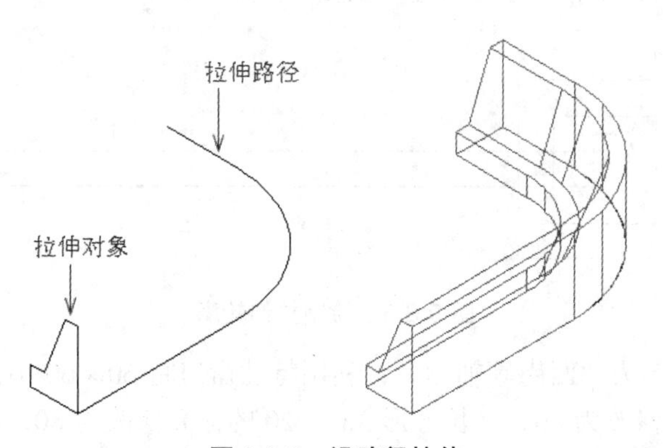

图 9.2.3 沿路径拉伸

命令 : EXTRUDE
当前线框密度 : ISOLINES=4
选择要拉伸的对象 : 找到 1 个
选择要拉伸的对象 :
指定拉伸的高度或 [方向（D）/ 路径（P）/ 倾斜角（T）] : p　；选择选项“路径（P）”
选择拉伸路径或 [倾斜角（T）]:　；选择路径对象

【例 9-1】根据两视图创建柱排架，图 9.2.4 所示。

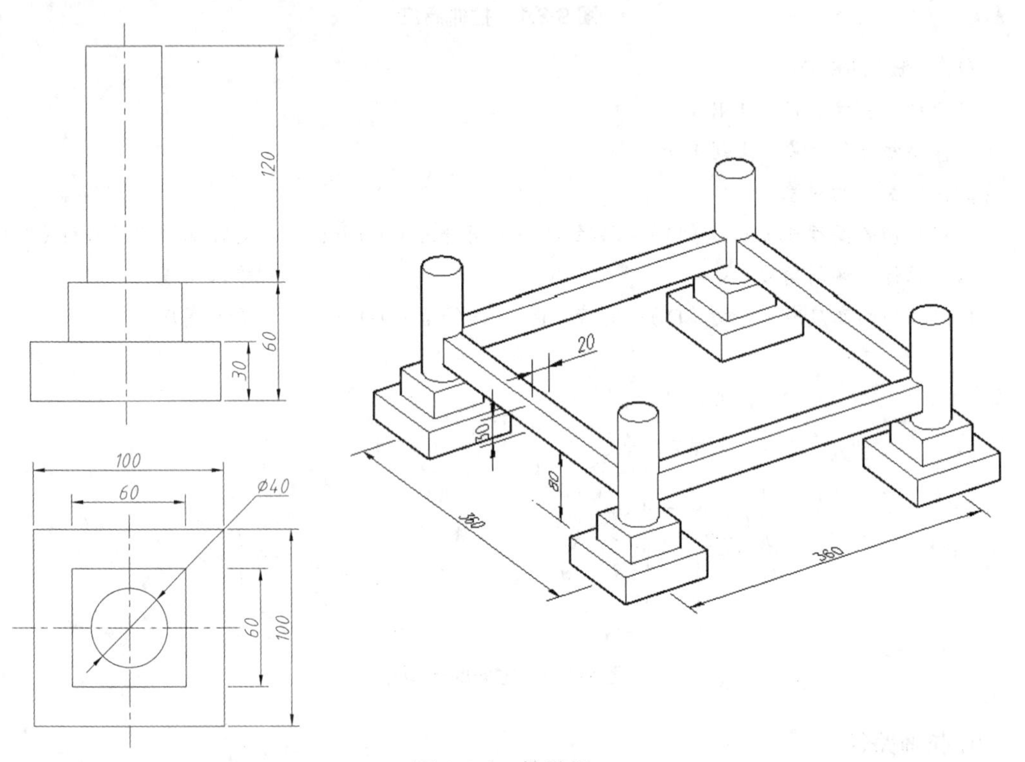

图 9.2.4　柱排架

步骤 1　在 WCS 的 XY 平面上绘制拉伸轮廓：100 × 100 的矩形、60 × 60 的矩形、360 × 20 的矩形、R20 的圆形，如图 9.2.5 所示。

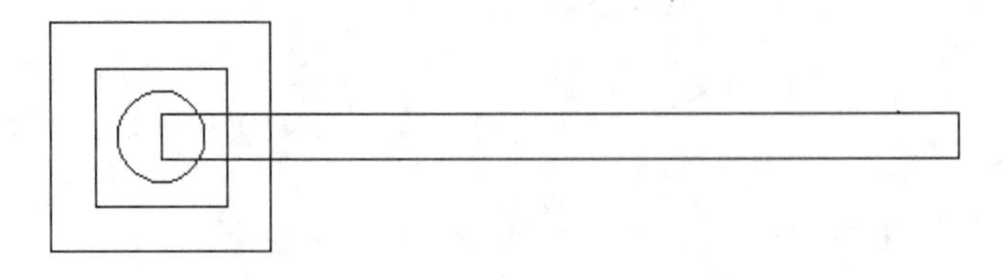

图 9.2.5　绘制拉伸轮廓

步骤 2　切换视图为“西南等轴测”，利用特性窗口将 60 × 60 小正方形的标高修改为 30，将小圆的 Z 坐标修改为 60，将长方形 360 × 20 的标高修改为 80，如图 9.2.6 所示。

步骤 3　按各部分高度尺寸拉伸平面轮廓，结果如图 9.2.7 所示。

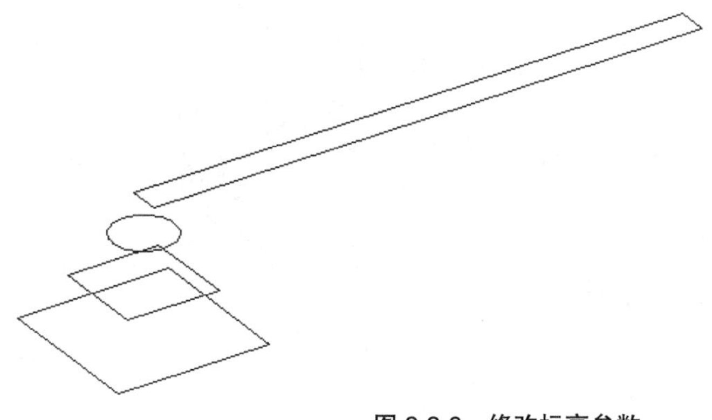

图 9.2.6　修改标高参数

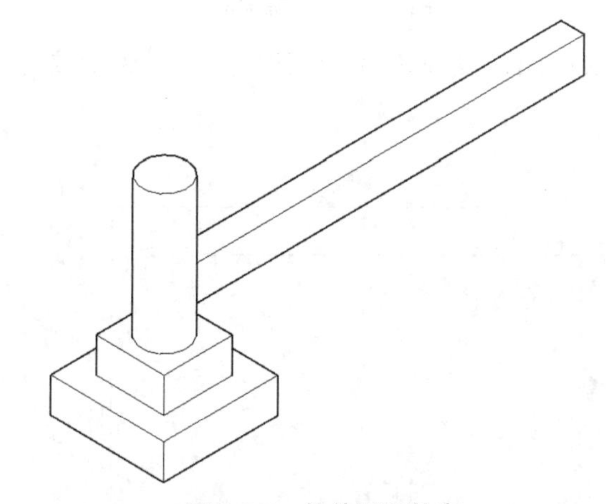

图 9.2.7　拉伸平面轮廓

步骤 4　进行复制操作，完成后的结果如图 9.2.8 所示。

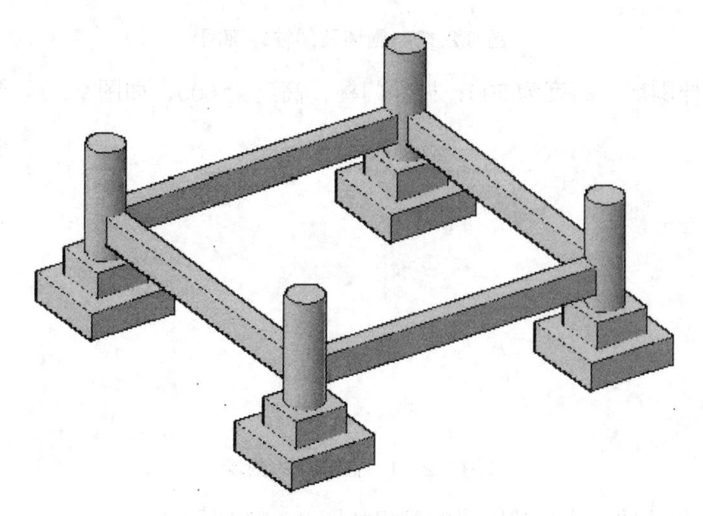

图 9.2.8　创建的柱排架

【例 9–2】通过拉伸来创建小院围墙模型，如图 9.2.9 所示。

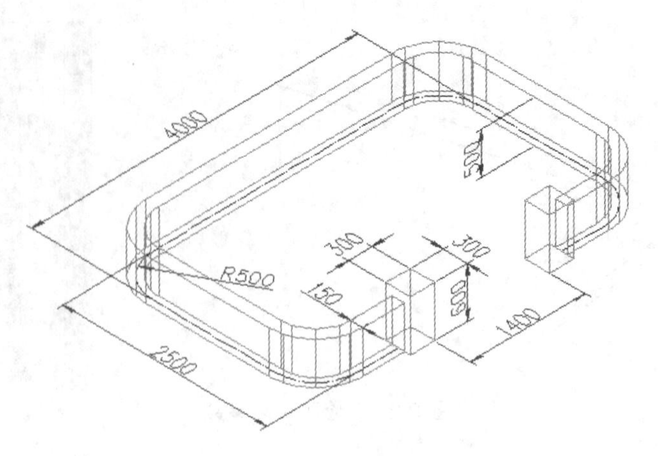

图 9.2.9　小院围墙

步骤 1　在 WCS 的 XY 平面上绘制围墙及门柱轮廓，并编辑成闭合多段线，如图 9.2.10 所示。

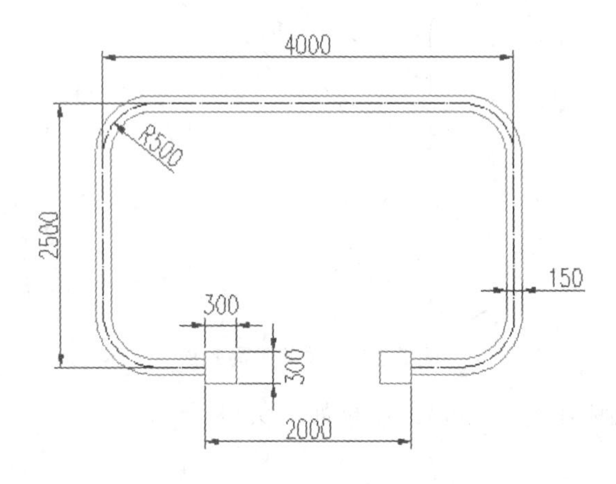

图 9.2.10　围墙及门柱轮廓图

步骤 2　拉伸围墙，高度为 500；拉伸门柱，高度为 600，如图 9.2.11 所示。

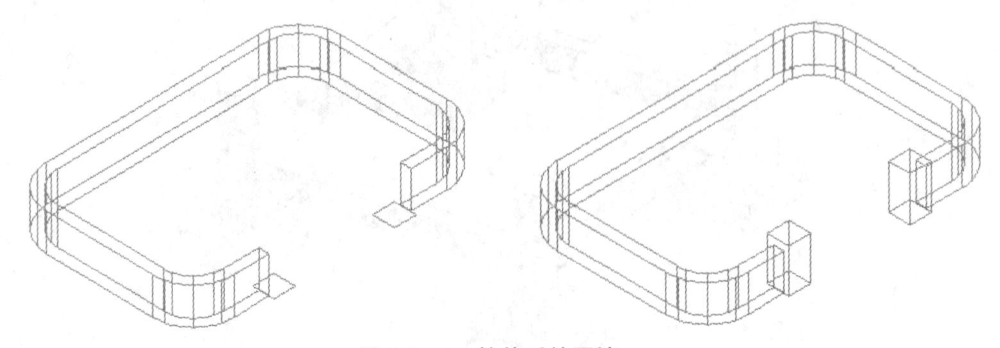

图 9.2.11　拉伸后的围墙

另外，沿路径拉伸创建小院围墙的过程如图 9.2.12 所示。

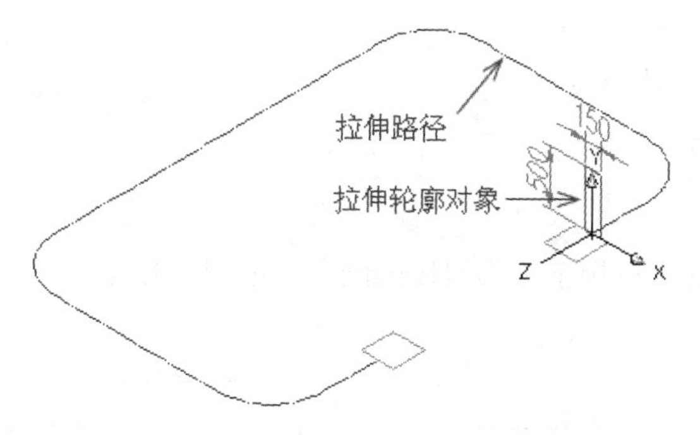

图 9.2.12 沿路径拉伸小院围墙

9.2.2 用旋转命令创建三维实体

1. 旋转命令 REVOLVE

在 AutoCAD 中可以将一个封闭的多段线（或面域）图形作为截面，通过旋转命令创建成三维实体。调用拉伸命令的方法如下。

- 功能区：“常用”选项卡→“建模”面板→“旋转”按钮（使用三维建模界面）。
- 工具栏：“建模”工具栏→“拉伸旋转”按钮（使用经典界面）。
- 命令行：REVOLVE（REV）

命令行序列如下：

命令 : REVOLVE ；输入命令

当前线框密度：ISOLINES=4

选择要旋转的对象 : 找到 1 个 ；选择旋转对象

选择要旋转的对象 : ；回车结束选择

指定轴起点或根据以下选项之一定义轴 [对象（O）/X/Y/Z] < 对象 >:

指定轴端点 : ；依次指定两点定义旋转轴

指定旋转角度或 [起点角度（ST）] <360>: ；指定旋转角度

根据图 9.2.13 左边的参数用旋转命令创建的三维实体如图 9.2.13 右边所示。

图 9.2.13 旋转实体

注意：

①旋转剖面轮廓是实体剖面的一半；

②旋转剖面轮廓必须是闭合的多段线或面域；

③旋转轴不能在旋转轮廓内；

④旋转轴不一定要画出来。

2. 实体圆角与倒角

1）圆角命令

FILLET（圆角）命令也用于三维实体的圆角，如图 9.2.14 所示。命令行序列如下：

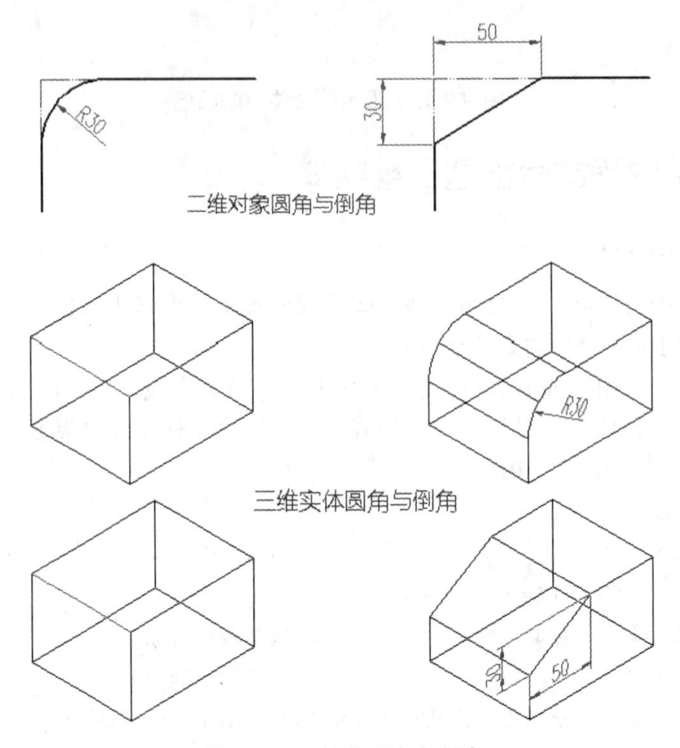

图 9.2.14 实体圆角与倒角

命令 : FILLET ；输入命令

当前设置 : 模式 = 修剪，半径 = 0.0000

选择第一个对象或 [放弃（U）/ 多段线（P）/ 半径（R）/ 修剪（T）/ 多个（M）]:

；选择边

输入圆角半径 : ；输入半径

选择边或 [链（C）/ 半径（R）]: ；选择其他需圆角的边

…… ；回车结束选择

2）倒角命令

CHAMFER（倒角）命令也用于三维实体的倒角，如图 9.2.14 所示。命令行序列如下：

命令 : CHAMFER

（“修剪”模式）当前倒角距离 1 = 0.0000，距离 2 = 0.0000

选择第一条直线或 [放弃（U）/ 多段线（P）/ 距离（D）/ 角度（A）/ 修剪（T）/ 方式（E）/ 多个（M）]:

基面选择 ...　　　　　　　　　　　　　　　　; 选择基准面

输入曲面选择选项 [下一个（N）/ 当前（OK）] < 当前 >:

指定基面的倒角距离 : 20　　　　　　　　　　; 指定基准面的倒角距离

指定其他曲面的倒角距离 <20.0000>:　　　　; 指定其他面的倒角距离

选择边或 [环（L）]:　　　　　　　　　　　; 选择边

【例 9-3】用旋转命令创建手柄模型，如图 9.2.15 所示。

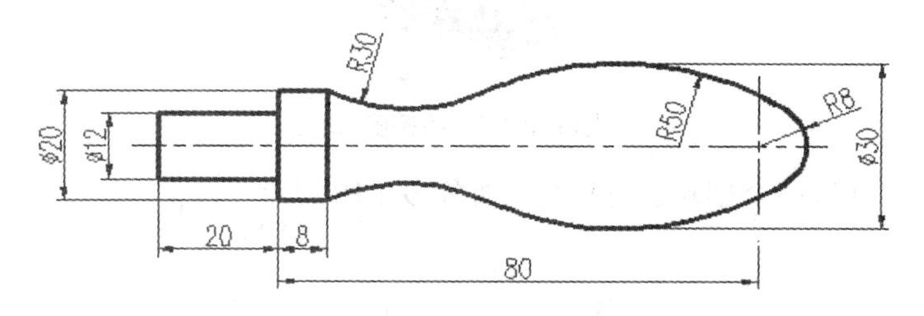

图 9.2.15　手柄

步骤 1　新建 2D 图层，在该图层绘制轮廓线框，如图 9.2.16 所示。

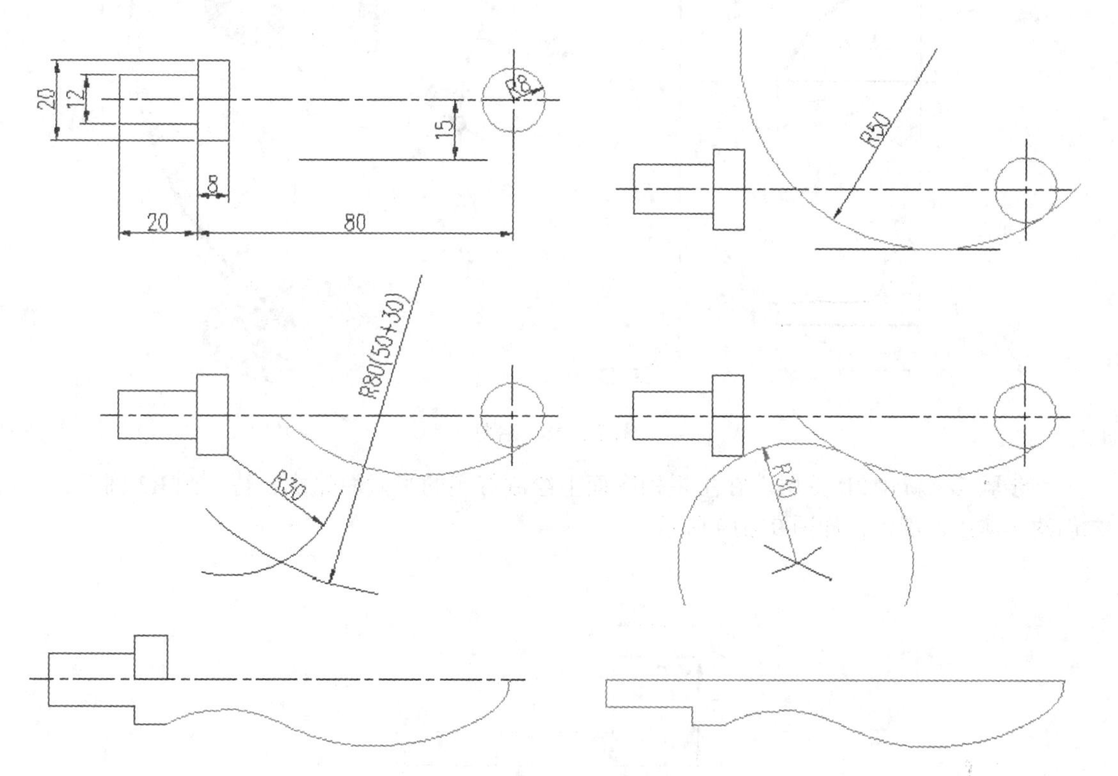

图 9.2.16　绘制手柄轮廓线

步骤 2　新建 3D 图层，创建旋转实体，如图 9.2.17 所示。

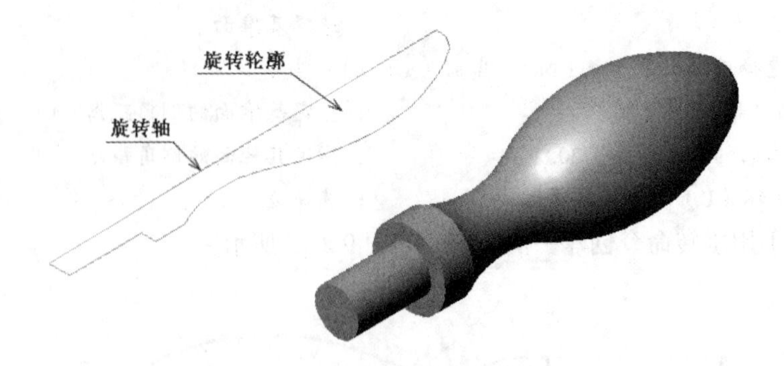

图 9.2.17　手柄实体

【例 9–4】用旋转命令创建台灯模型，如图 9.2.18 所示。

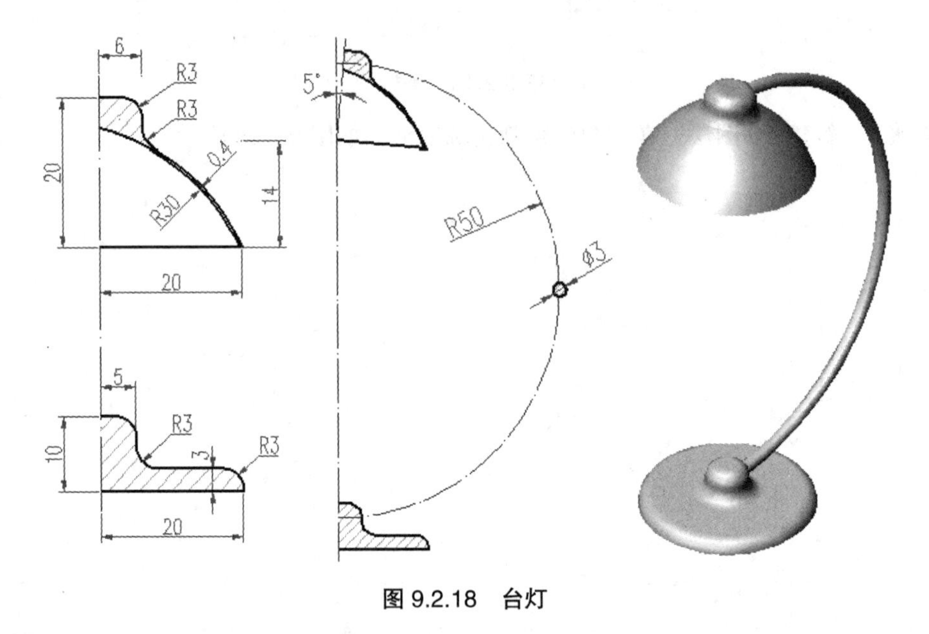

图 9.2.18　台灯

步骤 1　新建 2D 图层。在主视构图面上绘制灯座的半截面轮廓，暂不画 R3 圆弧，待创建实体后作圆角，如图 9.2.19 所示。

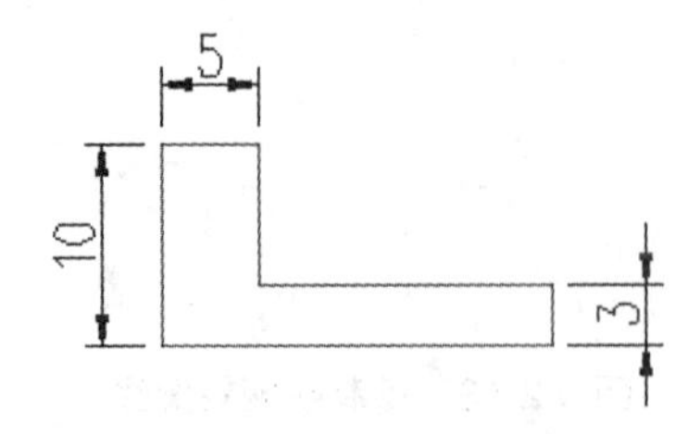

图 9.2.19　灯座的半截面轮廓（部分）

步骤 2　在主视构图面上绘制灯罩的半截面轮廓，暂不画 R3 小圆弧。先画直线部分，如下左图；用“起点、端点、半径”绘制 R30.4 圆弧，如下中图；向内偏移圆弧 0.4，得到 R30 圆弧，并将圆弧上端点延伸至左边线，如图 9.2.20 所示。

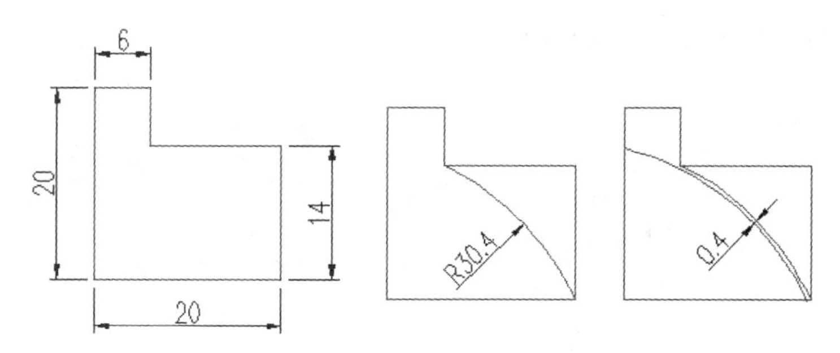

图 9.2.20 灯罩的半截面轮廓

步骤 3 设置 3D 图层，在 3D 图层创建底座剖面边界，结果如图 9.2.21 所示。

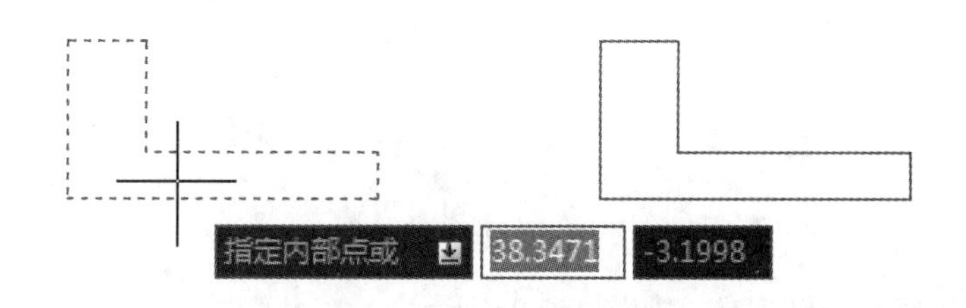

图 9.2.21 灯底座剖面图

步骤 4 在 3D 图层创建灯罩剖面边界，如图 9.2.22 所示。

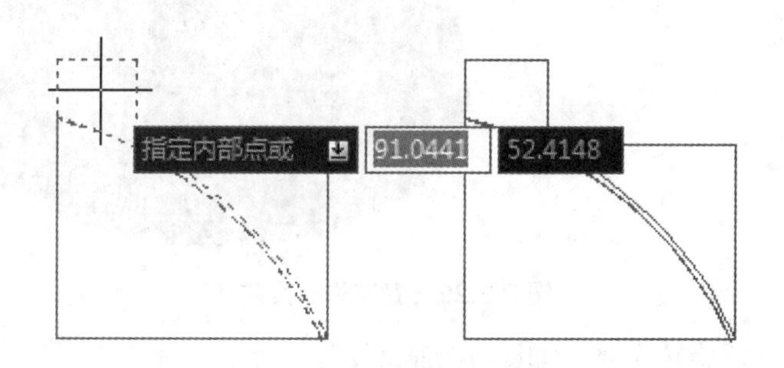

图 9.2.22 灯罩剖面边界

步骤 5 关闭 2D 图层，屏幕只显示底座和灯罩的旋转剖面轮廓，如图 9.2.23 所示。

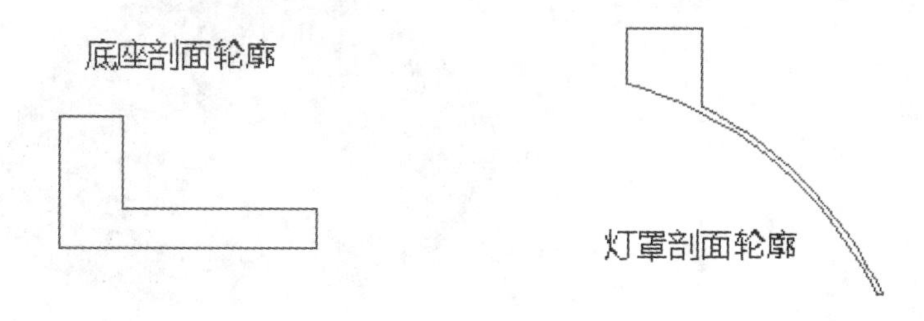

图 9.2.23 部分旋转剖面

步骤 6 在主视构图面绘制 R50 圆弧，调整灯座与灯罩的位置如图 9.2.24 左图所示；

在左视构图面绘制 R1.5 圆，圆心为 R50 圆弧端点，如图 9.2.24 右图所示。

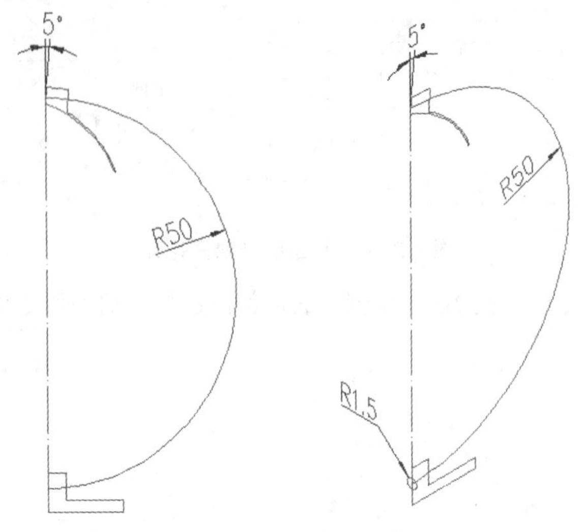

图 9.2.24 圆弧

步骤 7 创建底座旋转实体，如图 9.2.25 所示。

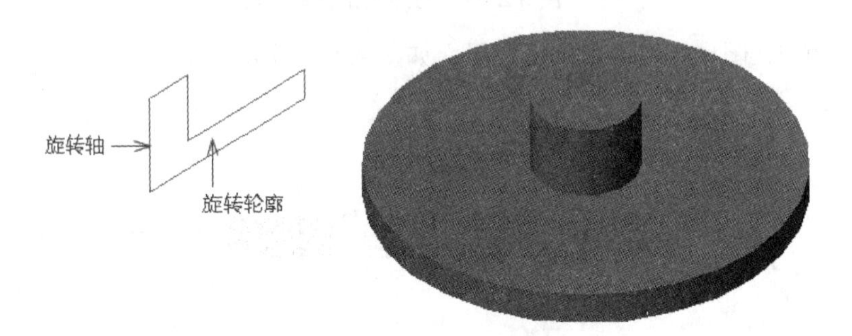

图 9.2.25 底座旋转实体

步骤 8 创建灯罩旋转实体，如图 9.2.26 所示。

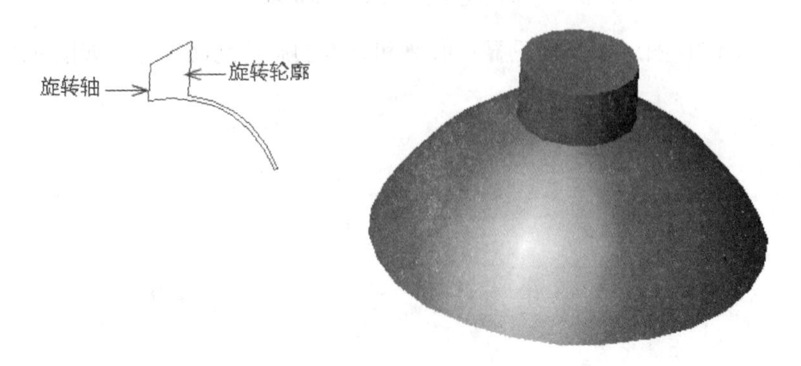

图 9.2.26 灯罩旋转实体

步骤 9 沿路径 R50 拉伸 R1.5 圆，创建灯杆实体，如图 9.2.27 所示。

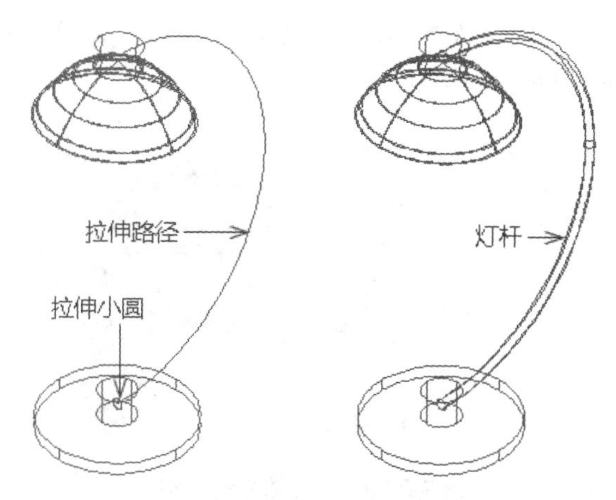

图 9.2.27　灯杆实体

步骤 10　创建底座与灯罩实体圆角 R3；灯罩下沿边缘适当圆角，如图 9.2.28 所示。

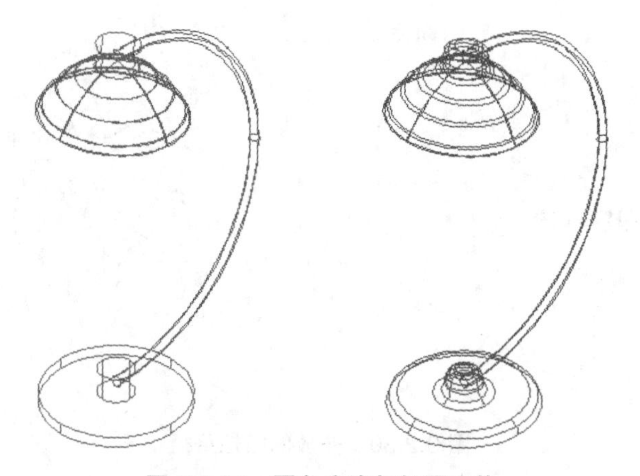

图 9.2.28　圆角底座与灯罩实体

9.2.3　用其他方式创建三维实体

1. 扫掠

AutoCAD 可以通过扫掠命令将一个封闭的多段线（或面域）图形作为截面，沿指定的路径绘制实体，如图 9.2.29 所示。调用扫掠命令的方法如下。

- 功能区："常用"选项卡→"建模"面板的命令按钮（使用三维建模界面）。
- 工具栏："建模"工具栏命令按钮（使用经典界面）。
- 命令行：SWEEP。

命令行序列如下：

```
命令：_SWEEP                                   ；输入命令
当前线框密度：ISOLINES=4
选择要扫掠的对象：找到 1 个                     ；选择扫掠对象
选择要扫掠的对象：
```

选择扫掠路径或 [对齐（A）/ 基点（B）/ 比例（S）/ 扭曲（T）]: ；选择扫掠路径

步骤 1　指定三维扫掠路径如图 9.2.29 所示。

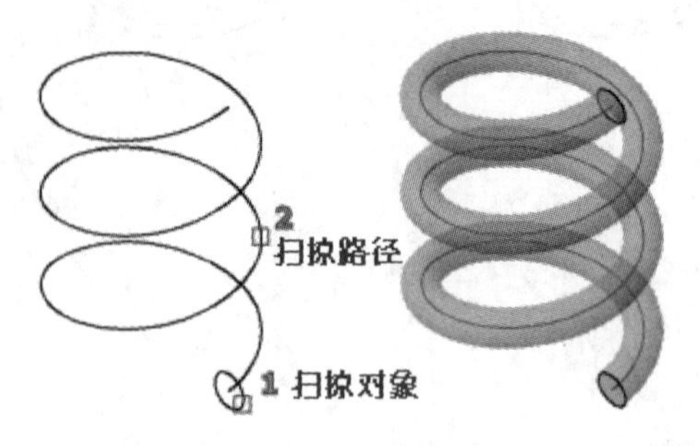

图 9.2.29　沿三维路径扫掠

步骤 2　开放的扫掠路径如图 9.2.30 所示，路径是水平面上开放的多段线。

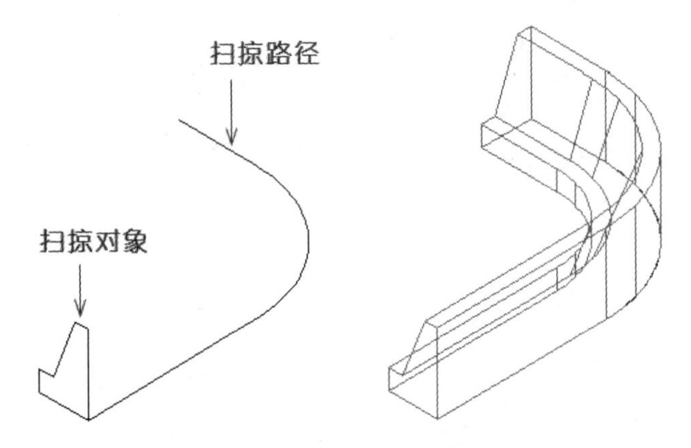

图 9.2.30　开放的扫掠路径

步骤 3　闭合的扫掠路径如图 9.2.31 所示，路径是水平面上的圆。

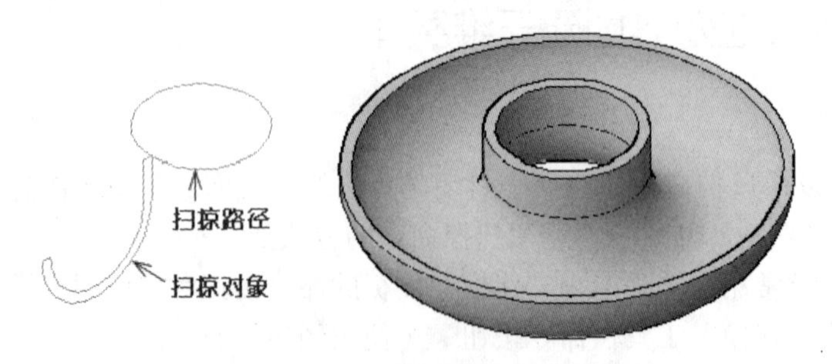

图 9.2.31　开放闭合的扫掠路径

2. 放样

使用放样命令可在若干（至少 2 个）横截面之间创建三维实体，如图 9.2.32 所示。调用放样命令的方法如下。

- 功能区："常用"选项卡→"建模"面板的命令按钮（使用三维建模界面）。

- 工具栏："建模"工具栏的命令按钮（使用经典界面）。
- 命令行：LOFT。

命令行序列如下：

命令：_loft　　；输入命令
按放样次序选择横截面：　　；依次选择放样对象
按放样次序选择横截面：
输入选项 [导向（G）/ 路径（P）/ 仅横截面（C）] < 仅横截面 >:　　；回车按截面放样

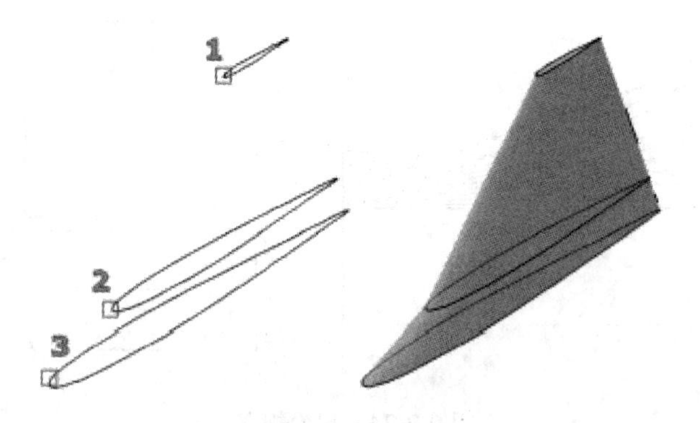

图 9.2.32　放样

【例 9–5】按图 9.2.33 所示轮廓创建放样实体。

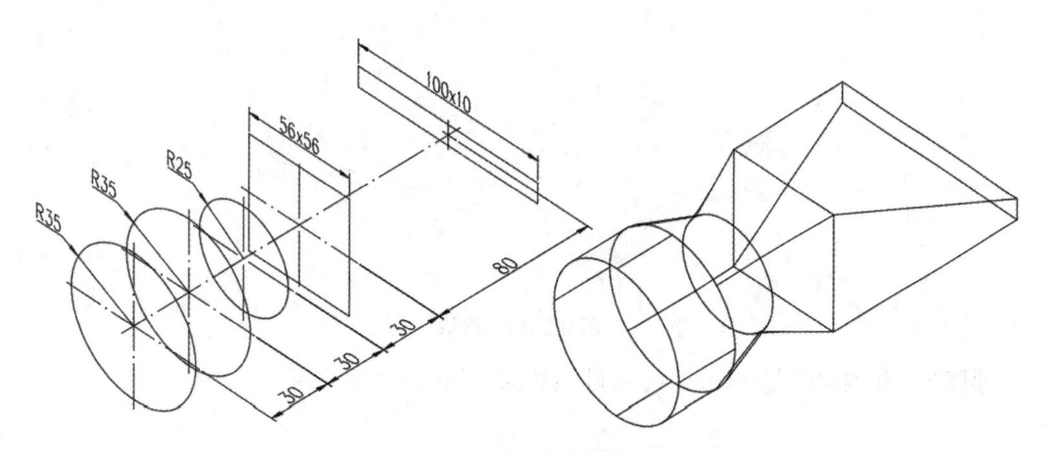

图 9.2.33　放样实体

步骤 1　设置命令侧面为绘图工作平面，按尺寸绘制各截面轮廓。
步骤 2　调用放样命令创建实体。命令行序列如下：

命令：_loft　　；输入命令
按放样次序选择横截面：　　；依次选择各放样轮廓
……
输入选项 [导向（G）/ 路径（P）/ 仅横截面（C）] < 仅横截面 >:
；回车按仅按横截面放样实体
；横截面上曲面控制选择"直纹"

【例 9-6】按如图 9.2.34 所示视图尺寸创建扭面实体。

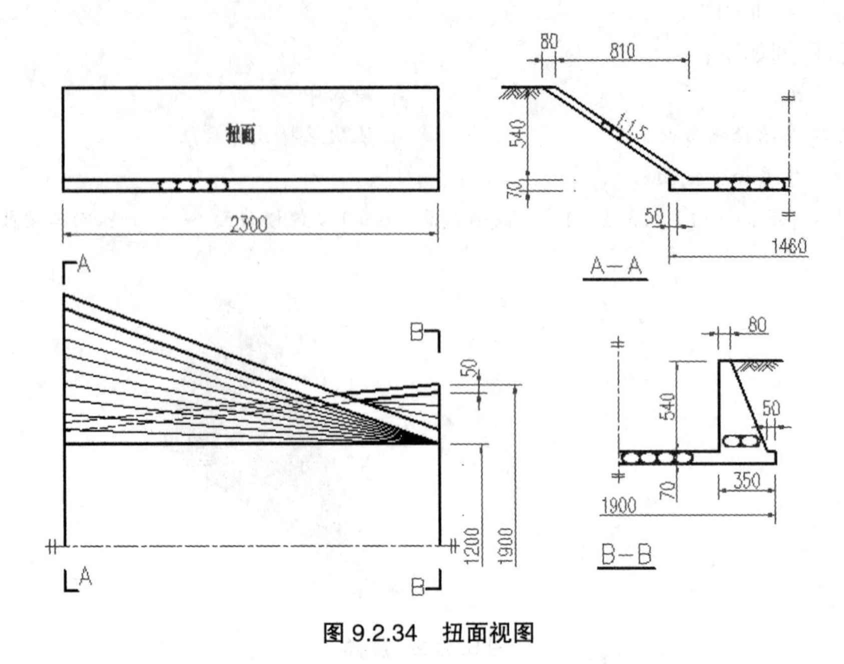

图 9.2.34 扭面视图

步骤 1 在水平面上绘制四边形，以拉伸高度 70 创建底板，如图 9.2.35 所示。

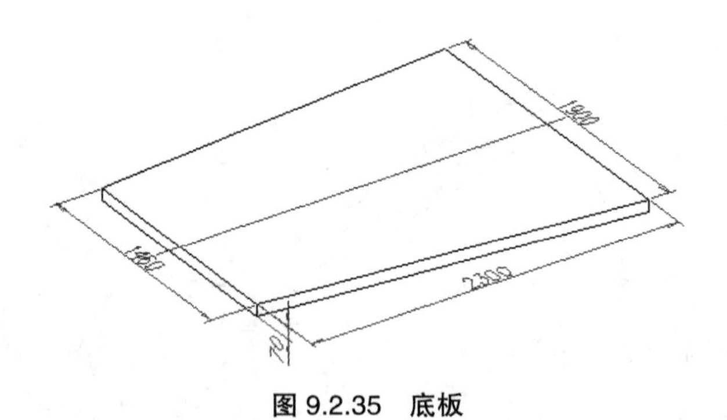

图 9.2.35 底板

步骤 2 在侧面绘制扭面的 A、B 断面轮廓，如图 9.2.36 所示。

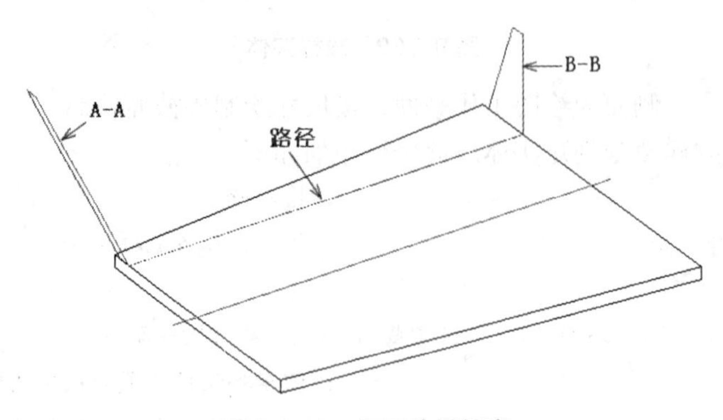

图 9.2.36 扭面放样轮廓

步骤 3　沿路径放样创建扭面实体，结果如图 9.2.37 所示。

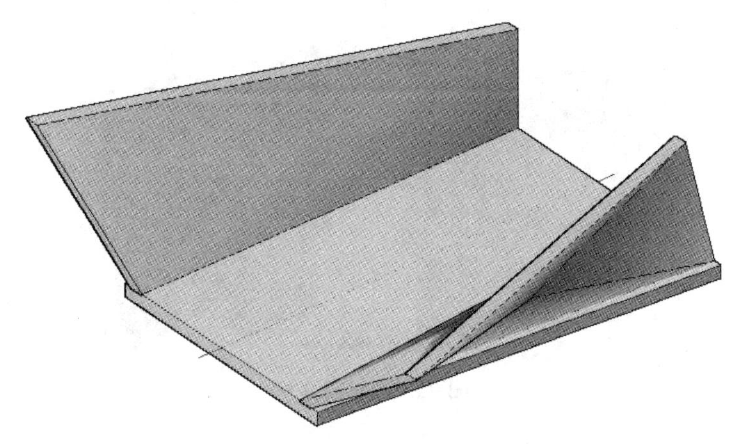

图 9.2.37　通过放样创建的扭面实体

任务 9.3　编辑三维实体

9.3.1　布尔运算

运用布尔运算可以实现实体间的并、差、交集运算。调用布尔运算命令的方法如下。

• 功能区："常用"选项卡→"实体编辑"面板的并、差、交命令按钮（使用三维建模界面），如图 9.3.1 所示。

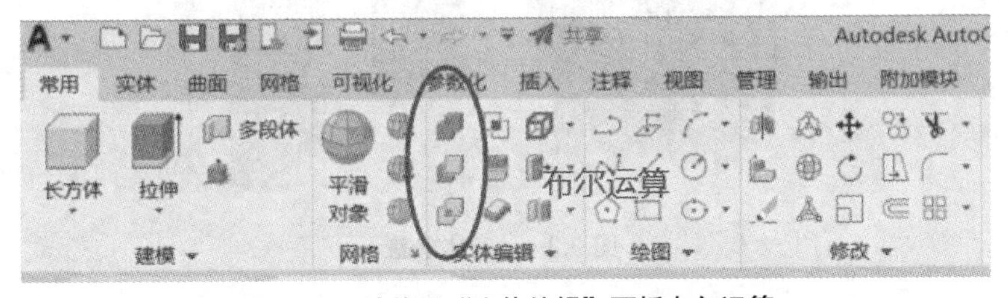

图 9.3.1　功能区"实体编辑"面板布尔运算

• 工具栏："实体编辑"工具栏的并、差、交命令按钮（使用经典界面），如图 9.3.2 所示。

图 9.3.2　工具栏"实体编辑"布尔运算

1. 并集运算

通过实体的并集运算能把几个实体组合起来成为一个新的实体，如图 9.3.3 所示。对不相交的实体也可以求并集。

并集运算的命令 UNION（UNI）操作很简单，输入命令，选择合并对象，回车即可。

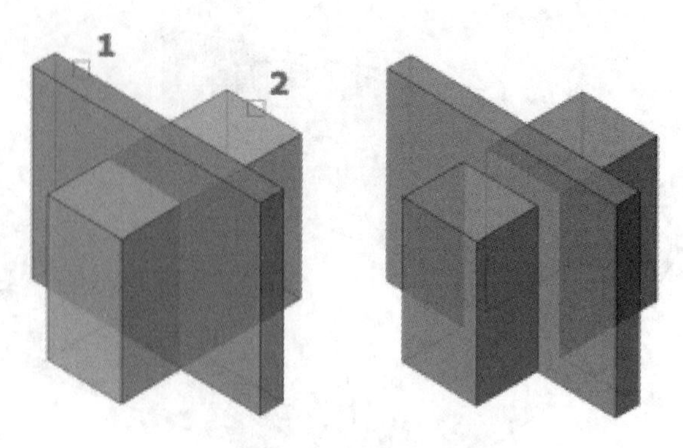

图 9.3.3 实体求并

2. 差集运算

通过实体的差集运算可以从实体中减去另外的实体，从而创建新的实体，如图 9.3.4 所示。调用差集运算命令的方法如下。

- 命令行：SUBTRACT（SU）。

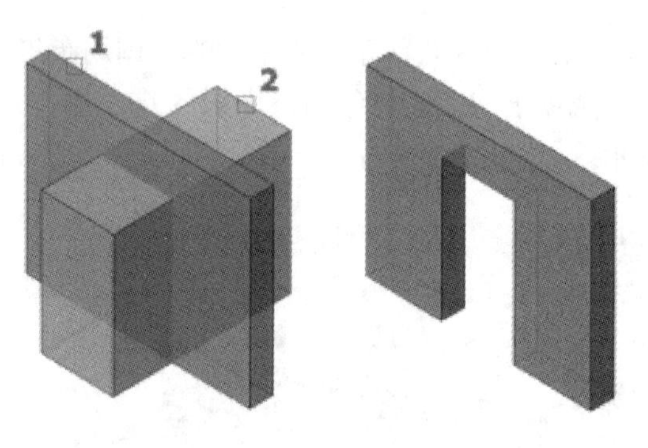

图 9.3.4 实体求差

命令行序列如下：

命令 :SUBTRACT

选择要从中减去的实体、曲面和面域 ...

选择对象 : 找到 1 个 ；选择被减的实体，之后回车

选择对象 : 选择要减去的实体、曲面和面域 ...

选择对象 : 找到 1 个 ；选择要减的实体

选择对象 : ；回车结束

3. 交集运算

通过实体的交集运算可运算可将实体的公共相交部分创建为新的实体，如图 9.3.5 所示。

命令行：INTERSECT（IN）。

该命令的操作很简单，输入命令，选择求交集的各对象，回车即可。

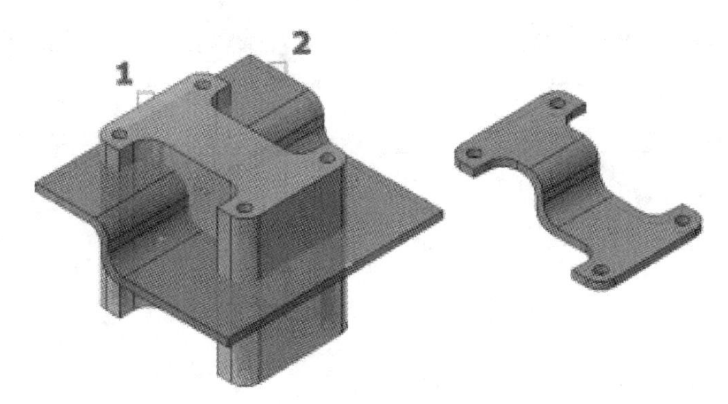

图 9.3.5 实体求交

9.3.2 剖切实体

调用剖切实体命令的方法如下。

- 功能区："常用"选项卡→"实体编辑"面板→剖切按钮（使用三维建模界面）。
- 命令行：SLICE（SL）。

将图 9.3.6 所示立体过轴线剖切，其命令行序列如下：

命令 : SLICE ；输入命令
选择对象 : 找到 1 个 ；选择剖切对象，回车
选择对象 : 指定切面上的第一个点，依照 [对象（O）/Z 轴（Z）/ 视图（V）/XY 平面（XY）/YZ 平面（YZ）/ZX 平面（ZX）/ 三点（3）] < 三点 >: yz ；选择 YZ 坐标面
指定 YZ 平面上的点 <0,0,0>: ；指定剖切面的通过点
在要保留的一侧指定点或 [保留两侧（B）]: ；保留一侧

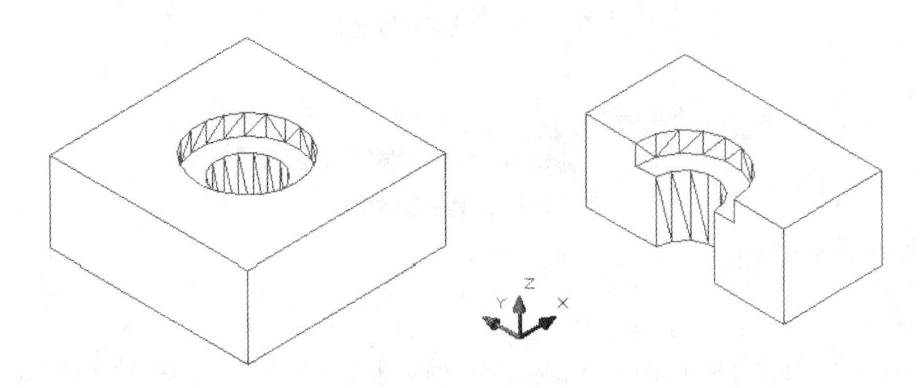

图 9.3.6 实体剖切

可以通过编辑实体的面、边来修改实体的形状，如图 9.3.7 所示。调用实体编辑命令的方法如下。

- 功能区："常用"选项卡→"实体编辑"面板→边、面体按钮（使用三维建模界面），如图 9.3.8 所示。
- 工具栏："实体编辑"工具栏，如图 9.3.9 所示。
- 命令行：SOLIDEDIT。

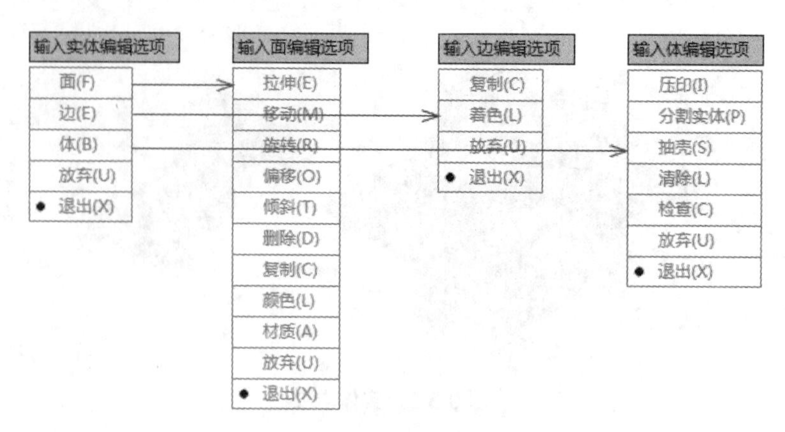

图 9.3.7 实体编辑命令行选项

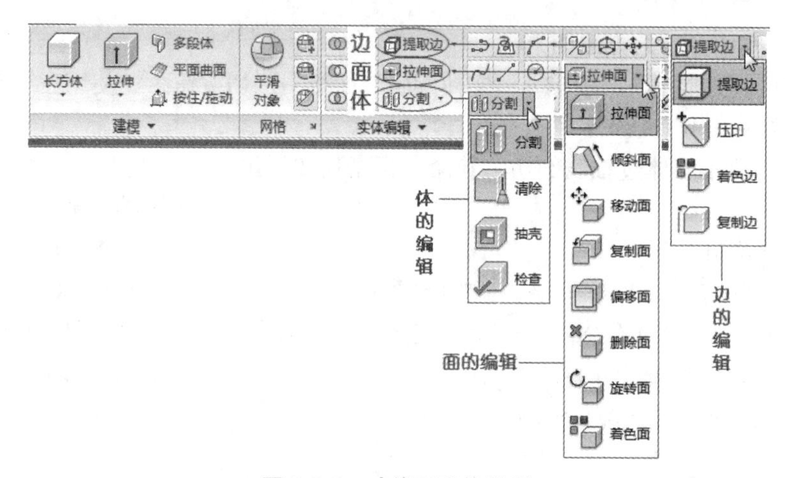

图 9.3.8 功能区实体编辑

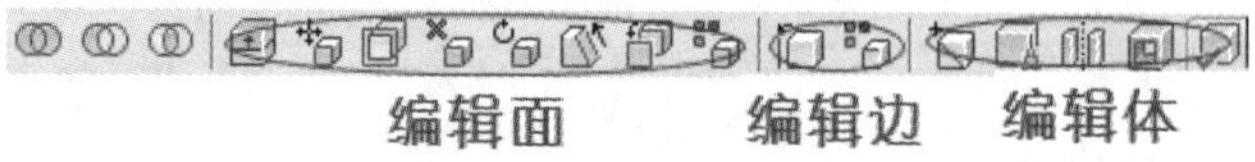

编辑面　　编辑边　　编辑体

图 9.3.9 工具栏实体编辑

实体编辑选项有很多，这里只介绍以下 3 种。

1. 压印

压印是在三维实体面上用线、面域或另外的实体与之相交产生如图 9.3.10 所示轮廓。该轮廓（可以是线或面）附着于实体面上可做进一步的编辑。我们可以通过压印圆弧、圆、直线、二维和三维多段线、椭圆、样条曲线、面域、体和三维实体，来创建三维实体上的新面。压印的目的是便于对三维实体做进一步的绘制、编辑、修改等。

2. 拉伸面

通过移动面来更改对象的形状称为拉伸面。输入正的拉伸高度，实体体积增加；输入负的拉伸高度，实体体积减少，如图 9.3.11 所示。

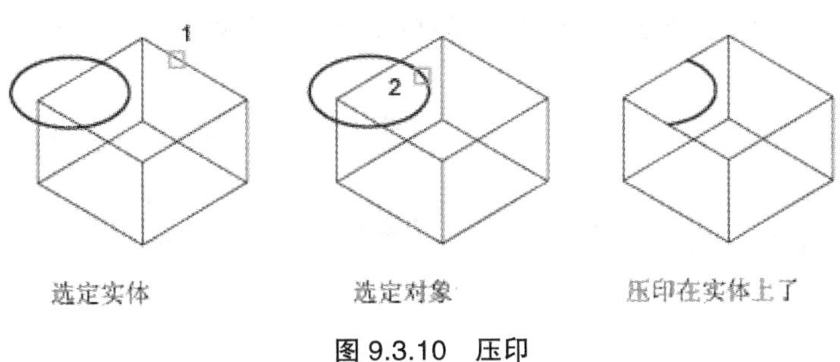

图 9.3.10　压印

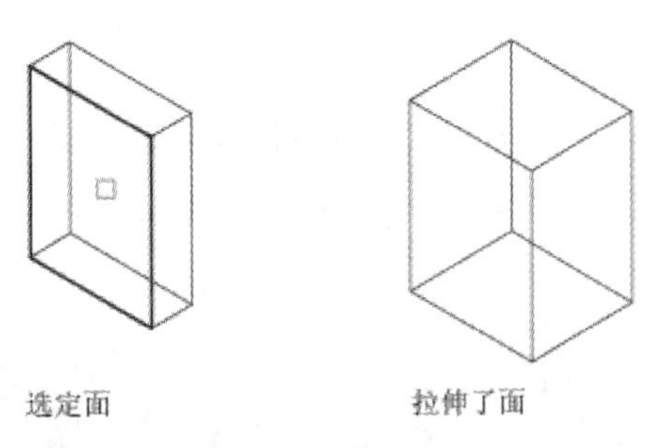

图 9.3.11　拉伸面

3. 抽壳

抽壳是用指定的厚度创建一个中空的薄壁，如图 9.3.12 所示。

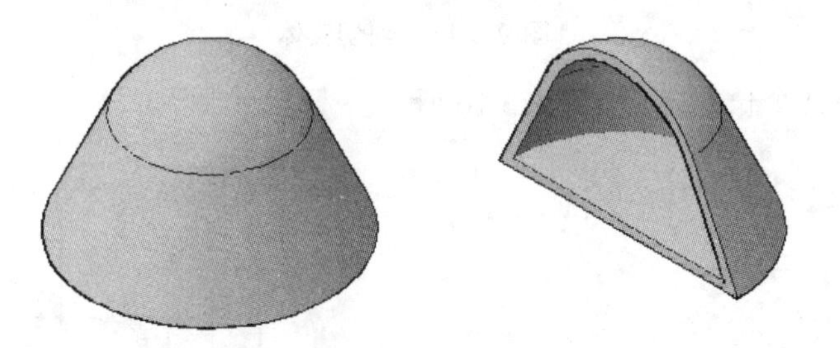

图 9.3.12　抽壳

【例 9–7】创建小房子模型，如图 9.2.13 所示。

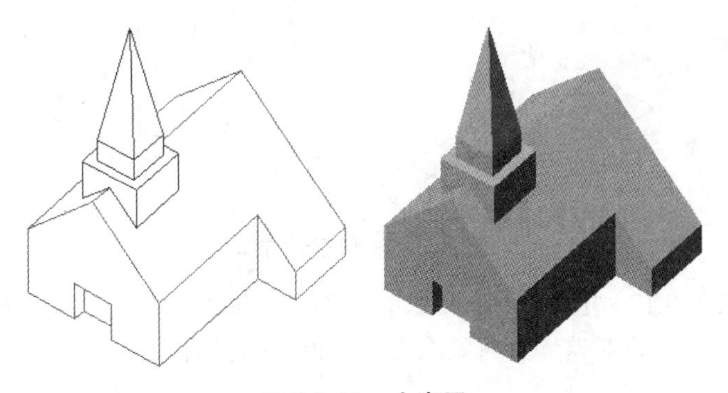

图 9.3.13　小房子

步骤 1　在水平面上绘制拉伸轮廓，拉伸高度为 64，如图 9.3.14 所示。

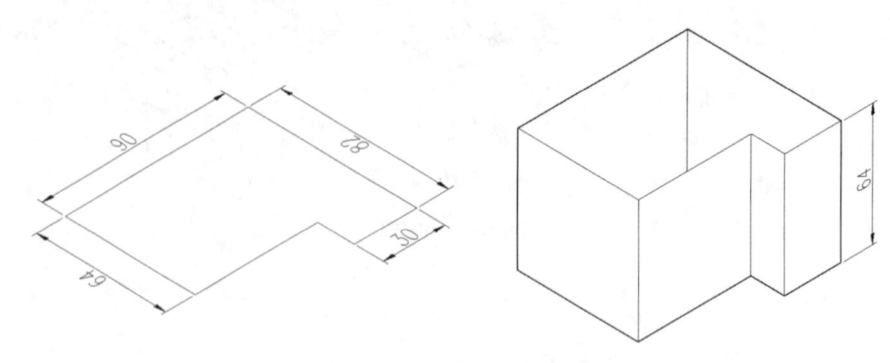

图 9.3.14　绘制拉伸轮廓

步骤 2　分别以 A、B、C 三点和 A、B、D 三点剖切实体，得到结果如图 9.3.15 所示。

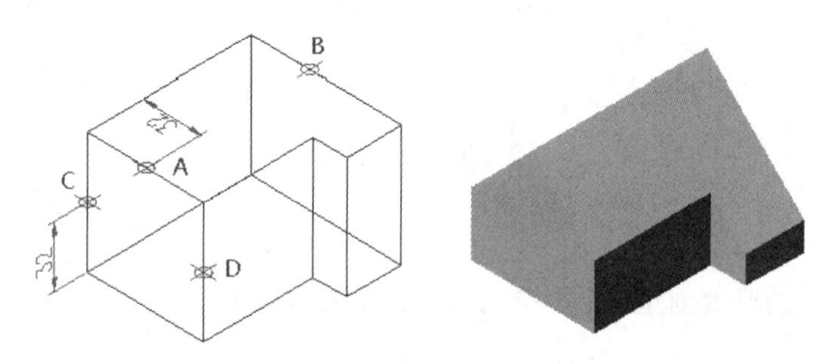

图 9.3.15　剖切实体

步骤 3　创建几个长方体，如图 9.3.16 所示。

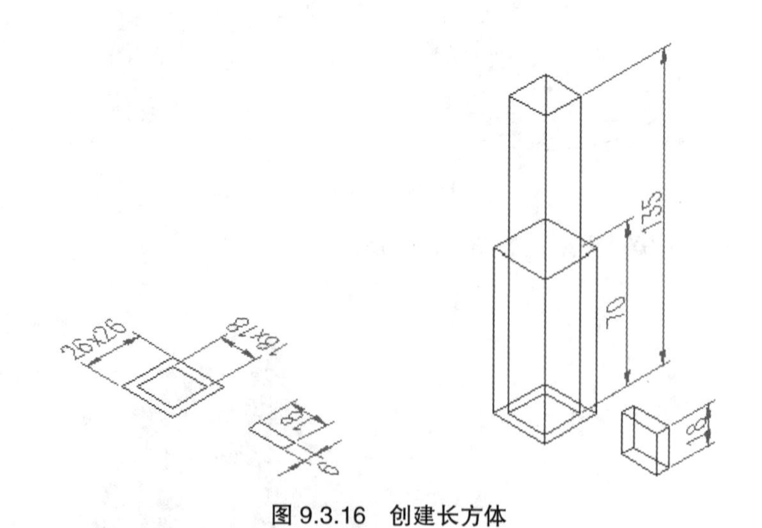

图 9.3.16　创建长方体

步骤 4　按图 9.3.17 左图三点所示尺寸，将柱体剖切 4 次，之后求并。也可以剖切 1 次之后环形阵列 4 个，再对这 4 个对象求交，可得到同样结果。

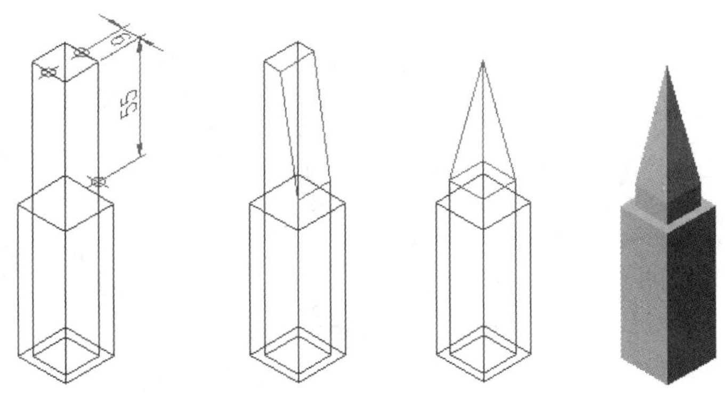

图 9.3.17　对长方体进行运算

步骤 5　先将 B 原位复制 1 次后作差集：A — B、B — C 后得到最后结果，如图 9.3.18 所示。

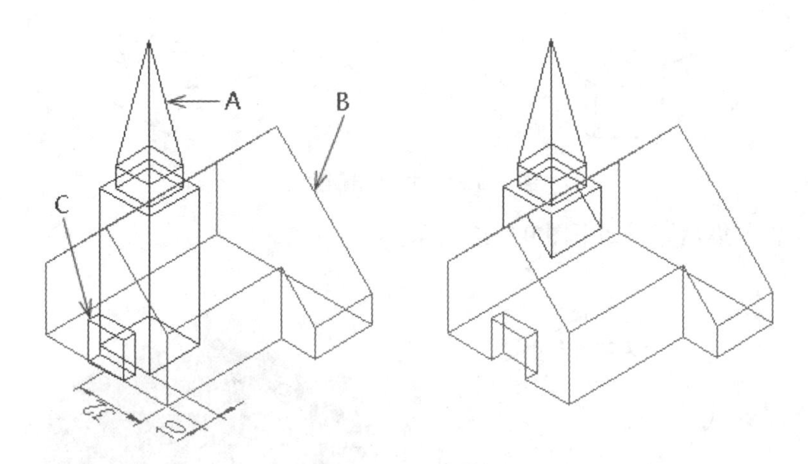

图 9.3.18　步骤 5

【例 9-8】创建烟灰缸模型，如图 9.3.19 所示。

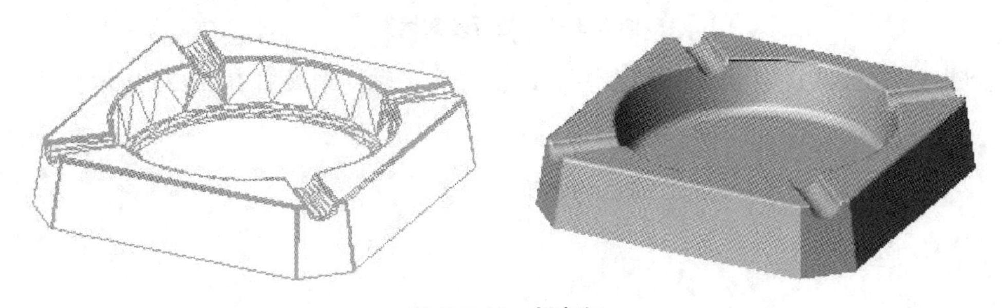

图 9.3.19　烟灰缸

步骤 1　在 WCS 的 XY 平面上绘制两个 100 × 100 矩形，再倒角 12 × 12；拉伸高度为 20，角度为 8 度，如图 9.3.20 所示。

步骤 2　在顶面中心绘制 R40 圆，向下拉伸高度为 15、角度为 10° 的倒圆台，如图 9.3.21 所示。

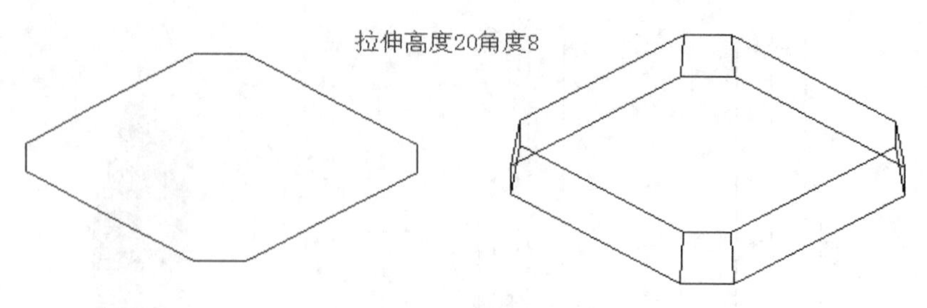

图 9.3.20　设置拉伸参数

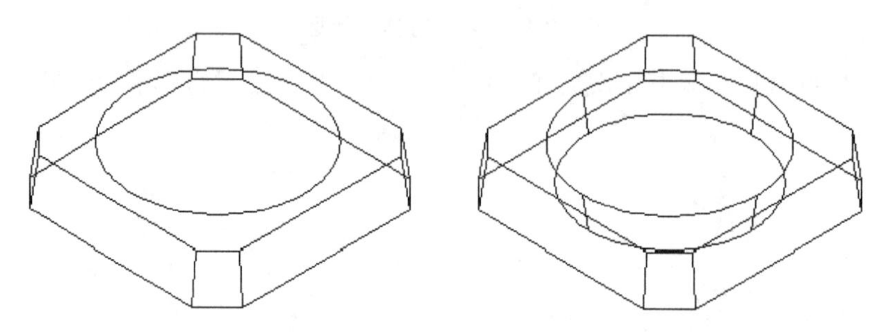

图 9.3.21　拉伸出倒圆台

步骤 3　作差集运算，如下图 9.3.22 所示。

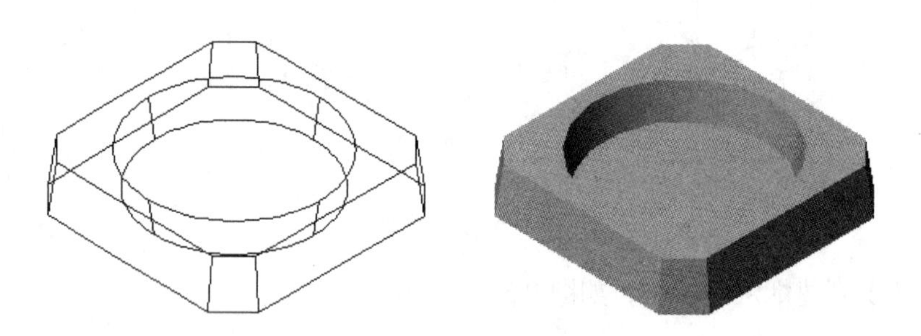

图 9.3.22　进行差集运算

步骤 4　通过设定 UCS，捕捉中点 A、B 作为 Z 轴，结果如图 9.3.23 所示。

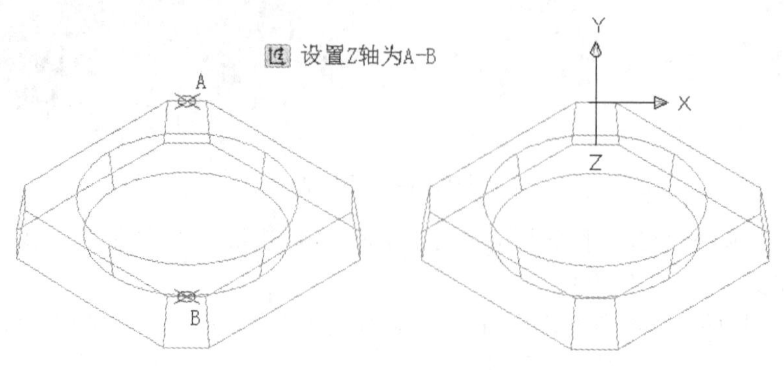

图 9.3.23　设置坐标系

步骤5　捕捉中点A并绘制圆R2,拉伸高度为120,拉伸面使后端延伸5,结果如图9.3.24所示。

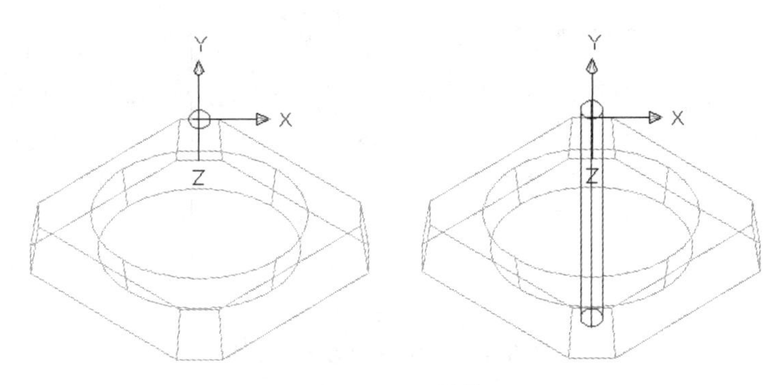

图 9.3.24　拉伸

步骤 6　返回 WCS，捕捉中点 C、D 镜像复制小圆柱；再进行差集运算得到结果如图 9.3.25 所示。

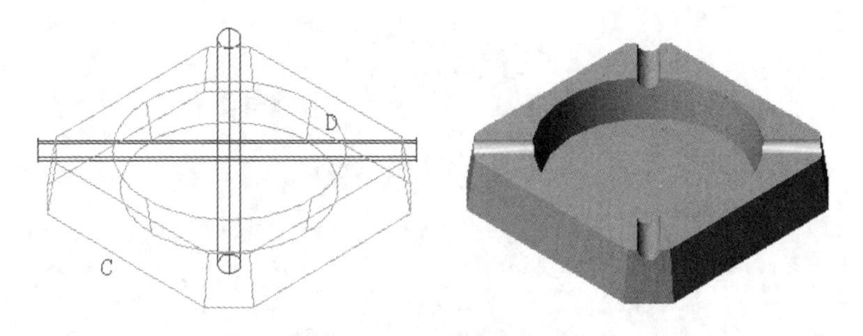

图 9.3.25　烟灰缸模型

步骤 7　适当圆角 R1~3，完成模型。

【例 9–9】利用旋转、抽壳命名创建图 9.3.26 所示花瓶。

步骤 1　在主视构图面上按尺寸绘制各直线段，绘制 ABCD 多段线，删除多余直线，编辑 ABCD 为样条曲线，再创建边界以便旋转，如图 9.3.27 所示。

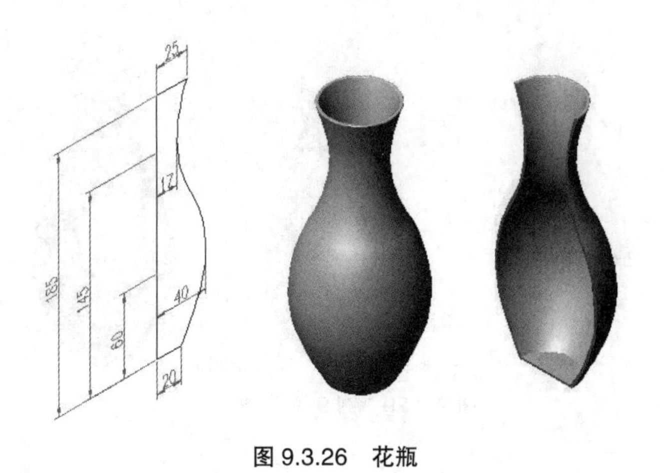

图 9.3.26　花瓶

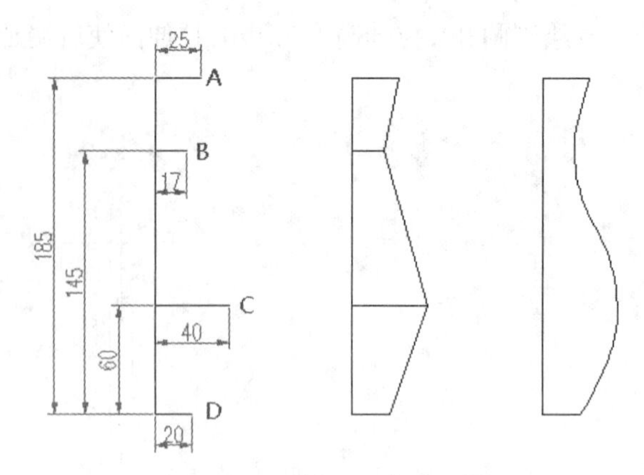

图 9.3.27　例 9-9 步骤 1 图

步骤 2　旋转，如图 9.3.28 所示。

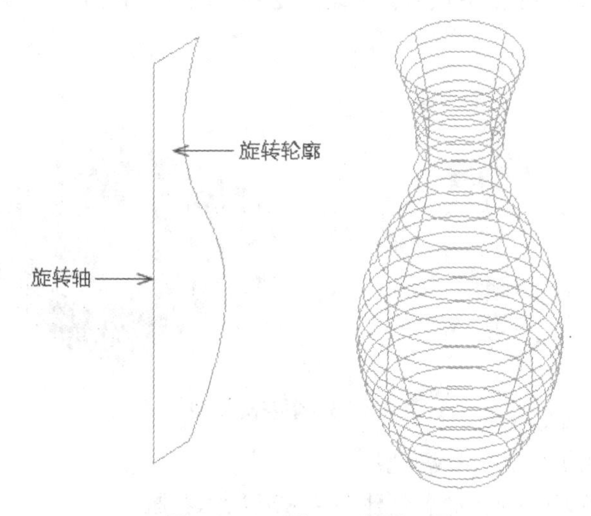

图 9.3.28　例 9-9 步骤 2 图

步骤 3　实体抽壳，壁厚为 3，适当圆角，完成模型，如图 9.3.29 所示。

图 9.3.29　例 9-9 步骤 3 图

任务 9.4 创建水闸三维模型

水闸是一种修建在河道和渠道上利用闸门控制流量和调节水位的低水头水工建筑物。关闭闸门可以拦洪、挡潮或抬高上游水位，以满足灌溉、发电、航运、水产、环保、工业和生活用水等需要；开启闸门，可以宣泄洪水、涝水、弃水或废水，也可对下游河道或渠道供水。在水利工程中，水闸作为挡水、泄水或取水的建筑物，应用广泛。本节将以水闸为例来说明绘制水利工程三维图形的方法。

9.4.1 创建闸室段

按图 9.4.1 所示闸室结构尺寸创建闸室三维模型。

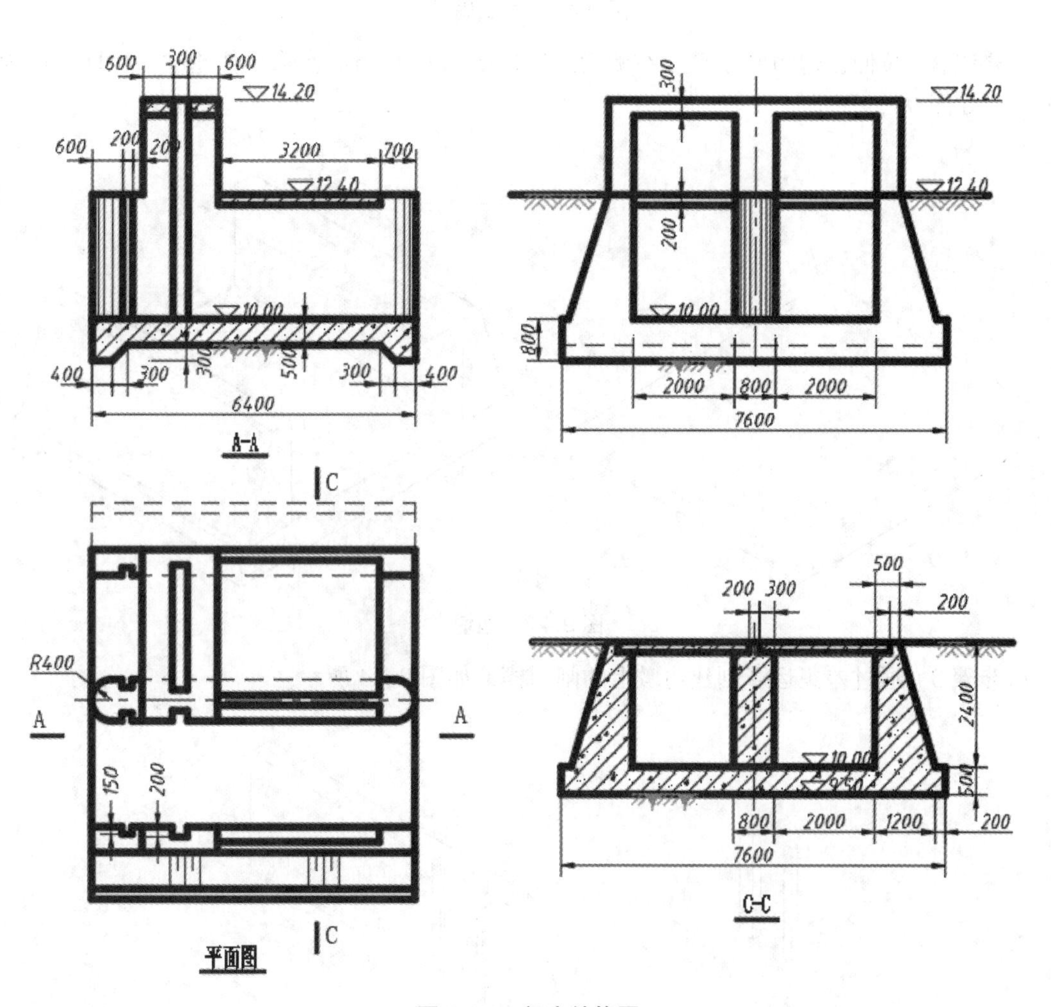

图 9.4.1 闸室结构图

步骤 1 拉伸闸室底板模型，在正面绘制拉伸轮廓，拉伸高度为 7600，如图 9.4.2 所示。

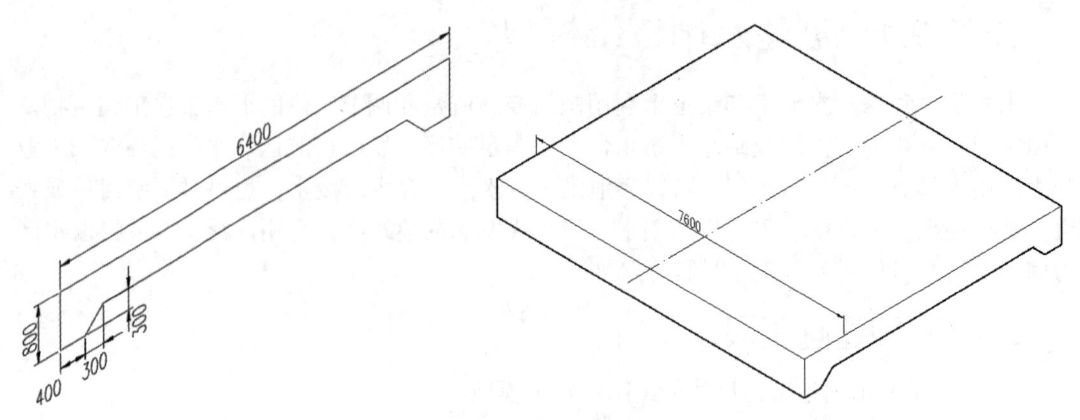

图 9.4.2 闸室底板

步骤 2 拉伸创建边墩模型，在侧面绘制边墩的 C-C 断面作为拉伸轮廓，拉伸高度为 6400，如图 9.4.3 所示。

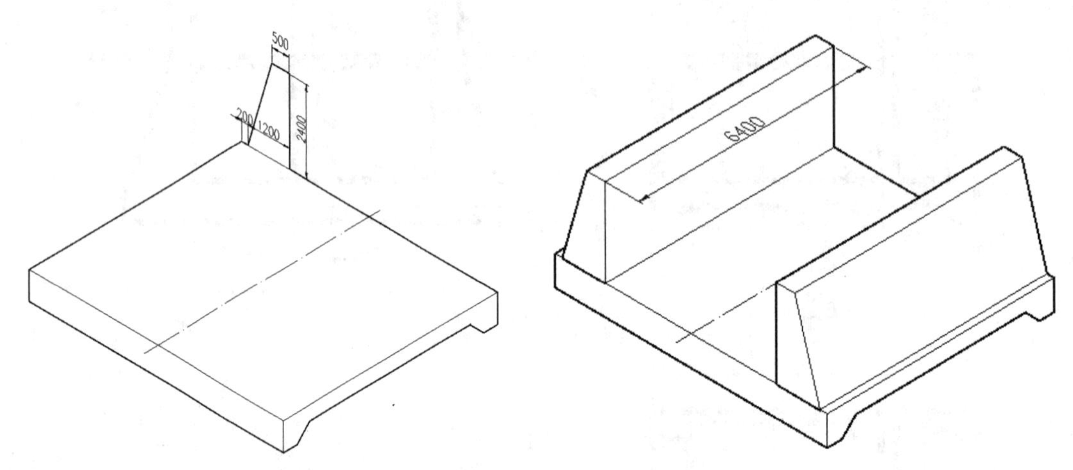

图 9.4.3 边墩

步骤 3 通过差集运算创建边墩上的闸门槽，如图 9.4.4 所示。

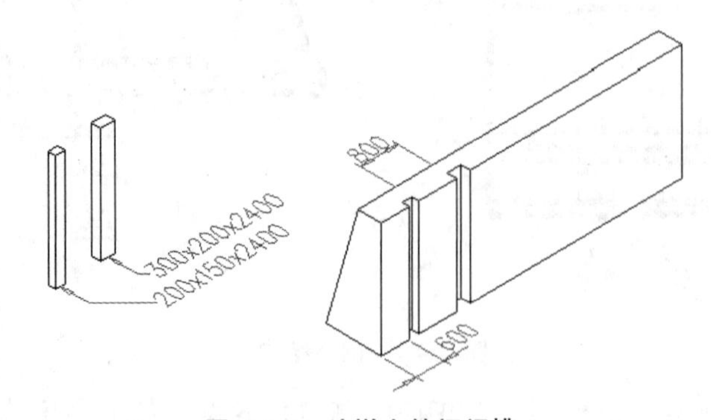

图 9.4.4 边墩上的闸门槽

步骤 4 拉伸创建中墩模型，在水平面上绘制中墩的平面轮廓，拉伸高度为 2400，如

图 9.4.5 所示。

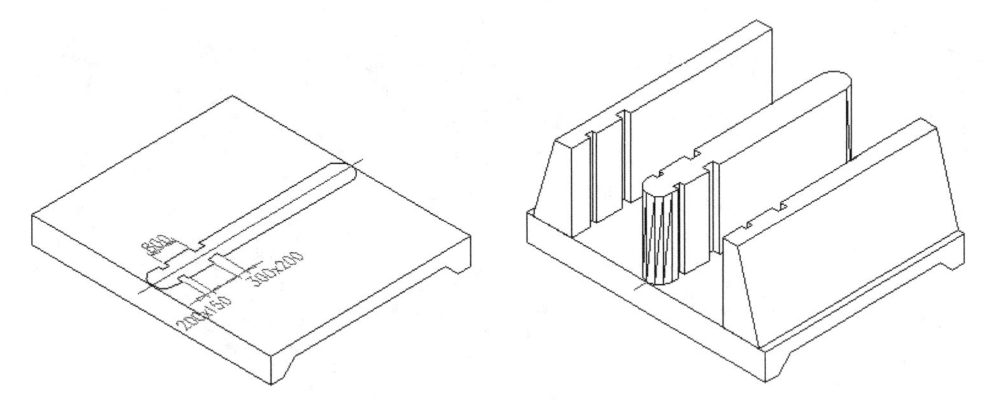

图 9.4.5　中墩

步骤 5　在闸墩顶部压印两条直线，再用拉伸面命令拉高 1600，如图 9.4.6 所示。

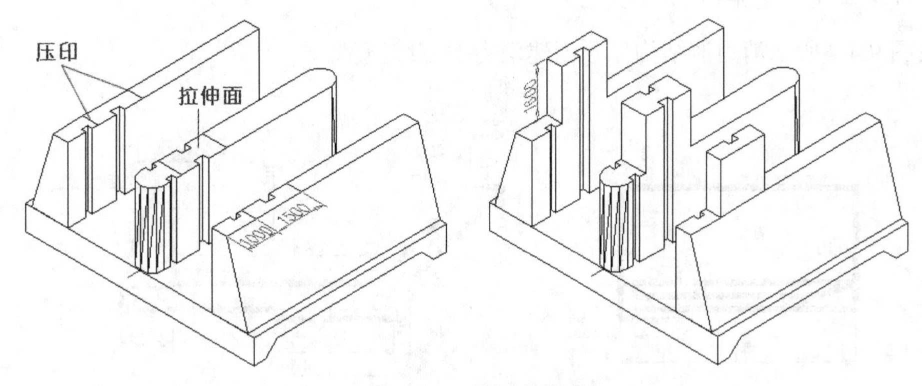

图 9.4.6　编辑闸墩

步骤 6　利用差集命令在闸墩顶部编辑槽口以便放置桥面板，如图 9.4.7 所示。

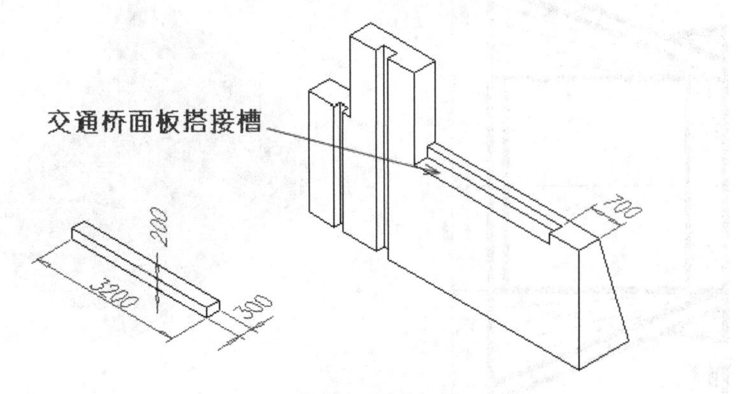

图 9.4.7　编辑闸墩顶部槽口

步骤 7　创建工作桥和交通桥面板，如图 9.4.8 所示。

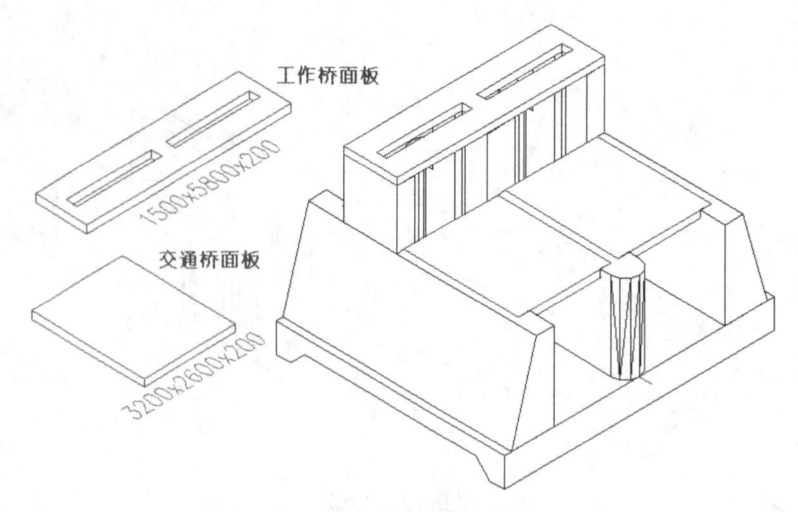

图 9.4.8　工作桥与交通桥

9.4.2　创建消力池段

按图 9.4.9 所示消力池结构尺寸创建消力池三维模型。

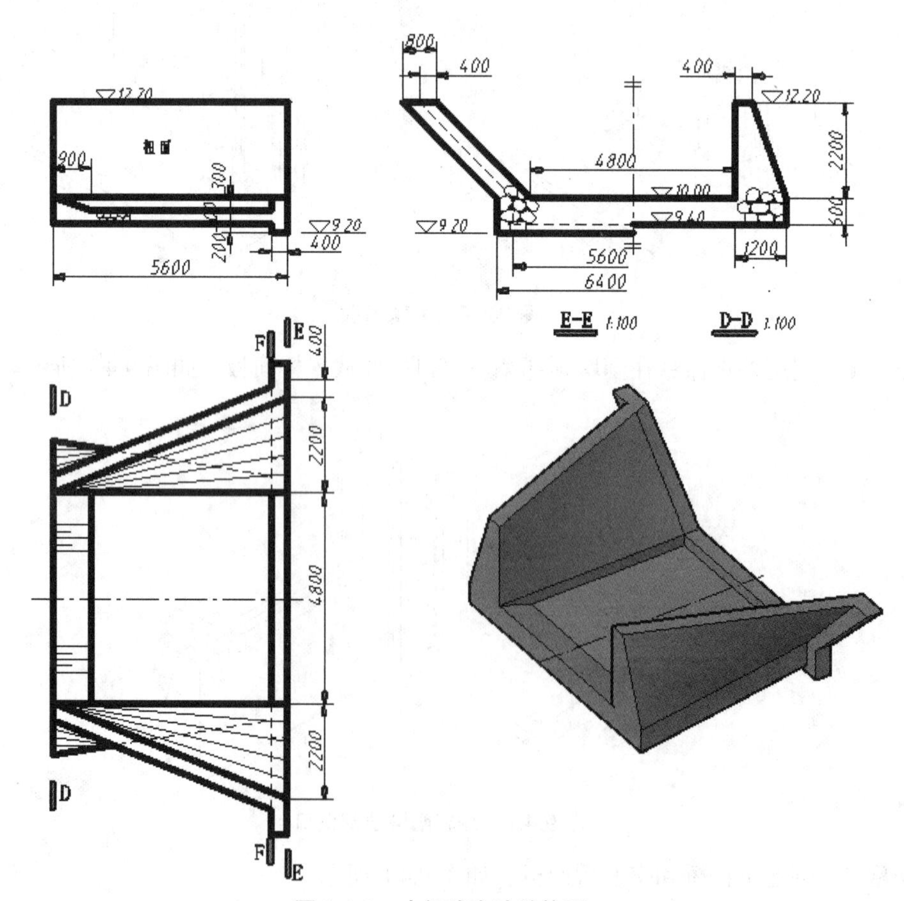

图 9.4.9　水闸消力池结构图

步骤 1 在水平面绘制底板拉伸轮廓，在正面绘制消力池拉伸轮廓，如图 9.4.10 所示。

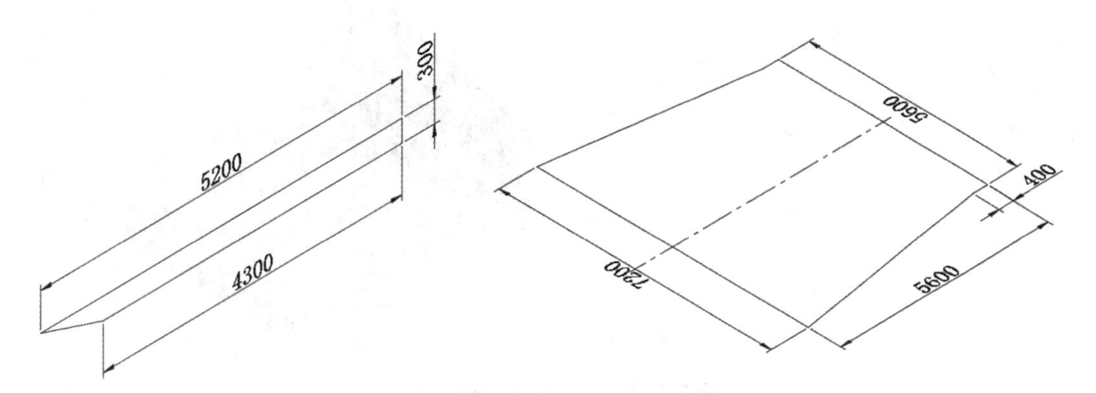

图 9.4.10 消力池拉伸平面轮廓

步骤 2 将以上轮廓分别拉伸 600 和 4800，如图 9.4.11 所示。

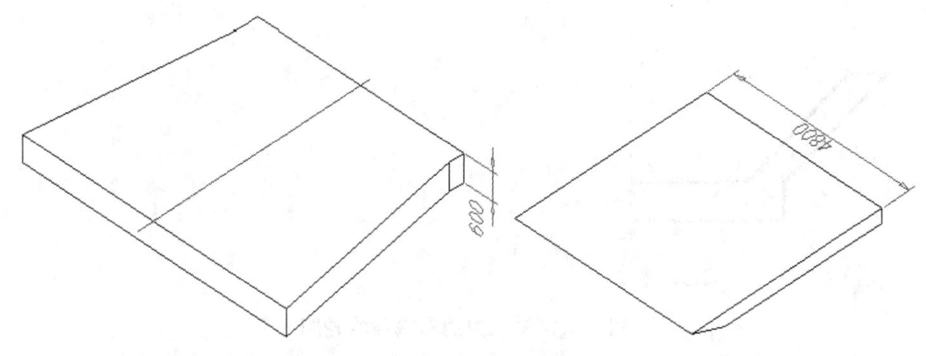

图 9.4.11 拉伸底板

步骤 3 将通过步骤 2 完成的两实体移动定位后求差，完成消力池底板模型创建，如图 9.4.12 所示。

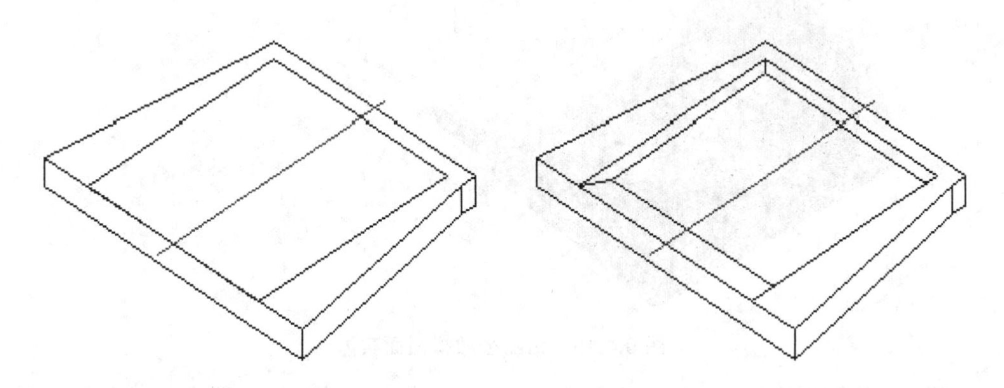

图 9.4.12 用云差集创建完成的底板

步骤 4 在侧面绘制扭面的 D-D、F-F、E-E 三个断面轮廓，沿路径放样得扭面实体，如图 9.4.13 所示。

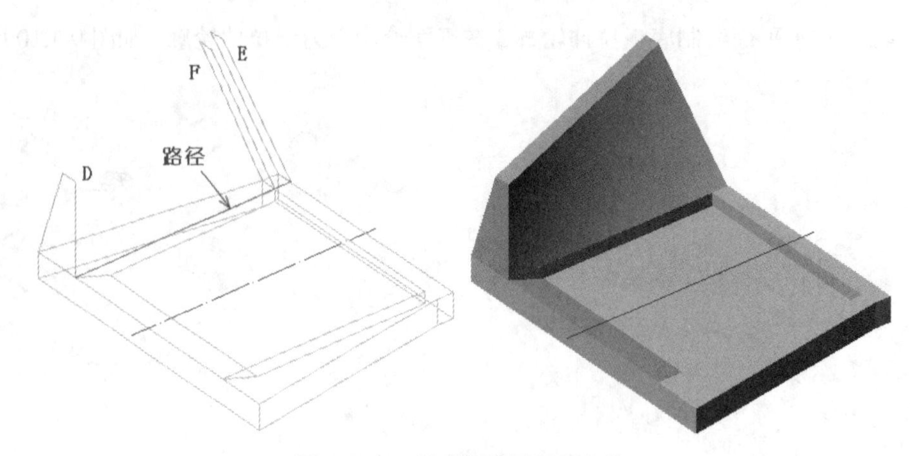

图 9.4.13　沿路径放样扭面实体

步骤 5　镜像复制另一扭面实体，并在侧面按图 9.4.14 所示绘制齿坎轮廓，如图 9.4.15 所示。

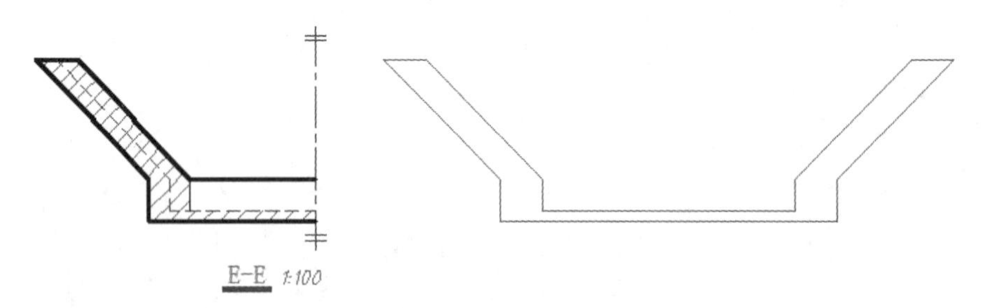

图 9.4.14　消力池右端齿坎轮廓

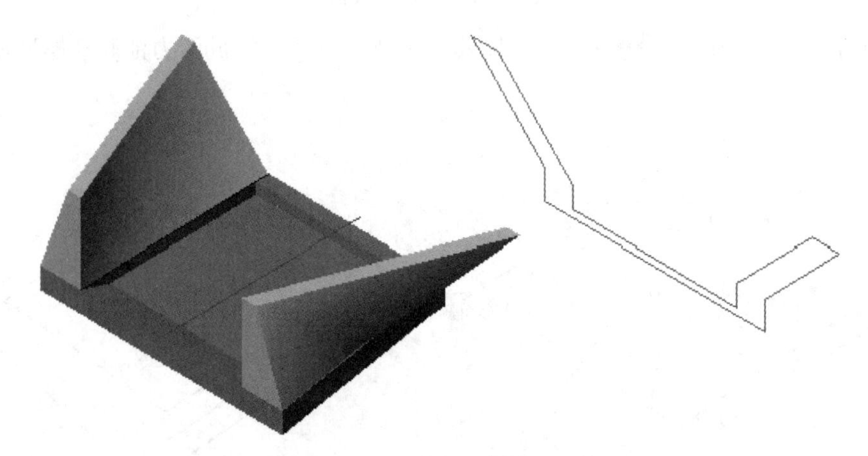

图 9.4.15　沿路径放样扭面实体

步骤 6　拉伸齿坎轮廓 400，并准确定位之后求并，完成消力池模型，结果如图 9.4.16 所示。

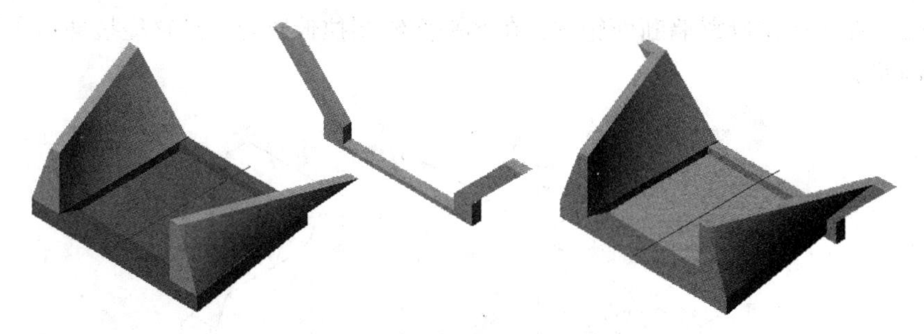

图 9.4.16 齿坎、消力池模型

9.4.3 创建上游连接段

按图 9.4.17 所示上游连接段结构尺寸创建三维模型。

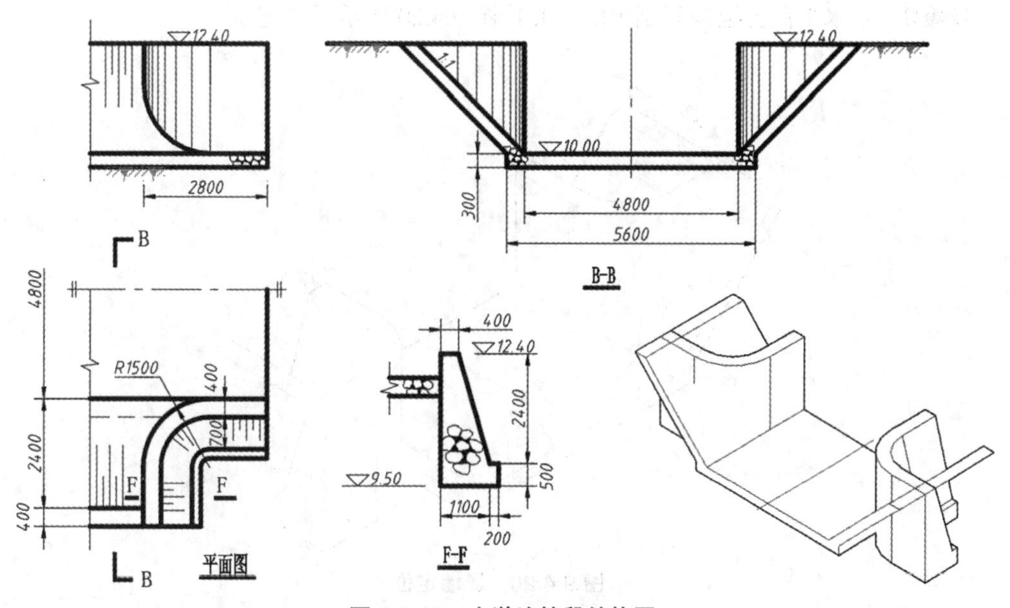

图 9.4.17 上游连接段结构图

步骤 1 在侧面绘制渠道断面轮廓，拉伸出一段渠道，如图 9.4.18 所示。

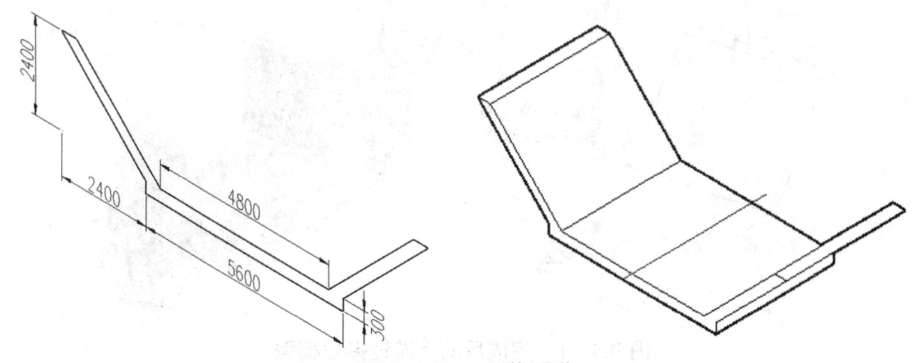

图 9.4.18 上游渠道

步骤 2　在正面绘制翼墙断面轮廓，在水平面绘制拉伸路径，沿路径拉伸得翼墙模型，如图 9.4.19 所示。

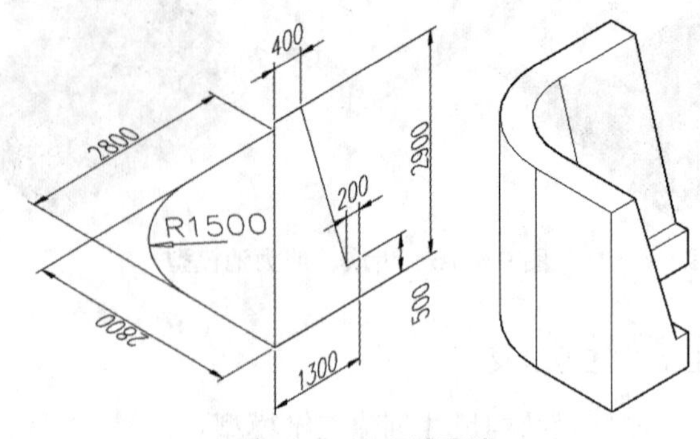

图 9.4.19　上游翼墙

步骤 3　在水平面上镜像复制翼墙，并按图 9.4.20 所示尺寸定位。

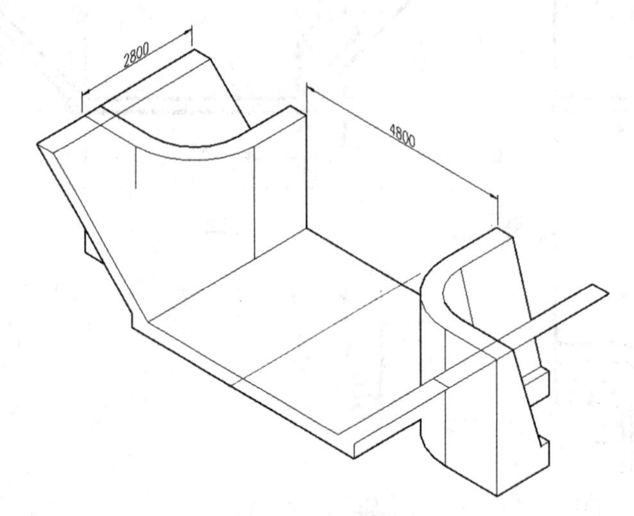

图 9.4.20　翼墙定位

步骤 4　原位复制翼墙 1 次，并对渠道与翼墙求差，之后利用命令分割渠道，删除不要的一部分，完成上游连接段模型创建，如图 9.4.21 所示。

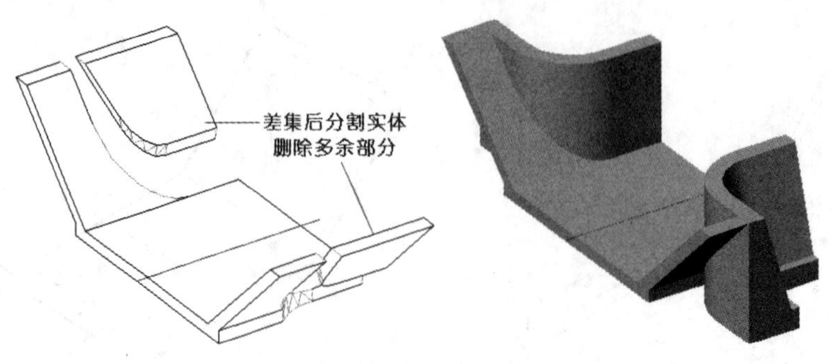

图 9.4.21　完成后的上游连接段模型

9.4.4　创建下游护坡段

按图 9.4.22 所示下游连接段结构尺寸创建三维模型。

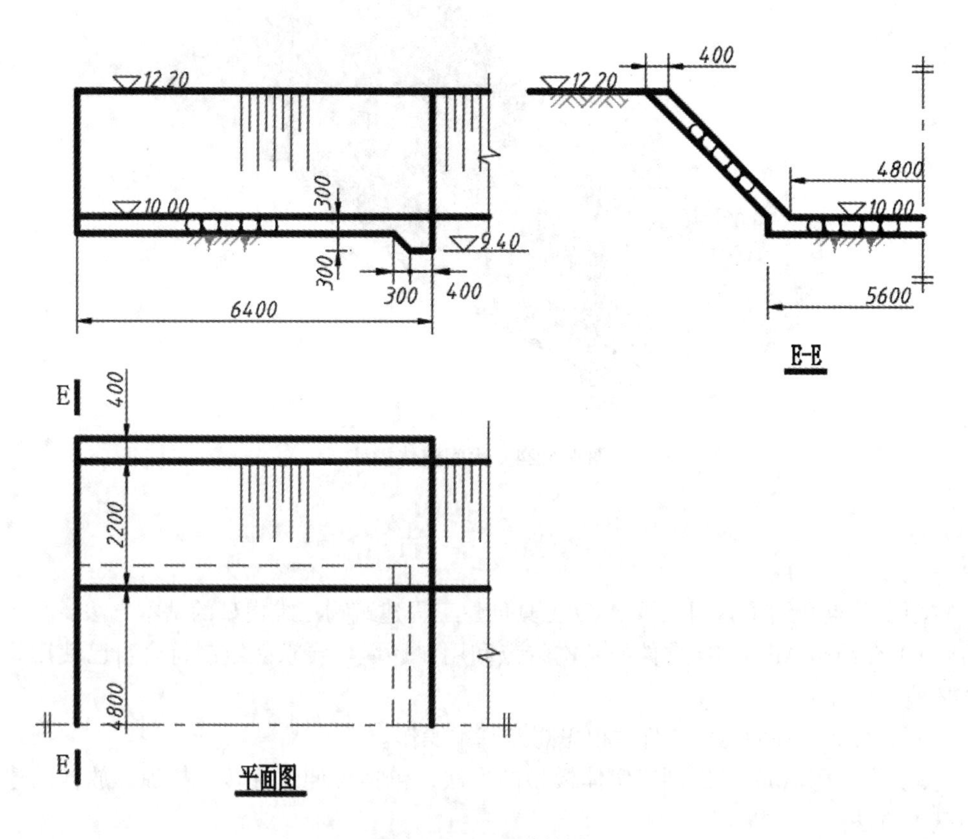

图 9.4.22　下游护坡

步骤 1　侧面上绘制护坡梯形断面，在正面绘制齿坎断面轮廓。

步骤 2　拉伸护坡 6400，拉伸齿坎 5600。

步骤 3　求并集，完成结果如图 9.4.23 所示。

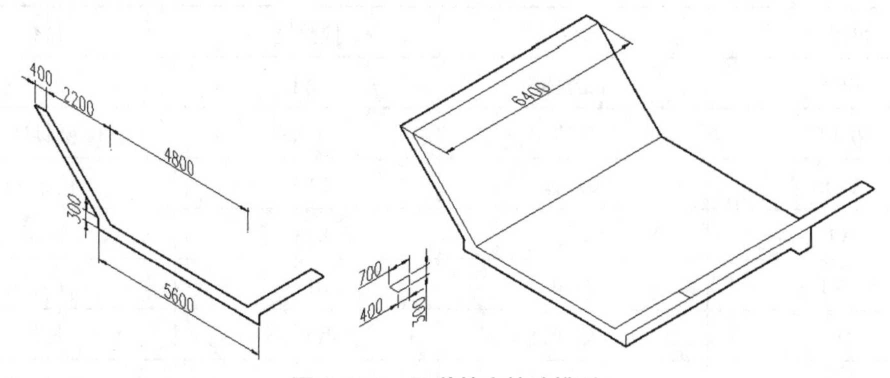

图 9.4.23　下游护底护坡模型

最后，将水闸各部分拼接起来，就可以看到完整的水闸如图 9.4.24所示。

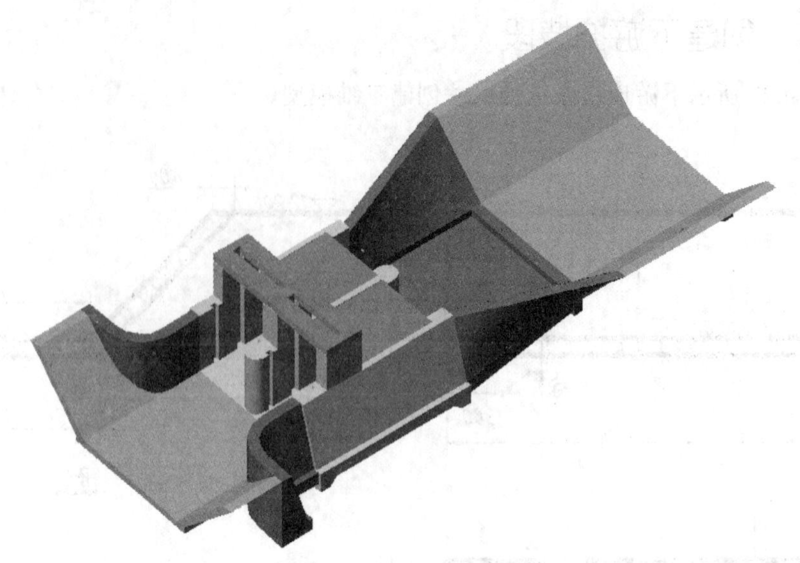

图 9.4.24 水闸整体模型

小 结

本项目重点介绍了运用三维 CAD 工具创建工程建筑物三维模型的基本方法。

（1）介绍了 AutoCAD 软件的基本特点和用户环境。要求能定制符合自己使用要求的工作环境。

（2）介绍了 AutoCAD 软件建模思想及基本操作。

（3）介绍了 AutoCAD 创建实体模型的方法，包括拉伸、旋转、扫掠、放样的建模思想与基本方法。

（4）简单介绍了曲面建模方法，包括平移曲面、旋转曲面、直纹曲面和边界曲面。

（5）介绍了实体的编辑方法，包括布尔运算、实体线、面、体的各种编辑方法与技巧。

（6）介绍了创建水闸、涵洞等工程建筑物实体模型的创建步骤。

项目 9 常用快捷键表

快捷键	命令	快捷键	命令
BOX	长方体	CYL	圆柱
SPHERE	球体	CONE	圆锥体
TOR	圆环体	PYR	棱锥体
WE	楔体	REG	面域
EXT	拉伸	REV	旋转
LOFT	放样	SWEEP	扫掠
3M	三维移动	3S	三维缩放
3R	三维旋转	3A	三维阵列

续表

快捷键	命令	快捷键	命令
3AL	三维对齐	MIRROR3D	三维镜像
UNI	并集	IN	交集
SU	差集	SL	剖切
THICKEN	加厚	IMPRINT	压印
VS	模型显示	3DO	三维观察
RR	渲染	RP	渲染设置
-V 后输入 T	顶视图	-V 后输入 B	仰视图
-V 后输入 F	前视图	-V 后输入 BA	后视图
-V 后输入 L	左视图	-V 后输入 RI	右视图
-V 后输入 SW	西南等轴测	-V 后输入 SE	东南等轴测
-V 后输入 NE	东北等轴测	-V 后输入 NW	西北等轴测

练 习 题

1. 根据图 9.1 所示各组两视图创建三维模型，尺寸自定。

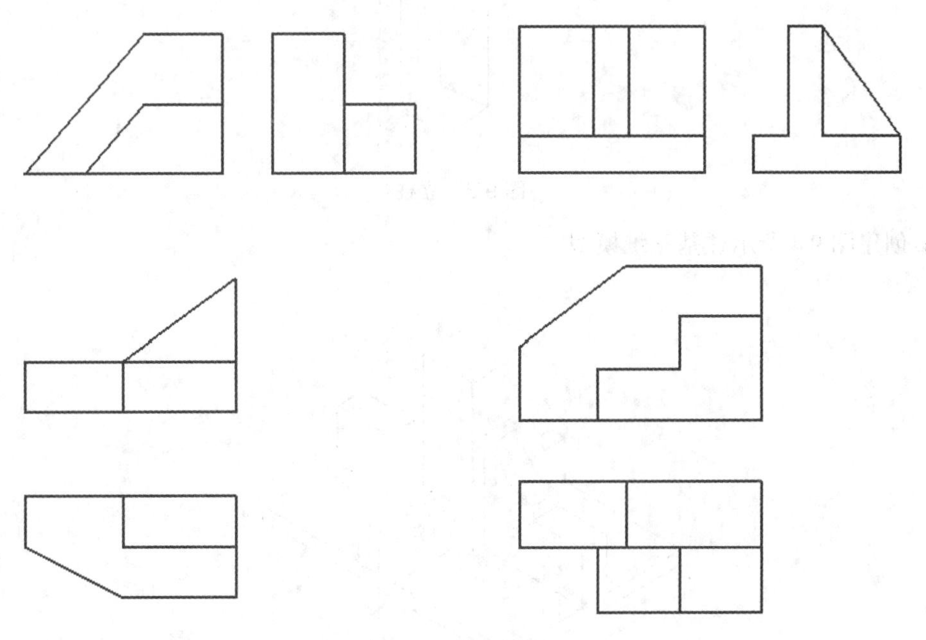

图 9.1 练习题图

2. 根据图 9.2 所示视图尺寸创建三维模型。

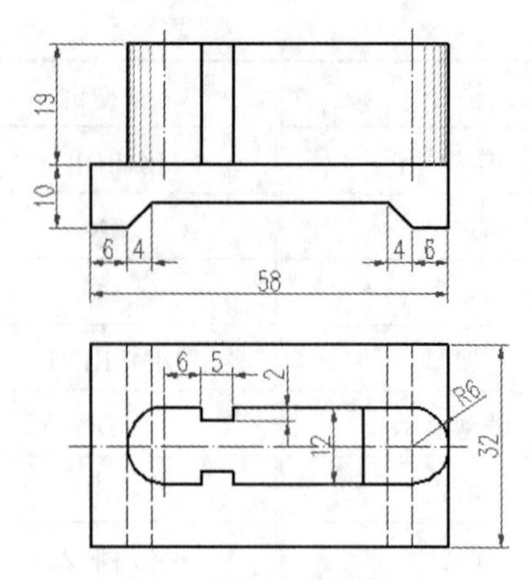

图 9.2　创建模型的视图

3. 创建图 9.3 所示立柱三维模型。

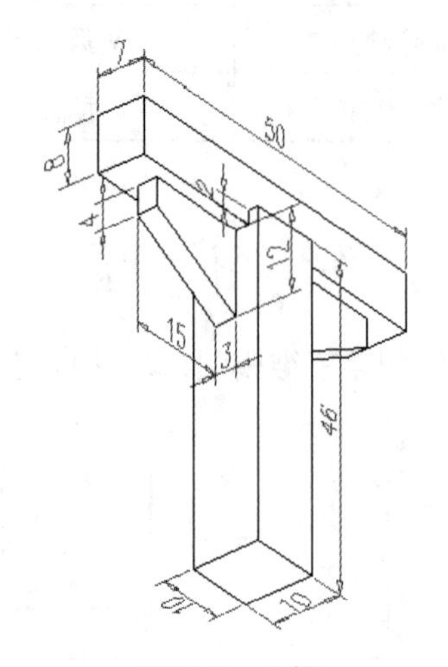

图 9.3　立柱

4. 创建图 9.4 所示柱基三维模型。

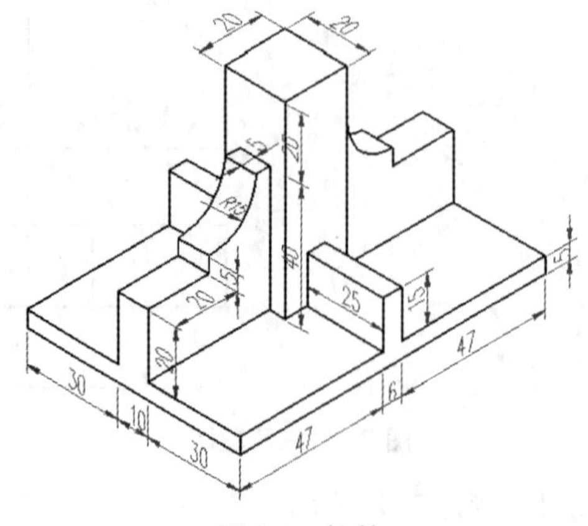

图 9.4　柱基

5. 创建图 9.5 所示简单组合体三维模型。

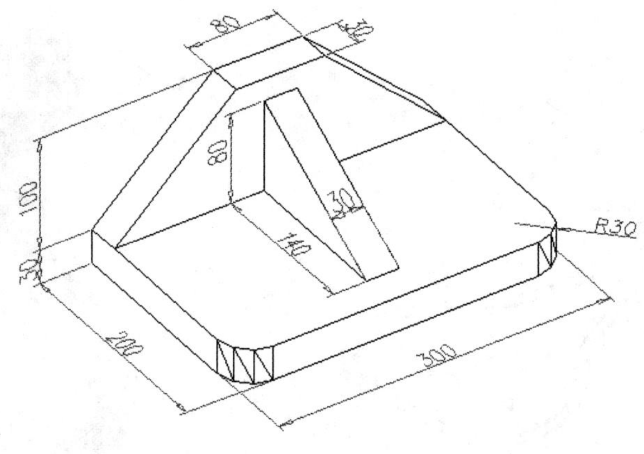

图 9.5　组合体

6. 创建图 9.6 所示顶尖三维模型。

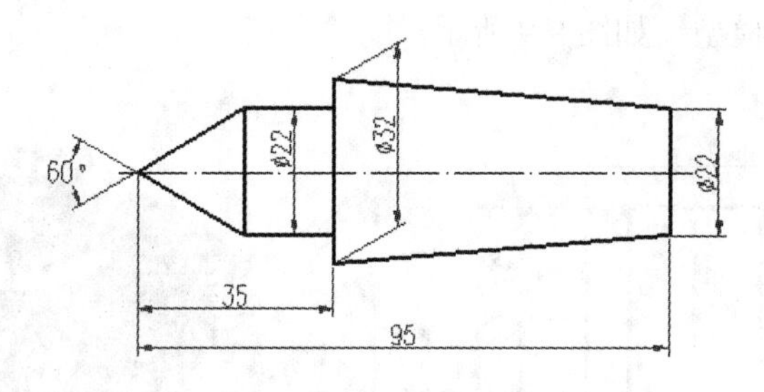

图 9.6　顶尖

7. 创建图 9.7 所示台灯三维模型。

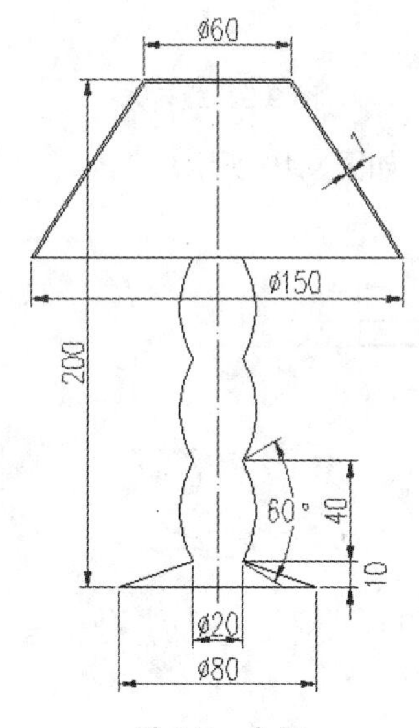

图 9.7　台灯

8. 创建图 9.8 所示小瓶三维模型。

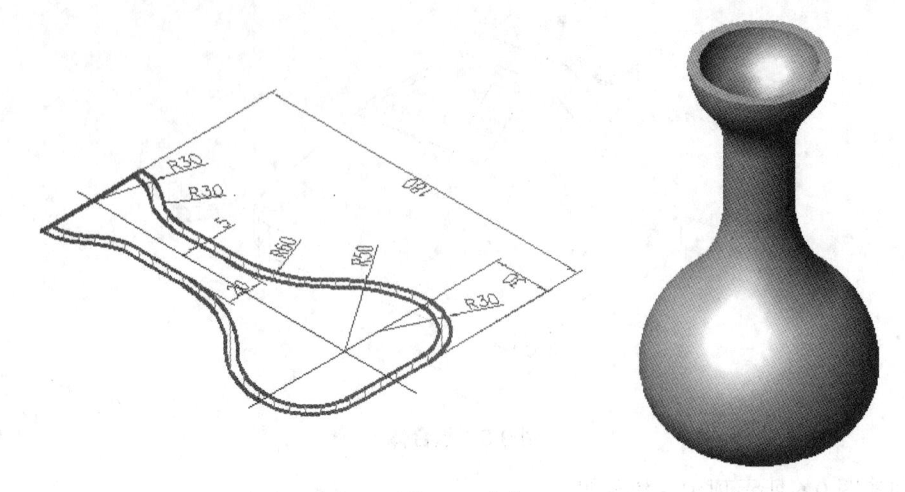

图 9.8 小瓶

9. 创建旋转体三维模型，如图 9.9 所示。

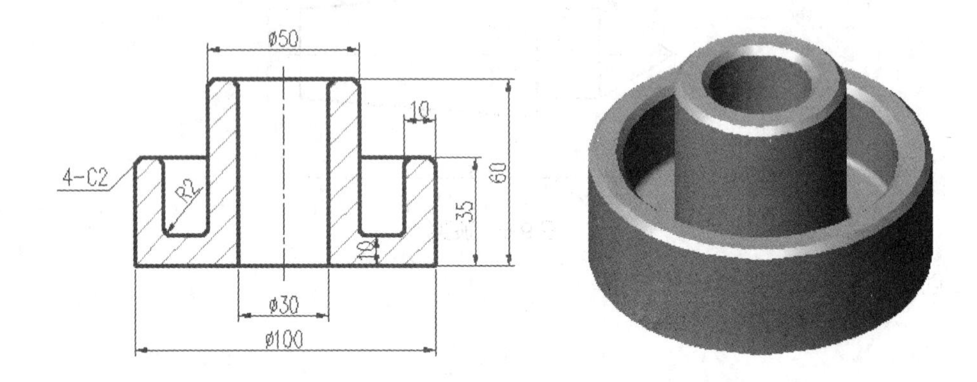

图 9.9 旋转体

10. 创建石桌凳组三维模型，如图 9.10 所示。

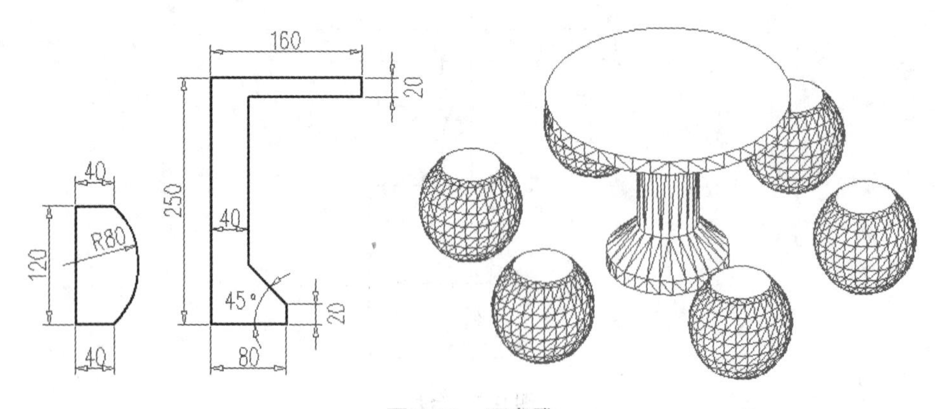

图 9.10 石桌凳

11. 根据图 9.11 所示各组两视图创建三维模型，尺寸自定。

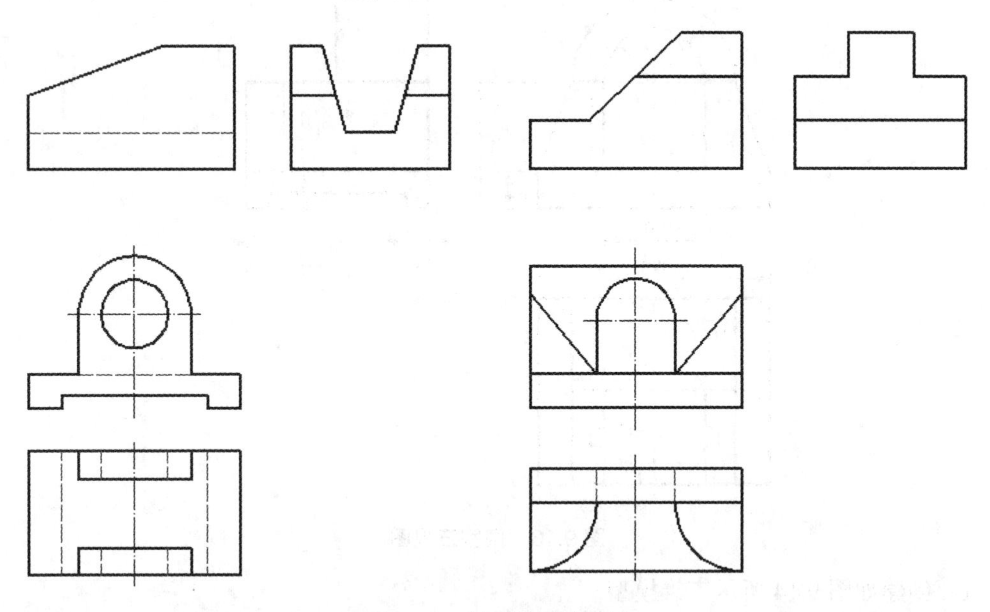

图 9.11　创建模型的视图

12. 根据图 9.12 所示视图尺寸创建三维模型。

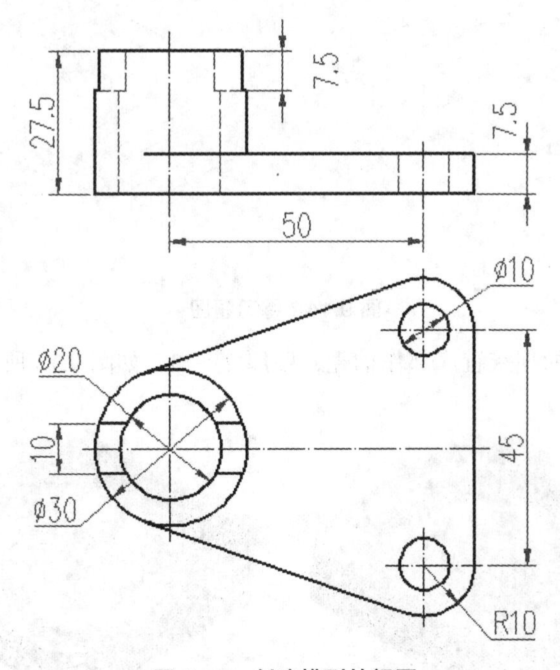

图 9.12　创建模型的视图

13. 根据闸室三视图创建三维模型，如图 9.13 所示。

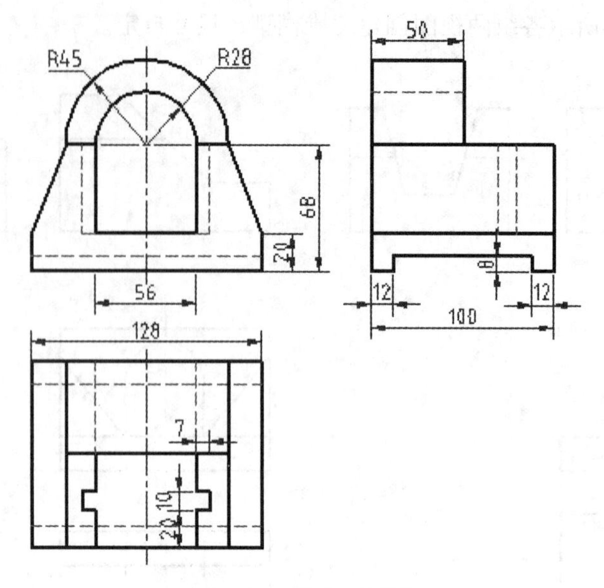

图 9.13 闸室三视图

14. 创建如图 9.14 所示三维模型。

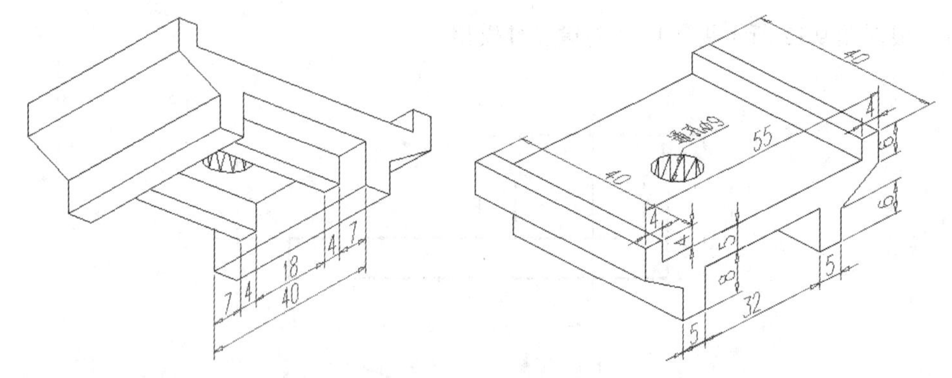

图 9.14 练习题图

15. 将例 8.8 创建的烟灰缸底部作抽壳，壁厚 2 ～ 3，如图 9.15 所示。

图 9.15 烟缸底座抽壳

16. 根据图 9.16 所示两视图尺寸，创建三维模型。

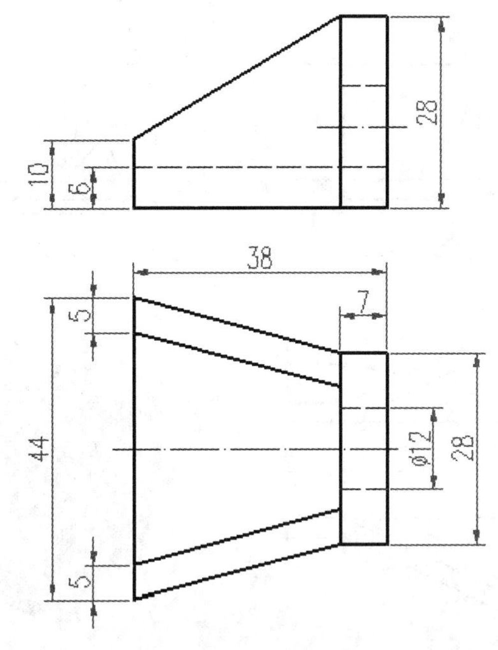

图 9.16　创建模型的视图

17. 根据图 9.17 所示挡土墙结构图尺寸创建三维模型。

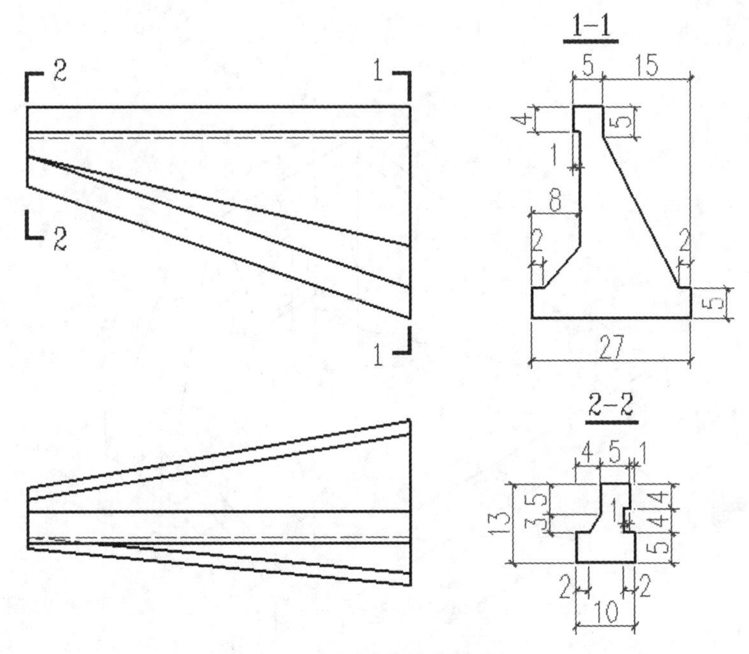

图 9.17　挡土墙结构图

18. 按图 9.18 所示扭面翼墙结构尺寸创建三维模型。

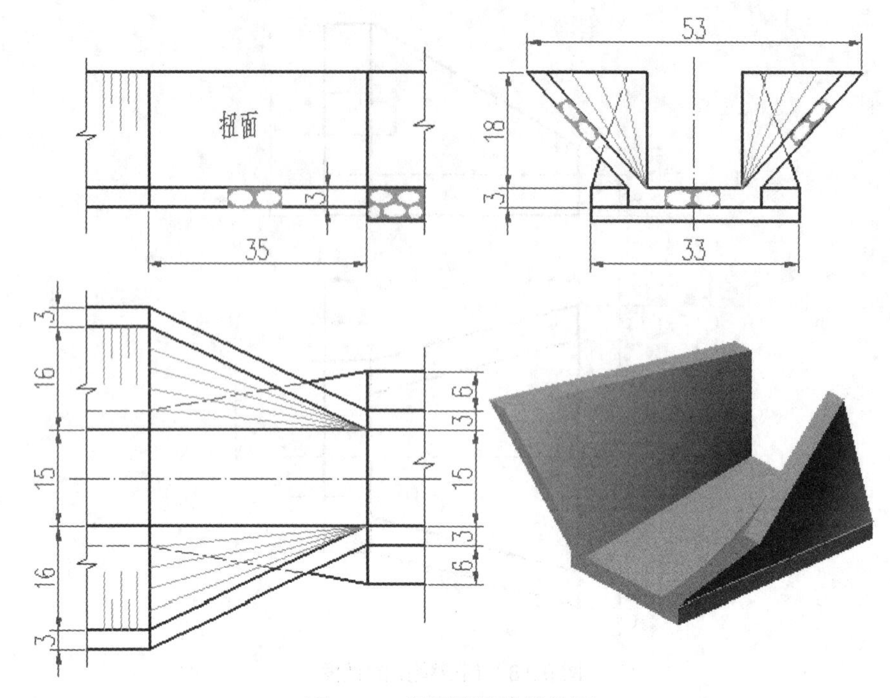

图 9.18　扭面翼墙段结构图

19. 创建图 9.19 所示八字翼墙三维模型。

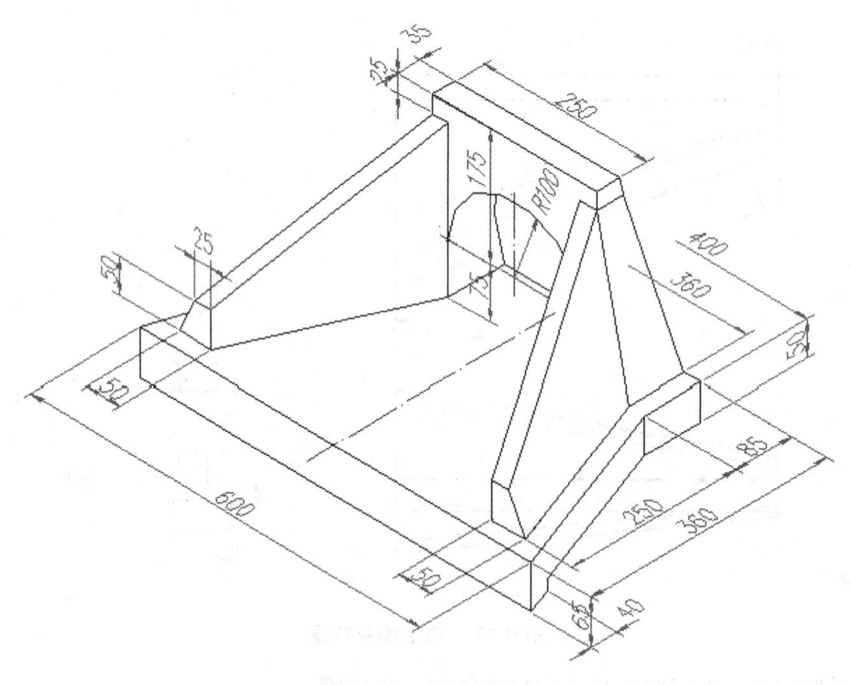

图 9.19　八字翼墙

20. 按图 9.20 所示涵洞结构尺寸，创建涵洞三维模型。

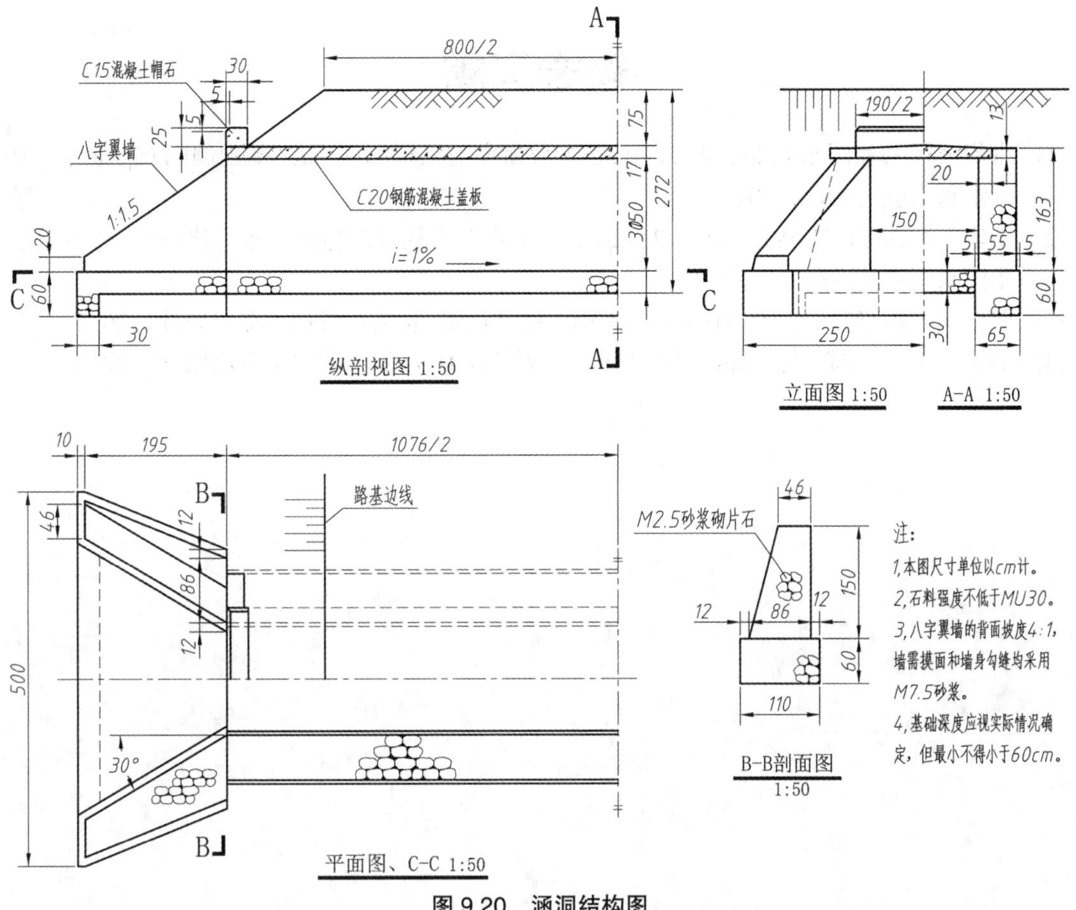
C15混凝土帽石
八字翼墙
1:1.5
C20钢筋混凝土盖板
i=1%
纵剖视图 1:50
立面图 1:50
A-A 1:50
路基边线
M2.5砂浆砌片石
B-B剖面图
1:50
平面图、C-C 1:50
注:
1,本图尺寸单位以cm计。
2,石料强度不低于MU30。
3,八字翼墙的背面坡度4:1,墙需摸面和墙身勾缝均采用M7.5砂浆。
4,基础深度应视实际情况确定,但最小不得小于60cm。

图 9.20　涵洞结构图

参考文献

[1] 中华人民共和国水利部 . SL73.1—2013 水利水电工程制图标准 基础制图 [S]. 北京：中国水利水电出版社，2013.

[2] 中华人民共和国水利部 . SL73.2—2013 水利水电工程制图标准　水工建筑物 [S]. 北京：中国水利水电出版社，2013.

[3] 曾令宜，赵建国 . AutoCAD2014 工程绘图教程 [M]. 北京：机械工业出版社，2017.

[4] 刘娟，董岚，刘军号 . AutoCAD2010 工程绘图 [M]. 郑州：黄河水利出版社，2014.